기초 응용역학

심도식 지음

도서출판 동화기술

머리말

응용역학은 토목 및 건축분야에서 다루고 있는 다양한 구조물에 대한 이해를 돕기 위해 기초적인 이론을 학습하는 학문으로써, 수학 및 물리학에 기초를 둔 방대하고 가장 중요한 필수과목이다. 최근 구조물의 대형화, 첨단화에 따른 설계, 시공 및 유지관리 기술의 발달로 응용역학의 중요성이 새삼 강조되고 있다.

이 교재에서는 응용역학의 기본원리에 대한 이해를 돕기 위하여 가능한 쉽고 자세하게 풀이하도록 노력을 하였다. 또한 각 전공분야에서 취급하는 기본역학을 고루 다루고자 하였으며, 각 장마다 관련된 각종 예제와 연습문제를 수록하여 이해를 돕고 응용력을 높이고자 하였다. 따라서 이 책은 대학, 전문대학의 교재로 사용되고, 실무 종사자들의 참고서 뿐 아니라 각종 기사시험 및 취업시험을 준비하는 학생들에게 좋은 교재가 되리라 기대한다.

이 교재의 내용이나 구성에 있어 미흡한 부분이나 오기 등에 대해 수정, 보완이 이루어질 수 있도록 앞으로 독자 여러분들의 많은 지도편달을 부탁드린다. 또한 처짐부분에 본인저서 예제의 공유를 흔쾌히 허락해주신 해법응용역학의 저자 이명우 교수님에게 감사의 뜻을 표한다. 끝으로 이 교재의 출판을 위해 힘써주신 도서출판 동화기술 관계자 여러분들의 노고에 깊은 감사를 표한다.

심 도 식 올림

목 차

제 1장 정역학의 기초

제 2장 단면의 성질

제 3장 응력과 변형

제 4장 구조물 개론

제 5장 정정보 I

제 6장 정정보 II

제 7장 보의 영향선

제 8장 보의 응력

제 9장 라아멘 및 아치

제 10장 트러스

제 11장 기둥

제 12장 구조물의 처짐각과 처짐

제 13장 부정정보

제 1 장 정역학의 기초

역학이란 구조물에 가해지는 힘이 그 구조물에 어떠한 작용을 하고 있는가를 다루는 학문이다. 즉, 물체의 운동에 관한 법칙을 연구하는 학문으로서 세분화하면 다음과 같다.

고체에 작용하는 힘과 거동에 관하여 연구하는 고체역학, 유체에 작용하는 힘과 거동에 관하여 연구하는 유체역학, 재료의 물리적 성질에 따른 힘과 변형을 연구하는 재료역학, 그리고 구조물에 작용하는 힘과 거동에 관하여 연구하는 구조역학 등이 있다.

본 교재에서는 움직이지 않는 물체에 대한 정역학 분야와 재료역학, 그리고 구조물에 작용하는 구조역학에 대하여 서술한다.

01 | 힘과 힘의 단위

물체에 힘이 가해진다면 힘의 크기에 따라 물체에 미치는 영향이 다르다. 또한, 같은 크기의 힘이라도 작용하는 위치의 차이에 의해 그 작용하는 방향과 향하는 방향에 따라 그 효과가 다르다. 따라서, 힘을 나타내는 데에는 **힘의 크기**, **힘이 작용하는 점**(작용점), **힘이 작용하는 방향**을 표시해야만 한다. 이것을 힘의 3요소라 한다.

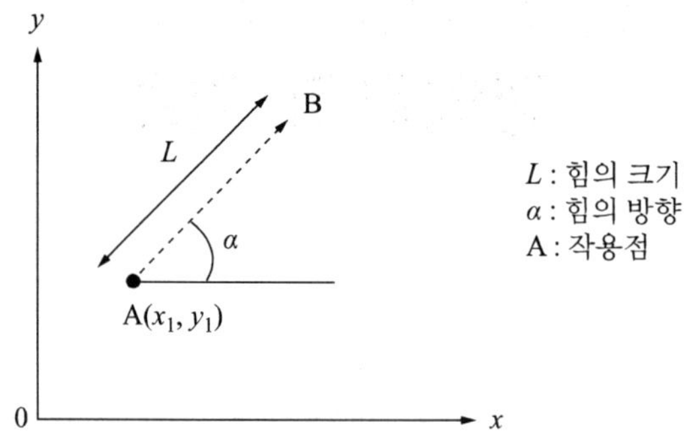

그림 1.1

현재 우리나라는 모든 토목분야에서 국제단위계인 SI 단위계를 사용하고 있으며 다음과 같다.

SI 단위계의 기본단위는 길이를 m, 질량을 kg, 시간을 S(초)로 한다. 질량 1 kg의 물체에 작용하여 1 m/s^{2}의 가속도를 내게 하는 힘이 1뉴턴(Newton, N)의 힘이다.

즉, $1\text{N} = 1\,\text{kg} \times 1\,\text{m/s}^2 = 1\,\text{kg} \cdot \text{m/s}^2$

물체에 작용하는 중력 W는

$$W = m \cdot g$$

여기서, g : 중력가속도(m/s^2)

이 중력 W가 질량 m인 지구상에서의 무게, 즉, 질량 1 kg의 물체에 작용하는 중력을 힘의 단위로 포기한 것이다.

MKS 단위 : kgf, tf

MKS 단위계의 힘 1 kgf를 SI 단위계로 표시하면

$$1\,\text{kgf} = 1\,\text{kg} \times 9.8\,\text{m/s}^2 = 9.8\,\text{kg}\cdot\text{m/s}^2 = 9.8\,\text{N} \fallingdotseq 10\text{N}$$

$$\therefore 1\text{N} = \frac{1}{9.8}\,\text{kgf} = 0.102\,\text{kg}\cdot\text{f} \fallingdotseq 0.1\,\text{kgf}$$

힘 종류별 SI 단위

- 힘 : N, kN
- 힘의 세기(강도) : N/m, kN/m
- 힘의 모멘트 : N.m, kN · m
- 압력, 응력 : Pa(N/m^2), kPa

또한 SI단위계에 붙는 접두사는 다음과 같다

접두사	기호	배수
tera	T	10^{12} = 1 000 000 000 000
giga	G	10^{9} = 1 000 000 000
mega	M	10^{6} = 1 000 000
kilo	k	10^{3} = 1 000
hecto	h	10^{2} = 100
deka	da	10^{1} = 10
deci	d	10^{-1} = 0.1
centi	c	10^{-2} = 0.01
milli	m	10^{-3} = 0.001
micro	μ	10^{-6} = 0.000 001
nano	n	10^{-9} = 0.000 000 001
pico	p	10^{-12} = 0.000 000 000 001

02 | 힘의 합성

2.1 한 점에 작용하는 힘의 합성

물체에 2개 이상의 힘이 작용할 때, 그것과 같은 크기를 갖는 하나의 힘을 합력이라 하고 합력을 구하는 것을 힘의 합성이라 한다. 힘의 합력을 구할 때는 평행사변형의 원리를 이용한다.

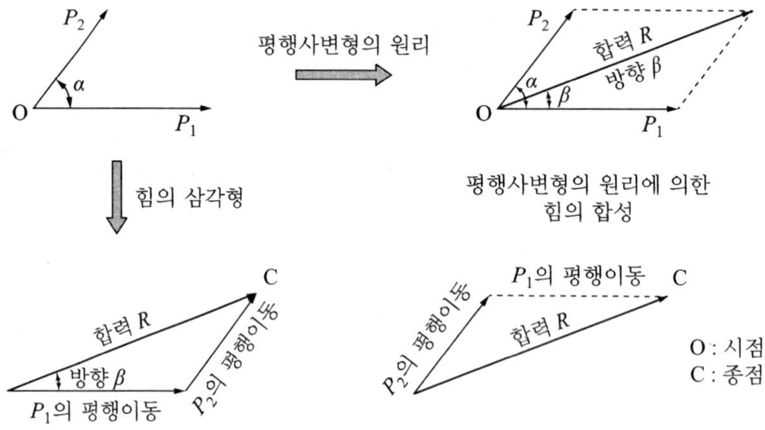

그림 1.2

계산으로 구하는 식은 다음과 같다

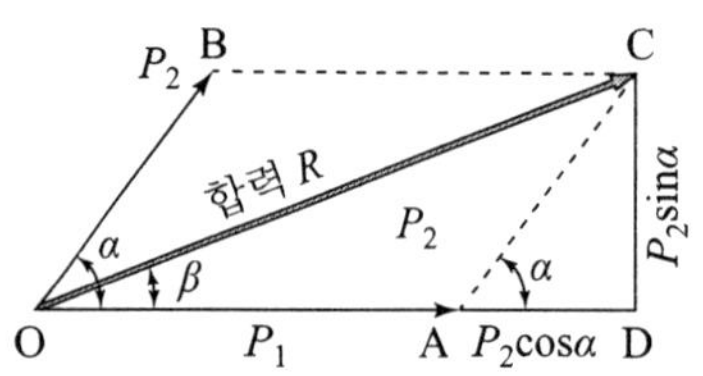

$OC^2 = OD^3 + CD^2$

$= (OA + AD)^2 + CD^2$

그림 1.3

$$
\begin{aligned}
R^2 &= (P_1 + P_2\cos\alpha)^2 + (P_2\sin\alpha)^2 \\
&= P_1^2 + 2P_1P_2\cos\alpha + P_2^2\cos\alpha^2 + P_2^2\sin\alpha^2 \\
&= P_1{}^2 + 2P_1P_2\cos\alpha + P_2{}^2(\cos\alpha^2 + \sin\alpha^2) \\
&= P_1{}^2 + P_2{}^2 + 2P_1P_2\cos\alpha
\end{aligned}
$$

$$\therefore \boldsymbol{R} = \sqrt{\boldsymbol{P_1^2 + P_2^2 + 2P_1P_2\cos\alpha}} \tag{1.1}$$

에 의하여 합력 R(크기)을 구할 수 있다. R과 P_1이 이루는 각(방향) θ는

$$\tan\theta = \frac{\boldsymbol{P_2}\sin\alpha}{\boldsymbol{P_1} + \boldsymbol{P_2}\cos\alpha} \tag{1.2}$$

$\alpha = 90°$일 때는 식 (1.1)에서 $\cos 90° = 0$이므로

$$R = \sqrt{P_1^2 + P_2^2}$$

$$\tan\theta = \frac{P_2}{P_1}$$

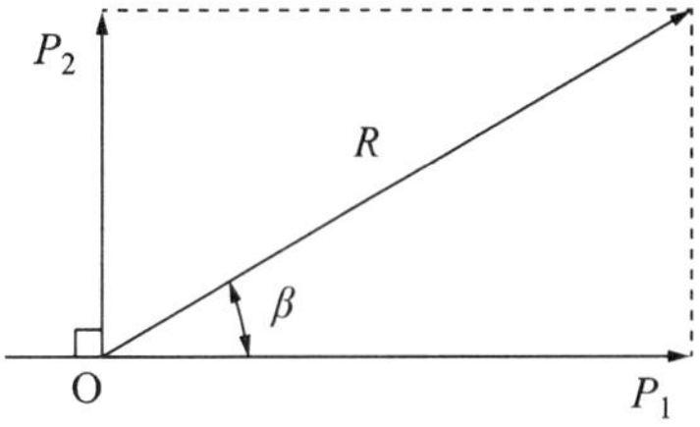

그림 1.4

참고 **삼각함수 표**

$\sin\alpha = \frac{a}{c}$

$\cos\alpha = \frac{b}{c}$

$\tan\alpha = \frac{a}{b}$

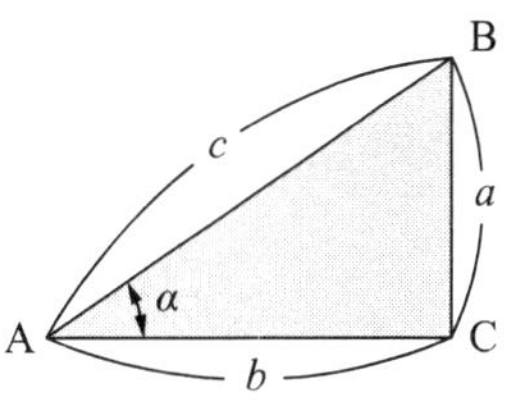

α	$\sin\alpha$	$\cos\alpha$	$\tan\alpha$
0°	$\frac{0}{1} = 0.000$	$\frac{1}{1} = 1.000$	$\frac{0}{1} = 0.000$
30°	$\frac{1}{2} = 0.500$	$\frac{\sqrt{3}}{2} = 0.866$	$\frac{1}{\sqrt{3}} = 0.577$
45°	$\frac{1}{\sqrt{2}} = 0.707$	$\frac{1}{\sqrt{2}} = 0.707$	$\frac{1}{1} = 1.000$
60°	$\frac{\sqrt{3}}{2} = 0.866$	$\frac{1}{2} = 0.500$	$\frac{\sqrt{3}}{1} = 1.732$
90°	$\frac{1}{1} = 1.000$	$\frac{0}{1} = 0.000$	

1.1 [그림 1.5]와 같은 두 힘의 합력을 구하여라.

풀이

합력 R은 cosine 제 2법칙에 의하여 $R=\sqrt{P_1^2+P_2^2}=\sqrt{80^2+60^2}=100\text{ N}$

방향이 반대이므로 $R=6-4=2\text{ kN}$

따라서 합력 R은 P_2 쪽으로 작용한다.

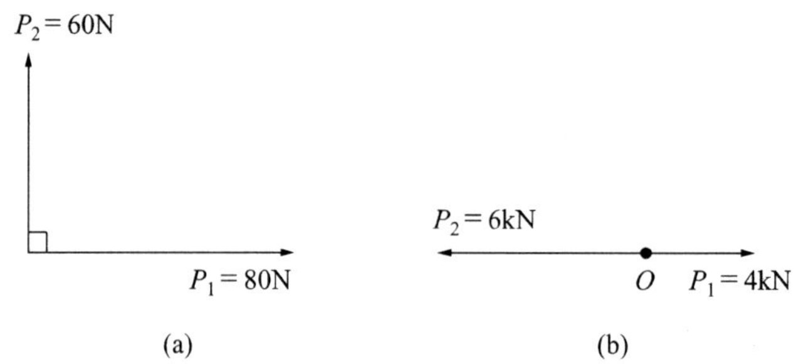

그림 1.5

1.2 [그림 1.6]에서 두 힘 P_1, P_2의 합력과 합력 R과 이루는 각 θ를 구하여라.

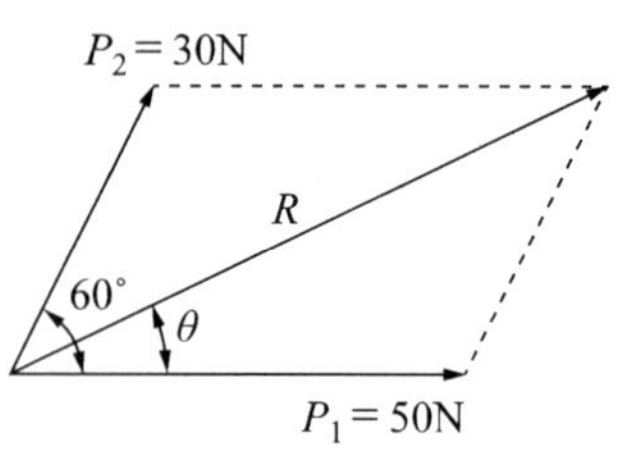

그림 1.6

풀이

$$R=\sqrt{P_1^2+P_2^2+2P_1P_2\cos\alpha}$$

$$=\sqrt{50^2+30^2+2\times 50\times 30\cos 60°}=70\text{ N}$$

α는 식 (1.2)에 의하여

$$\tan\theta=\frac{P_2\sin 60°}{P_1+P_2\cos 60°}=\frac{30\sin 60°}{50+30\cos 60°}=0.3997$$

이 $\tan\theta$의 radian 값을 각도로 바꾸면 $\theta=21°\,47'\,12''$ 약 $\theta=22°$를 얻는다.

2.2 한 점에 작용하는 여러 힘의 합성

주어진 힘의 작용점을 원점으로 하는 직교좌표축을 그리고 각 힘의 수평분력, 연직을 대수적으로 더하여 이것으로부터 합력을 구한다.

힘	수평분력(H)	수직분력(V)
P_1	$H_1 = P_1 \cos\alpha_1$	$V_1 = P_1 \sin\alpha_1$
P_2	$H_2 = -P_2 \cos\alpha_2$	$V_2 = P_2 \sin\alpha_2$
P_3	$H_3 = -P_3 \cos\alpha_3$	$V_3 = -P_3 \sin\alpha_3$
P_4	$H_4 = P_4 \cos\alpha_4$	$V_4 = -P_4 \sin\alpha_4$

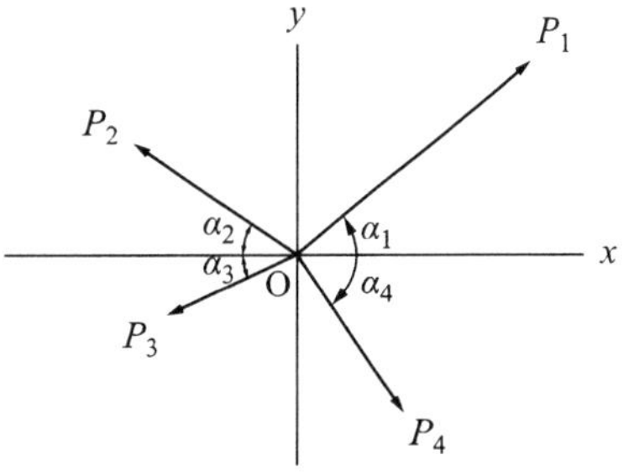

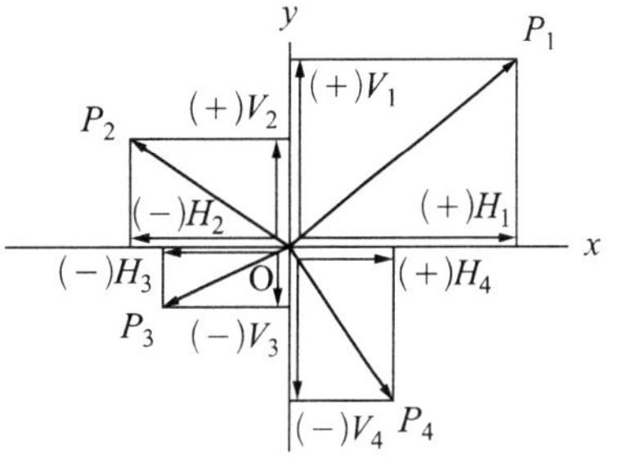

수평 분력의 총합 $\sum H = H_1 + H_2 + H_3 + H_4$

수직 분력의 총합 $\sum V = V_1 + V_2 + V_3 + V_4$

합력의 크기 $R = \sqrt{(\sum H)^2 + (\sum V)^2}$ (1.3)

합력의 방향 $\tan\beta = \dfrac{\sum V}{\sum H}$ (1.4)

β의 위치는 $\sum H$, $\sum V$의 부호에 의해 정해진다.

1.3 [그림 1.7]과 같이 동일점에 적용하는 힘의 합력을 구하고 x축과 이루는 각 α를 구하여라.

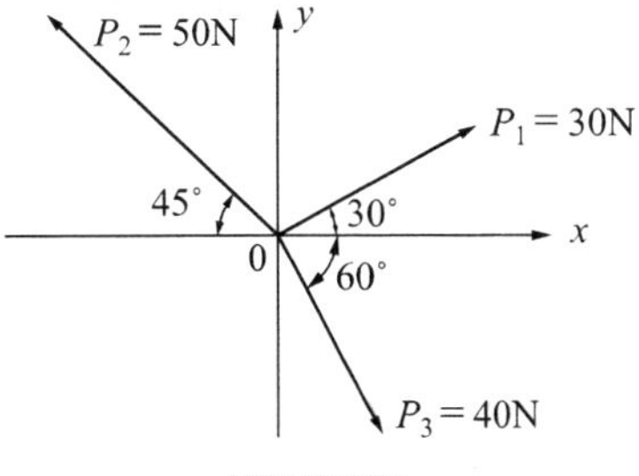

그림 1.7

풀이

$H_1 = 30\cos 30° = 25.98\ \text{N}$

$H_2 = -50\cos 45° = -35.36\ \text{N}$

$H_3 = 40\cos 60° = 20.00\ \text{N}$

$\sum H = H_1 + H_2 + H_3 = 25.98 + (-35.36) + 20.00 = 10.62\ \text{N}$

$V_1 = 30\sin 30° = 15\ \text{N}$

$V_2 = 50\sin 45° = 35.36\ \text{N}$

$V_3 = -40\sin 60° = -34.64\ \text{N}$

$\sum V = V_1 + V_2 + V_3 = 15 + 35.36 - 34.64 = 15.72\ \text{N}$

$\therefore\ R = \sqrt{(\sum H)^2 + (\sum V)^2} = \sqrt{10.62^2 + 15.72^2} = 18.97\ \text{N}$

$\tan\alpha = \dfrac{15.72}{10.62} = 1.48$

$\alpha = 55°\,57'29''$이다.

1.4 [그림 1.8]의 힘의 합력 및 방향을 구하여라.

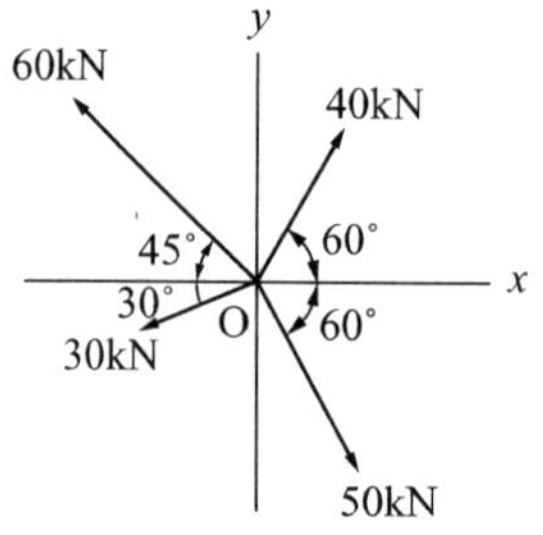

그림 1.8

풀이

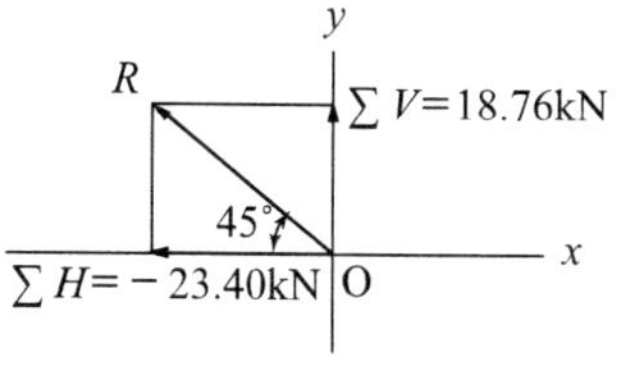

$R = 30\,\text{kN}$

$\tan\beta = -0.802$

$\beta = 38°\,43'$ (제2상한)

2.3 한 점에 작용하지 않는 여러 힘의 합성

동일점에 작용하지 않는 여러 개의 힘 P_1, P_2, P_3, $\cdots$의 합력은 다음과 같은 방법으로 구한다. 우선 어떤 점 O를 원점으로 하는 직각좌표 X축과 Y축을 잡는다. 다음에 힘 P_1, P_2, $\cdots$를 각각 수평분력과 수직분력으로 나누어 H_1, H_2, $\cdots$, V_1, V_2, $\cdots$라 하고 이들의 합력 R과 X축과 이루는 각 α는 식 (1.3), (1.4)에 의하여

$$R = \sqrt{(\sum H)^2 + (\sum V)^2}$$

$$\tan\alpha = \frac{\sum V}{\sum H}$$

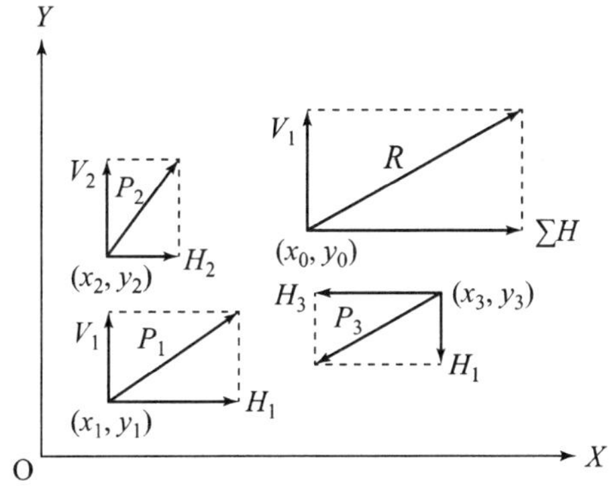

그림 1.9

합력의 작용점을 구한다. 힘 P_1, P_2, $\cdots$의 좌표를 각각 $(x_1,\ y_1)$, $(x_2,\ y_2)$, $\cdots$라 하면 합력 R의 작용점의 좌표 $(x_0,\ y_0)$는 Varignon의 정리에 의하여

$$\sum H = H_1 + H_2 + H_3 + \ldots$$

$$\sum V = V_1 + V_2 + V_3 + \ldots$$

$$\sum H \cdot y_0 = H_1\, y_1 + H_2\, y_2 + \cdots = \sum H \cdot y$$

$$\sum V \cdot x_0 = V_1\, x_1 + V_2\, x_2 + \ldots = \sum V \cdot x$$

$$y_0 = \frac{\sum H \cdot y}{\sum H}, \quad x_0 = \frac{\sum V \cdot x}{\sum V} \tag{1.5}$$

식 (1.5)로 부터 합력의 작용점을 구할 수 있다.

1.5 [그림 1.10]과 같이 동일점에 작용하지 않는 4개의 힘 P_1, P_2, P_3, P_4의 합력과 방향을 구하여라.

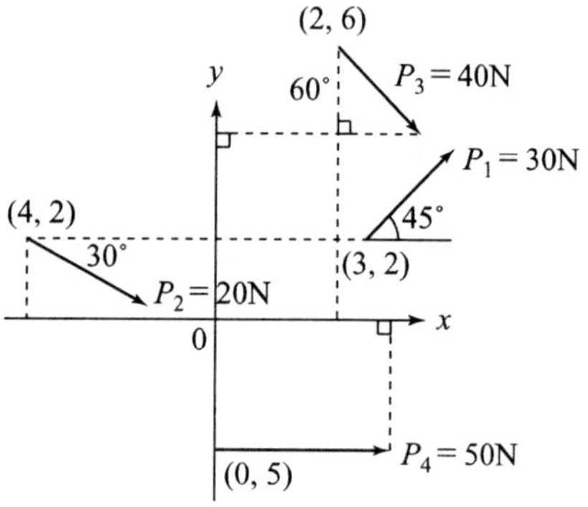

그림 1.10

풀이

$H_1 = 30\cos 45° = 21.21\text{ N}$

$H_2 = 20\cos 30° = 17.32\text{ N}$

$H_3 = 40\cos 30° = 34.64\text{ N}$

$H_4 = 50$

$\sum H = H_1 + H_2 + H_3 + H_4 = 123.17\text{ N}$

$V_1 = 30\sin 45° = 21.21\text{ N}$

$V_2 = -20\sin 30° = -10\text{ N}$

$V_3 = -40\sin 30° = -20\text{ N}$

$V_4 = 0$

$\sum V = V_1 + V_2 + V_3 + V_4 = -8.79\text{ N}$

$\therefore\ R = \sqrt{(123.17)^2 + (-8.79)^2} = 123.48\text{ N}$

$\tan\alpha = \dfrac{-8.79}{123.17} = -0.07$

$\alpha = -4° \quad \therefore\ \alpha = 356°$

03 | 힘의 분해

물체에 작용하는 하나의 힘은 같은 크기를 갖는 2개 이상의 힘으로 나눌 수 있다. 이 나누어진 힘을 분력이라고 하고, 분력을 구하는 것을 힘의 분해라고 한다.
한 개의 힘을 그와 똑같은 효력을 가지는 두 개 이상의 힘으로 나누는 것을 힘의 분해(decomposition of force)라고 하며 이 나누어진 힘을 분력(component)이라 한다. [그림 1.11]의 (a)에서 한 개의 힘 R을 두 개의 분력 P_1과 P_2로 나누자면 ΔABC에서 sine법칙에 의하여

$$\frac{P_2}{\sin\theta} = \frac{P_1}{\sin(\alpha-\theta)} = \frac{R}{\sin(180°-\alpha)} = \frac{R}{\sin\alpha}$$

위의 식에서

$$P_1 = \frac{\sin(\alpha-\theta)}{\sin\alpha} \cdot R$$
$$P_2 = \frac{\sin\theta}{\sin\alpha} \cdot R \qquad (1.6)$$

또 그림 (b)에서와 같이 $\alpha = 90°$일 때

$$P_1 = R\cos\theta$$
$$P_2 = R\sin\theta \qquad (1.7)$$

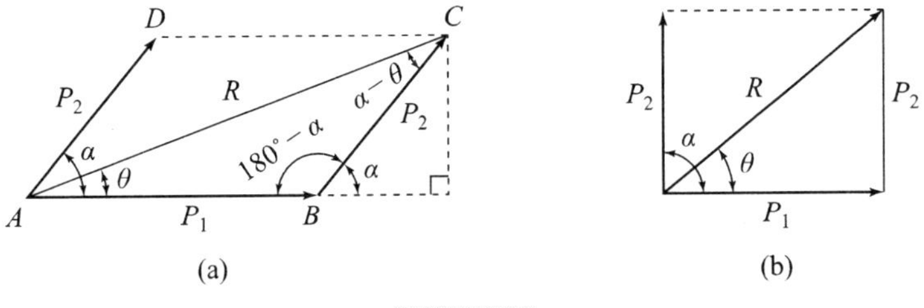

그림 1.11

두 힘의 방향 : cosine(제2) 법칙을 이용하여 구한다.

$$\cos\beta = \frac{P_2^2 + R^2 - P_1^2}{2P_2R}, \quad \cos\alpha = \frac{P_1^2 + R^2 - P_2^2}{2P_1R}$$

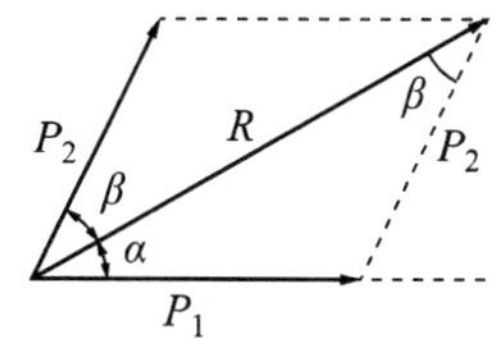

1.6 [그림 1.12]와 같은 힘을 60°와 30° 방향으로 분해하여라.

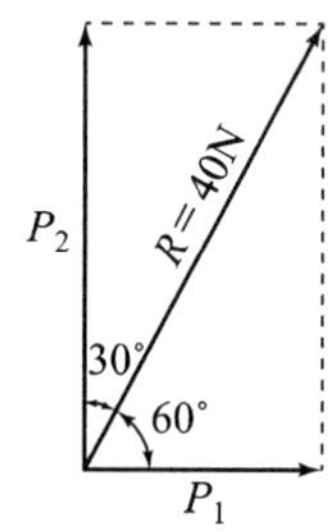

그림 1.12

풀이

식 (1.7)에 의하여

$$P_1 = 40\cos 60° = 20\ \text{N}$$

$$P_2 = 40\sin 60° = 34.64\ \text{N}$$

1.7 [그림 1.13]과 같이 $R = 90$ N의 힘을 $P_1 = 70$ N, $P_2 = 45$ N의 두 힘으로 분해하여라.

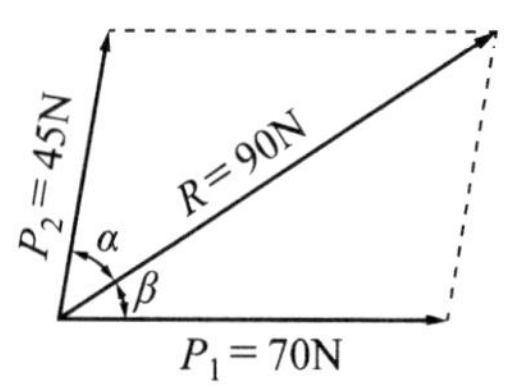

그림 1.13

풀이

$$R^2 = P_1^2 + P_2^2 + 2P_1P_2\cos(\alpha + \beta)$$

$$\cos(\alpha + \beta) = \frac{R^2 - P_1^2 - P_2^2}{2P_1P_2} = \frac{90^2 - 70^2 - 45^2}{2 \times 70 \times 45} = 0.1865$$

$$\therefore\ \alpha + \beta = 79°15'3''$$

$$\frac{90}{\sin(\alpha + \beta)} = \frac{70}{\sin\alpha}$$

$$\sin\alpha = \frac{70}{90}\sin(\alpha + \beta) = 0.76413$$

$$\therefore\ \alpha = 49°49'47''$$

$$\beta = 79°15'3'' - 49°49'47'' = 29°25'16''$$

04 | 힘의 모멘트

4.1 모멘트의 크기 및 부호

모멘트 하중은 물체를 회전시키려고 하는 힘을 말한다.

모멘트 : (힘)×(수직거리) ⇒ $M = Pl$

로 나타나며 기하학적인 의미는 힘을 밑변으로 하고 모멘트 중심을 꼭지점으로 하는 삼각형 넓이의 2배이다.

$$Mo = Pl = 2 \cdot \Delta abo = 2 \cdot A \left[\begin{array}{l} P = \dfrac{2A}{l} \\ Mo = 2A \\ A = \dfrac{Mo}{2} \end{array} \right.$$

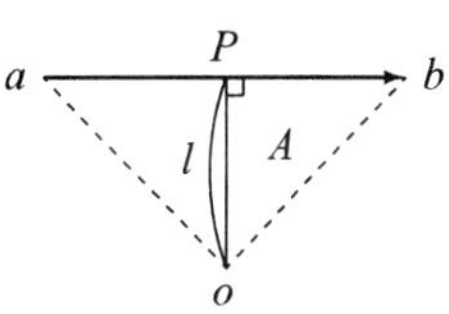

그림 1.14

그리고 모멘트의 부호는

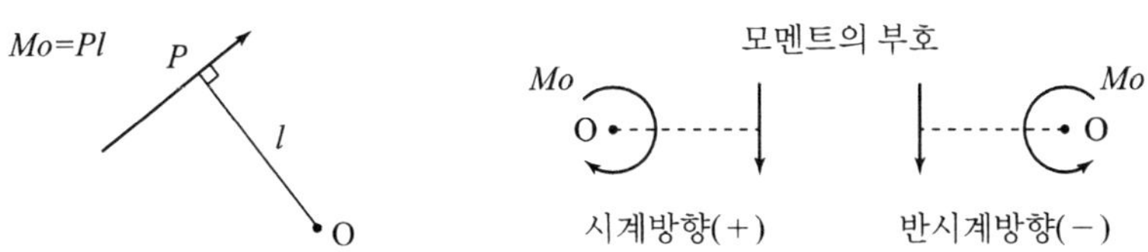

그림 1.15

4.2 우력 모멘트

크기가 같고 방향이 서로 반대인 한 쌍의 평행한 힘을 우력(couple force) 또는 짝힘이라 하며, 우력을 받는 물체는 회전력을 받게 된다.

이를 우력모멘트(moment of couple)라고 한다. 예를 들면 [그림 1.16] (a)에서 임의의 점 O에 대한 모멘트는

$$M = P\,l_2 - P\,l_1 = P\,(l_2 - l_1) = P\,l$$

그림 (b)에서

$$M = P\,l_1 + P\,l_2 = P\,(l_1 + l_2) = P\,l \tag{1.8}$$

로서 항상 일정함을 알 수 있다. 즉, 우력의 모멘트는 평면내의 어떠한 점에 대해서도 그 모멘트의 값은 항상 일정하다.

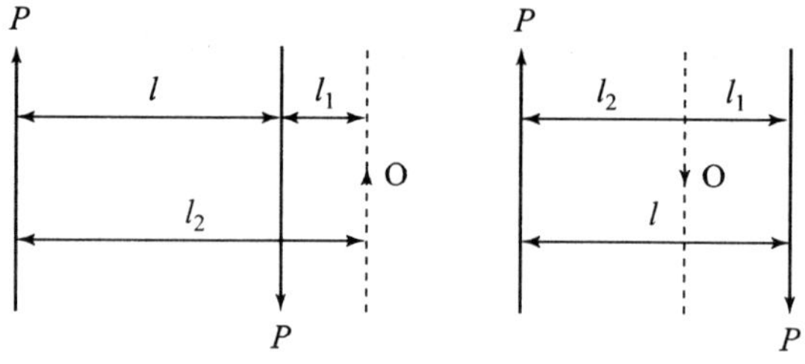

그림 1.16

4.3 바리농의 정리

① 정의 : 여러 힘의 한 점에 대한 모멘트의 대수합은 합력의 그 점에 대한 모멘트와 같다.

⇒ 분력의 모멘트 합은 합력의 모멘트와 같다.

합력의 모멘트 = Σ분력의 모멘트

② 응용 : 합력의 작용점을 구할 때 사용한다.

$$P_1 \cdot l_1 - P_2 \cdot l_2 + P_3 \cdot l_3 + P_4 \cdot l_4 = R \cdot x$$

$$\therefore\ x = \frac{1}{R}(P_1 \cdot l_1 - P_2 \cdot l_2 + P_3 \cdot l_3 + P_4 \cdot l_4)$$

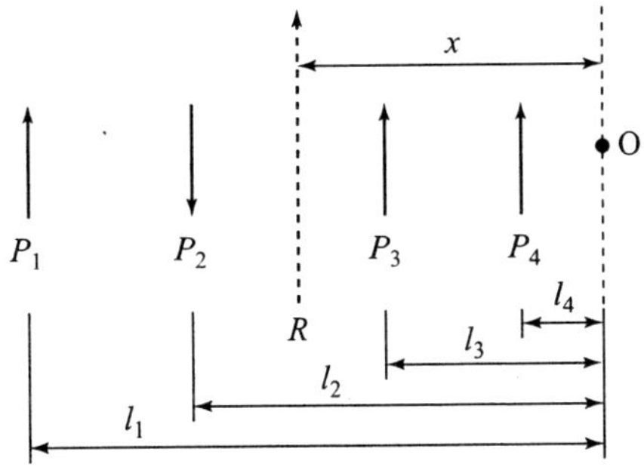

그림 1.17

1.8 [그림 1.18]과 같은 평행력의 합력의 크기와 작용선의 위치를 구하여라.

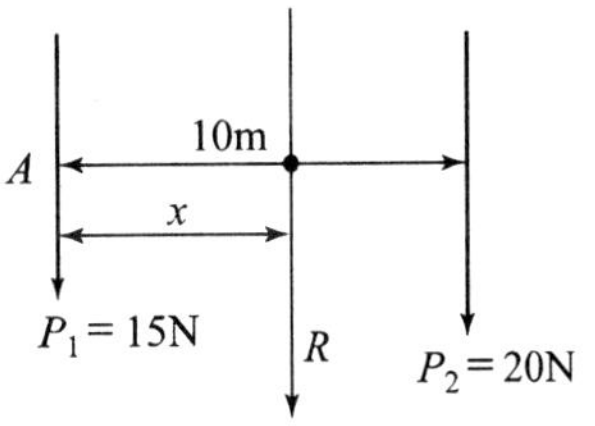

그림 1.18

풀이

$$R = P_1 + P_2 = 15 + 20 = 35\ \text{N}(\text{합력})$$

합력의 모멘트 = Σ분력의 모멘트

A점을 기준으로 할 때

합력의 모멘트 = $R \times x$

Σ분력의 모멘트 = $P_1 \times 0 + 20 \times 10$

$$\therefore 35 \times x = 20 \times 10$$

$$x = \frac{20 \times 10}{35} \fallingdotseq 5.71\,\text{m}$$

A점으로부터 오른쪽으로 5.71 m 위치에 합력 35N이 작용한다.

1.9 [그림 1.19]와 같은 힘들의 합력의 작용선과 합력의 크기를 구하여라.

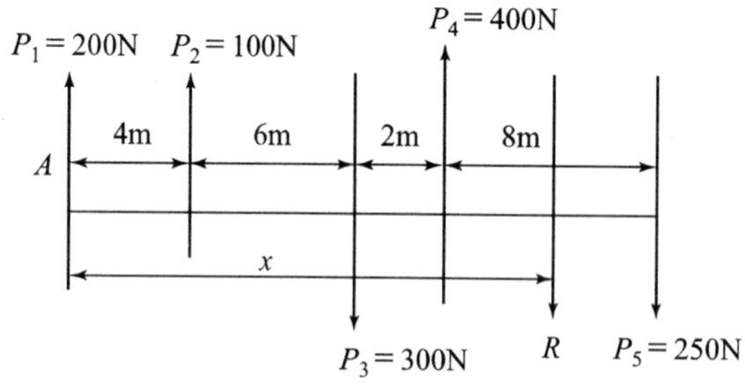

그림 1.19

풀이

합력의 크기

$$R = 200 + 100 - 300 + 400 - 250 = 150 \text{ N}$$

합력의 M = 분력의 모멘트의 합이므로 A점을 기준점으로 하면

$$150 \times x = 250 \times 20 - 400 \times 12 + 300 \times 10 - 100 \times 4$$

$$\therefore \; x = \frac{M}{R} = \frac{-100 \times 4 + 300 \times 10 - 400 \times 12 + 250 \times 20}{150} = \frac{2{,}800}{150} = 18.67 \text{ m}$$

∴ A점으로부터 우로 18.67 m에 합력 R이 작용함을 알 수 있다.

05 | 힘의 평형

5.1 힘의 평형조건

여러 힘이 물체에 동시에 작용하고 있더라도 그 물체가 이동도 회전도 하지 않고 정지 상태에 있을 때 이 물체는 평형상태에 있다고 한다.

즉, 작용하는 힘과 부재의 응력의 합력이 0이 되어야 하며 2 우력의 경우는 합력이 0이더라도 회전하므로 정지의 상태로 되지 않는다. 따라서, 힘의 모멘트도 0이어야 한다.

그러므로, 평형상태가 이루어지기 위해서는 다음의 세 가지 조건이 필요하다.

힘의 평형의 3조건	
각 힘의 수평분력의 총합은 0이다.	$\sum H=0$
각 힘의 수직분력의 총합은 0이다	$\sum V=0$
각 힘의 모멘트의 총합은 0이다.	$\sum M=0$

1.10 [그림 1.20]과 같이 네 개의 힘과 P_1, P_2가 서로 평형을 이루고 있다. P_1, P_2의 크기를 구하여라.

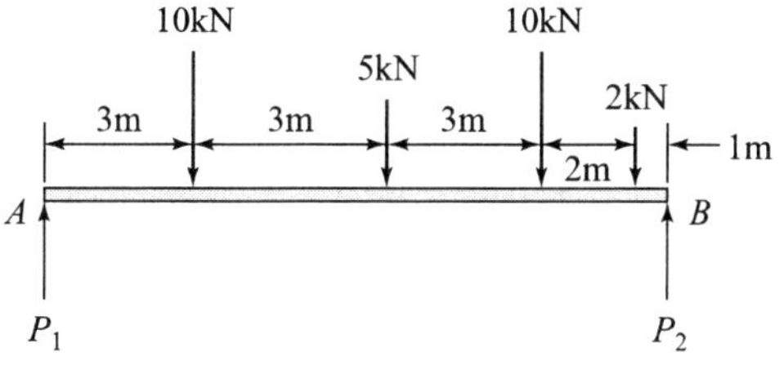

그림 1.20

풀이

$\sum M_B=0$에서 $M_B=12P_1-10\times9-5\times6-10\times3-2\times1=0$

$$\therefore\ P_1=\frac{10\times9+5\times6+10\times3+2\times1}{12}=\frac{162}{12}=12.67\text{ kN}$$

$\sum V=0$에서 $\sum V=P_1+P_2-10-5-10-2=0$

$$\therefore\ P_2=27-P_1=27-12.67=\ 14.33\text{ kN}$$

5.2 라미(Lami)의 정리(sine 법칙, 정현법칙)

동일평면상의 한 점에서 작용하는 세 힘이 서로 평형을 이루고 있을 때, 세 힘에 의해 만들어지는 힘의 다각형은 폐합되며, 이 폐합 다각형에서 각 힘은 다른 두 힘의 사이각의 sin 값에 비례한다.

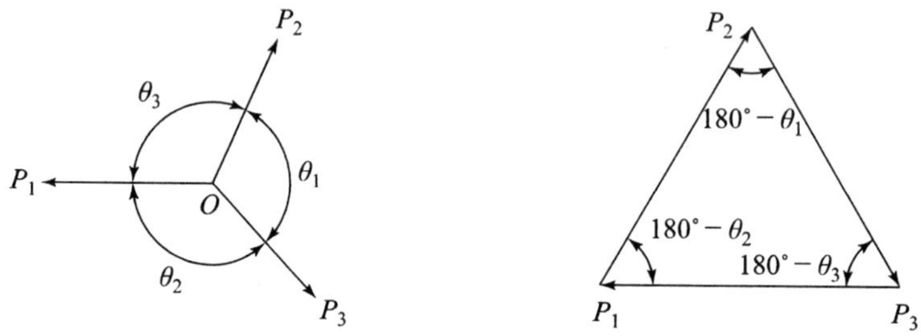

그림 1.21 라미의 정리

$$\frac{P_1}{\sin(180^\circ - \theta_1)} = \frac{P_2}{\sin(180^\circ - \theta_2)} = \frac{P_3}{\sin(180^\circ - \theta_3)}$$

$$\frac{P_1}{\sin\theta_1} = \frac{P_2}{\sin\theta_2} = \frac{P_3}{\sin\theta_3}$$

1.11 [그림 1.22]에서 AC, BC가 받는 장력을 구하여라.

풀이

sin 법칙에 의해 풀면

$$\frac{400}{\sin 90^\circ} = \frac{T_1}{\sin 60^\circ} = \frac{T_2}{\sin 30^\circ}$$

$$\therefore\ T_1 = \frac{\sin 60^\circ}{\sin 90^\circ} \times 400 = 346.41\,\mathrm{N}$$

$$\therefore\ T_2 = \frac{\sin 30^\circ}{\sin 90^\circ} \times 400 = 200\,\mathrm{N}$$

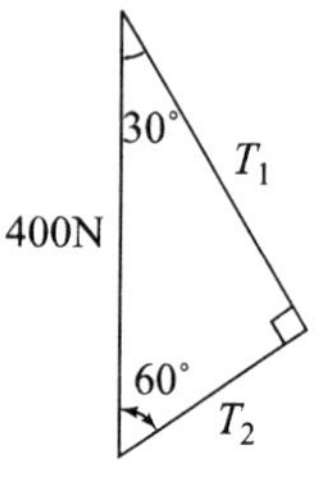

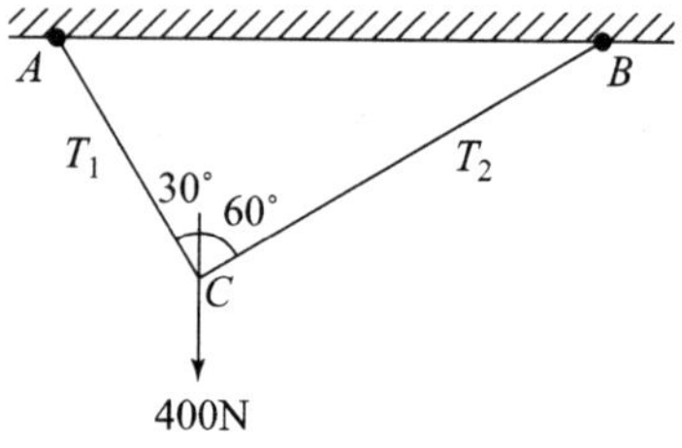

그림 1.22

1.12 [그림 1.23]에서 AC와 BC에 작용하는 힘을 구하여라.

풀이

$\sum V=0$에서 $AC\sin 30°-300=0$

$$\therefore\ AC=\frac{300}{\sin 30°}=600\,\text{N}$$

$\sum H=0$에서 $BC+AC\cos 30°=0$

$$\therefore\ BC=-AC\cos 30°=-519.62\,\text{N}$$

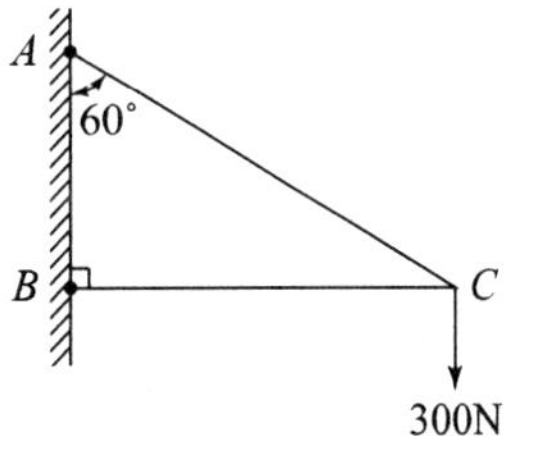

그림 1.23

1.13 [그림 1.24]와 같이 부양력 300 N인 기구가 수평선과 60°의 각도를 이루고 정지 상태에 있을 때 풍압(W) 및 로우프(AB)에 작용하는 장력을 구하여라.

풀이

$\sum V=0$에서 $300-T\sin 60°=0$

$$\therefore\ T=\frac{300}{\sin 60°}=346.42\,\text{N}$$

$\sum H=0$에서 $T\cos 60°-W=0$

$$\therefore\ W=T\cos 60°=346.42\cos 60°=173.21\,\text{N}$$

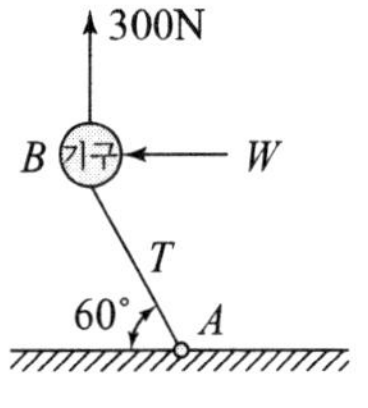

그림 1.24

1.14 그림에서 기둥을 전도시키려면 몇 N 이상의 힘이 필요한가?

풀이

$$\sum M_A=0$$

$$-P\times 10+100\times 2.5=0$$

$$\therefore\ P=\frac{250}{10}=25\,\text{N}$$

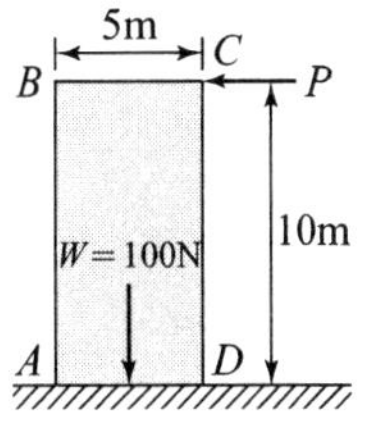

그림 1.25

1.15 그림에서 같이 30 cm 높이의 턱을 하중 5 N인 자동차 바퀴가 넘어가려면 얼마의 힘 P가 필요한가?

풀이

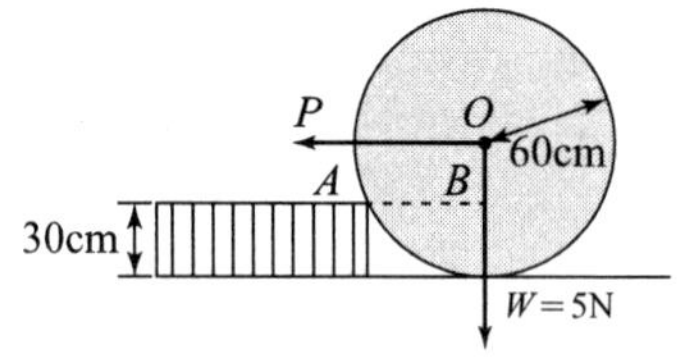

그림 1.26

$$\sum M_A = 0$$

$$W \cdot (AB) - P \cdot (OB) = 0$$

$$\therefore\ P = \frac{W \cdot AB}{OB} = \frac{5 \times 0.52}{0.3} = 8.67\ \text{N}$$

$$AB^2 + OB^2 = AO^2$$

$$\therefore\ AB = \sqrt{(AO)^2 - (OB)^2} = \sqrt{(0.6)^2 - (0.3)^2} = 0.52\ \text{m}$$

1.16 [그림 1.27]과 같이 AC, BC 양쪽 부재의 끝에 7 kN의 하중을 매달았을 때 AC, BC 양쪽 부재에 작용하는 힘을 구하여라.

풀이

[그림 1.27]에서 C점에 작용하는 힘의 평형을 생각한다.
상향의 힘을 (+), 하향의 힘을 (−)로 한다.

$\sum V = 0$에서

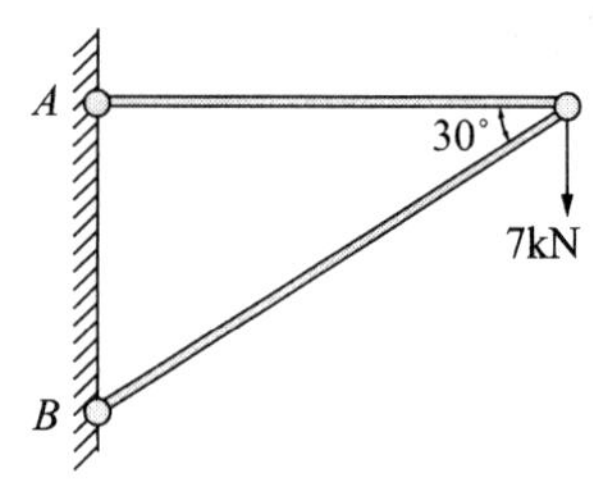

$$-7 - P_{BC}\sin 30° = 0$$

$$\therefore\ P_{BC} = \frac{-7}{\sin 30°} = \frac{-7}{0.5} = -14\ \text{kN}(\text{압축력})$$

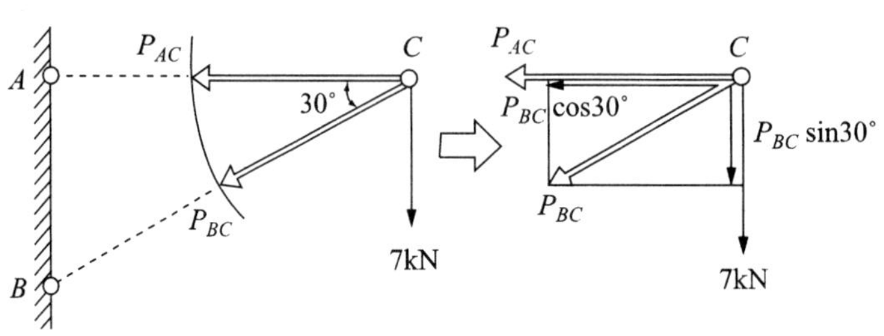

그림 1.27

$\sum H = 0$에서

$$-P_{AC} - P_{BC}\cos 30° = 0$$

$$\therefore\ P_{AC} = -P_{BC}\cos 30° = -(-14) \times 0.866 = 12.12\ \text{kN}(\text{인장력})$$

[별해 1]

[그림 1.28]에서 A점, B점의 모멘트의 평형을 생각한다. 오른쪽 회전의 힘을 (+), 왼쪽 회전의 힘을 (−)로 한다.

$$7 \times \overline{AC} + P_{BC} \times l = 0$$

$$\therefore\ P_{BC} = \frac{-7 \times \overline{AC}}{l} = \frac{-7 \times \overline{AC}}{\overline{AC}\sin 30°} = \frac{-7}{0.5} = -14\ \text{kN}(\text{압축력})$$

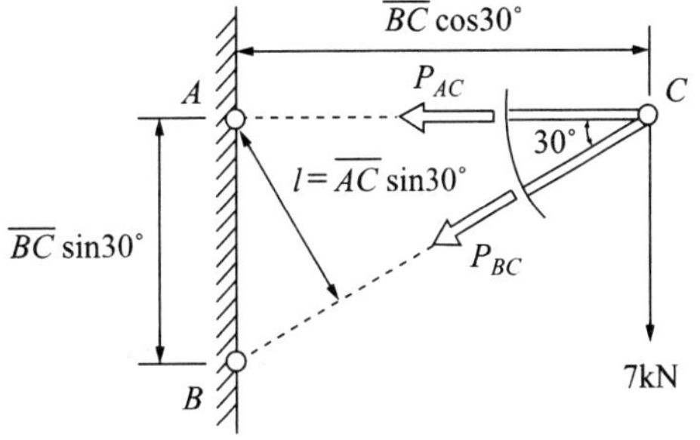

그림 1.28

[별해 2]

라미의 정리를 이용하면

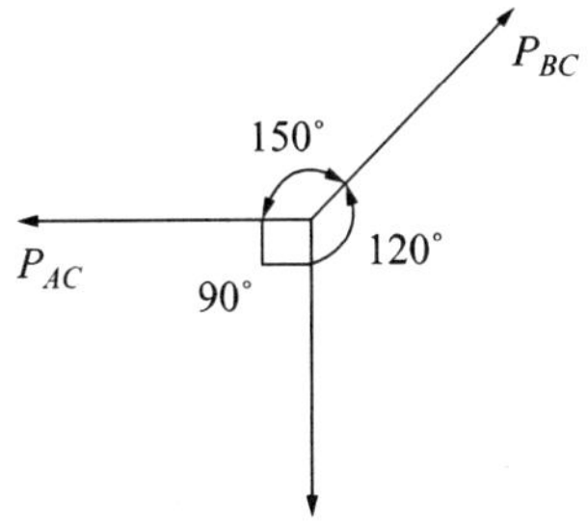

또는

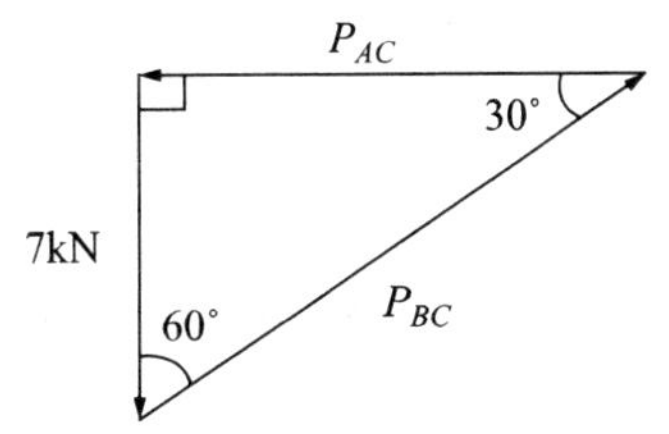

$$\frac{7}{\sin 30°} = \frac{P_{BC}}{\sin 90°} = \frac{P_{AC}}{\sin 60°}$$

$$P_{BC} = \frac{7 \times \sin 90°}{\sin 30°} = \frac{7 \times 1}{0.5} = 14\ \text{kN}$$

$$P_{AC} = \frac{70 \times \sin 60°}{\sin 30°} = 12.12\ \text{kN}$$

1.17 그림과 같은 구조물의 C점에 10 kN의 하중이 작용했을 때, T_1이 받는 힘은 얼마인가

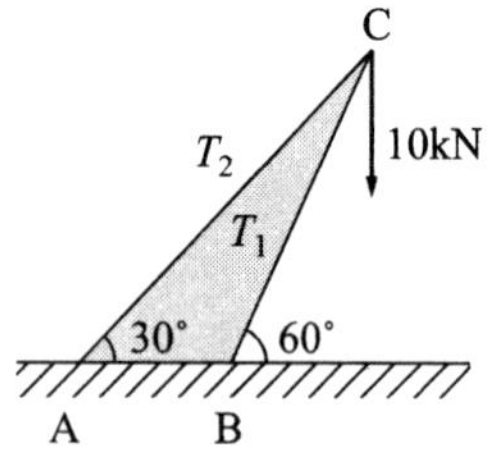

풀이

sine 법칙을 이용하면 $\dfrac{10{,}000}{\sin 30^\circ} = \dfrac{T_1}{\sin 120^\circ}$

$$\therefore\ T_1 = \frac{\sin 120^\circ}{\sin 30^\circ} \times 10{,}000 = \frac{\sqrt{3}/2}{1/2} \times 10{,}000 = \sqrt{3} \times 10{,}000$$

$$= 17{,}320\text{kN} = 17.32\text{kN}\ (\text{압축})$$

5.3 도르레

도르레의 사용목적은 적은 힘으로 같은 크기의 일을 하기 위한 것이다.

가. 고정 도르레

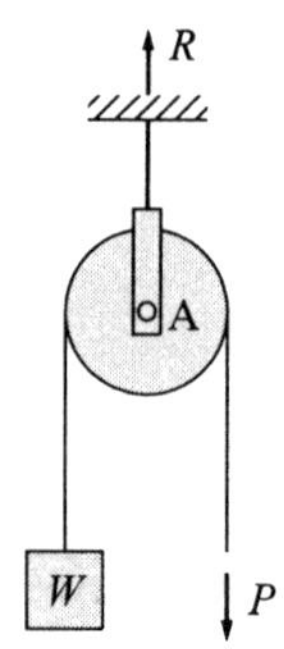

$$\sum M_A = 0,\ \circlearrowright$$

$$-W(r) + P(r) = 0 \Rightarrow P = W$$

$$\sum V = 0,\ \uparrow +$$

$$R - W - P = 0 \Rightarrow R = 2P$$

나. 움직 도르레

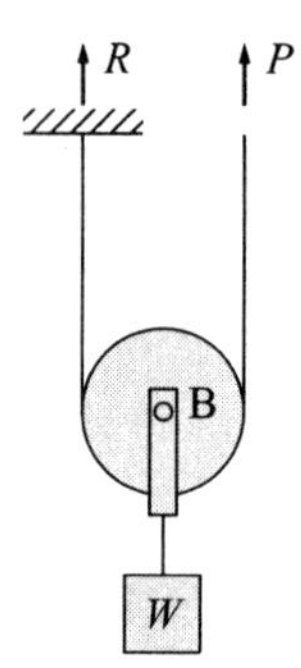

$$\sum M_B = 0,\ \circlearrowright$$

$$R(r) + P(r) = 0 \Rightarrow R = P$$

$$\sum V = 0,\ \uparrow +$$

$$R + P - W = 0 \Rightarrow R = P = \frac{W}{2}$$

다. 결합 도르레

수직 평형방정식을 이용하여 A-B-C 순서로 해석한다.

도르레 C에서 수직력의 합이 0인 수직력에 대한 평형방정식을 이용하면 $P+2P+P=W$이다.

즉 $P=W/4$

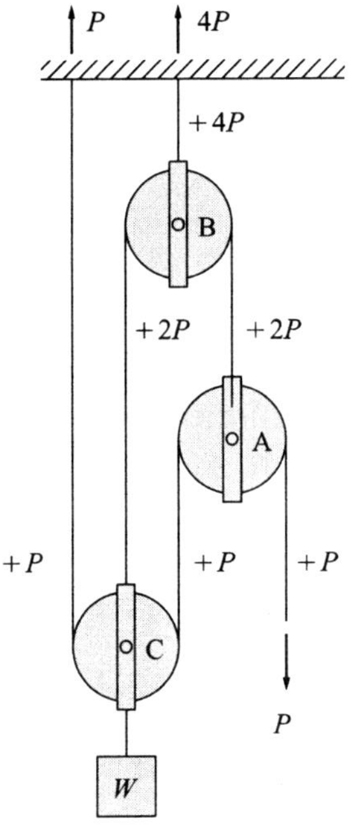

제1장 연습문제

01. [그림 1.29]에서 3개의 힘 P_1, P_2, P_3의 O점에 대한 모멘트를 구하여라.

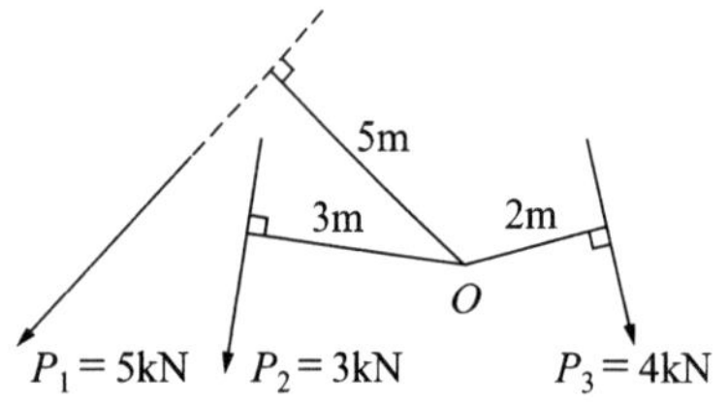

그림 1.29

answer -26 kN·m

02. [그림 1.30]에서 P_1과 P_2의 합력을 구하여라.

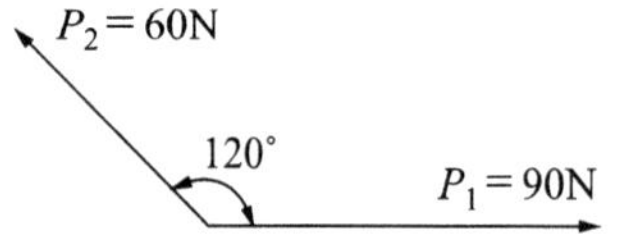

그림 1.30

answer 79.37 N

03. [그림 1.31]에서 평행력의 합력 및 작용점의 위치를 구하여라.

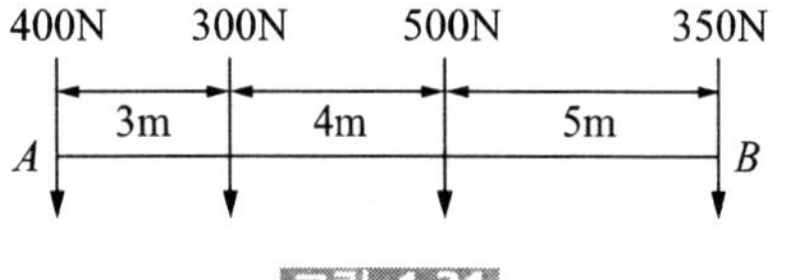

그림 1.31

answer 1550 N, A로부터 5.55 m

04. [그림 1.32]에서 세 개의 힘의 합력을 구하여라.

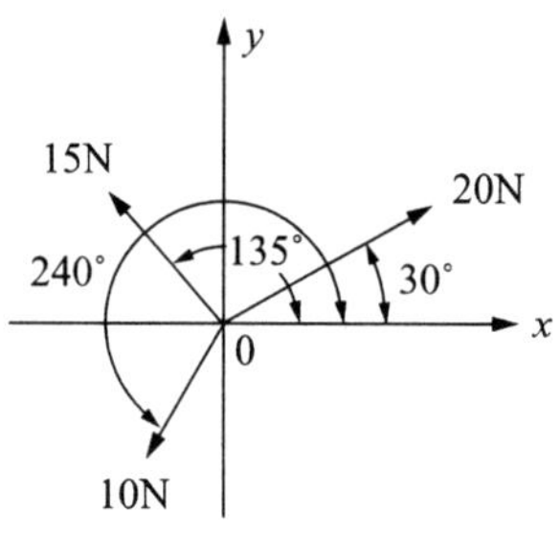

그림 1.32

answer 12 N, 82°

05. [그림 1.33]에서 AC, BC의 작용력을 구하여라.

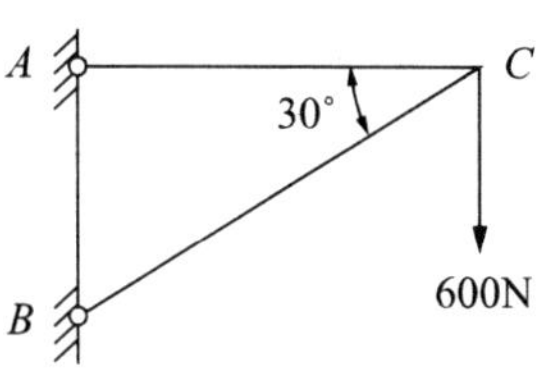

그림 1.33

answer AC= 1,039 N, BC= $-$1,200 N

06. [그림 1.34]와 같은 힘의 합력과 합력의 위치를 구하여라.

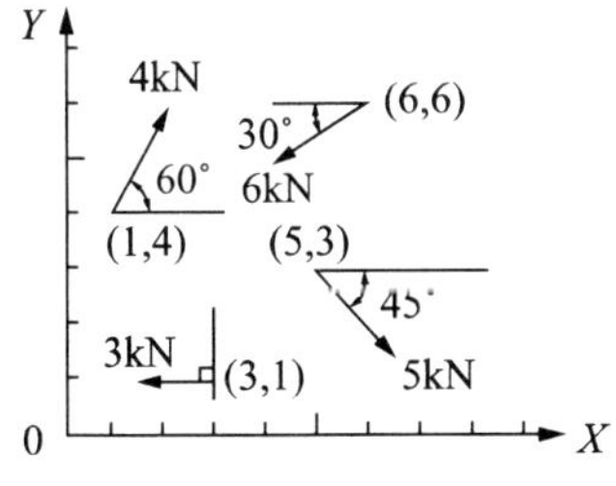

그림 1.34

answer

$R = 4\text{kN},\ \alpha \fallingdotseq 230°,\ x_o = 10\text{m},\ y_o = 6\text{m}$

07. [그림 1.35]와 같은 콘크리트 기둥을 전도시키는데 최소 몇 kN 이상의 힘을 C점에 작용시켜야 하는가?

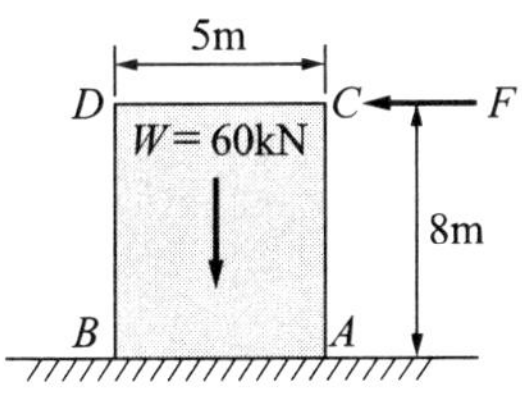

그림 1.35

answer 18.75 kN

08. [그림 1.36]과 같이 로프 끝에 10 kN의 물체를 매달아 연직방향과 30°의 각을 이루도록 하자면 몇 N의 수평력이 필요하며, 이때 로프에 작용하는 장력 T는 얼마인가?

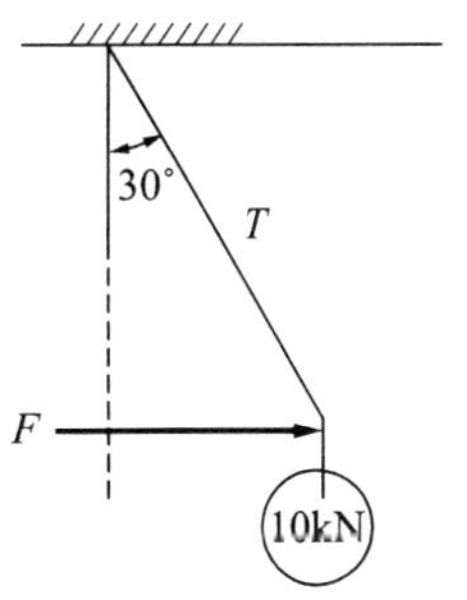

그림 1.36

answer $F = 5.77$ kN, $T = 11.55$ kN

09. [그림 1.37]에서 AB 및 BC의 장력을 구하여라.

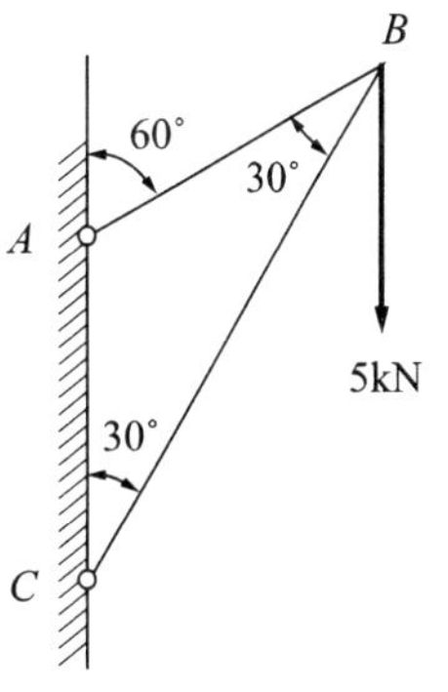

그림 1.37

answer $AB = 5\text{kN}$(인장), $BC = 8.66\text{kN}$(압축)

10. 그림과 같이 큰 반지름 $R = 20\text{cm}$와 작은 반지름 $r = 10\text{cm}$의 활차를 고정하여 일체로 한 다음 $W = 80\text{kN}$을 힘 P로서 끌어 올리려고 할 때 P의 크기를 구하여라.

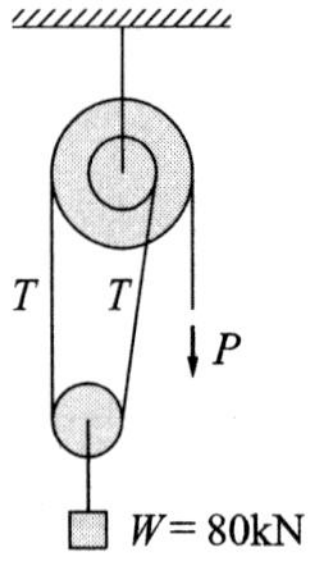

그림 1.38

answer $P = 20\text{kN}$

제 2 장

단면의 성질

구조물의 외부에 하중이 작용하면 부재의 내부에는 단면력과 응력과 변형이 발생하며 부재의 기하학적 모양에 따라 여러 변화가 생긴다. 여기에는 간단한 직사각형, 원형 및 삼각형의 모양에 따른 단면의 기하학적 성질을 다룬다.

01 | 단면 일차 모멘트와 도심

구조물의 부재단면은 도형으로 나타낼 수 있다. 도형의 중심을 구하는 것은 부재단면의 성질을 알기 위한 기초가 된다. 원·사각형·삼각형·사다리꼴의 중심은 [그림 2.1]에 표시된 것과 같다. 토목구조물의 부재단면은 사각형 단면을 조합한 것이 많다. 이와 같이 **부재단면의 중심을 도심이라고 한다**.

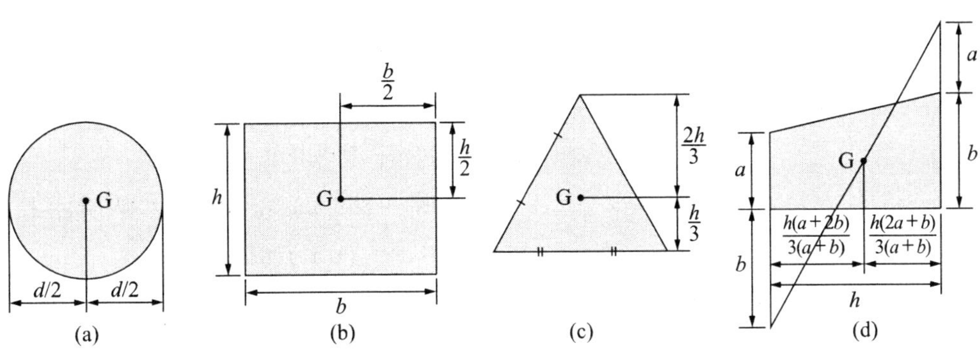

그림 2.1

1.1 단면 1차 모멘트

미소 면적과 구하려는 축에서부터 미소 면적의 도심까지의 거리를 곱하여, 전체 단면에 대하여 적분한 값을 단면 1차 모멘트(기하학적 모멘트)라 한다.

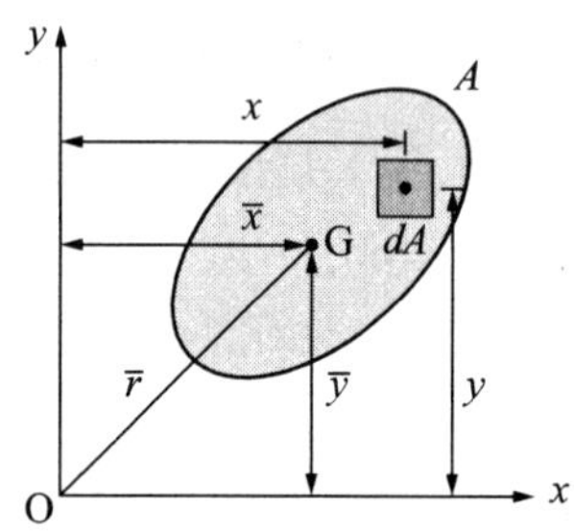

그림 2.2

$$\begin{Bmatrix} G_x = \int_A y \cdot dA = A \cdot \overline{y} = (\text{면적}) \times (\text{도심까지의 거리}) \\ G_y = \int_A x \cdot dA = A \cdot \overline{x} \end{Bmatrix}$$

여기서, A : 전체 면적

dA : 미소 면적

G : 도심

x, y : 미소 면적까지의 거리

$\overline{x}$, $\overline{y}$: 도심까지의 거리

$\overline{r}$: 도심의 극좌표 거리

단면 1차 모멘트의 특성은 다음과 같다.

- 단면 1차 모멘트는 좌표축에 따라 (+), (−)의 부호를 갖는다. (예 : x축 위는 (+), x축 아래는 (−) 값이다.)
- 도심의 기호 표시는 $\overline{x}$, $\overline{y}$ 또는 x_0, y_0, x_G, y_G 등으로 표시하기도 한다.

- 도심을 지나는 축에 대한 단면 1차 모멘트는 0이다.
  ($\because \bar{x}, \bar{y}$가 0이므로)

단면 1차 모멘트는 면적과 거리를 곱한 것으로 단위는 cm^3, m^3 등이다.

2.1 다음 직사각형 단면의 x축 및 y축에 관한 단면 1차 모멘트는?

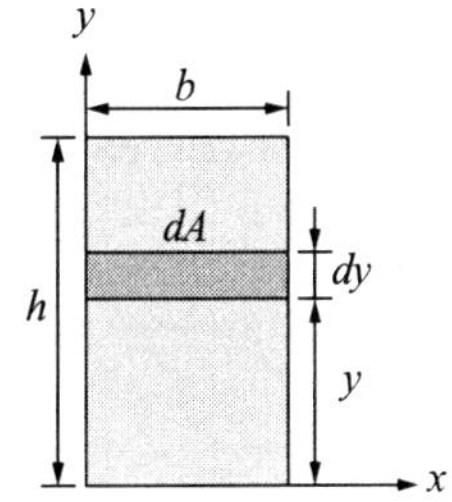

풀이

$$dA = bdy,\ G_x = \int_0^h ybdy = b\left[\frac{y^2}{2}\right]_0^h = \frac{bh^2}{2}$$

이 공식을 y축에 적용하면 $G_y = \dfrac{hb^2}{2}$이 된다.

[별해]

면적×도심까지의 거리를 이용하면 면적 $= bh$, x축으로부터 도심까지의 거리는 $h/2$ 그리고 y축으로부터 도심까지의 거리는 $b/2$이므로 다음과 같이 계산할 수 있다.

$$G_x = bh \times \frac{h}{2} = \frac{bh^2}{2}$$
$$G_y = bh \times \frac{b}{2} = \frac{b^2h}{2} \qquad (2.1)$$

2.2 [그림 2.3]에서 폭 b, 높이 h인 삼각형 단면의 x축에 대한 단면 1차 모멘트를 구하여라.

풀이

x축에 대한 단면 1차 모멘트 G_x는

$$x = b\,\frac{h-y}{h}$$

$$dA = x\,dy = \frac{(h-y)b}{h}\,dy$$

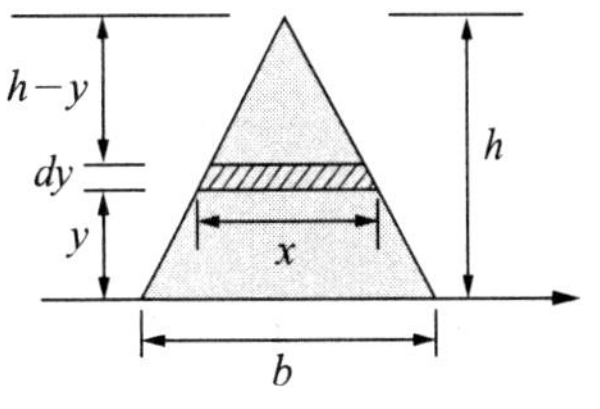

그림 2.3

$$G_x = \int_A y\,dA = \int_0^h y\frac{(h-y)b}{h}dy = \int_0^h b\left(y - \frac{y^2}{h}\right)dy$$

$$= b\left(\left[\frac{y^2}{2}\right]_0^h - \left[\frac{y^3}{3h}\right]_0^h\right) = b\left(\frac{h^2}{2} - \frac{h^2}{3}\right) = \frac{bh^2}{6}$$

[별해]

x축으로부터 도심까지의 거리가 $h/3$이므로 면적×도심까지의 거리를 이용하면

$$G_x = \frac{bh}{2} \times \frac{h}{3} = \frac{bh^2}{6}$$

2.3 [그림 2.4]에서 반지름 d인 원의 x축에 대한 단면 1차 모멘트 G_x를 구하여라.

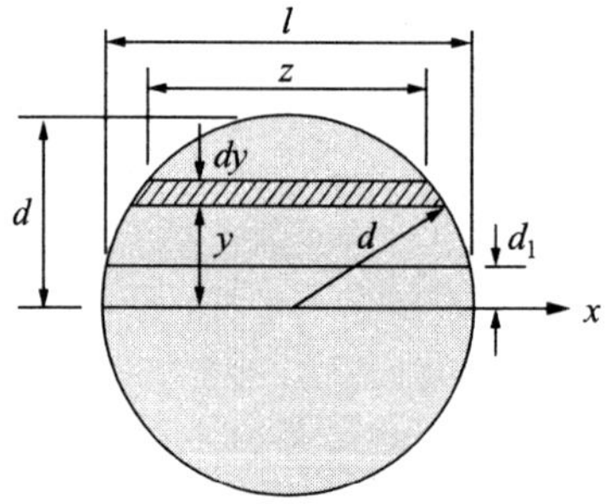

그림 2.4

풀이

미소면적 $dA = z\,dy,\ z = 2\sqrt{d^2 - y^2}$

$$G_x = \int_A y\,dA = \int_A y\,z\,dy = 2\int_{d_1}^d y\,(d^2 - y^2)^{\frac{1}{2}}dy$$

$d^2 - y^2 = F$로 놓으면 $dF = -2y\,dy$로 되고 적분한계는 $d_1 \to d$는 $(d^2 - d_1^2) \to 0$로 되므로

$$G_x = -\int_{d^2 - d_1^2}^0 F^{\frac{1}{2}}\,dF = -\left[\frac{F^{\frac{3}{2}}}{\frac{3}{2}}\right]_{d^2 - d_1^2}^0 = \frac{2}{3}(d^2 - d_1^2)^{\frac{3}{2}}$$

만일 반원이면 $d_1 = 0$ 이므로 $G_x = \frac{2}{3}d^3$으로 된다.

[그림 2.5]에서 단면적이 A인 도형의 도심 G의 좌표 $(\overline{x},\ \overline{y})$를 알 때는 이 도형의 단면 1차 모멘트 G_x, G_y는 다음 식으로 구해진다.

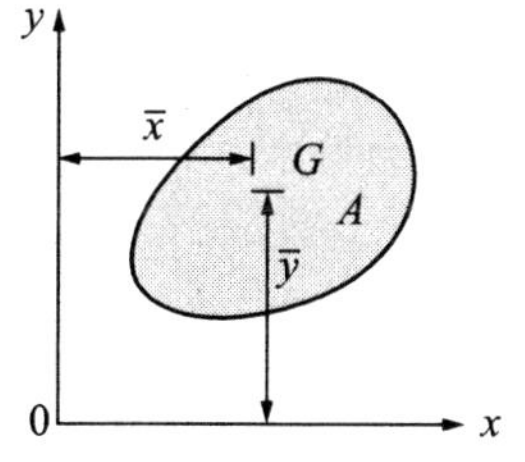

그림 2.5

$$G_x = A\ \overline{y}$$
$$G_y = A\ \overline{x} \tag{2.2}$$

[그림 2.6] (a)에서 x축에 대한 단면 1차 모멘트와 그림 (b)에서 y축에 대한 단면 1차 모멘트 G_x 및 G_y는

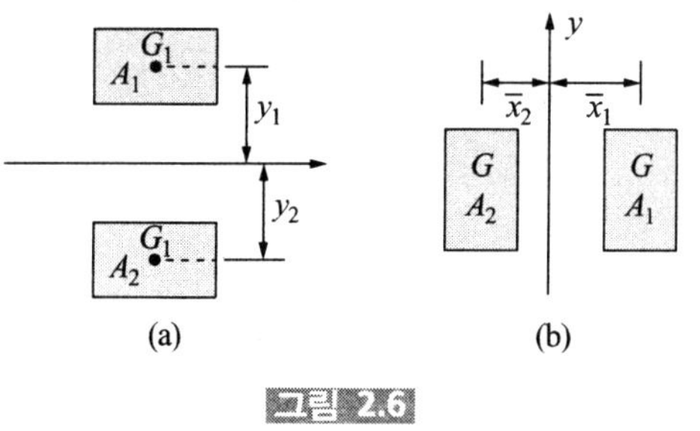

그림 2.6

$$G_x = A_1\ \overline{y_1} - A_2\ \overline{y_2}$$
$$G_y = A_1\ \overline{x_1} - A_2\ \overline{x_2}$$

로 계산된다.

이 경우 부호는 모멘트에서와 같이 (+), (−)의 부호를 갖는다. 또 속이 비어있는 도형의 단면 1차 모멘트는 다음과 같이 구한다. [그림 2.7]에서 A_1은 전체의 단면적이고 A는 속이 비어있는 부분의 단면

적이며, y_1, y_2는 x축에서 각 단면의 도심까지의 거리이다.

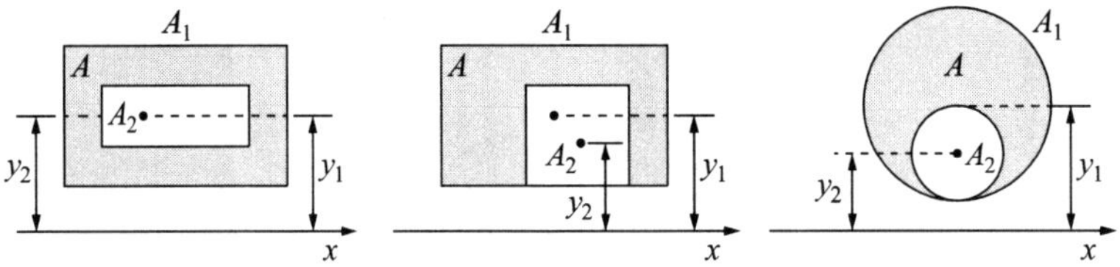

$G_x = A_1 y_1 - A_2 y_2$

그림 2.7

1.2 평행축 정리

우리가 어떤 축의 단면일차 모멘트 값을 알고 있을 경우 평행축 정리를 이용해서 다른 평행한 축의 단면일차 모멘트를 간편하게 계산할 수 있다.

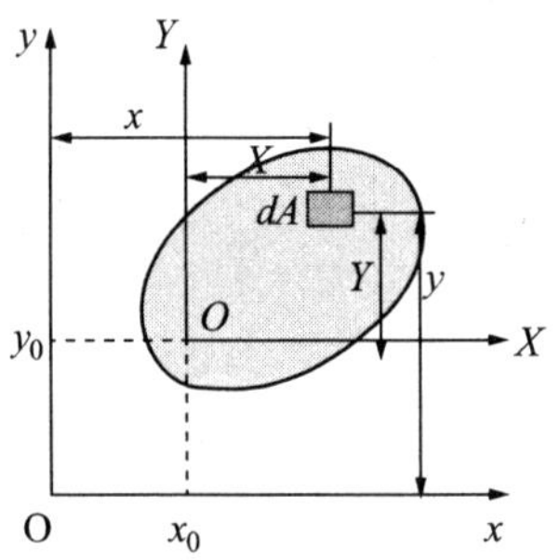

그림 2.8

$y = Y + y_0$, $x = X + x_0$이므로

$$G_x = \int_A y\, dA = \int_A (Y + y_0)\, dA = \int_A Y\, dA + y_0 \int_A dA = G_X + y_0 A$$

$$G_y = G_Y + x_0 A \tag{2.3}$$

2.4 [그림 2.9]에서 각축에 대한 단면 1차 모멘트 G_x, G_u, G_z를 구하여라.

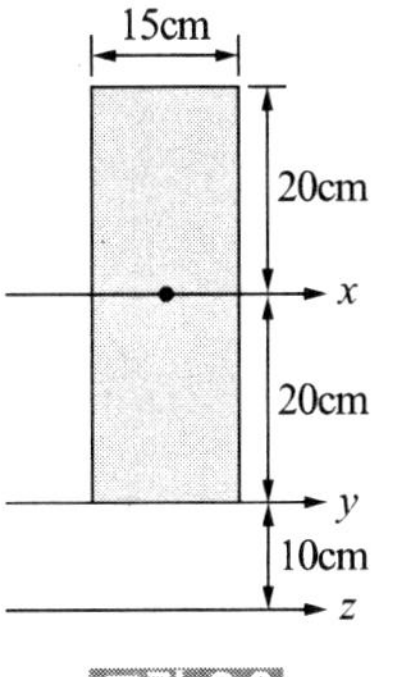

그림 2.9

풀이

$$G = A \cdot y_0$$

$$G_u = 15 \times 40 \times 20 = 12{,}000\ \text{cm}^3$$

$$G_z = 15 \times 40 \times 30 = 18{,}000\ \text{cm}^3$$

$$G_x = 0$$

2.5 그림과 같은 단면의 x축에 대한 G_x는 얼마인가?

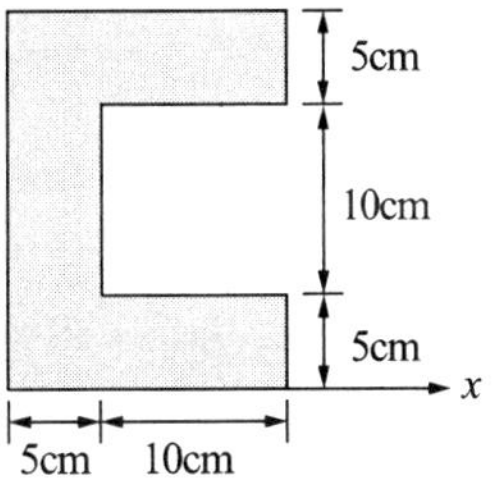

그림 2.10

풀이

[그림 2.7]과 같은 방법으로 계산하면 간편하다

$$G_x = 15 \times 20 \times 10 - 10 \times 10 \times 10$$
$$= 2{,}000\ \text{cm}^3$$

2.6 [그림 2.11]과 같은 단면형태의 x축, y축에 관한 단면 1차 모멘트 G_x, G_y를 구하여라.

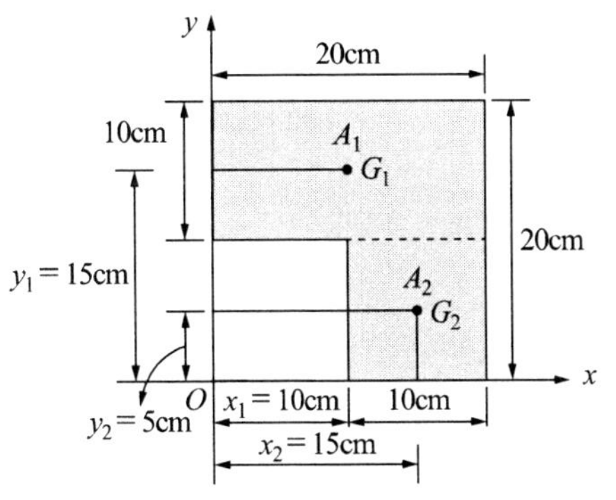

그림 2.11

풀이

단면적 $A_1 = 20 \times 10 = 200\ \text{cm}^2$, $A_2 = 10 \times 10 = 100\ \text{cm}^2$

x축으로부터 $A_1 A_2$의 중심까지의 거리 $y_1 = 15\ \text{cm}$, $y_2 = 5\ \text{cm}$

y축으로부터 $A_1 A_2$의 중심까지의 거리 $x_1 = 10\ \text{cm}$, $x_2 = 15\ \text{cm}$

x, y축에 관한 단면 1차 모멘트 G_x G_y는

$$G_x = A_1 y_1 + A_2 y_2 = 200 \times 15 + 100 \times 5 = 3{,}500\ \text{cm}^3$$

$$G_y = A_1 x_1 + A_2 x_2 = 200 \times 10 + 100 \times 15 = 3{,}500\ \text{cm}^3$$

1.3 도심

어느 도형의 한 점을 지나는 직교좌표에 대한 단면 1차 모멘트가 0일 때 이 점을 그 도형의 도심이라 한다. [그림 2.8]이 [그림 2.12]와 같이 O'점이 도형의 도심 G에 옮겨졌을 때는 식 (2.3)에서 $G_X = 0$, $G_Y = 0$으로 되므로 x, y축으로부터 도심까지의 거리 $\overline{x}$, $\overline{y}$는

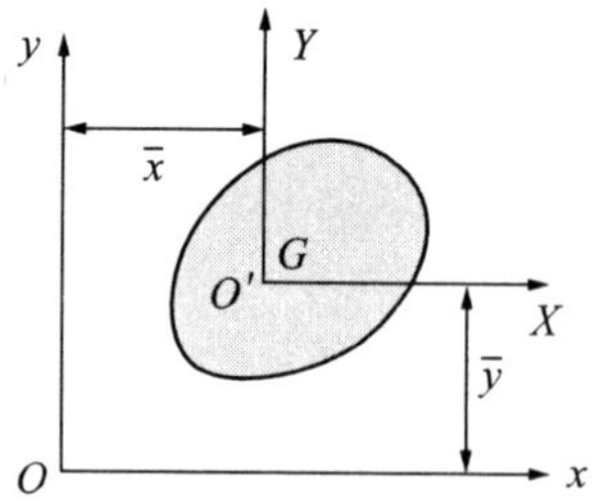

그림 2.12

$$\overline{x} = \frac{G_y}{A}$$
$$\overline{y} = \frac{G_x}{A} \tag{2.4}$$

단면적이 A_1, A_2, $\cdots$인 많은 도형이 모여 하나의 도형을 이루고 있

을 때 이 도형의 좌표축 x, y에 대한 도심의 위치($\bar{x}$, $\bar{y}$)는 다음 식으로 구해진다.

$$\bar{x} = \frac{A_1x_1 + A_2x_2 + \cdots + A_nx_n}{A_1 + A_2 + A_3 + \cdots + A_n} = \frac{\sum A \cdot x}{\sum A}$$
$$\bar{y} = \frac{A_1y_1 + A_2y_2 + \cdots + A_ny_n}{A_1 + A_2 + A_3 + \cdots + A_n} = \frac{\sum A \cdot y}{\sum A} \tag{2.5}$$

여기서 (x_1, y_1), (x_2, y_2), $\cdots$, (x_n, y_n)는 각 도형의 도심의 좌표이다.

2.7 [그림 2.13]에서 x축으로부터 빗금 부분의 도형에 대한 도심까지의 거리 $\bar{y}$를 구하여라.

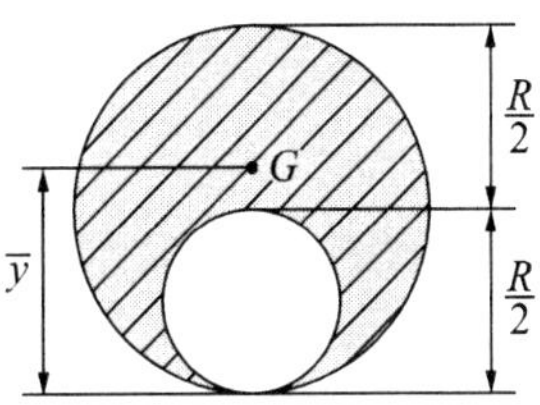

그림 2.13

풀이

도형 전체의 단면적 : A_1
빗금친 부분의 단면적 : A
빗금이 없는 부분의 단면적 : A_2라 하고
각각의 단면 1차 모멘트를 G_{x1}, G_x, G_{x2}라 하면

$$G_{x1} = A_1\, y_1 = \frac{\pi R^2}{4} \cdot \frac{R}{2} = \frac{\pi R^3}{8}$$

$$G_{x2} = A_2\, y_2 = \frac{\pi\left(\frac{R}{2}\right)^2}{4} \cdot \frac{R}{4} = \frac{\pi R^3}{64}$$

$$G_x = G_{x1} - G_{x2} = \frac{7\pi R^3}{64}$$

$$A = A_1 - A_2 = \frac{3\pi R^2}{16}$$

$$\therefore\ \bar{y} = \frac{G_x}{A} = \frac{\frac{7\pi R^3}{64}}{\frac{3\pi R^2}{16}} = \frac{7}{12}R$$

2.8 [그림 2.14]에서 사다리꼴의 밑변 BC로부터 도심 G까지의 거리 $\bar{y}$를 구하여라.

풀이

BC축에 대한 단면 1차 모멘트를 G_x라 하면

$$G_x = \frac{bh}{2} \cdot \frac{2h}{3} + \frac{a \cdot h}{2} \cdot \frac{h}{3} = \frac{h^2(a+2b)}{6}$$

도심까지의 거리 $\bar{y}$는

$$\bar{y} = \frac{G_x}{A} = \frac{\frac{h^2}{6}(a+2b)}{\frac{a+b}{2} \cdot h} = \frac{h}{3} \cdot \frac{a+2b}{a+b}$$

혹은 $$\bar{y} = \frac{G_x}{A} = \frac{\sum A \cdot y}{\sum A} = \frac{\frac{1}{2}ah \cdot \frac{h}{3} + \frac{1}{2}bh \cdot \frac{2h}{3}}{\frac{1}{2}ah + \frac{1}{2}bh} = \frac{h}{3} \cdot \frac{a+2b}{a+b}$$

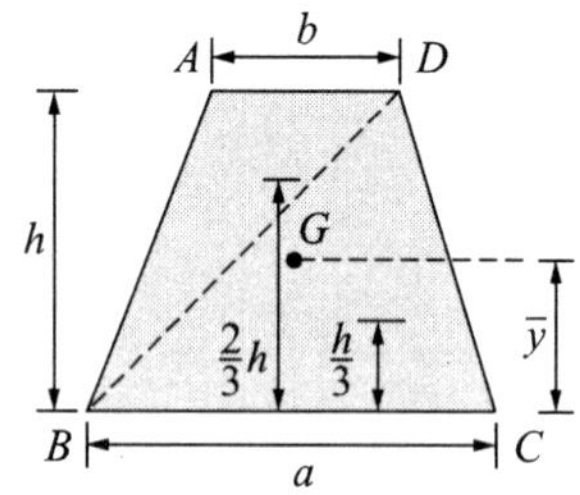

그림 2.14

2.9 [그림 2.15]와 같은 도형의 도심 $G(x_0, y_0)$를 구하여라.

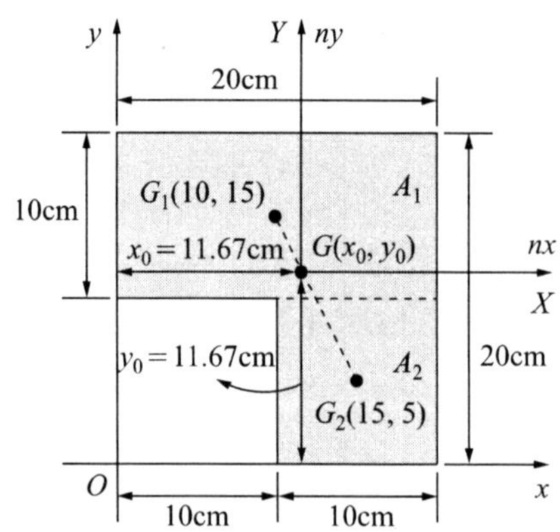

그림 2.15

풀이

x축으로부터 A_1, A_2의 중심까지의 거리 y_1, y_2는 $y_1 = 15$ cm, $y_2 = 5$ cm

y축으로부터 A_1, A_2의 중심까지의 거리 x_1, x_2는 $x_1 = 10$ cm, $x_2 = 15$ cm

x축, y축에 관한 단면 1차 모멘트는

$$G_x = A_1 y_1 + A_2 y_2 = 200 \times 15 + 100 \times 5 = 3{,}500 \text{ cm}^3$$

$$G_y = A_1 x_1 + A_2 x_2 = 200 \times 10 + 100 \times 15 = 3{,}500 \text{ cm}^3$$

도심 $G(x_0,\ y_0)$는 식 (2.4)로부터,

$$\bar{x} = \frac{G_y}{A} = \frac{G_{y_1} + G_{y_2}}{A_1 + A_2} = \frac{3{,}500}{300} = 11.7 \text{ cm}$$

$$\bar{y} = \frac{G_x}{A} = \frac{G_{x_1} + G_{x_2}}{A_1 + A_2} = \frac{3{,}500}{300} = 11.7 \text{ cm}$$

2.10 [그림 2.16]의 단면도심 $G(\bar{x},\ \bar{y})$를 구하여라.

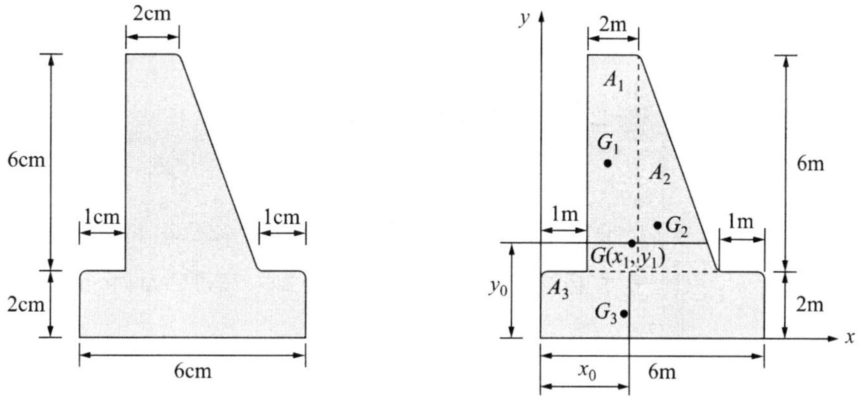

그림 2.16

풀이

구분	(m×m)	면적 $A_i(\text{m}^2)$	x축으로부터 각각 도형의 도심까지의 거리	y축에서부터 각각 도형의 도심까지의 거리 $x_i(\text{m})$	$y_i A_i(\text{m}^3)$	$x_i y_i(\text{m}^3)$
A_1	2×6	12	5	2	60	24
A_2	6×2×0.5	6	4	11/3	24	22
A_3	6×2	12	1	3	12	36
합계		$A = 30$			96	82

식(2.4)로부터

$$\bar{x} = \frac{\Sigma x_i A_i}{\Sigma A} = \frac{82}{30} = 2.73 \text{ m}$$

$$\bar{y} = \frac{\Sigma y_i A_i}{\Sigma A} = \frac{96}{30} = 3.20 \text{ m}$$

즉, 도심은 $G(2.73,\ 3.20)$로 된다.

이 예제는 차후 옹벽의 구조계산에 많이 사용된다.

02 | 단면 2차 모멘트, 단면 2차 반경 및 단면 계수

2.1 단면 2차 모멘트

x, y축에서 미소 면적에 이르는 거리의 제곱과 미소 면적을 곱하여 전단면에 대해서 적분한 것을 단면 2차 모멘트(moment of inertia)라 한다.

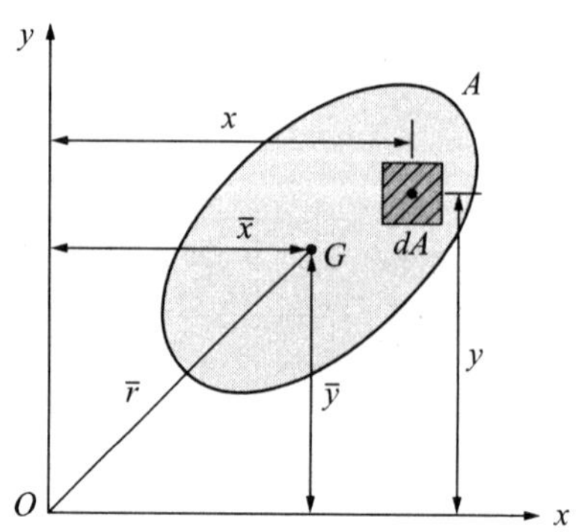

그림 2.17

$$\left\{\begin{aligned} I_x &= \int_A y^2 \cdot dA = I_X + A \cdot \bar{y}^2 \\ &= (\text{도심에 대한 } I) + (\text{면적}) \times (\text{도심까지의 거리})^2 \\ I_y &= \int_A x^2 \cdot dA = I_Y + A \cdot \bar{x}^2 \end{aligned}\right\} \tag{2.6}$$

여기서 I_X, I_Y는 도형의 도심축 X, Y에 대한 단면 2차 모멘트이며, X, Y축과 I를 구하려는 x, y축이 일치할 경우에는, $I_x = I_X$, $I_y = I_Y$이다.

단면 2차모멘트의 특성은 다음과 같다.

- 단면 2차 모멘트의 최소값은 도심에 대한 것이며, 0은 아니다.
- 정삼각형, 정사각형, 정다각형의 도심에 대한 I는 축의 회전에 관계없이 모두 같다.
- I는 좌표축에 관계없이 항상 (+)의 부호를 갖는다.
- 단면 2차 모멘트 I와 탄성계수 E를 곱한 EI를 휨강성(변형에 저항하는 성질)이라고 한다.
- I가 크면 휨강성(휨저항성)이 크고 구조적으로 안전하다.
- I를 크게 하기 위해서는 단면의 폭 b보다 높이 h를 크게 해야 한다.

2.11 [그림 2.18]에서 직사각형 단면의 도심을 지나는 x, y축에 대한 단면 2차 모멘트를 구하여라.

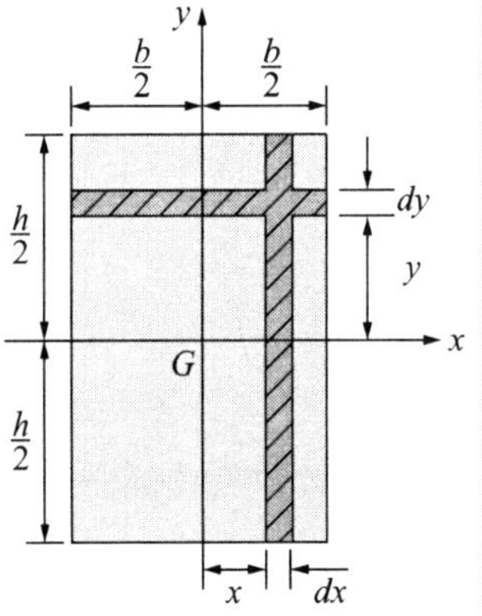

그림 2.18

풀이

x축에 대한 단면 2차 모멘트 I_x는

미소면적 $dA = b\,dy$이므로

$$I_x = \int_A y^2 dA = \int_{-\frac{h}{2}}^{\frac{h}{2}} y^2\, b\, dy = b\left[\frac{y^3}{3}\right]_{-\frac{h}{2}}^{\frac{h}{2}}$$

$$= b\left[\frac{\left(\frac{h}{2}\right)^3}{3} - \frac{\left(-\frac{h}{2}\right)^3}{3}\right] = b\left(\frac{h^3}{24} + \frac{h^3}{24}\right) = \frac{bh^3}{12}$$

y축에 대한 단면 2차 모멘트 I_y는 미소면적 $dA = h\,dx$이므로

$$I_y = \int_A x^2\,dA = \int_{-\frac{b}{2}}^{\frac{b}{2}} x^2\,h\,dx = h\left[\frac{x^3}{3}\right]_{-\frac{b}{2}}^{\frac{b}{2}} = \frac{hb^3}{12}$$

2.12 [그림 2.19]에서 삼각형 단면의 밑변을 지나는 x축에 대한 단면 2차 모멘트를 구하여라.

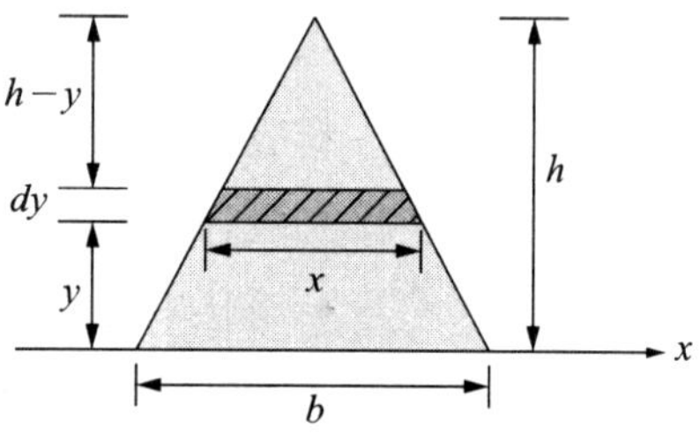

그림 2.19

풀이

$$dA = \frac{(h-y)\,b}{h}\,dy$$

x축에 대한 단면 2차 모멘트 I_x는

$$I_x = \int y^2\,dA = \int_0^h y^2\left(\frac{h-y}{h}\,b\,dy\right)$$

$$= \frac{b}{h}\int_0^h (hy^2 - y^3)\,dy = \frac{b}{h}\left[\frac{hy^3}{3} - \frac{y^4}{4}\right]_0^h = \frac{b}{h}\left(\frac{h^4}{3} - \frac{h^4}{4}\right) = \frac{bh^3}{12}$$

2.13 [그림 2.20]에서 반지름 r인 원형 단면의 도심을 지나는 축에 대한 단면 2차 모멘트를 구하여라.

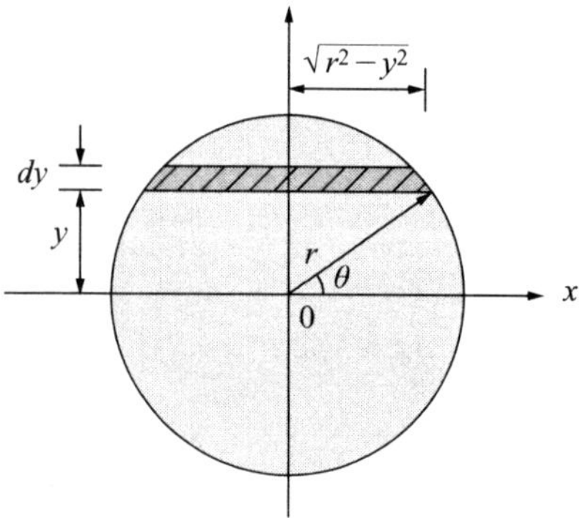

그림 2.20

풀이

$dA = 2\sqrt{r^2 - y^2}\,dy$인 원의 도심을 지나는 x축에 대한 단면 2차 모멘트 I_x는

$$I_x = \int y^2\,dA = 4\int_0^r y^2\sqrt{r^2 - y^2}\,dy$$

여기서 $y = r\sin\theta,\ 0 \leqq \theta \leqq \frac{\pi}{2}$이고

$$\sqrt{r^2 - y^2} = \sqrt{r^2 - r^2\sin^2\theta} = r\cos\theta$$

$\frac{dy}{d\theta} = r\cos\theta$이므로

$$I_x = 4\int_0^{\frac{\pi}{2}} r^2 \sin^2\theta \; r\cos\theta \; r\cos\theta \; d\theta = 4\,r^4 \int_0^{\frac{\pi}{2}} \sin^2\theta \, \cos^2\theta \, d\theta$$

$$= 4r^4 \int_0^{\frac{\pi}{2}} 4 \cdot \frac{\sin^2\theta \cos^2\theta}{4} d\theta = r^4 \int_0^{\frac{\pi}{2}} \sin^2 2\theta \, d\theta = r^4 \int_0^{\frac{\pi}{2}} \frac{1-\cos 4\theta}{2} d\theta$$

$$= \frac{r^4}{2}\left[\theta - \frac{\sin 4\theta}{4}\right]_0^{\frac{\pi}{2}}$$

$\theta = \frac{\pi}{2}$일 때 $\sin 4\theta = \sin(2\pi) = 0$

따라서 $I_x = \frac{r^4}{2}\left(\frac{\pi}{2}\right) = \frac{\pi r^4}{4}$

$$I_x = \frac{\pi r^4}{4} = \frac{\pi D^4}{64}$$

2.1.1 평행축 정리

[그림 2.21]에서와 같이 임의의 직교축 X, Y에 대한 단면 2차 모멘트를 I_X, I_Y라 하고 $(x_0,\ y_0)$에 평행 이동한 직교축 x, y에 대한 단면 2차 모멘트를 I_x, I_y라 할 때 이들 상호간의 관계식은 다음과 같다.

$$\begin{aligned} I_x &= \int_A y^2 \, dA = \int_A (Y + y_0)^2 \, dA \\ &= \int_A Y^2 \, dA + 2y_0 \int_A Y dA + y_0^2 \int_A dA \\ &= I_X + 2y_0 \, G_X + y_0^2 A \\ I_y &= I_Y + 2x_0 \, G_y + x_0^2 A \end{aligned} \tag{2.7}$$

특히 좌표축 X, Y가 단면의 도심과 일치하는 경우는 $G_X = G_Y = 0$이므로 식 (2.7)은 다음과 같다.

$$\begin{aligned} I_x &= I_X + y_0^2 A \\ I_y &= I_Y + x_0^2 A \end{aligned} \tag{2.8}$$

식 (2.8)에 의하면 도심 축에서 멀리 떨어짐에 따라 단면 2차 모멘트는 증가됨을 알 수 있다.

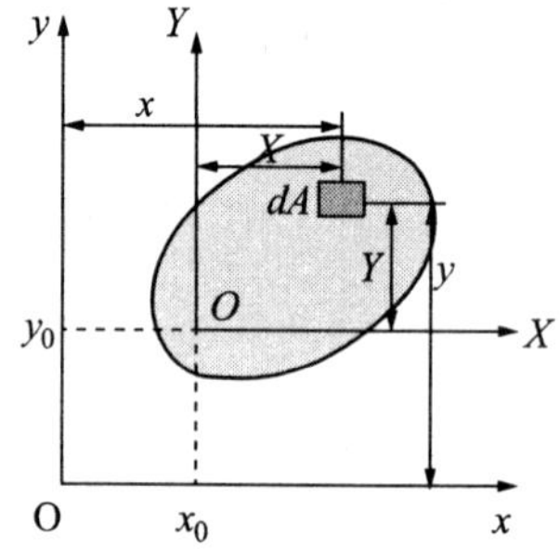

그림 2.21

2.14 다음 직사각형 단면의 x축에 대한 단면2차 모멘트를 구하여라.

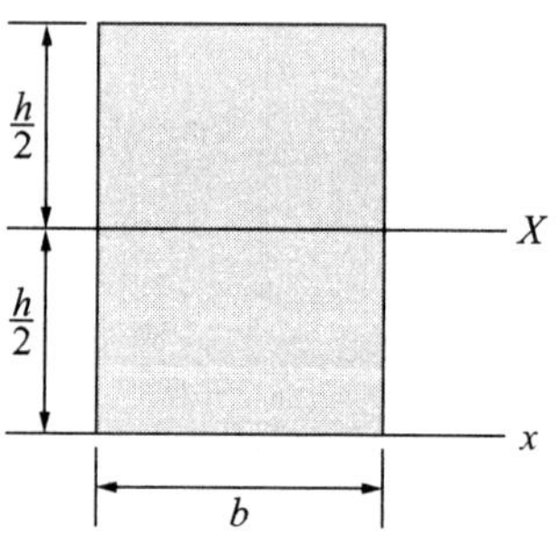

그림 2.22

풀이

직사각형 단면의 밑변을 지나는 x축에 대한 단면 2차 모멘트를 I_x라 하면

도심축을 지나는 단면 2차 모멘트 $I_X = \frac{bh^3}{12}$이므로

식 (2.8)로부터

$$I_x = I_X + y_o^2 A = \frac{bh^3}{12} + \left(\frac{h}{2}\right)^2 bh = \frac{bh^3}{3}$$

2.15 밑변 b, 높이 h인 삼각형 단면의 각 밑면과 평행이고 도심을 지나는 축에 대한 단면 2차 모멘트를 구하여라.

풀이

$I_x = \frac{bh^3}{12}$이고 $y_o = \frac{h}{3}$, $A = \frac{bh}{2}$이므로 식 (2.8)로부터

$$I_X = I_x - y_o^2 A = \frac{bh^3}{12} - \left(\frac{h}{3}\right)^2 \frac{bh}{2} = \frac{bh^3}{36}$$

2.1.2 복합단면의 단면 2차 모멘트

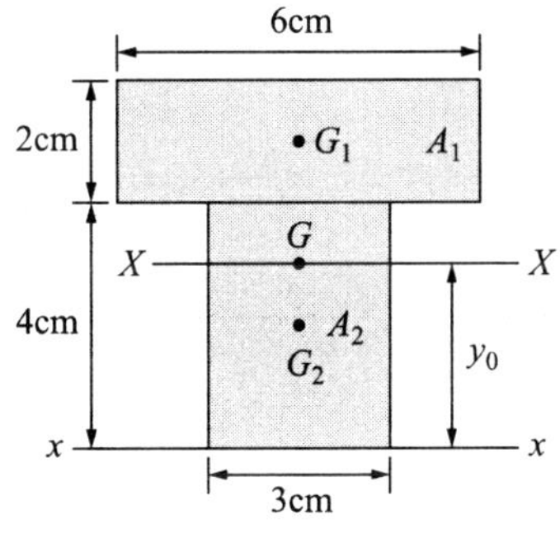

그림 2.23

[그림 2.23]과 같이 T형 단면의 도심축 $X-X$에 관한 단면 2차 모멘트를 구해보자.

$x-x$축을 그림과 같이 선택한다면, 다음 표와 같이 $x-x$축에 관한 단면 1차 모멘트·단면 2차 모멘트를 계산할 수 있다.

도심축 $X-X$의 위치는 다음 표로부터,

$$y_0 = \frac{G_x}{A} = \frac{84}{24} = 3.5 \text{ cm}$$

도심축 $X-X$에 관한 단면 2차 모멘트 I_X는 식 (2.8)로부터, $I_X = I_x - A{y_0}^2 = 368 - 24 \times 3.5^2 = 74 \text{ cm}^4$이다.

단면	크기 (cm · cm)	단면적 $A_i(\text{cm}^2)$	$y_i(\text{cm})$ $A_i y_i(\text{cm}^3)$	단면 1차 모멘트 $A_i y_i$	단면 2차 모멘트(cm^4)		
					$bh^3/12$	$A_i y_i^2$	I_x
A_1	6×2	12	5	60	$\frac{6\times 2^3}{12}=4$	300	304
A_2	3×4	12	2	24	$\frac{3\times 4^3}{12}=16$	48	64
합 계		$A=24$		$G_x=84$			$I_x=368$

2.2 단면 2차 반경(회전반경)

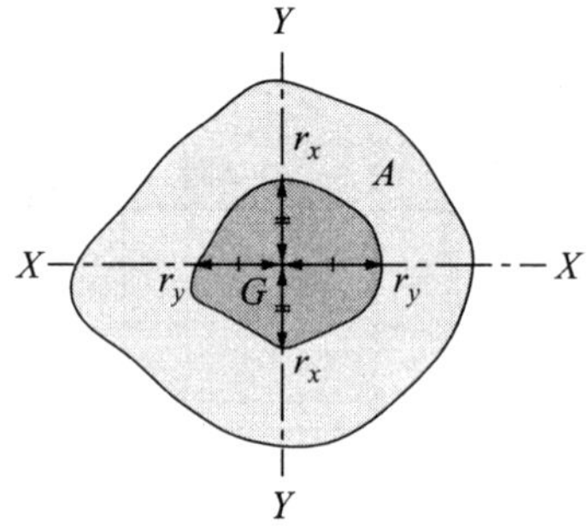

그림 2.24

[그림 2.24]와 같은 단면의 도심축 $X-X$에 대한 단면 이차반경(회전반경이라고도 한다.) r_x, r_y는 단면적을 A, 도심축 $X-X$, $X-Y$에 관한 단면 이차모멘트를 I_X, I_Y로 한다면, 식 (2.9)에 의해 구할 수 있다. 여기에서, 단면 2차 반경은 $\sqrt{(\text{단면이차모멘트})/(\text{단면적})}$ 이므로, 단위는 cm, m로 표현된다.

$$r_x = \sqrt{\frac{I_X}{A}}, \; r_y = \sqrt{\frac{I_Y}{A}} \tag{2.9}$$

2.16 다음 [그림 2.25]와 같은 직사각형의 단면2차 반경을 구하여라.

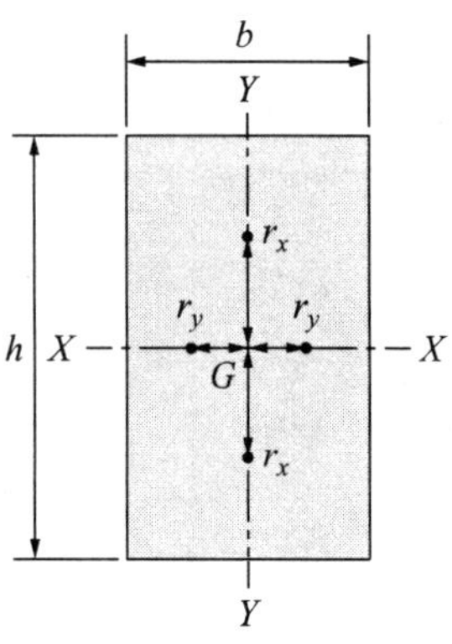

그림 2.25

풀이

$$r_x = \sqrt{\frac{I_X}{A}} \equiv \sqrt{\frac{bh^3/12}{bh}} = \frac{h}{2\sqrt{3}}$$

$$r_y = \sqrt{\frac{I_Y}{A}} \equiv \sqrt{\frac{hb^3/12}{bh}} = \frac{b}{2\sqrt{3}}$$

단면2차 반경의 평행축의 이동에 대한 관계식은 다음과 같다.

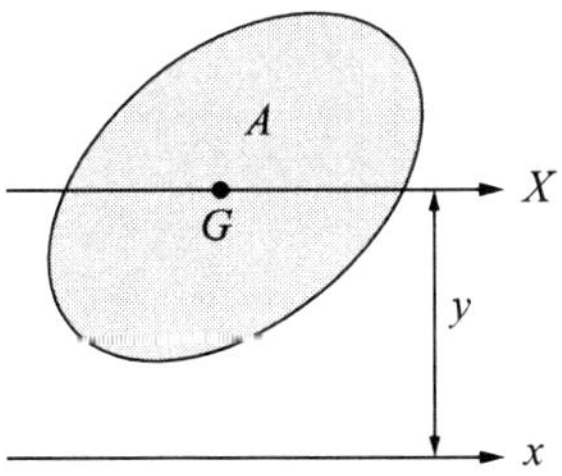

그림 2.26

$$I_X = r_x^2 A, \quad I_x = r_x^2 A$$

$$I_x = I_X + y^2 A$$

$$r_x^2 A = r_X^2 A + y^2 A$$

$$\therefore \; r_x^2 = r_X^2 + y^2 \tag{2.10}$$

2.17 반경이 r인 원형 단면의 회전반경을 구하여라.

풀이

단면적 및 단면 2차 모멘트는 $A = \pi r^2$, $I = \dfrac{\pi r^4}{4}$. 따라서 회전반경 r_g는

$$r_g = \sqrt{\frac{I}{A}} = \sqrt{\frac{\frac{\pi r^4}{4}}{\pi r^2}} = \frac{r}{2}$$

2.18 폭이 b이고, 높이 h인 직사각형 단면의 밑면을 지나는 축에 대한 단면 2차 반경을 구하여라.

풀이

식 (2.10)로부터

$$r_x = \sqrt{r_X^2 + y^2} = \sqrt{\frac{I_X}{A} + y^2} = \sqrt{\frac{\frac{bh^3}{12}}{bh} + \left(\frac{h}{2}\right)^2} = \frac{h}{\sqrt{3}}$$

2.19 [그림 2.27]과 같은 단면의 $X-X$축과 $Y-Y$축에 관한 단면 2차 반경을 구하여라.

풀이

각 축에 관한 단면 2차 모멘트를 I_X, I_Y로 한다면,

$$I_X = \frac{6\times 10^3}{12} - \frac{2\times 6^3}{12} = 464\ \text{cm}^4$$

$$I_Y = 2\times\frac{2\times 6^3}{12} + \frac{6\times 4^3}{12} = 104\ \text{cm}^4$$

단면적 $A = 2\times 6\times 2 + 4\times 6 = 48\ \text{cm}^2$

각 축에 관한 단면 2차 반경 r_x, r_y는,

$$r_x = \sqrt{\frac{I_X}{A}} = \sqrt{\frac{464}{48}} = 3.11\ \text{cm}$$

$$r_y = \sqrt{\frac{I_Y}{A}} = \sqrt{\frac{104}{48}} = 1.47\ \text{cm}$$

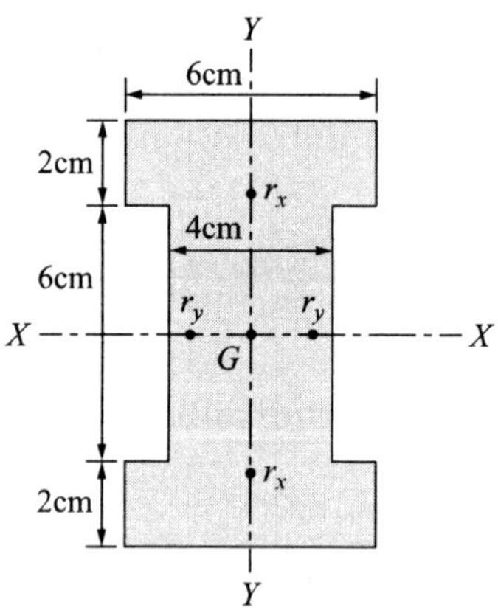

그림 2.27

2.3 단면계수

도심축에 대한 단면 2차 모멘트를 도형의 도심에서 상하단 또는 좌우단까지의 거리로 나눈 값을 단면 계수(section modulus)라 한다.

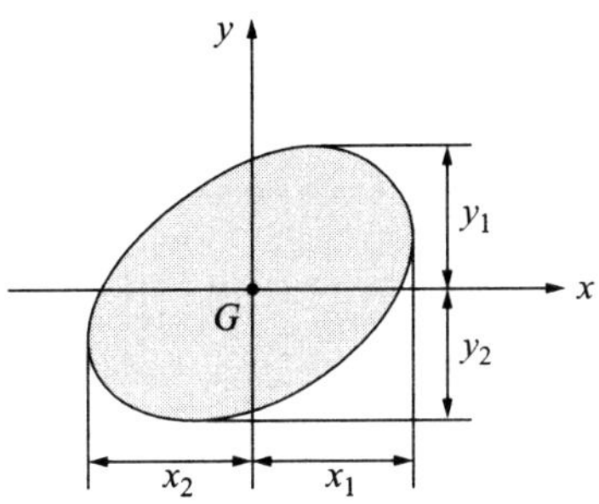

그림 2.28

$$Z_{x1} = \frac{I_x}{y_1} \qquad Z_{x2} = \frac{I_x}{y_2}$$
$$Z_{y1} = \frac{I_y}{x_1} \qquad Z_{y2} = \frac{I_y}{x_2} \tag{2.11}$$

2.20 다음과 같은 직사각형 단면의 단면계수를 구하여라.

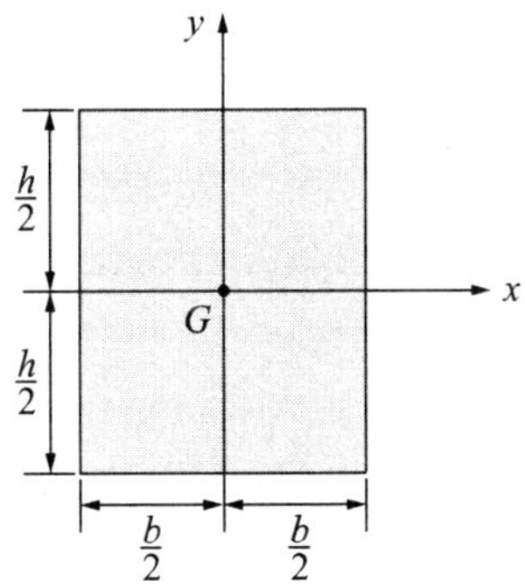

그림 2.29

풀이

$$Z_x = \frac{I_x}{y} = \frac{\frac{bh^3}{12}}{\frac{h}{2}} = \frac{bh^2}{6}$$

$$Z_y = \frac{I_y}{x} = \frac{\frac{hb^3}{12}}{\frac{b}{2}} = \frac{hb^2}{6}$$

2.21 반지름이 r인 원형 단면의 단면계수를 구하여라.

풀이

원형 단면의 단면계수를 Z라 하면 원형단면의 도심에 대한 단면2차모멘트가 $\frac{\pi r^4}{4}$

$$Z = \frac{I}{y} = \frac{\frac{\pi r^4}{4}}{r} = \frac{\pi r^3}{4}$$

2.22 다음과 같은 T형 단면의 단면계수를 구하여라.

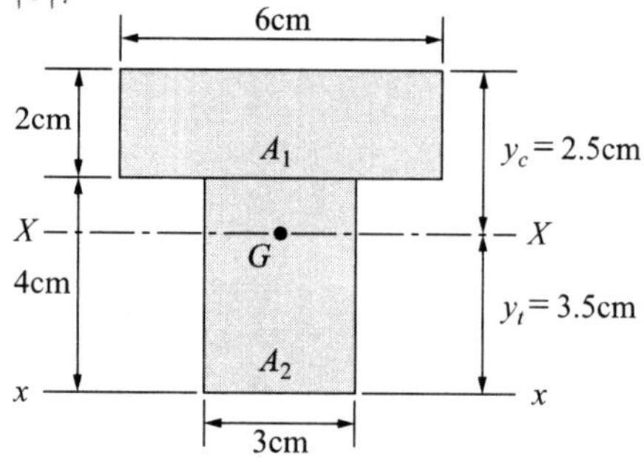

그림 2.30

풀이

$x-x$ 축으로 한다면 도심위치는,

$$y_0 = \frac{Q_x}{A} = 3.5\text{cm}$$

도심축 $X-X$에 관한 단면 이차모멘트는,

$$I_X = I_x - Ay_0^2 = 368 - 24 \times 3.5^2 = 74\text{cm}^4$$

단면	크기 (cm·cm)	A_i (cm^2)	y_i (cm)	$A_i y_i$ (cm^3)	$bh^3/12$ (cm^4)	$A_i y_i^2$ (cm^4)	I_x (cm^4)
A_1	6×2	12	5	60	4	300	304
A_2	3×4	12	2	24	16	48	64
합 계		$A=24$		$Q_x=84$			$I_x=368$

도심축 $X-X$로부터 위와 아래까지의 거리는 $y_c = 2.5\text{cm}, y_t = 3.5\text{cm}$. 단면계수는

$$Z_1 = \frac{I_X}{y_c} = \frac{74}{2.5} = 29.6\text{cm}^3$$

$$Z_2 = \frac{I_X}{y_t} = \frac{74}{3.5} = 21.1\text{cm}^3$$

03 | 단면 2차 극모멘트

아래 그림에서 미소면적 dA와 O에서 미소 면적까지의 거리를 r이라 할 때 $r^2 \cdot dA$를 전단면에 대하여 적분한 것을 단면 2차 극모멘트(polar moment of inertia of area)라 한다.

$$I_P = \int_A r^2 \cdot dA = \int_A (x^2 + y^2) \cdot dA = I_x + I_y$$

단면 2차 극모멘트는 좌표축의 회전에 관계없이 항상 일정하다.

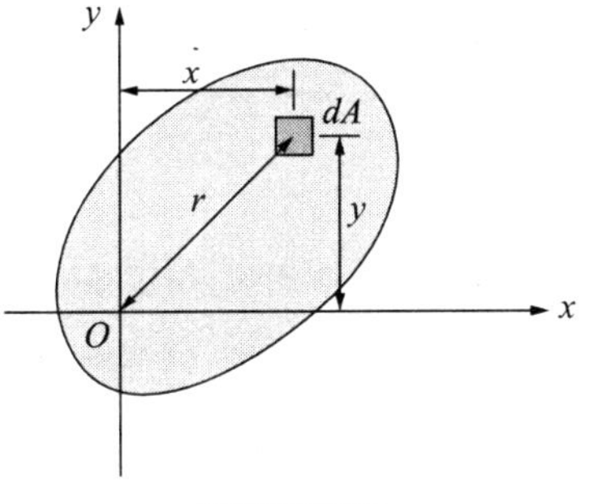

그림 2.31

2.23 지름이 d인 원형 단면의 단면 2차 극모멘트를 구하여라.

풀이

$$I_p = I_x + I_y = \frac{\pi d^4}{64} + \frac{\pi d^4}{64} = \frac{\pi d^4}{32}$$

2.24 그림에서 단면 2차 극모멘트를 구하여라.

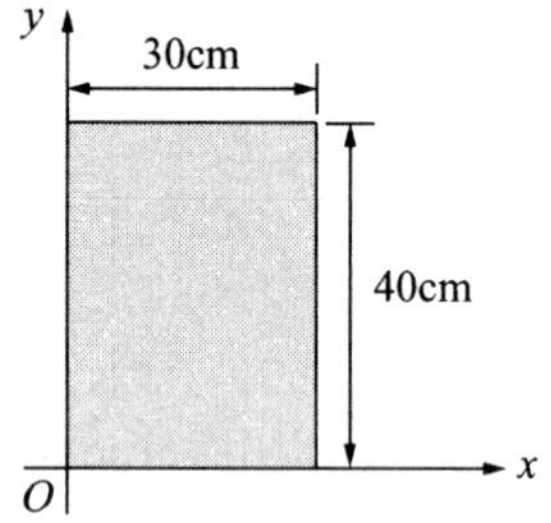

그림 2.32

풀이

$$I_p = I_x + I_y = \frac{bh^3}{3} + \frac{hb^3}{3} = \frac{30 \times 40^3}{3} + \frac{40 \times 30^3}{3}$$

$$= 1{,}000{,}000 \text{ cm}^4$$

04 | 단면 상승모멘트

[그림 2.33]에서 미소면적에 직교좌표 축으로부터 미소면적까지의 거리를 곱한 것을 단면전체에 대해서 적분한 것을 단면상승모멘트 또는 관성상승모멘트라고 한다.

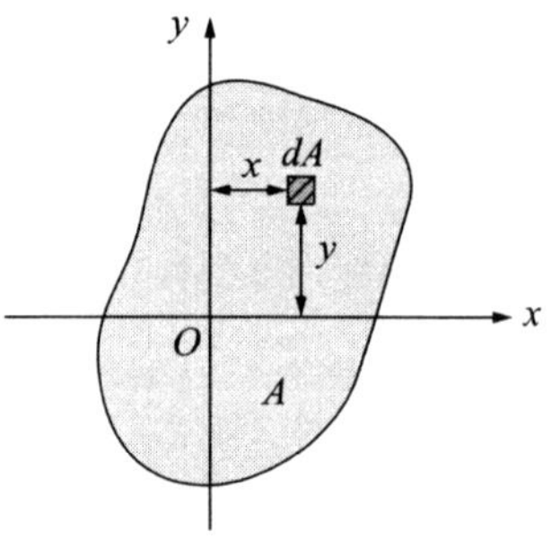

그림 2.33

$$I_{xy} = \int_A xy\,dA \tag{2.12}$$

[그림 2.33]에서와 같이 직교축이 평행 이동하면

$$\begin{aligned} I_{xy} &= \int_A xy\, dA = \int_A (X+x_0)(Y+y_0)\, dA \\ &= \int_A XY\, dA + x_0 \int_A Y\, dA + y_0 \int_A X\, dA + x_0 y_0 \int_A dA \\ &= I_{XY} + x_0 G_X + y_0 G_Y + x_0 y_0 A \end{aligned} \tag{2.13}$$

로 된다. 특히 직교축 X, Y가 도심과 일치할 때는 $G_X = G_Y = 0$이므로 식 (2.13)은 다음과 같이 된다.

$$I_{xy} = I_{XY} + x_0\, y_0\, A \tag{2.14}$$

x축 및 y축 중에 한편이 주어진 도형의 대칭축일 때는 단면 상승모멘트 I_{xy}는 0이 된다.

$$I_{xy} = \int_A xy\, dA = \int_A \left[(+x)y \cdot \frac{1}{2}dA + (-x)y \cdot \frac{1}{2}dA\right] = 0$$

2.25 다음 직사각형 단면의 상승모멘트를 구하여라.

풀이

$$I_{xy} = \int_A xy\, dA = \int_0^b \int_0^h xy\, dx dy = \int_0^b x\, dx \cdot \int_0^h y\, dy$$

$$= \left[\frac{x^2}{2}\right]_0^b \times \left[\frac{y^2}{2}\right]_0^h = \frac{b^2 \cdot h^2}{4}$$

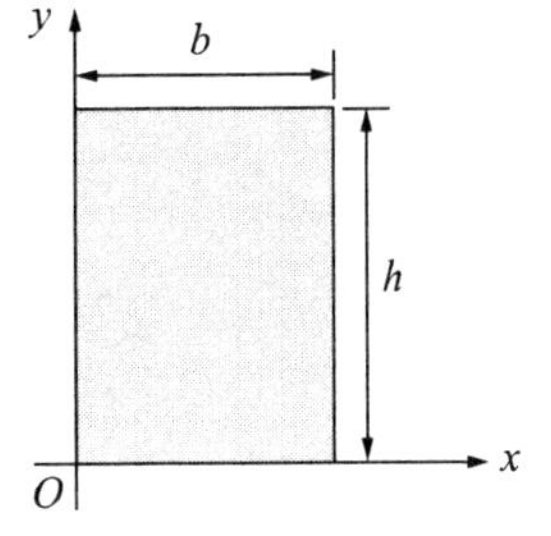

그림 2.34

2.26 다음 그림에서 상승모멘트를 구하여라.

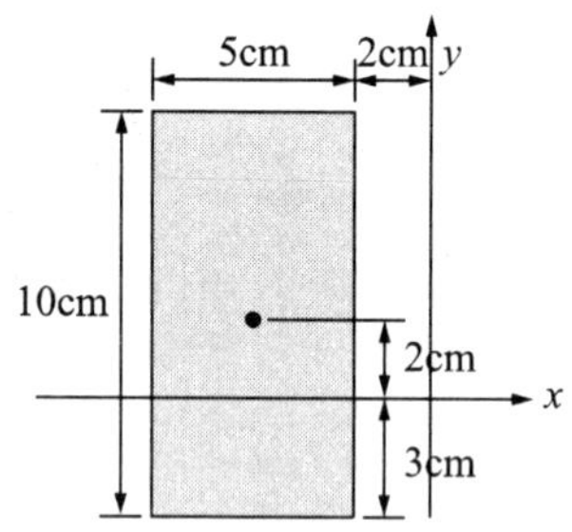

그림 2.35

풀이

$$I_{xy} = A \cdot x_0 \cdot y_0$$
$$= 5 \times 10 \times [-(2+2.5)] \times 2$$
$$= -450\ \text{cm}^4$$

05 | 주단면 2차 모멘트

5.1 좌표축의 회전

[그림 2.36]에서 u, v축은 x, y축의 원점 둘레를 ϕ만큼 반시계방향으로 회전시킨 좌표축이다. x, y축에 대한 단면 2차 모멘트 및 상승모멘트를 I_x, I_y, I_{xy}라 하고 u, v축에 대한 2차 모멘트 및 상승모멘트를 I_u, I_v, I_{uv}라 할 때 이들의 관계식을 구해보면, 두 좌표축에서

$$u = x\cos\phi + y\sin\phi$$
$$v = -x\sin\phi + y\cos\phi \tag{2.15}$$

의 관계가 있으므로

$$I_u = \int_A v^2\, dA = \int_A (-x\sin\phi + y\cos\phi)^2 dA$$
$$= \int_A (x^2\sin^2\phi - 2xy\sin\phi\cos\phi + y^2\cos^2\phi^2)\, dA \tag{2.16}$$

$$\therefore\ I_u = I_x \cos^2\phi + I_y \sin^2\phi - I_{xy} \sin 2\phi$$
$$I_v = I_x \sin^2\phi + I_y \cos^2\phi + I_{xy} \sin 2\phi \tag{2.17}$$

$$I_{uv} = \frac{I_x - I_y}{2} \sin 2\phi + I_{xy} \cos 2\phi \tag{2.18}$$

식 (2.16)과 (2.17)을 더하면

$$I_u + I_v = I_x + I_y = I_p$$
$$I_u I_v - I_{uv}^2 = I_x I_y - I_{xy}^2 \tag{2.19}$$

가 얻어진다.

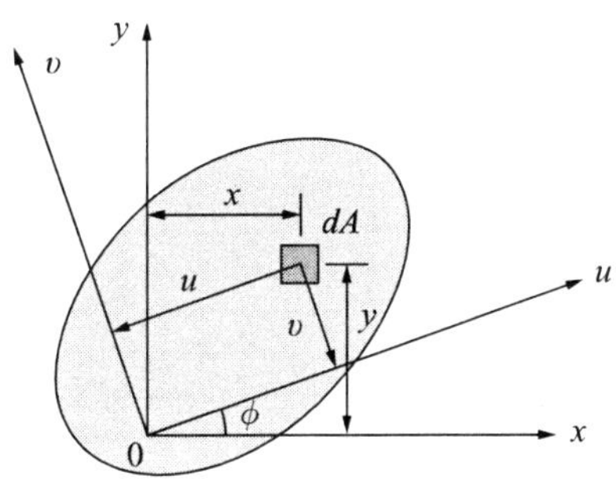

그림 2.36

이로서 좌표축을 그의 원점둘레로 회전하여도 이들 축에 대한 2차 모멘트의 합은 I_p로서 일정함을 알 수 있다. 따라서 I_u가 최대값일 때 I_v는 최소값으로 된다. 이와 같은 I_u, I_v값을 주는 u, v축을 주축(principal axis)이라 하고, I_u와 I_v를 주단면 2차 모멘트(principal moment of inertia)라 한다.

주단면 2차 모멘트를 구하기 위하여 I_u를 ϕ에 대해 극한값을 취하면

$$\frac{dI_u}{d\phi} = -2I_x \sin\phi \cos\phi + 2I_y \sin\phi \cos\phi + 2I_{xy} \sin^2\phi - 2I_{xy} \cos^2\phi$$

$$= -2\left\{\frac{(I_x - I_y)}{2} \sin 2\phi + I_{xy} \cos 2\phi\right\} = -2I_{uv} \qquad (2.20)$$

$$\frac{dI_v}{d\phi} = 2\left\{\frac{(I_x - I_y)}{2} \sin 2\phi + I_{xy} \cos 2\phi\right\} = 2I_{uv}$$

로 되므로 $I_{uv} = 0$인 때 I_u, I_v가 극한값이 됨을 알 수 있다. 따라서 식 (2.20)으로부터

$$I_{uv} = \frac{I_x - I_y}{2} \sin 2\phi + I_{xy} \cos 2\phi = 0$$

$$\therefore \tan 2\phi = -\frac{2I_{xy}}{I_x - I_y} \qquad (2.21)$$

식 (2.21)로부터 주축의 위치를 나타내는 ϕ를 구할 수 있다.
u, v축이 주축이면 $I_{uv} = 0$이므로 식 (2.21)은

$$\begin{aligned} I_u + I_v &= I_x + I_y \\ I_u I_v &= I_x I_y - I_{xy}^2 \end{aligned} \qquad (2.22)$$

로 되고 식 (2.22)로부터 I_u를 구하면

$$I_u = \frac{1}{2}(I_x + I_y) \pm \frac{1}{2}\sqrt{(I_x - I_y)^2 + 4I_{xy}^2}$$

따라서 주축에 대한 주단면 2차 모멘트를 I_1, I_2로 나타내면 다음과 같이 된다.

$$\begin{aligned} I_1 &= \frac{1}{2}(I_x + I_y) + \frac{1}{2}\sqrt{(I_x - I_y)^2 + 4I_{xy}^2} \\ I_2 &= \frac{1}{2}(I_x + I_y) - \frac{1}{2}\sqrt{(I_x - I_y)^2 + 4I_{xy}^2} \end{aligned} \qquad (2.23)$$

식 (2.23)으로서 주단면 2차 모멘트의 최대 및 최소값을 구할 수 있다.

한 쪽 축이 최대 주단면 2차 모멘트를 갖는 주축이면 다른 축은 최소 주단면 2차 모멘트를 갖는 최소 주축이고 이 두 주축은 서로 직교하며 또 대칭축은 주축이 된다. 최대 주축의 경사각을 ϕ_1, 최소 주축의 경사각을 ϕ_2라 하면 이 각은 I_x, I_y 및 I_{xy}의 크기와 부호에 따라 [표 2.1]과 같이 정해진다.

표 2.1

조 건		주단면 2차 모멘트	
단면 2차 모멘트	단면 상승모멘트	I_1	I_2
$I_x \geqq I_y$	$I_{xy} > 0$	$135° \leqq \phi_1 < 180°$	$45° \leqq \phi_2 < 90°$
$I_x > I_y$	$I_{xy} \leqq 0$	$0° \leqq \phi_1 < 45°$	$90° \leqq \phi_2 < 135°$
$I_x < I_y$	$I_{xy} \geqq 0$	$90° \leqq \phi_1 < 135°$	$0° \leqq \phi_2 < 45°$
$I_x \leqq I_y$	$I_{xy} < 0$	$45° \leqq \phi_1 < 90°$	$135° \leqq \phi_2 < 180°$

표 2.2 단면의 성질

단면	단면적 A	도심의 거리 y	단면의 2차 모멘트	단면계수 Z	단면 2차 반경 r
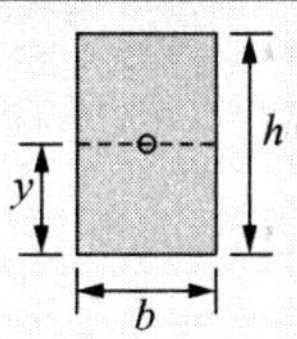	bh	$\frac{h}{2}$	$\frac{bh^3}{12}$	$\frac{bh^2}{6}$	$\frac{h}{\sqrt{12}}=0.2887h$
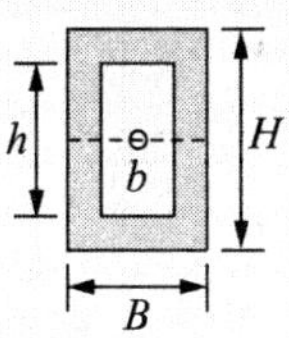	$BH-bh$	$\frac{H}{2}$	$\frac{BH^3-bh^3}{12}$	$\frac{BH^3-bh^3}{6H}$	$\sqrt{\frac{BH^3-bh^3}{12(BH-bh)}}$
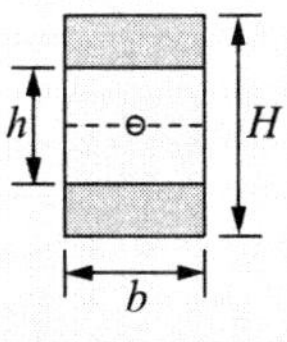	$b(H-h)$	$\frac{H}{2}$	$\frac{b}{12}(H^3-h^3)$	$\frac{b}{6H}(H^3-h^3)$	$\sqrt{\frac{H^2+Hh+h^2}{12}}$
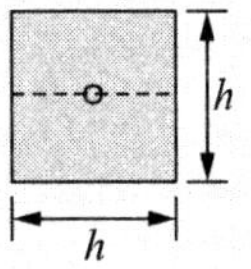	h^2	$\frac{h}{2}$	$\frac{h^4}{12}$	$\frac{h^4}{6}$	$\frac{h}{\sqrt{12}}=0.2887h$

단면	단면적 A	도심의 거리 y	단면의 2차 모멘트	단면계수 Z	단면 2차 반경 r
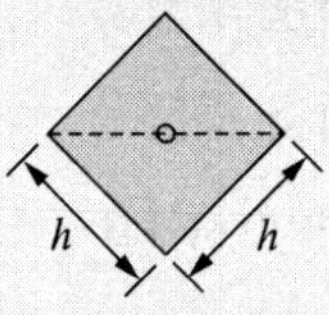	h^2	$\frac{h}{\sqrt{2}}=0.7071h$	$\frac{h^4}{12}$	$\frac{h^3}{6\sqrt{2}}=0.1179h^3$	$\frac{h}{\sqrt{12}}=0.2887h$
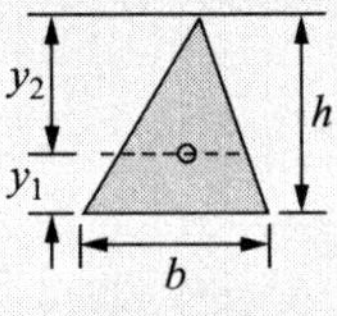	$\frac{bh}{2}$	$y_1=\frac{h}{3}$ $y_2=\frac{2h}{3}$	$\frac{bh^3}{36}$	$W_1=\frac{bh^2}{12}$ $W_2=\frac{bh^2}{24}$	$\frac{h}{3\sqrt{2}}=0.2357h$
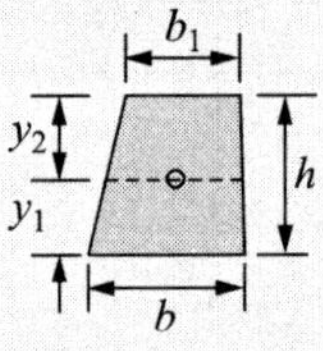	$\frac{(b+b_1)h}{2}$	$y_1=\frac{b+2b_1}{b+b_1}\times\frac{h}{3}$ $y_2=\frac{2b+b_1}{b+b_1}\times\frac{h}{3}$	$\frac{b^2+4bb_1+b_1^2}{36(b+b_1)}h^3$	$W_2=\frac{b^2+4bb_1+b_1^2}{12(2b+b_1)}h^2$	$\frac{\sqrt{b^2+4bb_1+b_1^2}}{6(b+b_1)}\sqrt{2}h$
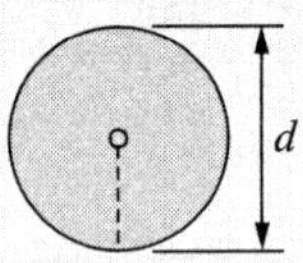	$\pi r^2=\frac{\pi d^2}{4}$	$r=\frac{d}{2}$	$\pi r^4=0.7854r^4$ $=\frac{\pi d^4}{64}=0.04809\,d^4$	$\pi r^3=0.7854r^3$ $=\frac{\pi d^3}{32}=0.09818\,d^3$	$\frac{r}{2}=\frac{d}{4}$
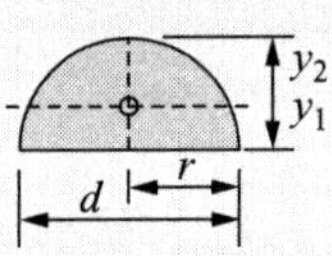	$\frac{\pi r^2}{2}=\frac{\pi d^2}{8}$	$y_1=\frac{4r}{3\pi}=0.4244r$ $y_2=\frac{(3\pi-4)r}{3\pi}$ $=0.5756r$	$\left(\frac{\pi}{8}-\frac{8}{9\pi}\right)r^4$ $=0.1098\,r^4$ $=0.00686\,d^4$	$W_1=0.2587\,r^3$ $W_2=0.1908\,r^3$	$0.2643r=0.1322d$
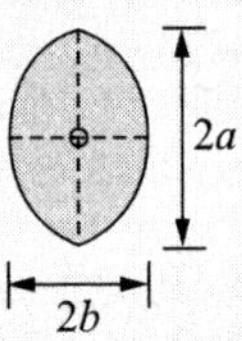	πab	a	$\frac{\pi a^3 b}{4}=0.7854a^3b$	$\frac{\pi a^2 b}{4}=0.7854a^2b$	$\frac{a}{2}$

제2장 연습문제

01. [그림 2.37]에서 각 도형의 각 축에 대한 단면 1차 모멘트를 구하여라.

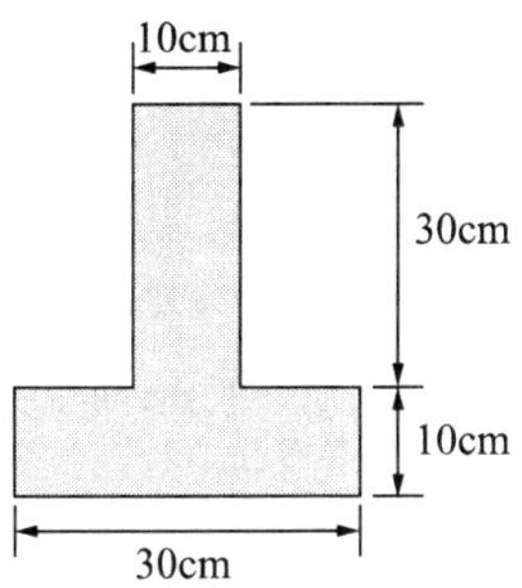

그림 2.37

answer (a) $G_x = 9{,}000\ \text{cm}^3$

02. 다음 그림에서 각 도형의 도심을 구하여라.

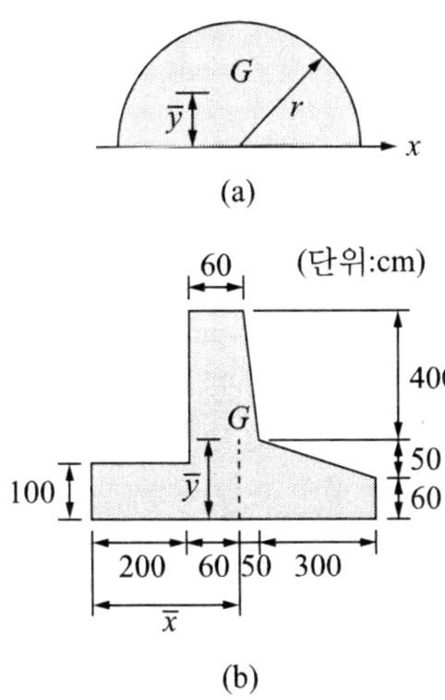

그림 2.38

answer (a) $\dfrac{4r}{3\pi}$

(b) $\bar{x} = 228.96\ \text{cm}$, $\bar{y} = 146.19\ \text{cm}$

03. 그림에서 각 도형의 단면 2차 모멘트를 구하여라.

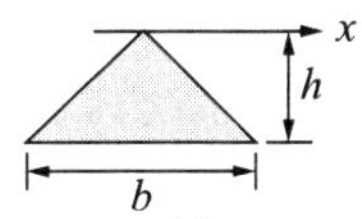

(a)

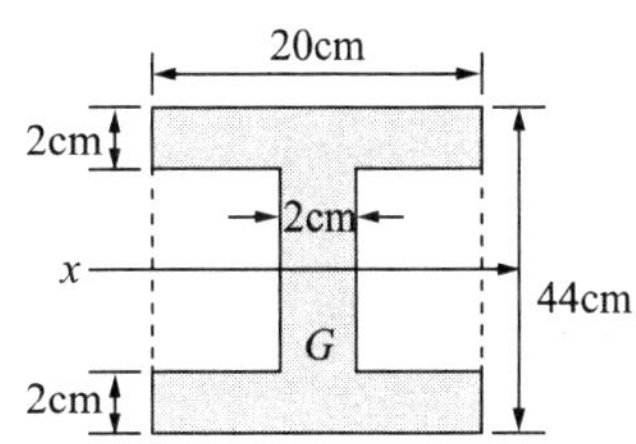

(b)

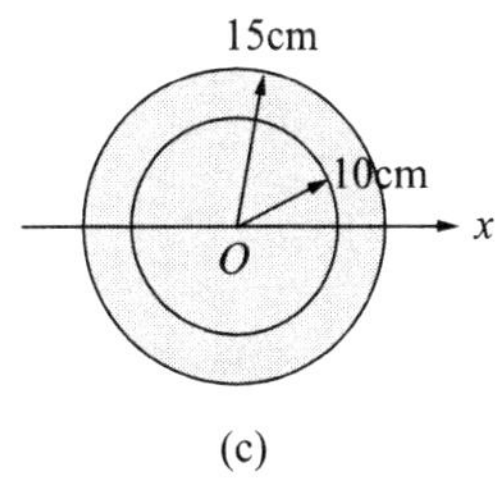

(c)

answer (a) $I_x = \dfrac{bh^3}{4}$ (b) $I_x = 45{,}973\ \text{cm}^4$

(c) $I_x = 31{,}906.80\ \text{cm}^4 = 3.191 \times 10^4\ \text{cm}^4$

04. 다음 그림들의 위와 아래 선까지의 단면계수를 구하여라.

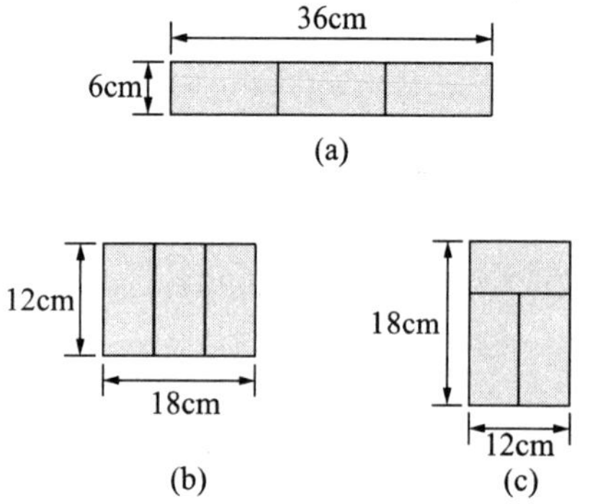

answer 그림 (a)의 경우, $b=36$ cm, $h=6$ cm, $Z_1=bh^2/6=36\times 6^2/6=216\text{cm}^3$, 그림 (b)의 경우, $b=18$ cm, $h=12$ cm, $Z_2=bh^2/6=18\times 12^2/6=432\text{cm}^3$, 그림 (c)의 경우, $b=12$ cm, $h=18$ cm, $Z_3=bh^2/6=12\times 18^2/6=648\text{cm}^3$

05. [문제 03]의 (b)에서 I형 단면의 2차 극모멘트를 구하여라.

answer 48,666 cm^4

06. 그림의 O점에서의 주축 및 주단면 2차 모멘트를 구하여라.

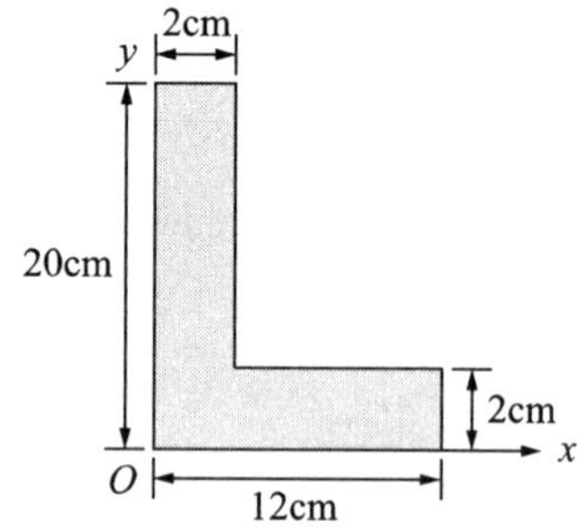

answer 주축의 회전각은 밑변으로부터
$\theta_1=172°44'23.04''$, $\theta_2=82°44'23.04''$
$I_1=5{,}428.95\ \text{cm}^4$, $I_2=1{,}131.05\ \text{cm}^4$

제 3 장

응력과 변형

부재에 외부로부터 힘이 작용할 때, 부재의 내부에는 응력이 발생되고 동시에 변형이 발생한다. 여기에서는 이 응력과 변형의 관계로부터 각종 재료의 역학적 성질을 조사하여 부재의 계산방법을 학습한다.

01 | 응력과 응력의 종류

물체에 외력이 작용하면 내부에는 저항하는 힘이 생긴다. 또한 외력에 저항하여 원형으로 돌아가려는 힘이 생긴다. 이와 같이 내부에 일어나는 힘을 내력(internal stress) 또는 응력(stress)이라 한다. 일반적으로 응력이라 하면 단위응력(intensity of force)을 말하며 단면 전체에 대하여 생각한 응력을 총응력(total stress)이라고 한다. 총응력의 단위는 N, kN 등으로 표시되며, 응력의 단위는 MPa, N/mm^2 등으로 된다. 응력의 종류에는 다음과 같은 것이 있다.

1.1 축방향응력

부재에 축방향력 P가 작용했을 때, 부재 내부에 응력이 생기는데 이때의 응력을 축방향응력이라고 하며, [그림 3.1]과 같이 축방향의 인장방향으로 힘이 작용하면 인장응력(tensile stress), 압축방향으로 작용하면 압축응력(compressive stress)라 한다.

응력의 크기는 단위면적당의 응력으로 비교해야만 한다. 또한, 축방향 응력을 f로 한다면,

즉, $$f = \frac{P}{A} \tag{3.1}$$

이 된다. 이때, 압축·인장의 각 응력은 f_c, f_t가 된다. 일반적으로 f_c는 음(−), f_t는 양(+)이 되며, 압축·인장을 명확히 알 수 없을 때에는 음양의 부호를 생략하는 경우도 많다. (∴ 여기서 f_c의 c는 compression, t는 tension이라고 생각하자)

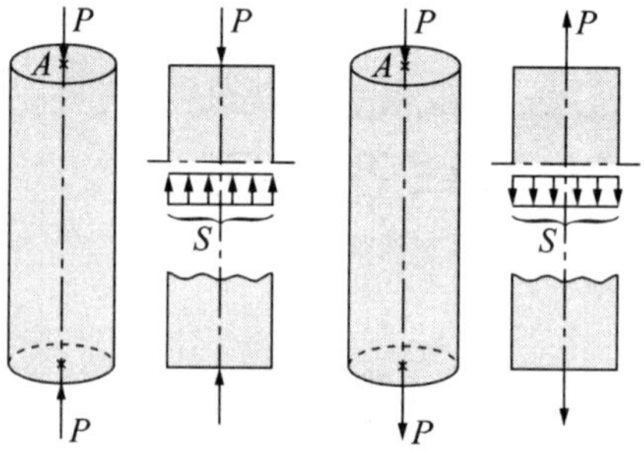

그림 3.1

허용응력법을 사용하게 되면 각종 재료마다 허용응력이 다 틀리게 된다. 이런 각종 재료의 안전율은 다음과 같이 나타낼 수 있다. 여기서 f_a는 각종 재료별로 허용응력 값이며 다양한 값을 갖고 있으며 s를 안전율이라 한다.

$$s = \frac{f}{f_a} \tag{3.2}$$

이러한 것들로부터 부재에 발생하는 응력과 허용응력의 관계는

$$f \leqq f_a \quad \frac{P}{A} \leqq f_a \tag{3.3}$$

또는, $$P \leqq f_a A, \quad A \geqq \frac{P}{f_a} \tag{3.4}$$

3.1 $\varphi 2$의 강선을 6 kN의 힘으로 잡아당겼다. 이 강선은 안전한가? (단, 강선의 허용인장응력의 f_{ta} = 140 Mpa으로 한다.)

풀이

$$A = \frac{\pi d^2}{4} = \frac{\pi \times 0.2^2}{4} = 0.031\ 42\text{cm}^2$$

$$P \leq f_{ta} A = 140 \times 0.031\ 42 = 4.4\text{kN}$$

따라서, 6 kN으로 잡아당기는 것은 안전하지 않다.

1.2 전단응력

[그림 3.2]와 같이 근접한 두 단면에 크기가 같고 방향이 반대인 2개의 힘이 작용했을 때 생기는 응력을 전단응력이라 하며 v로 표시한다. 다음과 같이 구할 수 있다

$$v = \frac{P}{A} \tag{3.5}$$

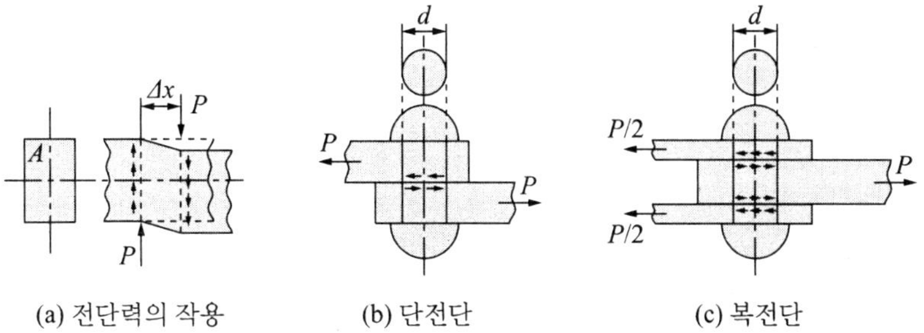

그림 3.2

[그림 3.2]의 (b)와 같은 경우를 단전단이라 하고, (c)와 같은 경우를 복전단이라 하며 다음과 같이 구할 수 있다.

$$\text{단전단} \quad v = \frac{P}{A} = \frac{P}{\pi d^2/4} = \frac{\mathbf{4P}}{\pi \mathbf{d}^2}$$

$$\text{복전단} \quad v = \frac{P/2}{\pi d^2/4} = \frac{\mathbf{2P}}{\pi \mathbf{d}^2}$$

3.2 [그림 3.2] (b)에 있어서, 5 kN의 힘을 받는 2장의 판을 직경 25 mm의 리벳 2개로 접합하였다. 리벳에 발생하는 전단응력은 얼마인가?

풀이

$$A = \frac{\pi d^2}{4} \times 2 = \frac{\pi \times 2.5^2}{2} = 9.817\text{cm}^2$$

$$v = \frac{P}{A} = \frac{5\,000}{9.817} = 509\text{N/cm}^2$$

1.3 휨응력

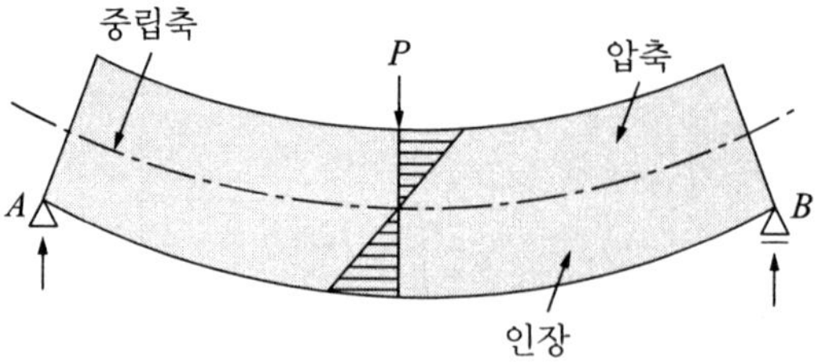

그림 3.3

[그림 3.3]과 같은 부재에 연직방향의 하중이 작용하면 부재에는 휨 모멘트에 의하여 부재의 중심축(중립축)에서 상부에는 부재가 줄어들려는 압축력을 받게 되고 하부에는 늘어나려는 인장력을 받게 된다. 이때 부재의 내부에는 이러한 힘에 저항하기 위하여 응력이 생기게 되는데 이 응력을 휨응력(bending stress)이라 한다. 자세한 내용은 뒤에 나오는 보의 응력에서 배우기로 한다.

1.4 비틀림 응력

[그림 3.4]와 같은 직선봉의 양단에 크기가 같고 방향이 반대인 우력 모멘트가 작용하면 이 부재는 비틀어지게 된다. 이 비틀림에 저항하여 생기는 응력을 비틀림 응력(torsional stress)이라 하고, 이는 전단 응력과 성질이 같다.

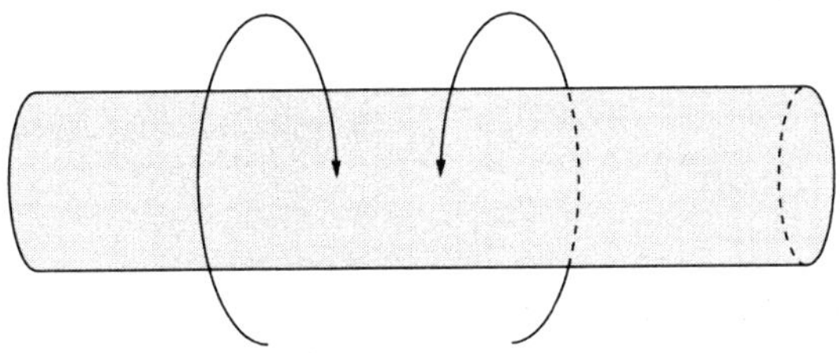

그림 3.4

3.3 단면이 20 cm×20 cm인 기둥에 100 kN의 압축력이 작용할 때 기둥의 압축응력은 얼마인가?

풀이

$$f = \frac{P}{A} = \frac{100 \times 10^3}{200 \times 200} = 2.5\ \text{MPa}$$

3.4 지름이 19 mm인 강봉에 32,000 N의 인장력이 작용할 때 인장응력을 구하여라.

풀이

$$f = \frac{P}{A} = \frac{32{,}000}{\dfrac{\pi \times (19)^2}{4}} = 112.86\ \text{MPa}$$

3.5 정사각형의 목재기둥에 150 kN의 하중이 작용한다. 이 목재 기둥의 허용응력 $f_{ca}=9$ MPa라고 할 때 필요한 단면의 최소치수를 구하여라.

풀이

$$f=\frac{P}{A} \quad \therefore A=\frac{P}{f}=\frac{150\times10^3}{9}=16{,}667\ \mathrm{mm}^2=166.67\ \mathrm{cm}^2$$

$\therefore$ 최소치수 $l=\sqrt{A}=12.9 \fallingdotseq 13$ cm

02 | 부재 경사면의 응력

[그림 3.5]와 같이 단면적 A인 봉이 축방향에 인장력을 받는 경우 수직단면 $m-n$에 생기는 응력은 균일하며, 그 크기는 $f=\dfrac{P}{A}$이다. 이 수직단면과 θ의 각을 이루는 경사단면 $p-q$ 위의 응력상태를 생각해보자. 외력 P와 내력 S는 크기가 같고 방향이 반대이다. 이 힘 P를 법선방향과 접선방향의 성분 N과 Q로 분해하면 $N=P\cos\theta$, $Q=P\sin\theta$가 된다.

경사단면 $p-q$의 면적을 A'라 하면 $A'=\dfrac{A}{\cos\theta}$가 된다. 이때 N, Q 성분의 응력은

$$f_n=\frac{N}{A'}=\frac{P}{A}\cos^2\theta=f\cdot\frac{1+\cos2\theta}{2} \tag{3.6}$$

$$v=\frac{Q}{A'}=\frac{P}{A}\sin\theta\,\cos\theta=\frac{f}{2}\sin2\theta \tag{3.7}$$

이 된다.

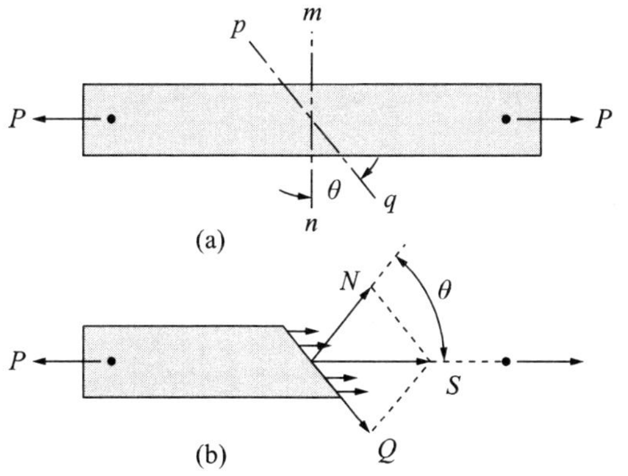

그림 3.5

3.6 지름 6 cm의 봉이 양축에 100 kN의 인장력을 받을 때 봉의 축에 45°인 면에 생기는 법선응력과 전단응력을 구하여라.

풀이

$$A = \frac{\pi d^2}{4} = \frac{\pi 6^2}{4} = 28.26\ \text{cm}^2$$

법선응력 $f_n = \dfrac{P}{A}\cos^2\theta = \dfrac{100\times 10^3}{28.26\times 10^2}\left(\dfrac{1}{\sqrt{2}}\right)^2 = 17.69\ \text{MPa}$

전단응력 $f_t = \dfrac{P}{A}\sin\theta\cos\theta = \dfrac{100\times 10^3}{28.26\times 10^2}\left(\dfrac{1}{\sqrt{2}}\right)^2 = 17.69\ \text{MPa}$

03 | 변형율

외력의 작용으로 물체가 늘거나 줄어드는 현상이 발생하는데 이러한 변형의 정도를 나타내는 변형을 변형율(strain)이라 한다.

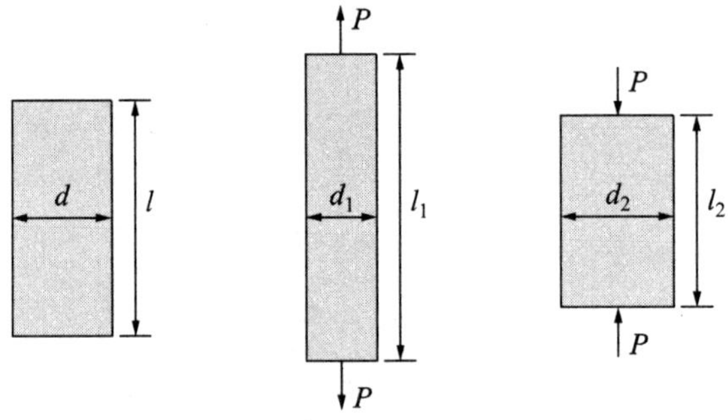

그림 3.6

본래의 길이와 변형량과의 비를 세로변형률(longitudinal strain)이라 하며 부호를 ϵ으로 표시한다. 즉

$$\epsilon = \frac{\Delta l}{l} \tag{3.8}$$

Δd의 본래의 굵기 d에 대한 비를 가로변형률이라 하며 부호를 β라 표시한다. 즉

$$\beta = \frac{\Delta d}{d} \tag{3.9}$$

또한 세로변형과 가로변형의 사이에는 일정한 관계가 성립하는데 이 비를 **포아슨비**(Poisson's ratio)라 한다. 즉

$$\nu = \frac{\beta}{\epsilon} = -\frac{1}{m} \tag{3.10}$$

이때 m을 포아슨의 수(poisson's number)라 하며 항상 1보다 큰 값을 가진다. m의 값은 구조용 강재에서는 $m = 3 \sim 4$, 콘크리트에서는 $m = 6 \sim 12$이다.

또한 부피가 V인 물체에 압력을 가하여 부피가 V_1으로 되었다면 $\Delta V = V_1 - V$를 부피의 변형이라 하고 부피의 변형을 ϵ_v라 하면

$$\epsilon_v = \frac{V_1 - V}{V} = \frac{\Delta V}{V} \tag{3.11}$$

으로 나타낸다.

한 변의 길이를 l이라 하고 V_1일 때의 길이를 l_1이라 하면

$$\Delta V = V_1 - V = (l \pm \Delta l)^3 - l^3$$

$$= l^3 \pm 3l^2\,\Delta l \pm 3l(\Delta l)^2 \pm \Delta l^3 - l^3$$

Δl은 극히 미소하므로 Δl^2 이하의 항을 생략하면

$$\Delta V = \pm\, 3l^2 \cdot \Delta l \tag{3.12}$$

식 (3.11)에 식 (3.12)를 대입하면

$$\epsilon_v = \frac{+3l^2 \cdot \Delta l}{l^3} = 3 \times \left(\pm \frac{\Delta l}{l}\right) \tag{3.13}$$

식 (3.13)에서 $\dfrac{\Delta l}{l}$은 세로변형이므로 부피의 변형과 세로변형 사이에는 세배의 차가 있음을 알 수 있다.

3.7 지름 20 mm, 길이 2.5 m되는 강봉에 인장력을 작용했더니 1.25 mm 늘어나고 지름은 0.002 mm 축소되었다. 이 강봉의 포아슨비를 구하여라.

풀이

$$\epsilon = \frac{\Delta l}{l} = \frac{0.125}{250} = 0.0005$$

$$\beta = \frac{\Delta d}{d} = \frac{0.0002}{2} = 0.0001$$

$$\therefore \text{ 포아슨비 } \quad \nu = \frac{\beta}{\epsilon} = \frac{0.0001}{0.0005} = 0.2$$

3.8 지름이 5 cm, 길이 40 cm인 둥근 막대가 인장을 받아 0.36 cm 늘어나고, 동시에 지름이 0.005 cm 만큼 줄었을 때 포아슨의 수를 구하여라.

풀이

$$\epsilon = \frac{\Delta l}{l} = \frac{0.36}{40} = 0.009$$

$$\beta = \frac{\Delta d}{d} = \frac{0.004}{4} = 0.001$$

$$m = \frac{\epsilon}{\beta} = \frac{0.009}{0.001} = 9$$

04 | 탄성

재료에 가했던 하중을 제거했을 때 원형으로 돌아오려는 성질을 **탄성**(elasticity)이라 부르며 완전히 처음 길이로 되돌아오면 완전 탄성체라 부르고 그렇지 않으면 불완전 탄성체라 한다. 반대로 원형으로 돌아오지 않을 때를 **소성**(plasticity)이라 한다.

4.0.1 후크(Hooke)의 법칙과 탄성계수

또한 여러 가지 재료에 의한 인장시험 결과 탄성한도 내에서 늘어난 양 Δl은 인장력 P와 길이 l에 비례하고 단면적 A에 반비례한다는 것을 알 수 있다. 즉

$$\Delta l = \frac{1}{E} \cdot \frac{Pl}{A} = \frac{P \cdot l}{A \cdot E} \tag{3.14}$$

여기서 E는 재료에 따라 정해지는 상수이며, 이를 **탄성계수**(modulus of elasticity) 또는 **영계수**(Young's modulus)라 한다.

식 (3.14)는 1968년 영국사람 Robert Hooke가 고안한 식이며, 그의 이름을 따라 Hooke의 법칙이라 부른다.

$f = \dfrac{P}{A}$, $\epsilon = \dfrac{\Delta l}{l}$의 관계식을 이용하면

$$\epsilon = \frac{f}{E} \tag{3.15}$$

Hooke의 법칙은 식 (3.16)에서 보는 바와 같이 응력은 변형에 비례한다고 간단히 정의할 수 있다. 즉

$$E = \frac{f}{\epsilon} = \frac{\text{응력}}{\text{변형}} \tag{3.16}$$

4.0.2 전단탄성계수

탄성한도 내에서 전단응력 v와 그에 따른 전단변형도 r와의 비례관계를 성립시키는 비례상수를 전단탄성계수(shear modulus of elasticity)라 부르며 G라 표기한다.

$$G \equiv \frac{\tau}{\gamma}$$

전단탄성계수는 포아슨비와 탄성계수와의 관계인 다음 식으로 구할 수 있다.

$$G = \frac{E}{2(1+\nu)}$$

4.1 조합응력

[그림 3.7]과 같이 두 개의 재료로 만들어진 부재(각각의 단면적 A_1, A_2탄성계수를 E_1, E_2로 한다.)에 힘 P가 작용했을 때를 고려한다. 이 힘 P가 부재에 균일하게 가해진다면, 두 개의 재료에서 늘어나는 부분은 동일하다.

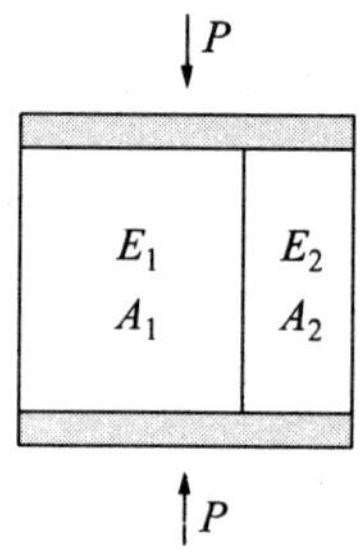

그림 3.7

힘 P를 각각의 부재에 가해진 힘 P_1과 P_2로 나누어 생각한다면 각각의 부재응력에서 변형율 ϵ는 같으므로,

$$f_1 = E_1\epsilon, \quad f_2 = E_2\epsilon$$

여기에서,

$$P_1 = f_1 A_1 = A_1 E_1 \epsilon$$

$$P_2 = f_2 A_2 = A_2 E_2 \epsilon$$

또한,

$$P = P_1 + P_2 = (A_1 E_1 + A_2 E_2)\epsilon$$

그리고,

$$\epsilon = \frac{P}{A_1 E_1 + A_2 E_2} \tag{3.17}$$

따라서, ε 가 구해지며, $f_1 = E_1\epsilon, f_2 = E_2\epsilon$ 이므로,

$$f_1 = \frac{PE_1}{A_1E_1 + A_2E_2},\ f_2 = \frac{PE_2}{A_1E_1 + A_2E_2} \tag{3.18}$$

로 되어, 각각의 부재응력을 구할 수 있다.

식 (3.18)에서

$$\frac{f_1}{f_2} = \frac{E_1}{E_2} \tag{3.19}$$

즉, 부재에 생기는 응력은 부재의 탄성계수에 비례한다.

3.9 철근콘크리트 기둥에 압축력 P가 작용할 때 철근과 콘크리트의 응력을 구하여라.

풀이

철근과 콘크리트의 단면적을 각각 A_s, A_c, 탄성계수를 각각 E_s, E_c라 하고 $n = \frac{E_s}{E_c}$(탄성계수비)라 한다. 식 (3.16)에서 $f_s : f_c = E_s : E_c$

$$f_s = \frac{E_s}{E_c} f_c = n f_c$$

철근과 콘크리트의 응력이 외력과 평형을 이루므로

$$P = f_s A_s + f_c A_c,\quad f_c = \frac{f_s}{n}$$

$$\therefore f_c = \frac{P}{nA_s + A_c},\quad f_s = \frac{P \cdot n}{nA_s + A_c}$$

3.10 단면이 15 cm×15 cm, 길이 1 m인 각재에 120 kN의 압축력을 가했더니 1 mm가 줄어들었다. 이 각재의 탄성계수를 구하여라.

풀이

$$E=\frac{f}{\epsilon}=\frac{\frac{P}{A}}{\frac{\Delta l}{l}}=\frac{P\,l}{A\Delta l}=\frac{120\times10^3\times1\times10^3}{150\times150\times1}=5{,}333\text{ MPa}$$

3.11 지름 5 cm, 길이 200 cm의 강봉을 15 mm만큼 늘어나게 하려면 얼마의 힘이 필요한가? 단, $E=2.1\times10^5$ MPa

풀이

$$E=\frac{P\,l}{A\Delta l},\ \text{따라서}\quad P=\frac{E\,A\,\Delta l}{l}=\frac{2.1\times10^5\times\frac{\pi\times50^2}{4}\times15}{2{,}000}=3{,}092.5\text{ kN}$$

3.12 단면적 3 cm²인 강봉이 [그림 3.8]과 같은 힘을 받을 때 이 강봉은 얼마나 늘어나겠는가? 단, $E=2.1\times10^5$ MPa

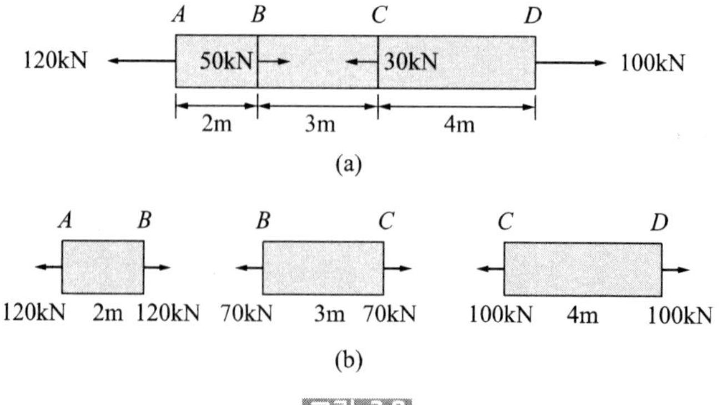

그림 3.8

풀이

$$E=\frac{P\,l}{A\Delta l} \quad \text{따라서} \quad \Delta l=\frac{P\,l}{A\,E}$$

$$\Delta l_1=\frac{120\times10^3\times2\times10^3}{3\times10^2\times2.1\times10^5}=3.81\text{ mm}$$

$$\Delta l_2=\frac{70\times10^3\times3\times10^3}{3\times10^2\times2.1\times10^5}=3.33\text{ mm}$$

$$\Delta l_3=\frac{100\times10^3\times4\times10^3}{3\times10^2\times2.1\times10^5}=6.35\text{ mm}$$

∴ 총 늘어난 양 $\Delta l=\Delta l_1+\Delta l_2+\Delta l_3=3.81+3.33+6.35=13.49\text{ mm}$

05 | 응력 - 변형률 선도

재료의 양단을 인장하면 재료에는 인장응력 f와 변형률 ε이 일어나게 된다. 공시체(test piece)의 시험에 의해 f를 y축, ε을 x축에 취하여 그린 곡선을 응력 - 변형곡선(stress-strain diagram)이라고 하며 강재의 인장시험에 의해 그린 곡선의 예를 들면 [그림 3.9]와 같다.

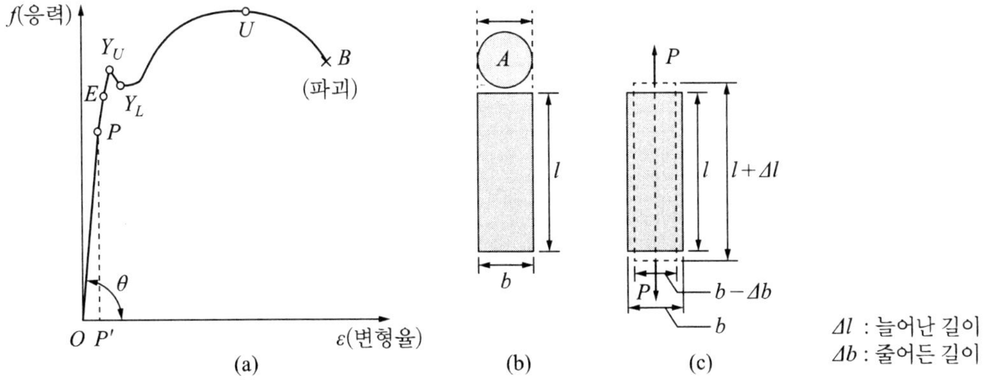

그림 3.9 강재의 응력 - 변형률 곡선

인장력이 증가하면 철재의 지름이 가늘어져 단면적이 작게 되지만 변화가 작으므로 f를 구할 때는 최소의 단면을 그대로 이용하고 있다. $O \rightarrow P$ 구간에서는 응력과 변형율은 직선적으로 변화한다. $P \rightarrow E$ 구간에서는 서서히 곡선을 나타낸다. 그러나, 점 E에서 힘을 제거하면 시험편은 원래의 상태로 되돌아가며 변형은 없어진다. 즉 E점까지는 탄성을 유지하고 있다는 사실이다. E점을 넘어서면 변형은 급격히 증가하며 힘을 제거하여도 시험편은 원래의 형태로 돌아가지 않고 잔류변형이 남아있다. 그러므로 E점까지는 탄성의 범위라 할 수 있으며 그 구간을 넘어서부터는 소성 영역이 된다. 힘을 더하여 간다면 그림과 같은 곡선을 나타내며 점 B에서 파괴된다.

E를 탄성한도(limit of elasticity), **P를 비례한도**라 한다. 또한, 재료가 급격히 늘어나는 등의 변화를 처음 시작하는 점 **Y_U를 상항복점**(upper-yield point), **점 Y_L을 하항복점**(lower yield point)이라 한다. U점에서의 응력을 극한강도(ultimate strength)라 한다. U점을 지나면 강재지름이 가늘어져 점 B에 이르러 파괴된다. U점의 하중을 최초의 단면적으로 나눈 값을 파괴강도(breaking strength)라 한다. 단, 이 곡선은 응력 f 의 값이 하중 P가 증가하더라도 단면적 A는 항상 시험편의 처음 단면적을 사용하지만 실제 시험편의 단면적 A는 감소하기 때문에 실제의 변형곡선이 아니다.

제3장 연습문제

01. 소나무의 압축허용응력이 6 MPa이고 탄성계수는 8,000 MPa라 한다. 100 kN의 압축력을 받는 원형 기둥의 지름은 얼마로 적당한가? 또 이 기둥의 길이가 4 m라 할 때 줄어드는 양을 구하여라.

answer 14.57 cm, 0.3 cm

02. $f_{sa} = 120$ MPa, 지름 16 mm의 철근은 몇 톤의 인장력에 견딜 수 있는가?

answer 24.12 kN

03. 단면이 10 cm×10 cm, 길이 30 cm의 각재에 200 kN의 압축력을 가했더니 0.20 mm가 줄었다. 이 각재의 탄성계수를 구하여라.

answer 30,000 MPa

04. 지름이 10 cm, 길이 20 cm인 재료에 인장력을 작용시켰더니 지름은 9.98 cm로, 길이는 20.2 cm로 변화되었음을 측정하였다. 이 재료의 포아슨비는 얼마인가?

answer 0.2

05. 길이 5 m, $d = 20$ cm인 강봉을 100 kN의 힘으로 잡아당길 때 이 강봉은 몇 cm나 늘어나겠는가? 단, $E = 2.1 \times 10^5$ MPa

answer 0.00758 cm

06. 길이 15 m, 지름 15 mm의 철근에 1.5 cm의 신축을 허용한다면 이 철근의 최대 허용하중은 얼마인가? 단, $E = 2.1 \times 10^5$ MPa

answer 37,110.06 N

07. 극한강도 560 MPa인 재료의 안전율이 3이라 하면 이 재료의 허용응력은 얼마인가?

answer $f_a = 186.7$ MPa

08. 길이 6 m의 중공강관이 50 kN의 하중을 받는다. 이 관의 내경을 3 cm, 외경을 4.5 cm라고 할 때 관의 응력 f, 변형률 ϵ, 길이의 변형 Δl를 구하여라. 단, $E = 2.1 \times 10^5$ MPa

answer $f = 70.74$ MPa, $\epsilon = 0.000337$, $\Delta l = 2.02$ mm

09. [그림 3.10]과 같은 강판의 응력을 구하여라. 단, 판의 두께는 3 mm이다.

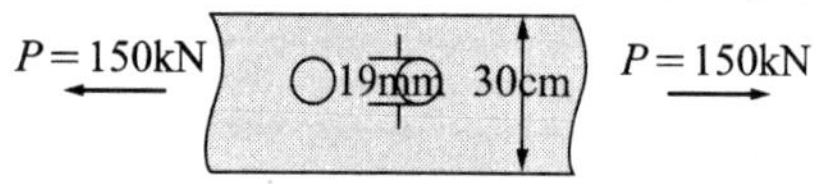

그림 3.10

answer 177.9 MPa

10. 무게 40 kN인 두 개의 물체를 그림과 같이 단면적이 2 cm^{2}인 동선과 그 양쪽에 단면적이 1.22 cm^{2}인 두 개의 철선으로 매달았다. 동선의 탄성계수를 1.06×10^5 MPa, 철선의 탄성계수를 2.1×10^5 MPa라 할 때 동선과 철선의 인장응력은 얼마인가?

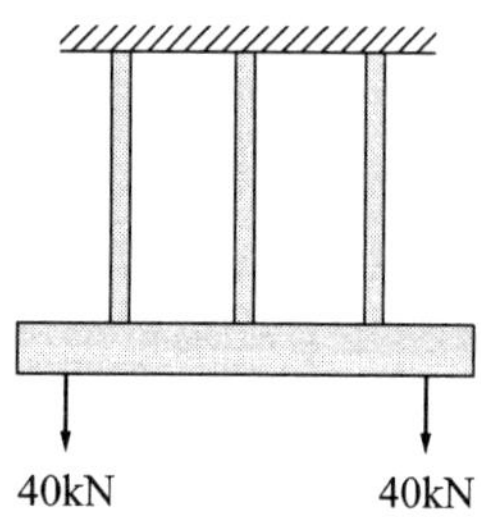

answer 동선의 인장응력 117.1 MPa, 철선 231.9 MPa

11. 44 cm×44 cm인 철근콘크리트 기둥에 19 mm의 철근 네 개를 넣었다. 이 기둥에 400 kN의 압축력을 작용시켰을 때 콘크리트 및 철근에 일어나는 응력을 구하여라. 단, 탄성계수비 $n=15$이다.

answer $f_c=1.90$ MPa, $f_s=28.49$ MPa

제 4 장 구조물 개론

이제까지 공부한 정역학을 바탕으로 간단한 구조물의 형태와 안정조건에 대하여 공부한다.

01 | 구조물의 종류

구조물의 종류에는 대략 다음과 같은 종류들이 있으며 뒷부분에 다양한 종류 및 풀이 방법이 제시되므로 간단히 살펴보자.

(가) 보(Beam)

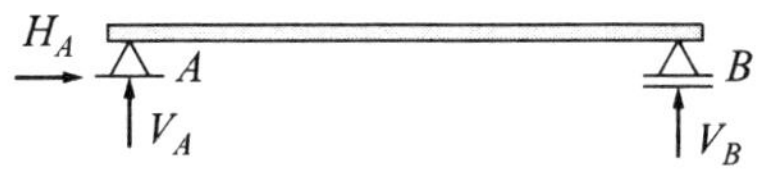

(나) 라멘(Rahmen) - 인장재, 압축재와 휨부재가 고정절점으로 연결된 구조물이다.

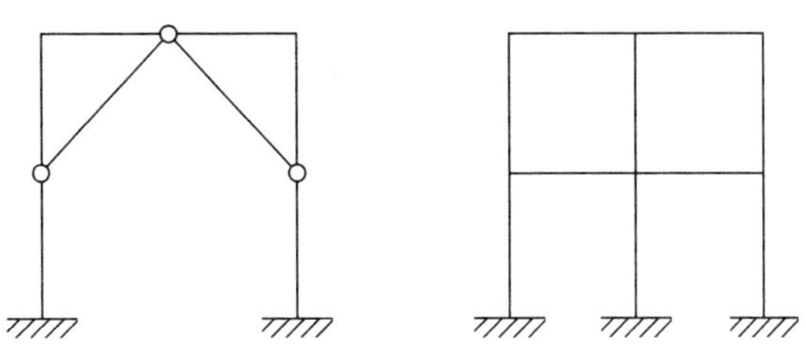

(다) 아치(Arch) - 부재의 축이 곡선으로 이루어진 구조물을 말한다.

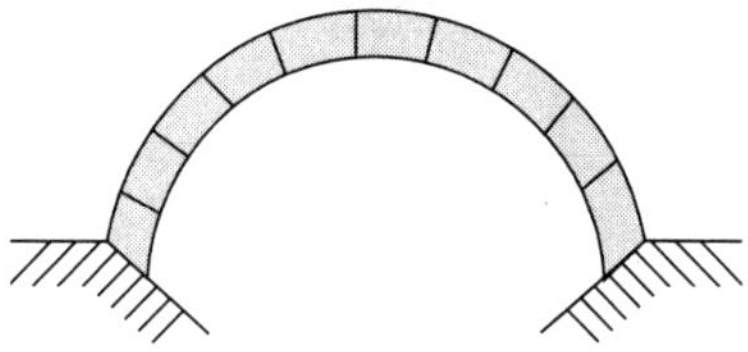

(라) 기둥(Column) - 압축을 받는 구조물이다

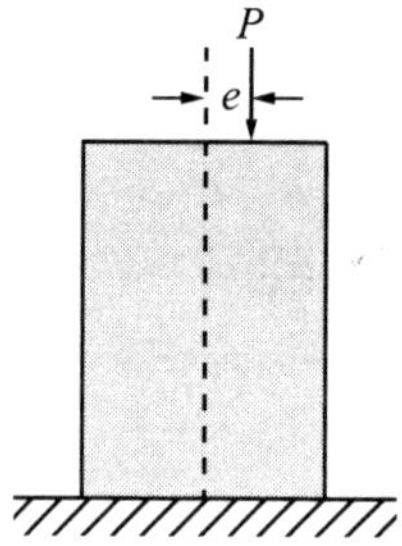

(마) 트러스(Truss) - 모든 부재가 압축력과 인장력만을 받으며 모든 절점은 회전 절점으로 되어 있다.

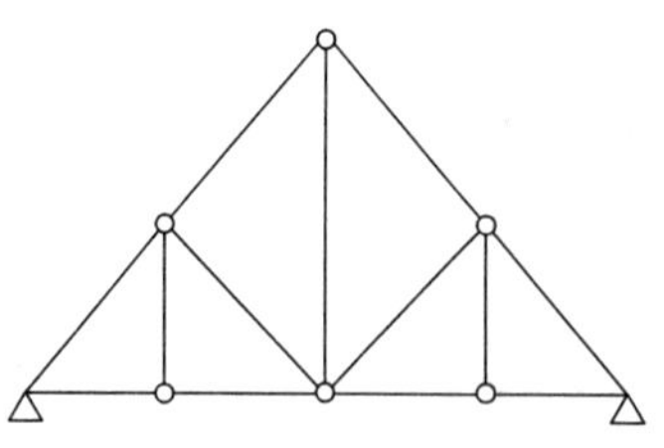

(바) 슬래브(Slab) - 평면형의 판으로 되어 있으며 이 판이 힘을 받도록 만든 구조물이다.

02 | 하중의 종류

구조물을 설계하기 위해서는 상당히 많은 종류의 하중 적용이 필요하다. 예를 들어 풍하중, 충격하중, 설하중, 지진하중 등 여러 가지 변수의 하중을 적용하여 설계를 해야 한다. 이러한 과정은 설계과정에서 자세히 다루어질 것이며 여기서는 구조물에 이상화하여 작용하는 간단한 하중만 소개한다.

표 4.1 하중의 종류

집중하중	등분포하중	등변분포하중
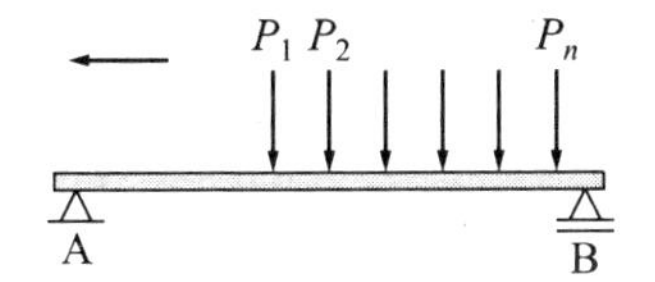 P(N, kN)	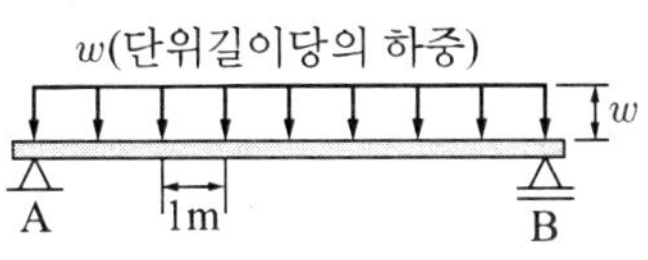 w(N/m, kN/m)	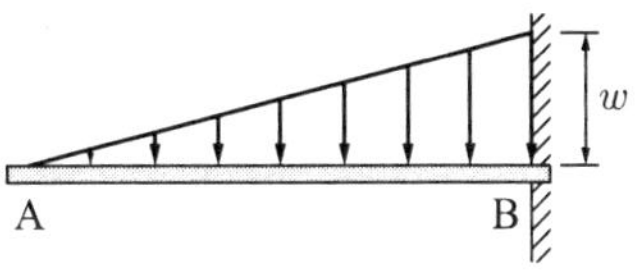 w(N/m, kN/m)
자동차나 열차 등의 하중이 차량을 통하여 한 점으로 집중하여 작용하는 하중	보의 자중이나 설하중과 같이 어느 범위에 일정한 크기로 분포하고 있는 하중	수압과 같이 어느 범위에 일정한 비율로 변화하는 분포하고 있는 하중

03 | 지점(Support)과 반력(Reaction)

교량과 같은 경우 상부구조물의 외부하중을 교각이나 교대를 거쳐 기초나 지반으로 전달하는 역할을 하는 받침의 경우가 지점이라 할 수 있으며, 구조물이 받고 있는 하중을 기초나 지반으로 전달해주는 역할을 하는 곳을 지점(Support)하고 한다.

또한 외력이 발생하면 지점에서는 외력의 반대방향으로 지탱하는 힘이 생기는데 이를 반력(Reaction Force)이라고 한다. 일종의 물리에서 작용 반작용의 법칙과 같다고 생각하면 된다.
지점에는 다음과 같은 종류가 있으며 지점의 종류에 따라 반력의 숫자가 틀려진다.

이동지점에서 보는 힌지를 중심으로 자유로이 회전할 수 있으며 롤러의 이동이 수평방향에만 있는 경우 보는 수평방향으로 이동할 수 있으나 수직방향으로는 이동할 수 없다. 따라서, 이동지점에서는 수직방향의 반력 V가 발생한다.
회전지점에서도 보는 힌지를 중심으로 자유로이 회전할 수 있으나 수평방향 및 수직방향으로는 이동할 수 없다. 따라서, 회전지점에서는 수평반력 H와 수직반력 V가 발생한다.
고정지점에서는 보가 콘크리트의 기초에 고정된 구조로 수평방향·수직방향으로의 이동 및 회전을 할 수 없다. 따라서, 수평반력 H, 수직반력 V, 휨작용에 저항하는 모멘트 M이 발생한다.

표 4.2 지점의 종류

	구조	기호	반력수
이동지점 (Roller 지점)	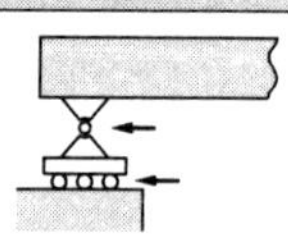	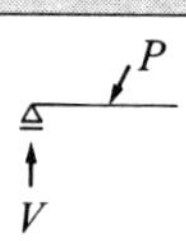	1
회전지점 (Hinge 지점)	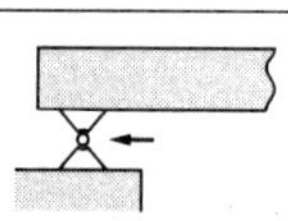	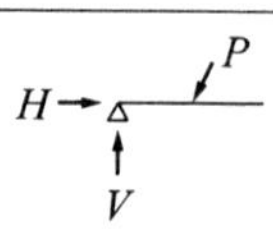	2
고정지점	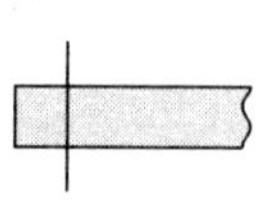	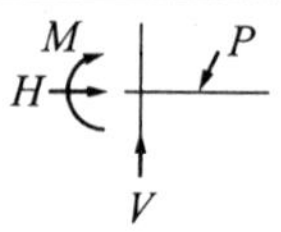	3

04 | 구조물의 안정과 정정

외력을 받는 구조물이 평형상태를 이루면 그 구조물은 안정이라 하고 그렇지 않을 때를 불안정이라 한다. 구조물이 어떤 외력에 대해서도 자체의 형태가 변하지 않는 구조물을 내적안정, 그렇지 않을 때를 내적불안정이라 하며, 외력에 대하여 그 구조물의 위치가 변하지 않는 것을 외적안정, 위치가 옮겨지는 것을 외적불안정이라 한다.
[그림 4.1]의 (a)는 외적안정, 내적 불안정, (b)는 외적안정, 내적안정, 그림 (c), (d)는 외적불안정, 내적안정이다.

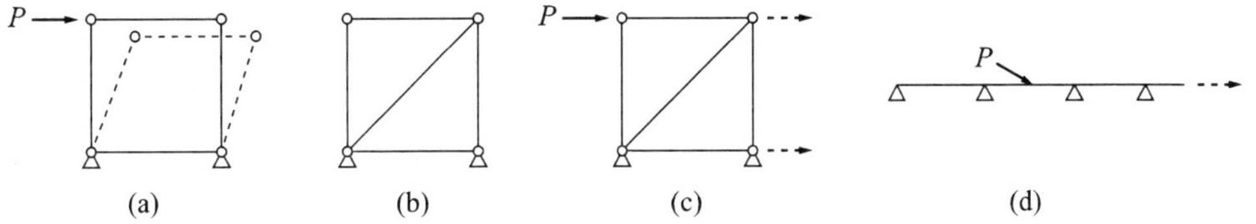

그림 4.1

힘의 평형조건만으로 지점반력, 부재력을 구할 수 있는 구조를 **정정**이라 하고, 힘의 평형조건으로 반력, 부재력 등을 구하지 못하는 구조를 **부정정**이라 한다. 정정 및 부정정 구조는 모두 안정한 구조물에 대하여 쓰는 말이다.
안정된 구조에서 지점반력을 평형조건식만으로 구할 수 있을 때 이 구조를 **외적정정**이라 하고 그렇지 못한 때를 **외적부정정** 또 부재력을 힘의 평형조건식만으로 구할 수 있는 것을 **내적정정** 그렇지 못한 것을 **내적부정정**이라 한다.

05 | 구조물의 판별식

구조물의 반력과 미지부재력의 수와 평형조건식의 수가 동일할 때는 정정(충분조건은 아니다), 평형조건식의 수가 적을 때는 불안정(필요조건은 못된다), 많을 때는 부정정(충분조건은 아니다)이 된다.

조건식을 만들어 구조를 판별해보자.

지점반력의 수는 r, 양 끝의 회전절점(활절)으로 이어진 부재수는 m_1, 한 끝은 회전, 다른 끝은 고정절점으로 이어진 부재수는 m_2, 양 끝 모두 고정절점으로 이어진 부재수는 m_3라고 하면 미지량의 수는

$$m_1 + 2m_2 + 3m_3 + r \tag{4.1}$$

다음에 이 미지수를 구하기 위한 방정식의 수는 각 절점에서 힘의 평형조건을 생각하여 회전절점에서 두 개, 고정절점에서 세 개를 세울 수 있으므로

회전 절점의 수는 p_2

고정 절절의 수는 p_3

라고 하면

$$2p_2 + 3p_3 \tag{4.2}$$

라는 방정식을 세울 수 있다. 식 (4.1)과 식 (4.2)에서

$$2p_2 + 3p_3 > m_1 + 2m_2 + 3m_3 + r \quad \text{불안정 (필요조건은 아니다)}$$

$$2p_2 + 3p_3 = m_1 + 2m_2 + 3m_3 + r \quad \text{정정 (충분조건은 아니다)} \tag{4.3}$$

$$2p_2 + 3p_3 < m_1 + 2m_2 + 3m_3 + r \quad \text{부정정 (충분조건은 아니다)}$$

식 (4.3)은 보, 트러스, 라아멘 등 모든 구조물에서 공통으로 사용되

는 판별식이며 이 식에 $r=3$을 대입하면 내적안정, 내적불안정을 판별할 수 있다. 또 n을 부정정구조물의 차수라고 하면

$$m_1 + 2m_2 + 2m_3 + r - (2p_2 + 3p_3) = n \tag{4.4}$$

에 의하여 부정정차수를 구한다.

$n < 0$: 불안정

$n > 0$: 부정정

$n = 0$: 안정, 정정 n차 부정정

별법으로 구조물의 총 부재수를 m, 절점수를 p라 하면

$$m_1 + 2m_2 + 3m_3 = m_1 + m_2 + m_3 + m_2 + 2m_3 = m + m_2 + 2m_3$$

$2p_2 + 3p_3 = 2p_2 + 2p_3 + p_3 = 2p + p_3$이므로

$$m + m_2 + 2m_3 + r - (2p + p_3) = n \tag{4.5}$$

과 같이 간략히 된다.
단 자유단을 갖는 부재는 부재수 m에 포함되지 않는다.
단 보의 경우는 다음 식으로 간단히 부정정 차수를 구할 수 있다.

$$\boldsymbol{N = r - (3 + h)} \tag{4.6}$$

$\boldsymbol{N}$: 부정정차수
$\boldsymbol{r}$: 반력수
3 : 평형조건식 수 ($\Sigma \boldsymbol{H}=0$, $\Sigma \boldsymbol{V}=0$, $\Sigma \boldsymbol{M}=0$)
$\boldsymbol{h}$: 보와 보를 힌지로 접속하는 경우의 접속힌지 수

4.1 [그림 4.2]의 부정정구조물의 부정정차수를 구하여라.

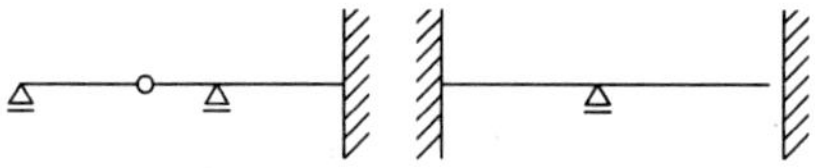

(a) (a)

그림 4.2

풀이

(a) $N = r-(3+h)$ $r=5$, $h=1$이므로

$N=5-(3+1)=1$ 답) 1차 부정정

(b) $N = r-(3+h)$ $r=7$, $h=0$이므로

$N=7-(3+0)=4$ 답) 4차 부정정

4.2 [그림 4.3]과 같은 합성라아멘을 판별하여라.

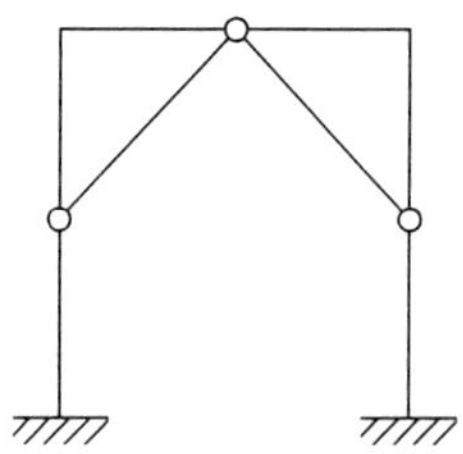

그림 4.3

풀이

$m+m_2+2m_3+r-(2p+p_3)=n$

$8+6+2\times 0+4-(2\times 7+3)=1$ 답) 1차 부정정

4.3 [그림 4.4]와 같은 라아멘의 부정정차수를 구하여라.

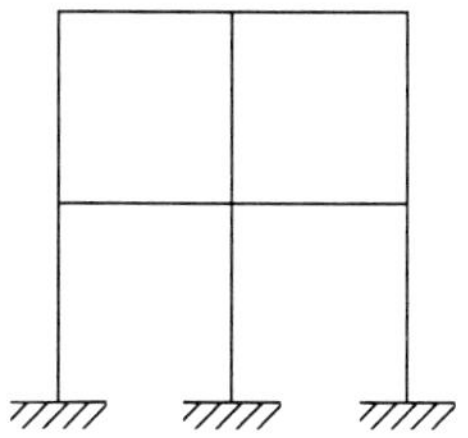

그림 4.4

풀이

$$10+0+2\times10+9-(2\times9+9)=12$$

답) 12차 부정정

4.4 [그림 4.5]와 같은 트러스를 판별하여라.

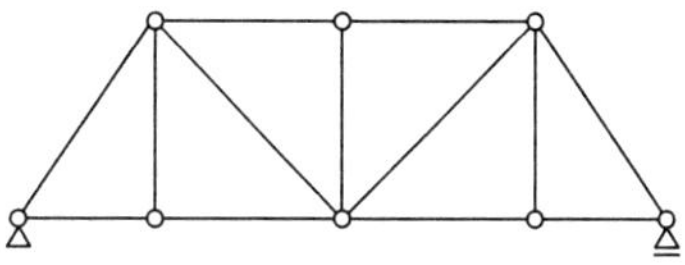

그림 4.5

풀이

$2p=16$, $m=13$, $m_2=0$, $2m_3=0$, $r=3$, $p_3=0$이므로 $m+m_2+2m_3+r-(2p+p_3)=n$에 대입을 하면

$$13+3-16=0$$

즉, 정정 구조물이다

제4장 연습문제

01. [그림 4.6]의 (a), (b)와 같은 합성라아멘을 판별하여라.

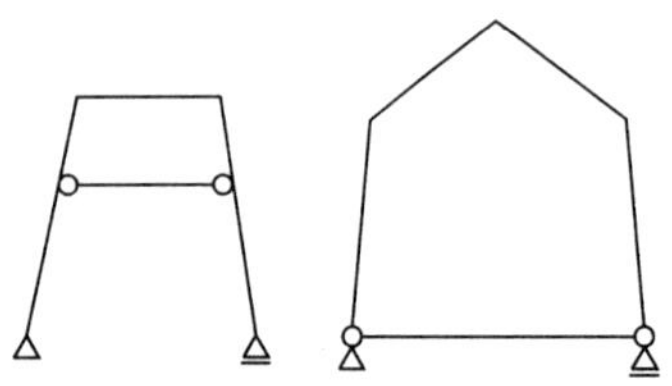

그림 4.6

answer (a) 1차 부정정 (b) 1차 부정정

02. 다음 [그림 4.7]의 부정정 차수를 구하여라.

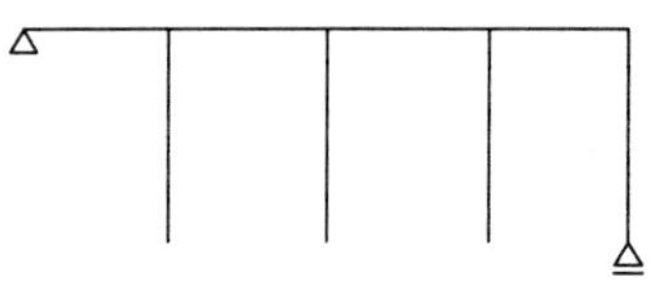

그림 4.7

answer 정정

03. [그림 4.8]과 같은 보의 부정정차수를 구하여라.

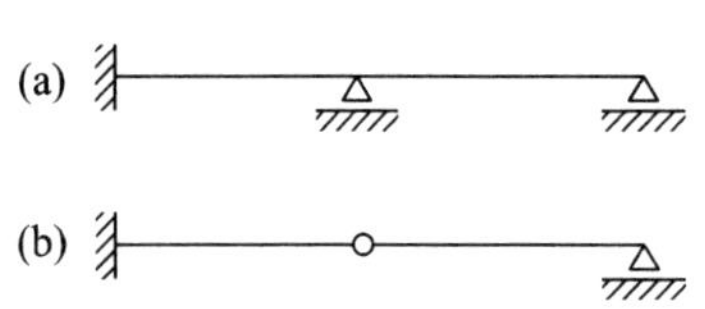

그림 4.8

answer (a) 2차 부정정, (b) 정정

04. [그림 4.9]와 같은 라멘의 부정정차수를 구하여라.

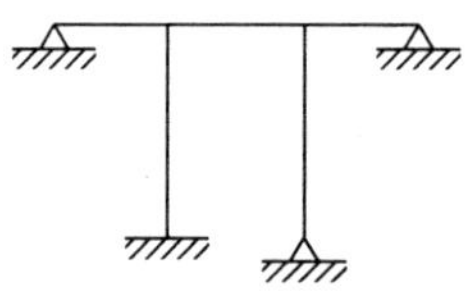

그림 4.9

answer 6차 부정정

제 5 장

정정보 I

01 | 보의 종류

구조물을 구성하는 부재(member) 중에서 그의 축선에 대하여 저항하는 것을 보(beam)라 한다. 보가 교량 등에 쓰일 때는 특히 이를 거더(girder)라 부르기도 한다. 보를 지지하고 있는 지점의 종류는 4장 03에서와 같이 이동지점, 회전지점, 고정지점이 있는데 이들 지점의 지지상태에 따라 여러 종류로 분류한다. [그림 5.1]에서 (a)부터 (d)까지는 정정보이고 (g), (h)는 부정정보이다.

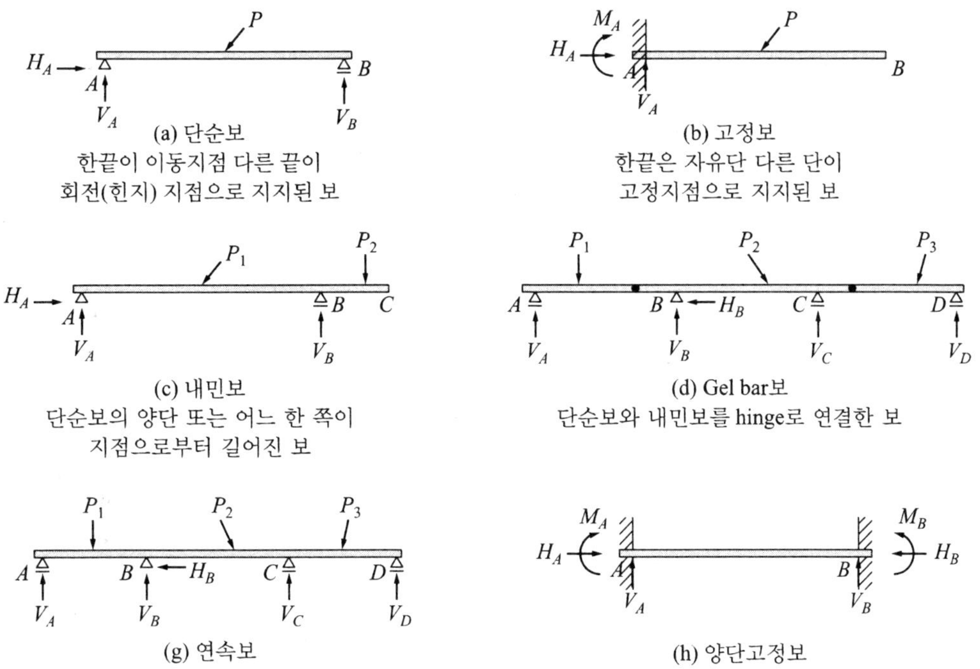

(a) 단순보
한끝이 이동지점 다른 끝이
회전(힌지) 지점으로 지지된 보

(b) 고정보
한끝은 자유단 다른 단이
고정지점으로 지지된 보

(c) 내민보
단순보의 양단 또는 어느 한 쪽이
지점으로부터 길어진 보

(d) Gel bar보
단순보와 내민보를 hinge로 연결한 보

(g) 연속보

(h) 양단고정보

그림 5.1 보의 종류

02 | 반력

구조역학의 모든 문제 풀이 과정은 반력(reaction force)을 구하는 것으로부터 시작된다고 해도 과언은 아니다. 앞 4장에서와 같이 각 지점(Support)마다 반력의 개수가 틀리며 반력은 보의 평형 방정식으로부터 구할 수 있다. 일단 단수보의 간단한 반력구하는 방법을 알아보자.

2.1 집중하중이 작용할 때

[그림 5.2]에서와 같이 A단은 회전지점이고 B단이 이동지점인 보에 집중하중 P가 경사져서 작용할 때 A지점의 반력은 수평반력 H_A와 수직반력 R_A가, B지점의 반력은 수직반력 R_B가 생긴다. 각 반력의 방향을 그림에서와 같이 가정할 때 평형조건식을 적용하면 다음과 같이 된다.

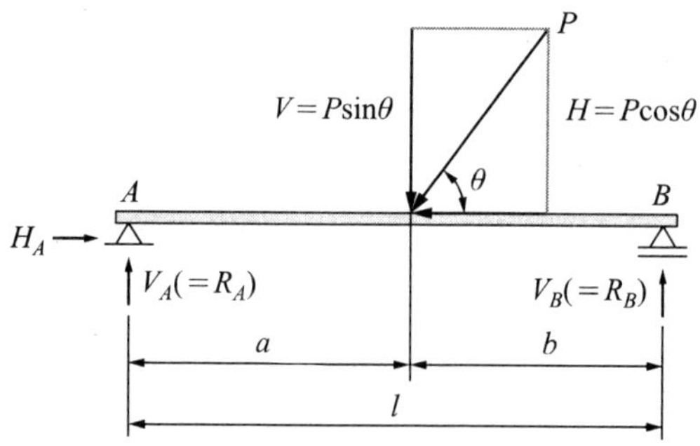

그림 5.2

이때에 일반적으로 수평력은 우측, 수직력은 상향을 양으로 계산한다. 또한, 계산의 결과가 음인 경우에는 그 반력의 방향을 가정한 방향과 역방향을 표시하는 것이다.

$$\Sigma M_B = 0\text{으로부터},\ \Sigma M_B = V_A l - V\cdot b = 0,\ V_A = \frac{Vb}{l}\left(= \frac{Pb\sin\theta}{l}\right)$$

$$\Sigma V = 0\text{으로부터},\ \Sigma V = V_A - V + V_B = 0,\ V_B = \frac{Va}{l}\left(= \frac{Pa\sin\theta}{l}\right) \qquad (5.1)$$

$$\Sigma H = 0\text{으로부터},\ \Sigma H = H_A - H = 0,\ H_A = H(= P\cos\theta)$$

이 경우, H_A, V_A와 V_B는 모두 양이며, 이것은 가정한 것과 같은 방향이라는 뜻이다. 또한 빠른 계산을 위하여 모멘트 평형방정식을 먼저 계산하는 것이 편하다.

5.1 [그림 5.3]의 단순보 반력 R_A, R_B를 구하여라.

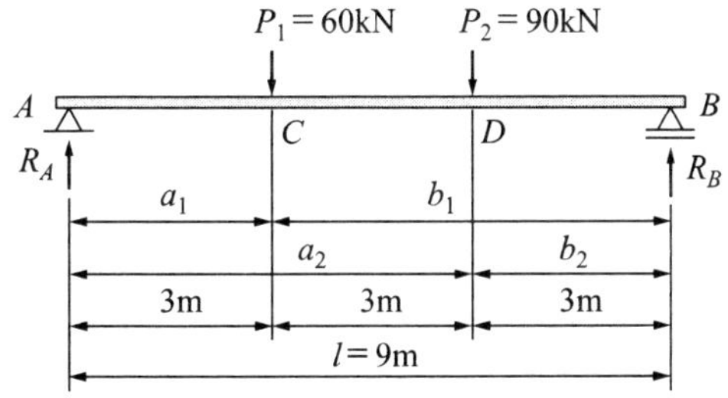

그림 5.3

풀이

$\Sigma M_B = 0$, $\Sigma M_A = 0$으로부터,

$$\Sigma M_B = R_A \times 9 - 60 \times 6 - 90 \times 3 = 0$$

따라서,

$$R_A = \frac{1}{9}(60 \times 6 + 90 \times 3) = 7\text{kN}$$

$$\Sigma M_A = -R_B \times 9 + 60 \times 3 + 90 \times 6 = 0$$

따라서,

$$R_B = \frac{1}{9}(60 \times 3 + 90 \times 6) = 80\,\text{kN}$$

2.2 등분포하중이 작용할 때

[그림 5.4]에서와 같이 등분포하중이 만재되었을 때는 $W = w \cdot l$, $a = b = \frac{l}{2}$이므로 $R_A = \frac{w \cdot l}{2} = R_B$

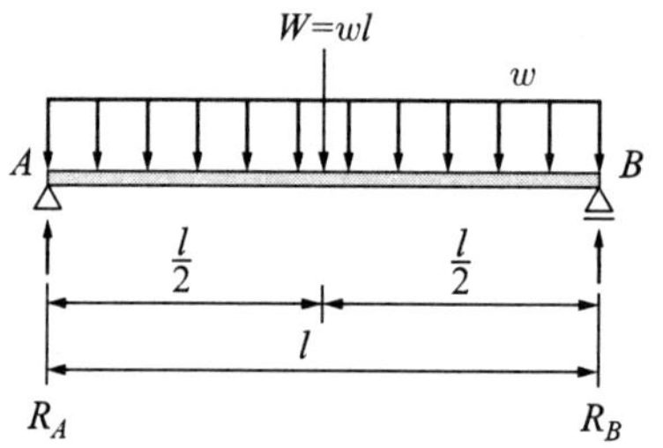

그림 5.4

5.2 [그림 5.5]의 단순보 반력 R_A, R_B를 구하여라.

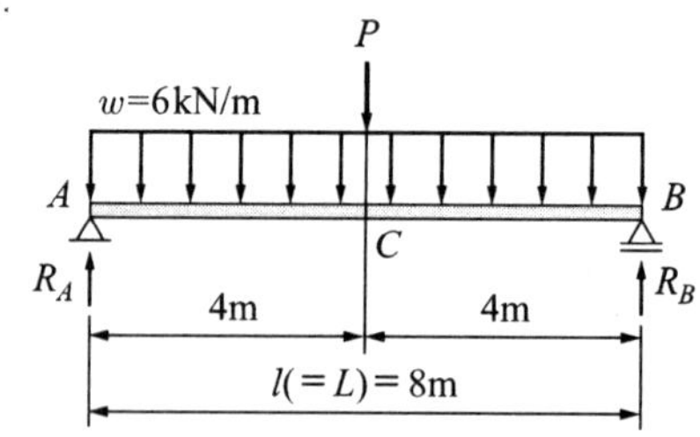

그림 5.5

풀이

등분포하중을 집중하중으로 환산한다면

$l = L$이므로,

$$P = wL = 6 \times 8 = 480\text{kN}$$

$\Sigma M_B = 0$으로부터,

$$\Sigma M_B = R_A \times 8 - 48 \times 4 = 0$$

따라서,

$$R_A = \frac{48 \times 4}{8} = 24\text{kN} = R_B$$

또는

$$IV = 0(\uparrow +)$$

$$R_A + R_B - 48 = 0$$

$$R_B = 480 - R_B = 24kN$$

2.3 등변분포가 작용할 경우

[그림 5.6]에서와 같이 등변분포하중이 작용할 때는 $W=\frac{w \cdot l}{2}$, $b=\frac{l}{3}$로 되므로

$$R_A=\frac{W \cdot b}{l}=\frac{\frac{w \cdot l}{2} \cdot \frac{l}{3}}{l}=\frac{w \cdot l}{6}$$

$$R_B=\frac{W \cdot a}{l}=\frac{\frac{w \cdot l}{2} \cdot \frac{2l}{3}}{l}=\frac{w \cdot l}{3}$$

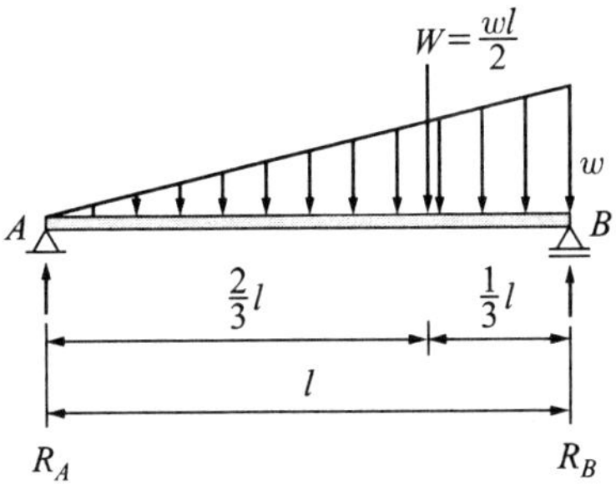

그림 5.6

5.3 [그림 5.7]의 단순보 반력 R_A, R_B를 구하여라.

풀이

등변분포하중을 집중하중에 환산한다면 $l=L$이므로,

$$P=\frac{1}{2}wL=\frac{4\times 9}{2}=18\text{kN}$$

작용점은 점 A로부터 6m, 점 B로부터 3m의 점 C가 된다.

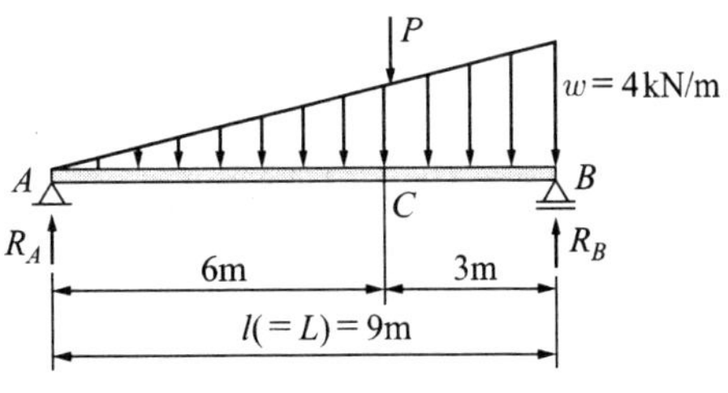

그림 5.7

$\Sigma M_B = 0$, $\Sigma M_A = 0$으로부터,

$$\Sigma M_B = R_A \times 9 - 18 \times 3 = 0$$

따라서, $R_A = \dfrac{18 \times 3}{9} = 6\text{kN}$

$$\Sigma M_A = -R_B \times 9 + 18 \times 6 = 0$$

따라서, $R_B = \dfrac{18 \times 6}{9} = 12\text{kN}$

또는 $\Sigma V = 0(\uparrow +)\ R_A + R_B - 18 = 0$이므로

$$R_B = 18 - 6 = 12\text{kN}$$

2.4 모멘트 하중이 작용할 경우

[그림 5.8]에서와 같이 보의 중간부 임의의 점 C에 모멘트 M이 작용하는 경우도

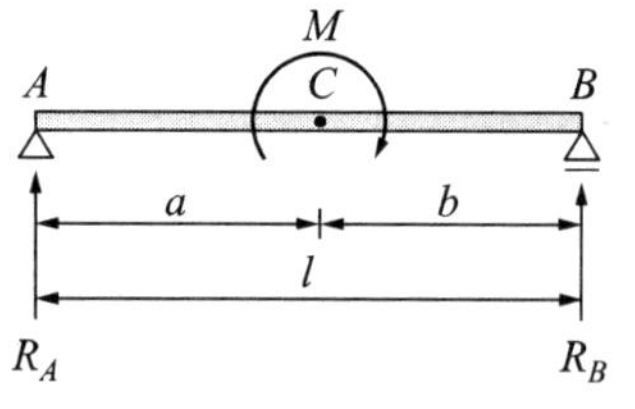

그림 5.8

$$\sum H = 0\text{으로부터} \quad H_A = 0$$

$$\sum V = 0\text{으로부터} \quad R_A + R_B = 0$$

$$\sum M_B = 0\text{으로부터} \quad R_A \cdot l + M = 0$$

$$\therefore\ R_A = -\frac{M}{l}, \quad R_B = \frac{M}{l}$$

5.4 [그림 5.9]와 같은 보의 반력 R_A, R_B를 구하여라.

풀이

$$\sum M_B = 10 \times R_A - 40 \times 10 + 80 = 0$$

$$\therefore\ R_A = \frac{320}{10} = 32\ \text{kN}$$

$$\sum V = R_A + R_B - P = 0$$

$$\therefore\ R_B = 40 - 32 = 8\ \text{kN}$$

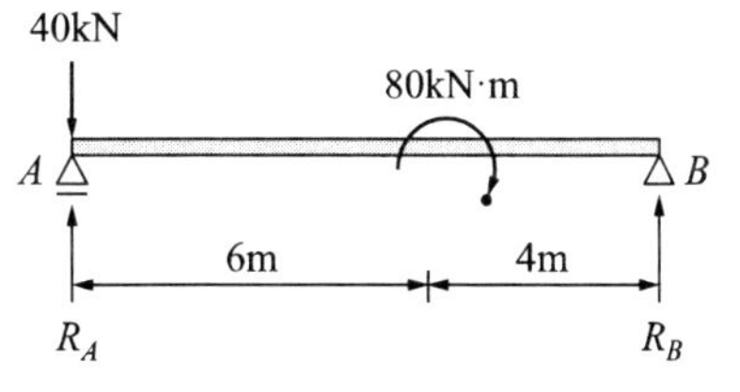

그림 5.9

03 | 단면력

보를 설계할 때 반력을 구하는 이유는 보를 파괴하는 힘을 구하기 위함이다. 이러한 보의 파괴하는 힘은 다음과 같이 축방향으로 작용하는 축력, 그리고 축방향과 직각으로 작용하는 전단력과 보를 휘게 하려는 휨모멘트 세 가지의 경우가 있다. 보에 외력이 작용할 때 이런 세 가지 단면력을 구해야 보를 설계할 수 있다.

3.1 축방향력

외력에 의하여 보의 축방향으로 생기는 압축력과 인장력이다. 힘의 크기는 축방향으로 작용하는 힘들의 합이다.

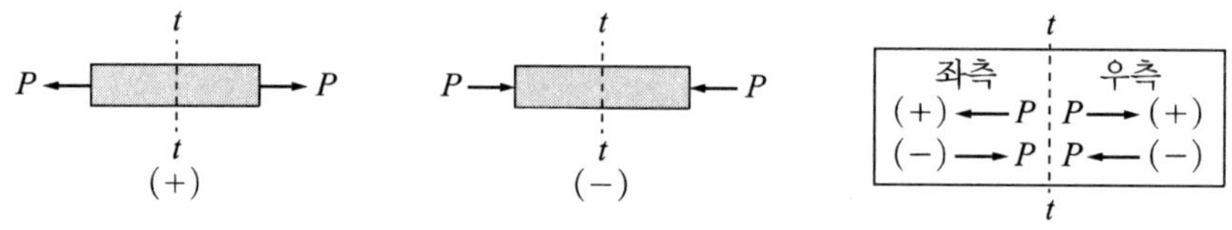

(a) 인장 (b) 압축 (c) 부호의 약속

> * 부호 : 좌우 구분없이 생각하는 단면을 중심으로 인장력이면 (+), 압축력이면 (−)이다.

3.2 전단력

보의 부재축에 직각방향으로 절단하려는 힘을 말하며 크기는 구하고자 하는 임의점의 왼쪽 또는 오른쪽의 수직력의 합이다. 왼쪽이나 오른쪽의 수직력의 합을 계산하였을 경우 답은 같아야 한다.

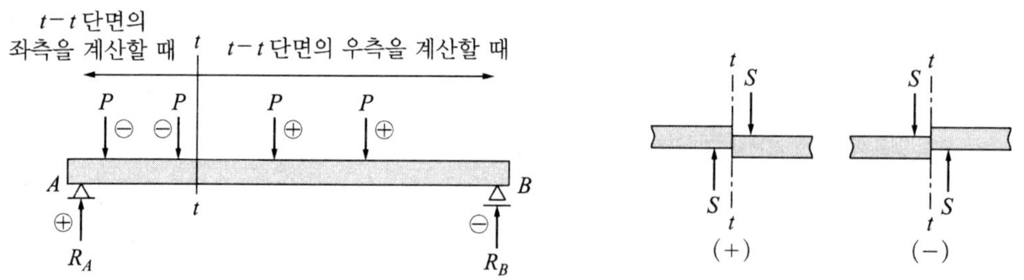

$t-t$ 단면에 작용하는 전단력과 부호

> * 부호 : 좌우 구분없이 생각하는 단면을 중심으로 시계방향(↻)으로 작용하는 수직력의 대수합은 (+)전단력, 반시계방향(↺)으로 작용하는 수직력의 대수합은 (−)전단력이다.

3.3 휨모멘트

보에 외력이 작용하여 보를 휘려고 하는 힘의 크기로서 이때 힘의 크기는 구하고자 하는 임의의 단면에서 왼쪽이나 오른쪽의 모멘트 힘의 합으로 계산된다.

→ 휨모멘트 = Σ(힘의 크기)×(수직거리)

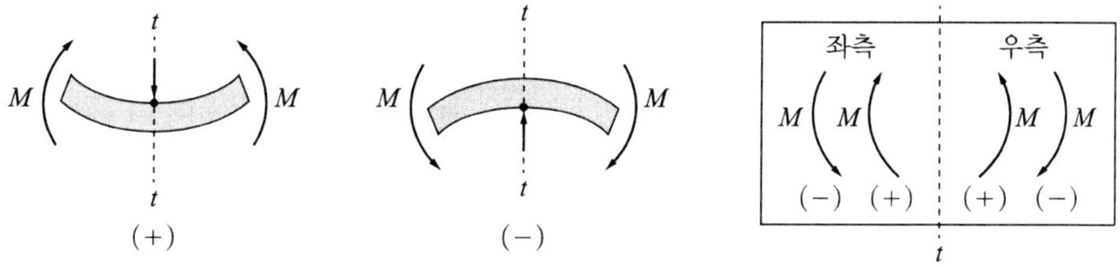

(a) 하향 휨 (b) 상향 휨 (c) 부호의 약속

* 부호 : 좌우 구분없이 생각하는 단면을 중심으로 아래로 (⌣) 휘어지게 하는 모멘트이면 (+), 위로 (⌢) 휘어지게 하는 모멘트이면 (−)이다. 즉, 보를 향하여 상향으로 작용하는 외력(하중, 반력)은 (+) 휨모멘트를 일으키고 하향으로 작용하는 외력은 (−) 휨모멘트를 일으킨다.

04 | 단순보

4.1 집중하중이 작용할 경우

[그림 5.10]에서와 같이 보 위에 여러 개의 집중하중이 작용할 경우를 살펴보면

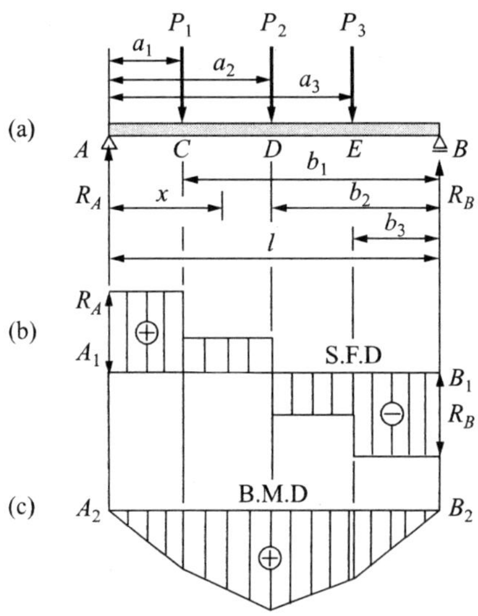

그림 5.10

4.1.1 지점반력

A, B점의 반력 R_A, R_B

$$R_A \times l - P_1 b_1 - P_2 b_2 - P_3 b_3 = 0$$

$$\therefore\ R_A = \frac{P_1 b_1 + P_2 b_2 + P_3 b_3}{l} = \frac{1}{l}\sum P \cdot b$$

$$R_B = \frac{P_1 a_1 + P_2 a_2 + P_3 a_3}{l} = \frac{1}{l}\sum P \cdot a$$

4.1.2 전단력

지점 A로부터 임의의 거리 x만큼 떨어진 단면의 전단력을 S_x라고 하면

AC 사이 $0 \leqq x \leqq a_1$, $S_x = R_A$

CD 사이 $a_1 \leqq x \leqq a_2$, $S_x = R_A - P_1$

DE 사이 $a_2 \leqq x \leqq a_3$, $S_x = R_A - P_1 - P_2$

EB 사이 $a_3 \leqq x \leqq l$, $S_x = R_A - P_1 - P_2 - P_3 = -R_B$

S_x의 값은 어디서든 x에 관계없이 일정한 값이다. 이로써 S.F.D를 그리면 그림 (b)와 같다.

4.1.3 휨모멘트

지점 A로부터 x거리만큼 떨어진 곳의 단면에 대한 휨모멘트를 M_x라 하고 단면의 왼쪽을 생각하면

AC 사이 $0 \leqq x \leqq a_1$, $M_x = R_A\,x$

CD 사이 $a_1 \leqq x \leqq a_2$, $M_x = R_A\,x - P_1(x-a_1)$

DE 사이 $a_2 \leqq x \leqq a_3$, $M_x = R_A\,x - P_1(x-a_1) - P_2(x-a_2)$

EB 사이

$a_3 \leqq x \leqq l$, $M_x = R_A\,x - P_1(x-a_1) - P_2(x-a_2) - P_3(x-a_3)$

살펴보면 M_x의 값은 어디서든 x에 관하여 1차식이므로 직선변화를 이룬다. 이로서 B.M.D를 그리면 그림 (c)와 같다. S.F.D의 부호는 기선의 상부를 (+), 하부를 (−)로 취하고, B.M.D의 부호는 기선의 하부를 (+), 상부를 (−)로 취하는 것이 일반적이다.

5.5 [그림 5.11]과 같은 보의 단면력을 구하고 S.F.D 및 B.M.D를 그려라.

풀이

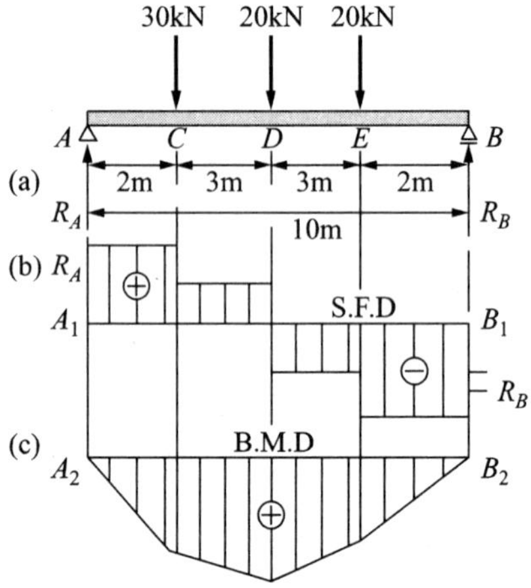

그림 5.11

$$R_A = \frac{30\times 8+20\times 5+20\times 2}{10} = \frac{380}{10} = 38\text{ kN}$$

$$R_B = \frac{30\times 2+20\times 5+20\times 8}{10} = \frac{320}{10} = 32\text{ kN}$$

$$S_{A\sim C} = 38\text{ kN}$$

$$S_{C\sim D} = 38-30 = 8\text{ kN}$$

$$S_{D\sim E} = 38-30-20 = -12\text{ kN}$$

$$S_{E\sim B} = 38-30-20-20 = -32\text{ kN} = -R_B$$

$$M_A = 0$$

$$M_C = 38\times 2 = 76\text{ kN}\cdot\text{m}$$

$$M_D = 38\times 5-30\times 3 = 100\text{ kN}\cdot\text{m}$$

$$M_B = 0\ M_E = 38\times 8-30\times 6-20\times 3 = 64\text{ kN}\cdot\text{m}$$

이로서 S.F.D와 B.M.D를 그리면 그림 (b), (c)와 같다.

4.2 등분포가 작용할 경우

4.2.1 지점반력

[그림 5.12]와 같이 등분포하중인 경우에 단면력을 구해보자. 5장 2.2의 결과식으로부터

$$R_A = \frac{w\,l}{2}$$

$$R_B = \frac{w\,l}{2}$$

4.2.2 전단력

지점 A로부터 임의의 거리 x만큼 떨어진 단면 C의 전단력을 S_x라 하고 그 왼쪽을 생각하면

$$S_x = R_A - wx = \frac{w\,l}{2} - wx = \frac{w}{2}(l - 2x)$$

이것은 x에 관한 1차식이므로 전단력 또는 직선변화를 한다. 따라서

$$x = 0\text{이면}\quad S_A = R_A = \frac{w\,l}{2}$$

$$x = \frac{l}{2}\text{이면}\quad S_C = R_A - w \times \frac{l}{2} = \frac{w\,l}{2} - \frac{w\,l}{2} = 0$$

$$x = l\text{이면}\quad S_B = R_A - w\,l = \frac{w\,l}{2} - \frac{2w\,l}{2} = -\frac{w\,l}{2} = -R_B$$

4.2.3 휨모멘트

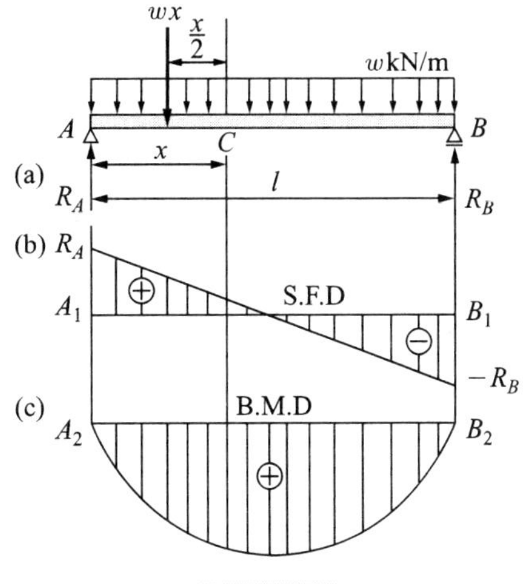

그림 5.12

단면 C에서의 휨모멘트를 M_x라 하면 전술한 바와 같이 등분포하중은 x구간의 총 하중이 AC의 중앙점에 집중하중으로서 작용한다고

생각할 수 있으므로

$$M_x = R_A\, x - w\, x\, \frac{x}{2} = \frac{w\, l}{2}\, x - \frac{w\, x^2}{2} = \frac{wx}{2}(l - x)$$
$$= \frac{w}{2}(l\, x - x^2) \qquad (5.2)$$

이것은 x에 관한 2차식이므로 휨모멘트도는 포물선이 된다.
x거리에 있는 휨모멘트를 M_C라고 하면 M_C가 **최대로 되는 단면의 위치를 구하려면 M_x를 거리 x에 관하여 미분하여 0으로 놓으면 된다.** 즉,

$$\frac{dM_x}{dx} = \frac{w\, l}{2} - wx = 0$$

$$\therefore\ x = \frac{l}{2}$$

$x = \dfrac{l}{2}$의 위치, 다시 말하면 보의 중앙점에서 휨모멘트는 최대이다.
$x = \dfrac{l}{2}$을 식 (5.2)에 대입하여 $M_x = \dfrac{l}{2}$를 구하면 휨모멘트의 최대값인 $M_{\max}$가 구해진다.

$$M_{\max} = \frac{w}{2}\left\{l\,\frac{l}{2} - \left(\frac{l}{2}\right)^2\right\} = \frac{w}{2}\left\{\frac{l^2}{2} - \frac{l^2}{4}\right\} = \frac{w\, l^2}{8} \qquad (5.3)$$

이로서 S.F.D와 B.M.D를 그리면 그림 (b), (c)와 같다.

5.6 [그림 5.13]과 같은 보의 단면력을 구하고 S.F.D 및 B.M.D를 그려라.

풀이

$$R_A \times 10 - 20 \times 5 \times 7.5 - 10 \times 3 = 0$$

$$10R_A = 750 + 30 = 780$$

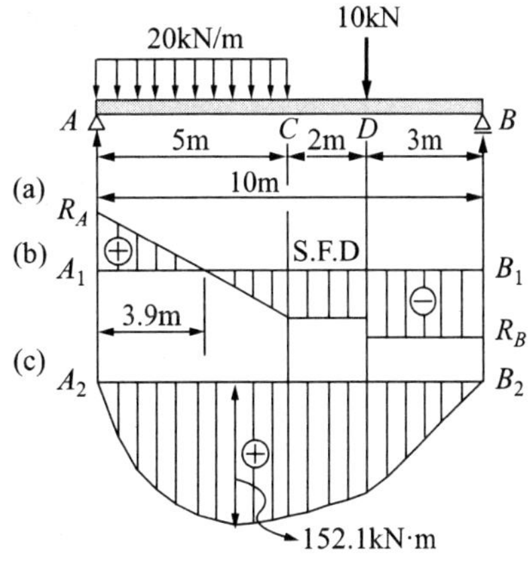

그림 5.13

$\therefore\ R_A = 78\ \text{kN}$

$R_B = 100 + 10 - R_A = 110 - 78 = 32\ \text{kN}$

$S_A = R_A = 78\ \text{kN}$

$S_C = R_A - 2\times 5 = 78 - 100 = -22\ \text{kN}$

$S_{D1} = -22\ \text{kN}$

$S_{D2} = -R_B = -32\ \text{kN}$

$M_A = 0$

$M_C = 78\times 5 - 20\times 5\times 2.5 = 390 - 250 = 140\ \text{kN}\cdot\text{m}$

$M_D = R_B\times 3 = 32\times 3 = 96\ \text{kN}\cdot\text{m}$

$M_B = 0$

최대휨모멘트가 일어나는 위치는

$$M_x = R_A x - \frac{wx^2}{2}$$

$$\frac{dM_x}{dx} = R_A - wx = 0$$

$$78 - 20x = 0$$

$$\therefore\ x = \frac{78}{20} = 3.9\,\text{m}$$

$$M_{\max} = 78\times 3.9 - \frac{20\times 3.9^2}{2} = 304.2 - 152.1 = 152.1\ \text{kN}\cdot\text{m}$$

최대 휨모멘트의 발생위치는 뒷부분에 다시 언급이 되겠지만 전단력이 0인 위치에서 발생하므로 전단력식을 이용하는 것이 더 편할 수도 있다.

4.3 등변분포가 작용할 경우

4.3.1 지점반력

총하중 $P = \dfrac{w\,l}{2}$은 지점 B에서 $\dfrac{l}{3}$인 하중의 중심점에 집중하중으로 작용한다고 생각할 수 있으므로 5장 2.3절로 부터

$$R_A = \frac{w\,l}{6}$$

$$R_B = \frac{w\,l}{3}$$

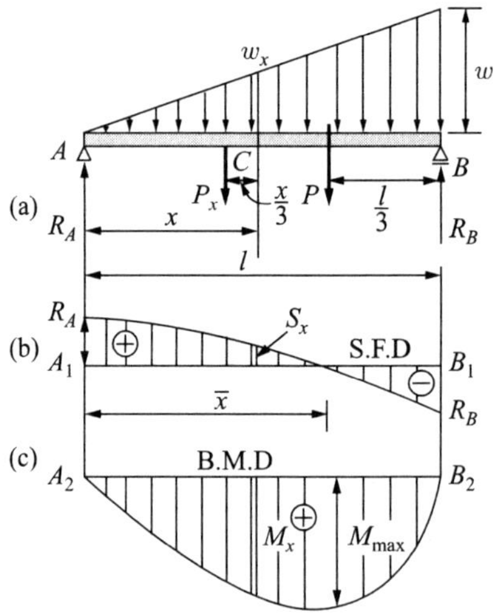

그림 5.14

4.3.2 전단력

지점 A로부터 임의의 거리 x만큼 떨어진 단면 C의 단위하중의 크기 w_x는

$$l : w = x : w_x$$

$$w_x = \frac{wx}{l}$$

따라서 단면 C의 왼쪽에 있는 하중의 합력 P_x는

$$P_x = \frac{wx^2}{2l} \tag{5.4}$$

그러므로 단면 C의 전단력 S_x는

$$S_x = R_A - P_x = \frac{w\,l}{6} - \frac{wx^2}{2\,l} \tag{5.5}$$

이것을 x에 관한 2차식이므로 전단력도는 포물선을 이룬다.

4.3.3 휨모멘트

임의의 단면 C의 휨모멘트를 M_x라고 하면

$$M_x = R_A\,x - P_x\,\frac{x}{3} = \frac{w\,l\,x}{6} - \frac{wx^3}{6\,l} \tag{5.6}$$

그리고 최대휨모멘트가 생기는 위치는 $\frac{dM_x}{dx} = 0$으로부터 구할 수 있다. 즉

$$\frac{dM_x}{dx} = \frac{w\,l}{6} - \frac{w\bar{x}^2}{2\,l} = 0$$

$$\frac{w\,l}{6} = \frac{w\,\bar{x}^2}{2\,l}$$

$$\bar{x}^2 = \frac{w\,l}{6} \cdot \frac{2\,l}{w} = \frac{l^2}{3}$$

$$\bar{x} = \frac{l}{\sqrt{3}} \tag{5.7}$$

식 (4.21)의 $\bar{x}$의 값을 식 (4.20)에 대입하면 최대휨모멘트값 M_{max}가 얻어진다.

$$M_{max} = \frac{w\,l}{6}\frac{l}{\sqrt{3}} - \frac{w}{6\,l}\left(\frac{l}{\sqrt{3}}\right)^3 \tag{5.8}$$

5.7 [그림 5.15] (a)와 같은 보의 단면력을 구하고 S.F.D 및 B.M.D를 그려라.

풀이

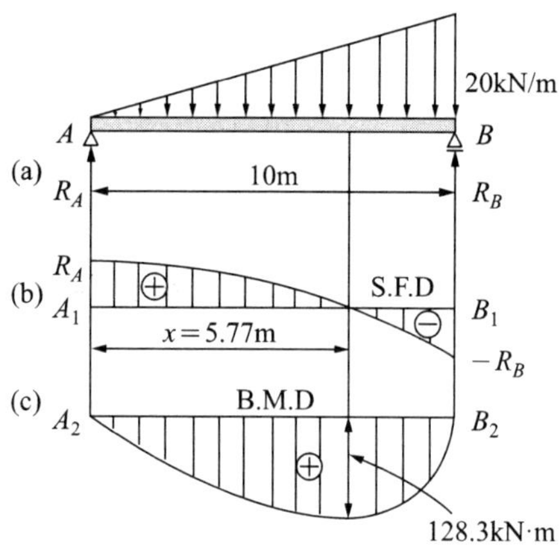

그림 5.15

$$R_A = \frac{w\,l}{6} = \frac{20\times 6}{6} = 33.33\ \mathrm{kN}$$

$$R_B = \frac{w\,l}{3} = \frac{20\times 10}{3} = 66.67\ \mathrm{kN}$$

$$S_A = R_A = 33.33\ \mathrm{kN}$$

$$S_B = -R_B = -66.67\ \mathrm{kN}$$

식 (4.21)로부터

$$\bar{x} = \frac{l}{\sqrt{3}} = \frac{10}{\sqrt{3}} = 5.77\ \mathrm{m}$$

$$M_A = 0$$

식 (5.8)로부터

$$M_{max} = \frac{w\,l^2}{9\sqrt{3}} = \frac{20\times 10^2}{9\sqrt{3}} = 128.3\ \mathrm{kN\cdot m}$$

이로서 S.F.D와 B.M.D를 그리면 그림 (b), (c)와 같다.

4.4 모멘트 하중을 받을 경우

[그림 5.16]에서와 같이 A단에서 a거리에 위치한 C점에 모멘트 M이 작용하는 경우에 전단력과 휨모멘트를 구해보면

① 지점반력

5장 2.4절에서

$$R_A = -\frac{M}{l}$$

$$R_B = \frac{M}{l}$$

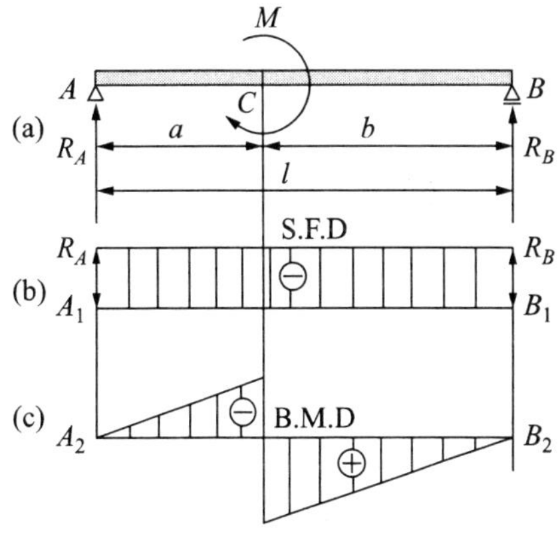

그림 5.16

② 전단력

AC 사이

$$S_{A\sim C} = R_A = -\frac{M}{l}$$

CB 사이

$$S_{C\sim B} = R_A = -\frac{M}{l}$$

$$S_{A\sim B} = -\frac{M}{l} \tag{5.9}$$

③ 휨모멘트

$$M_A = 0$$

AC 사이 $M_x = R_A\,x$, $x = a$이면

$$M_{C1} = -\frac{M}{l}a$$

CB 사이 $M_x = R_A\,x + M$, $x = a$이면

$$M_{C2} = -\frac{M}{l}a + M = \frac{M}{l}\,b \tag{5.10}$$

$$M_B = 0$$

이로서 S.F.D와 B.M.D를 그리면 그림 (b), (c)와 같다.

5.8 [그림 5.17]과 같은 보의 단면력을 구하고 S.F.D 및 B.M.D를 그려라.

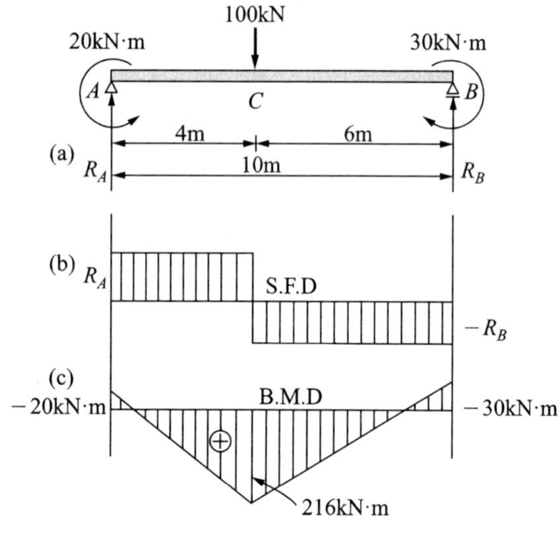

그림 5.17

풀이

반력 $\sum M_B = 0$으로부터

$$10R_A - 100 \times 6 - 20 + 30 = 0$$

$$\therefore\ R_A = \frac{590}{10} = 59\ \text{kN}$$

$\sum V = 0$으로부터

$$R_A + R_B - 100 = 0$$

$$\therefore\ R_B = 100 - 59 = 41\ \text{kN}$$

[전단력]

AC 사이

$$S_{A\sim C} = R_A = 59\ \text{kN}$$

CB 사이

$$S_{C\sim B} = R_A - 100 = -R_B = -41\ \text{kN}$$

[휨모멘트]

AC 사이 $M_x = R_A \cdot x - 20 = 59x - 20$

$x = 0$이면 $M_A = -20\ \text{kN} \cdot \text{m}$

$x = 4$이면 $M_C = 59 \times 4 - 20 = 216\ \text{kN} \cdot \text{m}$

CB 사이 $M_x = R_A \cdot x - 20 - 100(x-4) = 380 - 41x$

$x = 4$이면 $M_C = 380 - 41 \times 4 = 216\ \text{kN} \cdot \text{m}$

$x = 10$이면 $M_B = 380 - 41 \times 10 = -30\ \text{kN} \cdot \text{m}$

4.5 간접하중을 받는 보

[그림 5.18] (a)는 강재를 이용한 상부구조로서 하중 P는 수직방향으로 작용하고, 이 하중은 P의 양측에 횡부재로 전달되고, 횡부재를 통

하여 주부재에 작용한다. 이와 같이 주부재가 하중의 작용을 직접적으로 받지 않는 형태의 보를 간접하중보라 한다.
그림 (b)는 상부구조의 측면도로 이 측면도를 모형적으로 그린다면, 그림 (c)와 같이 되어 간접하중보로 나타난다.

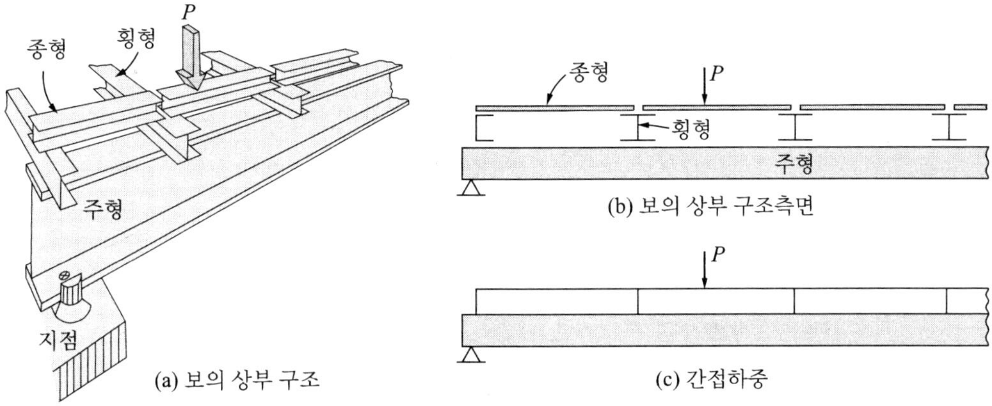

그림 5.18

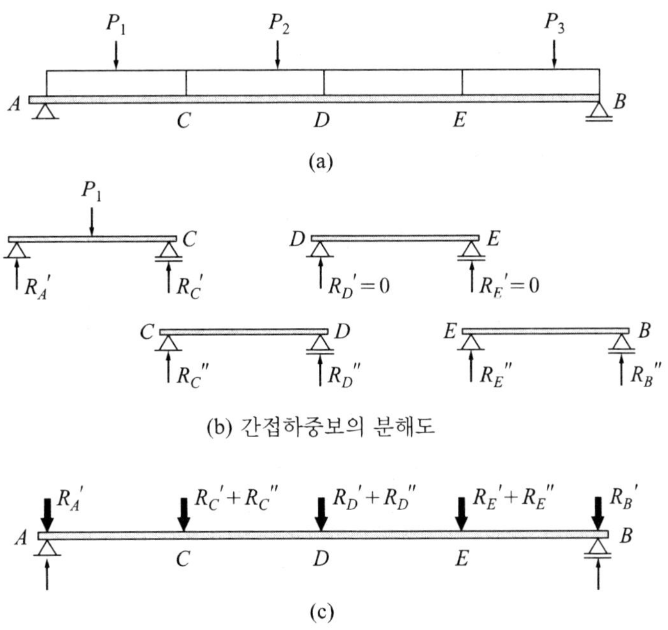

그림 5.19

[그림 5.19]와 같이 간접하중보는 종부재를 각 횡부재를 지점으로 하

는 단순보로 분해하여 그 단순보의 반력과 크기가 같고, 반대방향에 하중으로 각 횡부재의 위치에 주부재로 작용된다.

하중 P_1, P_2, P_3은 [그림 5.19] (b)와 같이 분해되고 이것을 정리한 그림 (c)의 단순보를 해석한 것에 따라 그림 (a)의 간접하중보를 해석할 수 있다

[그림 5.19] (a)의 간접하중보를 해석해보자.

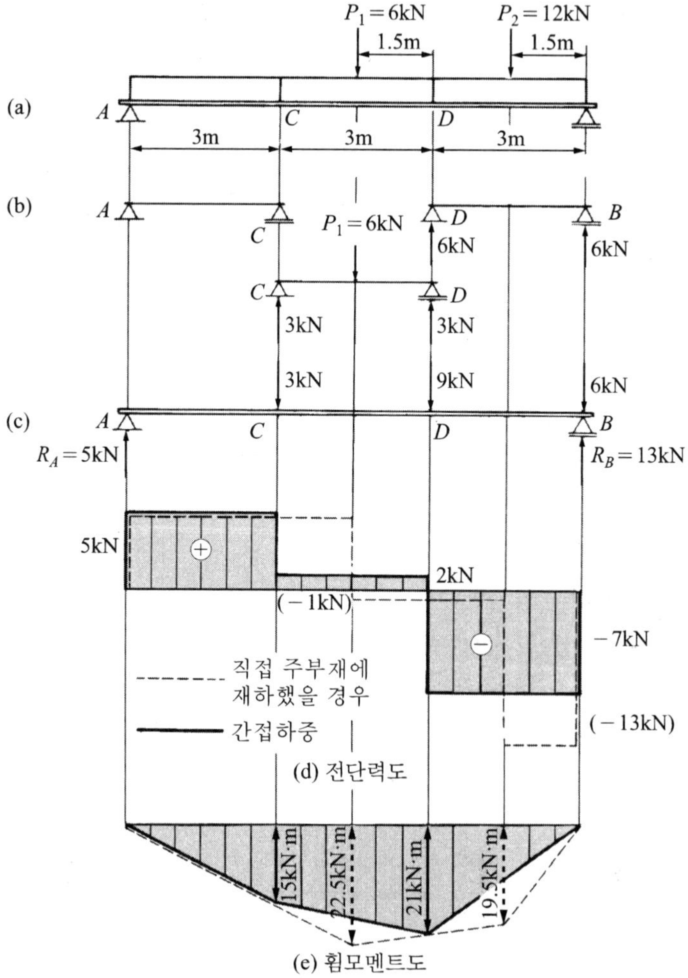

그림 5.20

[그림 5.20] (a)는 그림 (b)와 같이 분해하여 정리한 그림 (c)의 보를 해석하는 것이 좋다.
반력, R_A, R_B는

$$R_A = \frac{3\times6}{9} + \frac{9\times3}{9} + \frac{6\times0}{9} = 5\text{ kN}$$

$$R_B = \frac{3\times3}{9} + \frac{9\times6}{9} + \frac{6\times9}{9} = 13\text{ kN}$$

가 되며, 전단력도는 그림 (d), 휨모멘트도는 그림 (e)와 같이 된다. 그림 (d), (e)의 점선으로 그려진 것은 하중이 보에 직접 작용한 경우의 것이다.

05 | 하중, 전단력 및 휨모멘트와의 관계

지금까지 계산해본 등분포하중 w와 전단력 그리고 휨모멘트 사이에는 어떤 관계가 성립된다. 그 관계를 다음과 같이 생각해보자.

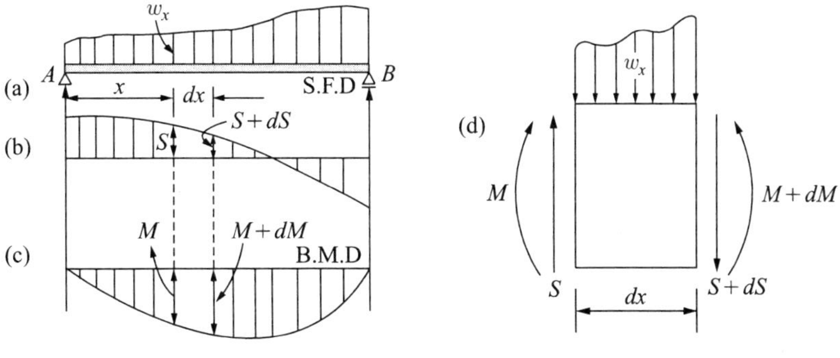

그림 5.21

[그림 5.21]에서와 같이 보 위에 분포하중이 작용할 때 지점 A에서

x거리만큼 떨어진 곳의 단면과 $x+dx$의 위치에 있는 단면을 떼어내어 살펴보면 x점의 전단력과 휨모멘트를 S, M라 하고, dx 구간에서 dS, dM만큼 변화한 것으로(그림 (b), (c) 참조) 구간 dx를 떼내어 여러 힘의 작용상태를 나타낸 것이 그림 (d)이다. 여기에 평형조건식을 적용하면 $\sum V=0$으로부터

$$S-w_x\,dx-(S+dS)=0$$

$$-w_x\,dx=dS$$

$$\therefore\ \frac{dS}{dx}=-w_x \tag{5.11}$$

$\sum M=0$으로부터

$$M+S\,dx-(M+dM)-\frac{w_x\,dx^2}{2}$$

2차 이상의 미소항을 무시하여 제거하면

$$S\,dx=dM$$

$$\therefore\ \frac{dM}{dx}=S \tag{5.12}$$

로 된다. 또 위의 식으로부터

$$\frac{d^2M}{dx^2}=\frac{dS}{dx}=-w_x \tag{5.13}$$

이 얻어진다. 이들 식은 하중과 전단력과 휨모멘트와의 관계를 나타내고 이들 식으로부터 다음과 같은 사항을 알 수 있다.

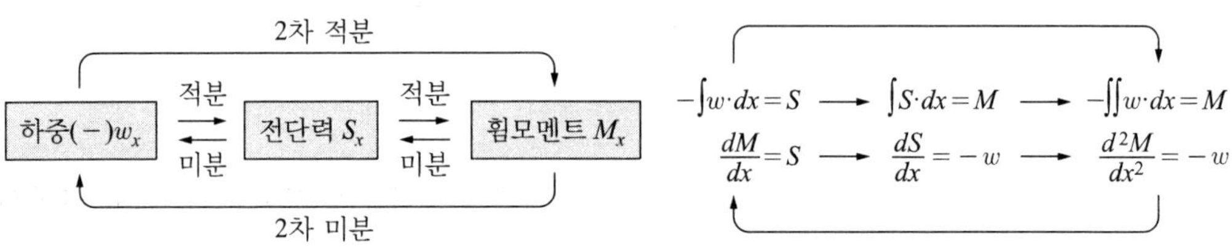

5.9 [그림 5.22]와 같은 단순보의 최대휨모멘트가 생기는 위치와 크기를 구하여라.

풀이

반력을 구하면

$$\sum M_B = 10R_A - 40 \times 8 \times 6 = 0$$

$$\therefore\ R_A = \frac{1920}{10} = 192\ \text{kN}$$

$$\sum V = R_A + R_B - 40 \times 8 = 0$$

$$\therefore\ R_B = 320 - 192 = 128\ \text{kN}$$

AC 사이에 임의 거리 x에서의 휨모멘트 M_x는

$$M_x = R_A \cdot x - \frac{4x^2}{2} = 19.2x - 2x^2 \qquad (5.14)$$

식 (5.12)에서

$$\frac{dM_x}{dx} = S_x = 192 - 40x = 0$$

$$\therefore\ x = \frac{192}{40} = 4.8\ \text{m}$$

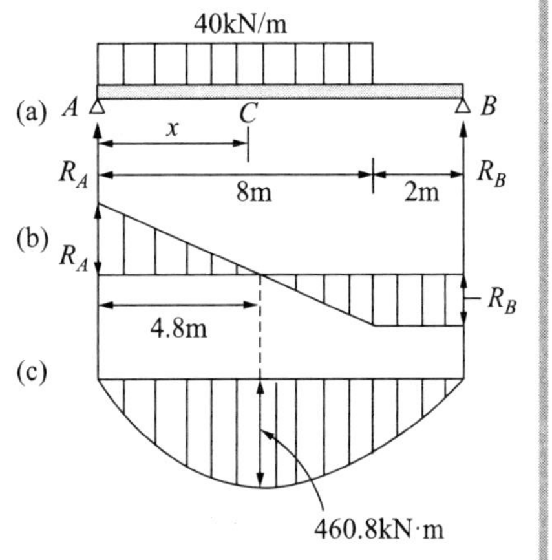

그림 5.22

A단에서 4.8 m 떨어진 위치에서 최대 B.M가 생긴다. 최대 B.M $M_{\max}$는 식 (5.14)로부터

$$M_{\max} = M_{x=4.8} = 192 \times 4.8 - 20 \times 4.8^2 = 460.8\ \text{kN} \cdot \text{m}$$

이로서 S.F.D와 B.M.D를 그려보면 그림 (b), (c)와 같다.

제5장 연습문제

01. 다음과 같은 보의 반력을 구하여라.

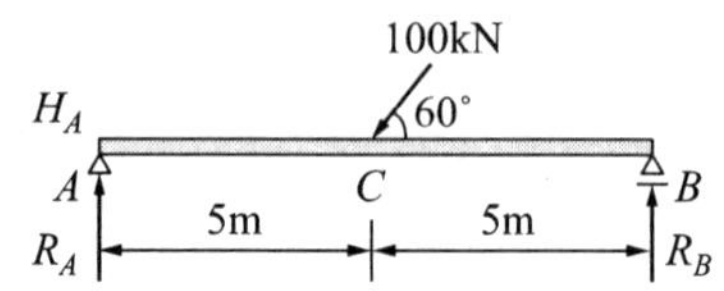

(a)

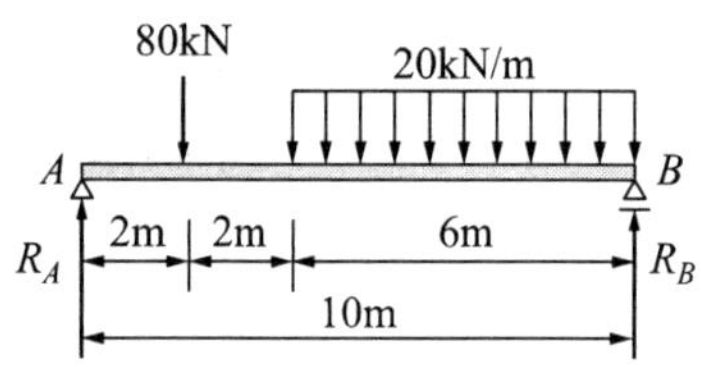

(b)

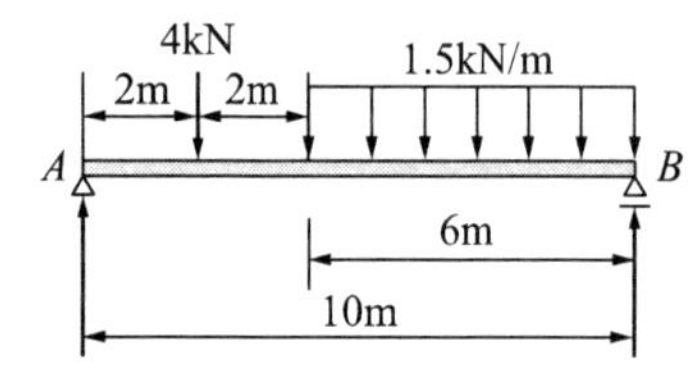

(c)

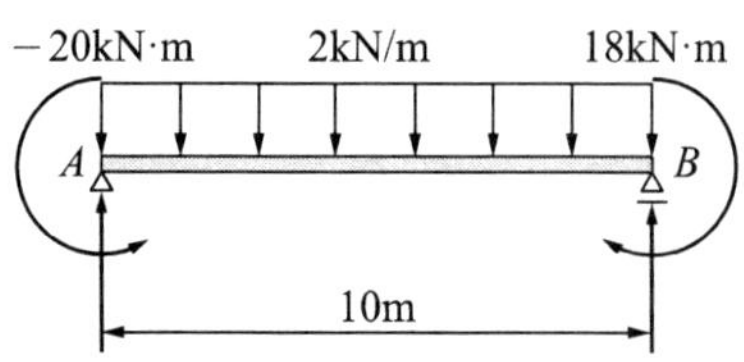

(d)

02. 다음과 같은 보의 반력을 구하고 전단력도(S.F.D)와 휨모멘트도(B.M.D)를 그려라.

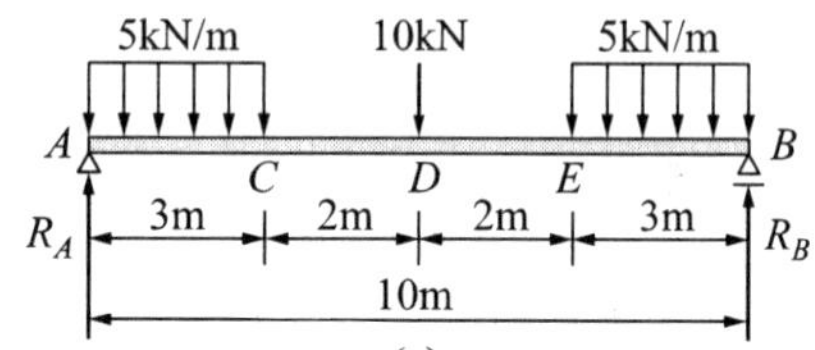

(a)

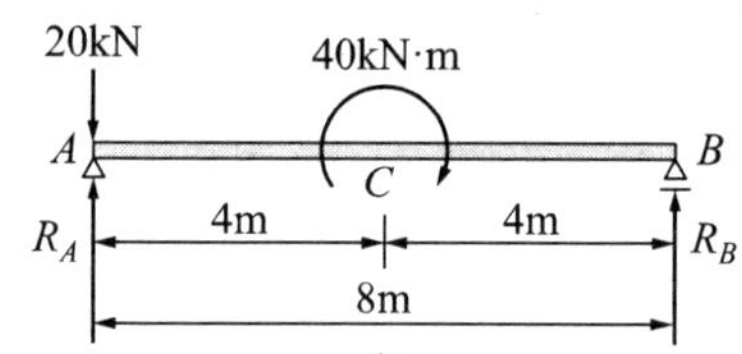

(b)

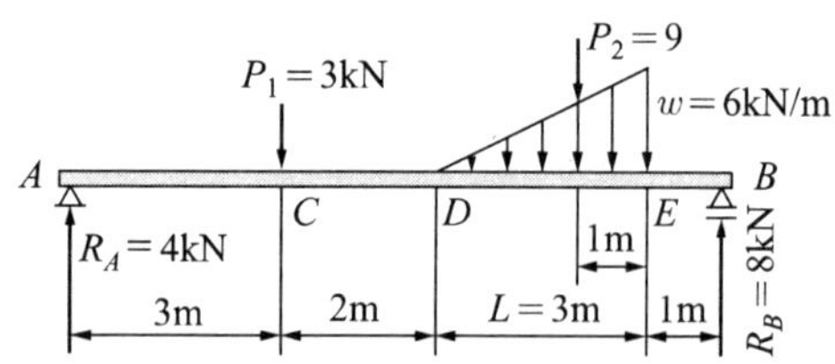

(c)

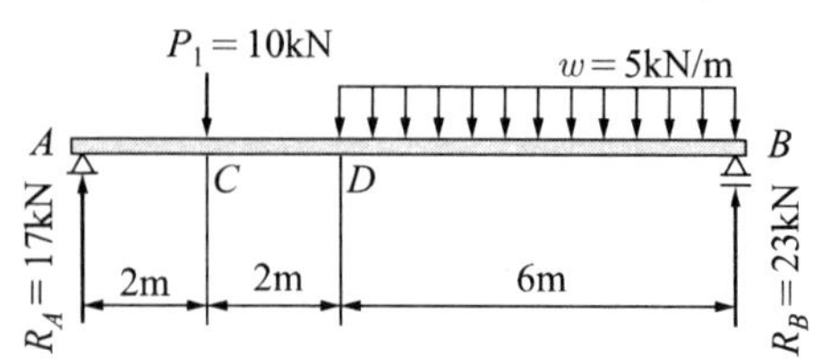

(d)

제 6 장

정정보 II

5장에서는 가장 일반적인 단순보의 반력과 전단력, 휨모멘트를 구하였다. 6장에서는 단순보 이외의 캔틸레버보, 내민보와 겔바보의 반력과 단면력을 구해보자.

01 | 캔틸레버보의 계산

한쪽이 자유단이고 다른 한쪽이 고정지점인 보를 캔틸레버보(Cantilever Beam)라고 한다. 고정지점이 오른쪽에 있는 것과 왼쪽에 있는 것이 있다.

수직 및 수평반력은 지점이 하나이므로 작용하는 전체 수직 및 수평하중의 대수 합이다. 또한 모멘트 반력은 지점이 한곳이므로 모멘트의 대수합이다.

전단력의 계산은 자유단에서부터 하는 것이 편리하며 전단력의 최대값은 하향 하중일 때 지점에서 생긴다.

휨모멘트의 계산은 지점의 위치에 관계없이 자유단에서 시작하는 것이 편리하며 최대값은 하향 하중일 때 지점에서 생긴다.

1.1 집중하중이 작용하는 경우

1.1.1 반력

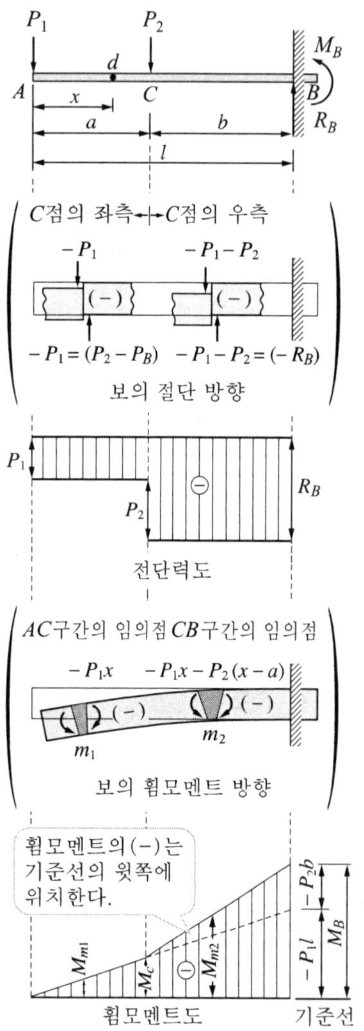

그림 6.1

[그림 6.1]과 같이 오른쪽이 고정지점인 캔틸레버보는 지점 B에 연직반력 R_B와 모멘트반력 M_B가 생긴다. R_B는 상향 M_B는 좌회전으로 가정하여 $\Sigma V=0$, $\Sigma M=0$인 조건식으로부터 구한다.

$$\left.\begin{aligned} &\Sigma V=0\text{에서} \quad \Sigma V=-P_1-P_2+R_B=0 \\ &\therefore R_B=P_1+P_2 \\ &\Sigma M=0\text{에서} \quad \Sigma M=-P_1l-P_2b-M_B=0 \\ &\therefore M_B=-P_1l-P_2b \end{aligned}\right\} \qquad (6.1)$$

반력모멘트 M_B가 부(−)로 된 것은 좌회전으로 가정했지만 실제로는 우회전이라는 것을 가리킨다.

1.1.2 전단력

각 점의 전단력은 각 점의 자유단측에 작용하는 하중을 합하면 구할 수 있다.

$$S_{A\sim C}=-P_1,\ S_{C\sim B}=-P_1-P_2=-R_B \qquad (6.2)$$

1.1.3 휨모멘트

임의점 d의 휨모멘트는 d점에서 자유단측에 작용하는 하중이 d점에 대하여 작용하는 모멘트를 합하면 구할 수 있다.

$$
\left.\begin{aligned}
&d\text{점이 AC구간에 있을 경우}\\
&M_d = -P_1 x\\
&x = 0\text{일 때,}\quad M_d = M_A = 0\\
&x = a\text{일 때,}\quad M_d = M_C = -P_1 a\\
&d\text{점이 CB구간에 있을 경우}\\
&\quad M_d = -P_1 x - P_2(x-a)\\
&x = a\text{일 때,}\quad M_d = M_C = -P_1 a\\
&x = l\text{일 때,}\quad M_d = M_B = -P_1 l - P_2 b
\end{aligned}\right\} \tag{6.3}
$$

휨모멘트도에서 M_d이 1차식이므로 직선이 된다.

6.1 [그림 6.2] (a)와 같이, $P_1 = 6\text{kN}$, $P_2 = 3\text{kN}$이 작용하는 경우에 캔틸레버보의 전단력도와 휨모멘트도를 그려라.

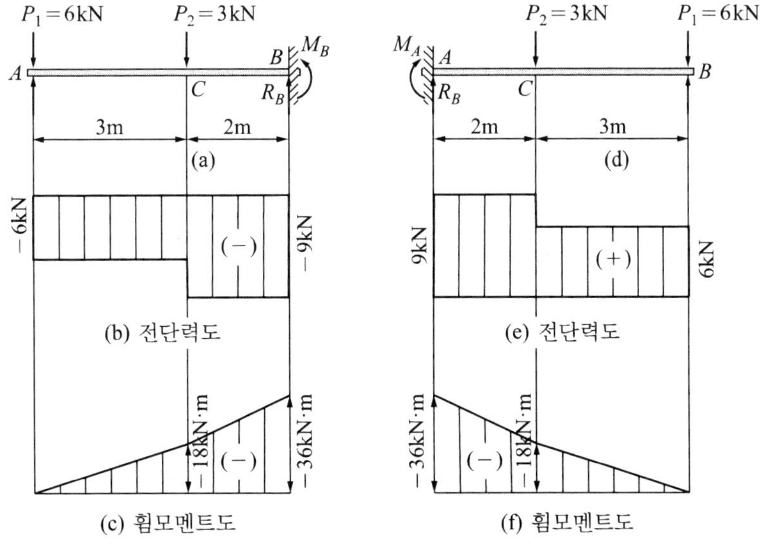

그림 6.2

풀이

[그림 6.2] (a)와 같이 수직반력과 모멘트 반력을 가정한다.

평형조건식 $\Sigma V=0$, $\Sigma M_B=0$으로부터

$\Sigma V=0$ 으로부터,

$$\Sigma V=-6-3+R_B=0 \quad \text{여기에서, } R_B=9\text{kN}$$

$\Sigma M_B=0$으로부터,

$$\Sigma M_B=-6\times5-3\times2-M_B=0 \quad \text{여기에서, } M_B=-36\text{kN}\cdot\text{m}$$

여기에서, 반력 M_B가 음이 되는 것은, 반력 M_B가 가정한 방향과 반대인 시계방향의 모멘트라는 것을 표시한다.

다음으로 그림 (b)와 같은 캔틸레버보에서는 반력 R_A를 상향, 반력 M_B을 시계방향으로 가정한다.

$\Sigma V=0$으로부터,

$$\Sigma V=-3-6+R_A=0 \quad \text{여기에서, } R_A=9\text{kN}$$

$\Sigma M_A=0$으로부터,

$$\Sigma M_A=\Sigma M_A+3\times2+6\times5=0 \quad \text{여기에서, } M_A=-36\text{kN}\cdot\text{m}$$

여기에서, 반력 M_A의 모멘트가 음의 값인 것은 반력 M_A가 가정한 방향과 반대인 반시계방향의 모멘트라는 것을 표시한다.

[그림 6.2] (a)에 있어서 자유단 A로부터 계산하는 경우, 왼쪽에서 오른쪽으로 계산하므로, 전단력은 하향의 힘은 음, 상향의 힘은 양이며, 휨모멘트는 힘의 모멘트로서 계산할 때에 시계방향으로 회전하는 것은 양, 반시계방향으로 회전하는 것은 음이다.

[그림 6.2] (a)의 캔틸레버보의 전단력도는 그림 (b)와 같다.

각 점의 휨모멘트는

$$M_A=0,\ M_C=-6\times3=-18\text{kN}\cdot\text{m}$$

$$M_B=-6\times5-3\times2=-36\text{kN}\cdot\text{m}$$

로 되며, 휨모멘트도는 그림 (c)와 같이 된다.

전단력도로부터 휨모멘트를 구한다면,

$$M_C=-(\text{AC 사이의 전단력도의 면적})=-6\times3=-18\text{kN}\cdot\text{m}$$

$$M_B = -(\text{AB 사이의 전단력도의 면적}) = -6\times3-9\times2$$
$$= -36\text{kN}\cdot\text{m}$$

로 되며, 캔틸레버보의 경우에도 전단력도의 면적과 휨모멘트와의 관계는 단순보의 경우와 같이 성립한다.

그림 (d)에 있어서 오른쪽에서 왼쪽으로 계산한다면, 전단력은 하향의 힘이 양, 상향의 힘이 음, 휨모멘트는 반시계방향 회전인 것이 양, 시계방향 회전인 것은 음으로 계산한다.

전단력도는 그림 (e)와 같이 된다.

각 점의 휨모멘트는

$$M_B = 0,\ M_C = -6\times3 = -18\text{kN}\cdot\text{m}$$
$$M_A = -6\times5-3\times2 = -36\text{kN}\cdot\text{m}$$

로서, 휨모멘트도는 그림 (f)와 같다.

우측에 고정지점이 있는 경우와 좌측에 고정지점이 있는 경우를 비교한다면 휨모멘트는 같이 음이 되나 전단력도는 양과 음이 반대가 된다.

1.2 등분포하중이 작용할 경우

[그림 6.3] (a)에서와 같이 등분포하중이 만재되어 있을 경우 단면력을 구하면

① 지점반력

$$\sum V = R_A - w\,l = 0$$
$$\therefore\ R_A = w\,l \tag{6.4}$$

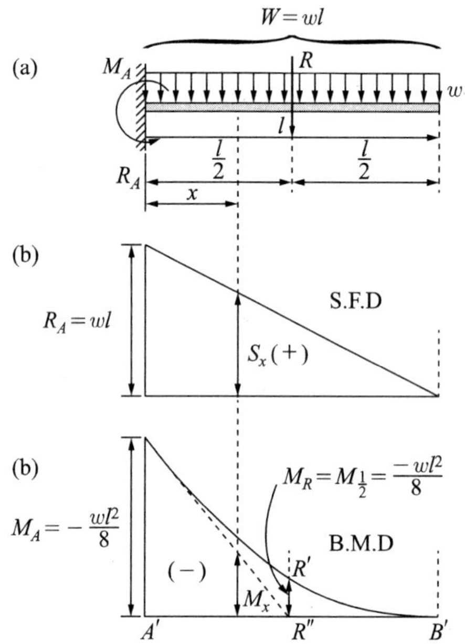

그림 6.3

② 전단력

고정단 A로부터 x거리에 위치한 단면의 전단력을 S_x라 하면

$$S_x = w(l-x) \tag{6.5}$$

③ 휨모멘트

고정단 A로부터 x거리 떨어진 단면의 휨모멘트를 M_x라 하면

$$M_x = -w(l-x)\cdot\frac{(l-x)}{2} = \frac{-w(l-x)^2}{2} \tag{6.6}$$

$x=0$이면 고정단 모멘트로 $M_A = -\frac{wl^2}{2}$로 되고, 이 값은 반력 모멘트와 같다.

이로서 S.F.D와 B.M.D를 그리면 그림 (b), (c)와 같은데, S.F.D는 S_x가 1차식이므로 직선변화를 이루고 B.M.D는 M_x가 2차식이므로 포물선을 이루고 있다.

6.2 [그림 6.4]와 같은 캔틸레버보의 반력 및 각점의 전단력과 휨모멘트를 구하고 전단력도와 휨모멘트도를 그려라.

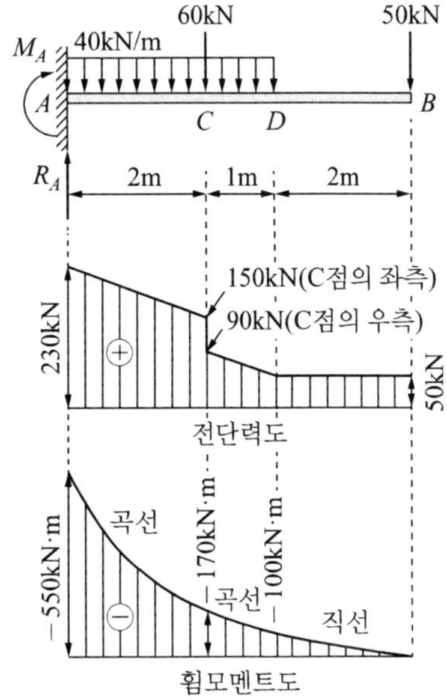

그림 6.4

풀이

(1) 반력

$$R_A = 50 + 60 + 40 \times 3 = 230\text{kN}$$

$$M_A = -50 \times 5 - 60 \times 2 - 40 \times 3 \times 1.5$$

$$= -550\,\text{kN}\cdot\text{m}$$

(2) 전단력

$$S_{B-D} = 50\text{kN}$$

$$S_{C(우측)} = 50 + 40 \times 1 = 90\text{kN}$$

$$S_{C(좌측)} = 50 + 40 \times 160 = 150\text{kN}$$

$$S_A = 50 + 60 + 40 \times 3 = 230\text{kN}$$

(3) 휨모멘트

$$M_B = 0$$

$$M_D = -50 \times 2 = -100\text{kN}\cdot\text{m}$$

$$M_C = -50 \times 3 - 40 \times 1 \times 0.5 = -170\text{kN}\cdot\text{m}$$

$$M_A = -50 \times 5 - 60 \times 2 - 40 \times 3 \times 1.5 = -550\text{kN}\cdot\text{m}$$

1.3 등변분포 하중을 받을 경우

[그림 6.5] (a)와 같이 삼각형 하중이 작용할 때 하중의 합력의 크기 $W = \dfrac{wl}{2}$이고 A단에서 $\dfrac{l}{3}$의 거리에 위치하며 단면력을 구하면

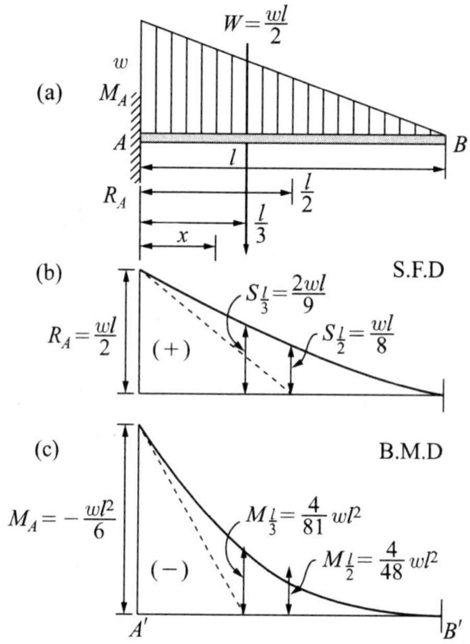

그림 6.5

① 지점반력

$$R_A = \frac{w\,l}{2} \tag{6.7}$$

② 전단력

A단에서 x거리 단면의 전단력 S_x는 x점의 분포하중강도 $w_x = \frac{w}{l}(l-x)$이므로

$$S_x = \frac{1}{2}w_x(l-x) = \frac{w}{2l}(l-x)^2 \tag{6.8}$$

③ 휨모멘트

A단에서 x거리 단면의 휨모멘트 M_x는

$$M_x = -\frac{w}{2l}(l-x)^2 \cdot \frac{l-x}{3} = -\frac{w}{6l}(l-x)^3 \tag{6.9}$$

이로서 S.F.D를 그리면 S_x는 x에 관하여 2차식이므로 그림 (b)

와 같이 포물선을 이루고 B.M.D를 그리면 x에 관하여 3차식이 므로 그림 (c)와 같이 3차 곡선을 이룬다.

6.3 [그림 6.6]과 같은 보의 반력 및 단면력을 구하고 단면력도를 그려라.

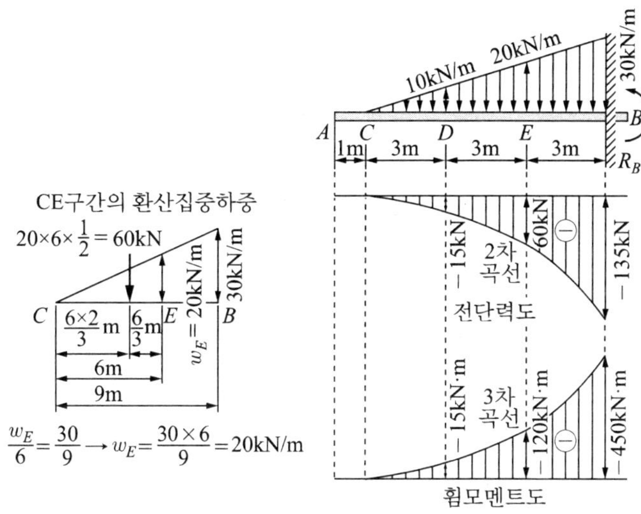

그림 6.6

풀이

(1) 반력

$$R_B = 30\times 9\times \frac{1}{2} = 135\text{kN}$$

$$M_B = -\frac{30\times 9}{2}\times\frac{9}{3} = -405\text{kN}\cdot\text{m}$$

(2) 전단력

$$S_{A\sim C}=0$$

$$S_D = -10\times 3\times\frac{1}{2} = -15\text{kN}$$

$$S_E = -20\times 6\times\frac{1}{2} = -60\text{kN}$$

$$S_B = -30\times 9\times\frac{1}{2} = -135\text{kN}$$

(3) 휨모멘트

$$M_A = M_C = 0$$

$$M_D = -\frac{10\times 3}{2}\times\frac{3}{3} = -15\text{kN}\cdot\text{m}$$

$$M_E = -\frac{20\times 6}{2}\times\frac{6}{3} = -120\text{kN}\cdot\text{m}$$

$$M_B = -\frac{30\times 9}{2}\times\frac{9}{3} = -405\text{kN}\cdot\text{m}$$

1.4 모멘트 하중을 받을 때

[그림 6.7] (a)와 같이 캔틸레버보의 자유단 B에 모멘트하중이 작용하는 경우의 단면력을 구해보자.

지점반력으로서는 수평 및 수직반력은 0이고 다만, 반력 모멘트만이 생길 것이다.

$$\sum M = M_A + M = 0$$

$$\therefore\ M_A = -M$$

수직력이 없으므로 전단력도 보 전체를 통하여 0이고 휨모멘트는 보 전체를 통하여 일정하며 부호는 (↶ ↷) ([그림 6.7] 참조)이므로 (−)이다.

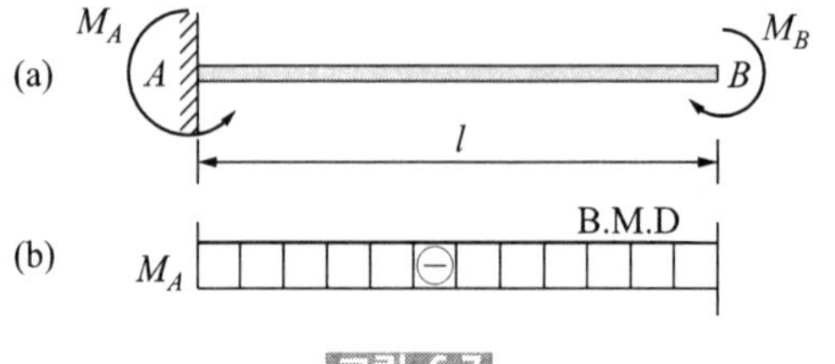

그림 6.7

6.4 [그림 6.8] (a)와 같은 보의 B.M.D를 그려라.

풀이

$\sum M_B = 0$으로부터

$$M_B + 20 = 0$$

$$\therefore\ M_B = 20\ \text{kN}\cdot\text{m}$$

$$R_B = H_B = 0$$

$$S_A = S_B = 0$$

$$M_A = 20\ \text{kN}\cdot\text{m}$$

이로서 B.M.D를 그리면 그림 (b)와 같다.

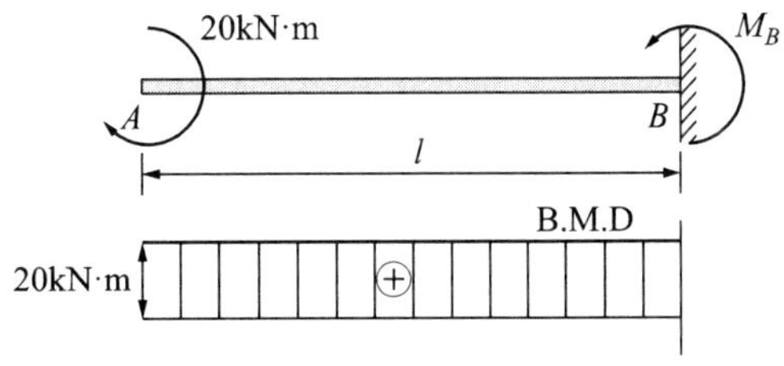

그림 6.8

6.5 [그림 6.9] (a)와 같은 캔틸레버보의 단면력을 구하고 S.F.D와 B.M.D를 그려라.

풀이

반력을 구하면

$$R_A = 10 + 2 \times 12 = 34\ \text{kN}$$

전단력을 구하면

AC 사이 $\quad S_x = 34 - 2x$

$x = 0$에서 $\quad S_A = 34\ \text{kN}$

$x = 8$에서 $\quad S_{C1} = 18\ \text{kN}$

CB 사이 $\quad S_x = 24 - 2x$

$x = 8$에서 $\quad S_{C2} = 8\ \text{kN}$

$x = 12$에서 $\quad S_B = 0$

휨모멘트를 구하면

AC 사이 $\quad M_x = -\left[10(8-x) + 2(12-x)\cdot\dfrac{(12-x)}{2}\right]$

$$= -224 + 34x - x^2$$

$x = 0$에서 $\quad M_A = -224\ \text{kN}\cdot\text{m}$

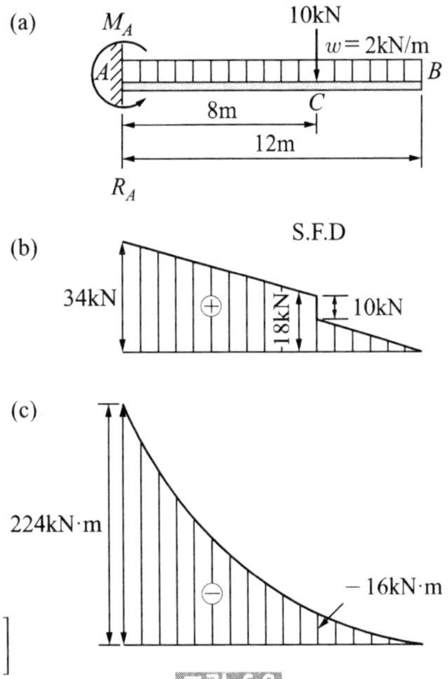

그림 6.9

$x=8$에서 $M_C = -224+34\times8-8^2 = -16\text{ kN}\cdot\text{m}$

CB 사이 $M_x = -2(12-x)\cdot\dfrac{(12-x)}{2} = -(12-x)^2$

$x=8$에서 $M_C = -(12-8)^2 = -16\text{ kN}\cdot\text{m}$

$x=12$에서 $M_B = 0$

이로서 S.F.D와 B.M.D를 그리면 그림 (b), (c)와 같이 S_x는 1차식이므로 직선변화를 이루고 있고 M_x는 2차식이므로 포물선을 이루고 있다.

02 | 내민보의 계산

단순보의 좌우 혹은 어느 한쪽이 지점에서 도출된 보를 내민보라 한다. 내민보는 다음과 같이 한쪽 내민보와 양쪽 내민보의 종류가 있다.

(a) 한 쪽 내민보　　(b) 양 쪽 내민보

내민보의 반력계산은 내민 상태를 그대로 두고 힘의 평형조건으로 계산한다. 단면력 계산시 중앙부 구간은 단순보와 같으며 내민보 구간은 지점을 고정지점으로 간주하고 캔틸래버보와 같이 계산한다. 중앙부(단순보 구간)에만 하중이 작용할 때는 단순보와 동일하고, 내민 부분에 하중이 작용하면 지점에 (−) 모멘트 영향을 일으키며 내민 부분의 한쪽에 작용한 하중은 반대쪽 지점에 (−) 반력을 일으킨다.

2.1 집중하중이 작용하는 일단 내민보의 계산

일단 내민보의 계산은 단순보의 계산 방법과 같다.

① 반력

$$\therefore \Sigma M_B = R_A l - P_1 b + P_2 c = 0$$

$$\therefore R_A = \frac{1}{l}(P_1 b - P_2 c)$$

$$\Sigma M_A = -R_B l + P_1 a + P_2(l+c) = 0$$

$$\therefore R_B = \frac{1}{l}\{P_1 a + P_2(l+c)\}$$

② 전단력

$$S_{A\sim D} = R_A$$

$$S_{D\sim B} = R_A - P_1$$

$$S_{B\sim C} = R_A - P_1 + P_B = P_2$$

③ 휨모멘트

$$M_A = 0$$

$$M_D = R_A a$$

$$M_B = R_A l - P_1 b = -P_2 C$$

$$M_C = 0$$

휨모멘트의 정(+)과 부(−)가 변하는 점에서, 보의 변형상태가 반대로 된다. 이 휨모멘트가 정(+)에서 부(−)로 변하는 점을 변곡점이라고 한다. 지점 A에서 변곡점의 위치 x는

$$R_A x - P_1(x-a) = 0 \quad \therefore x = \frac{P_1 a}{P_1 - R_A} \tag{6.10}$$

또, 지간내의 하중이 작고, 내민부의 하중이 큰 경우 등, 하중의 작용 상태에 따라서는 정(+)의 휨모멘트가 생기지 않는 경우도 있다.

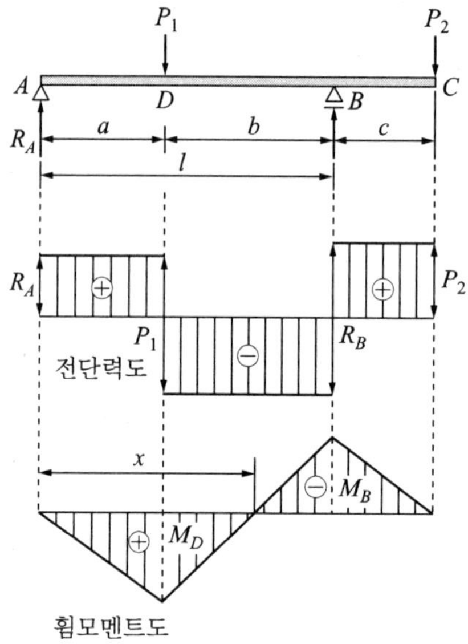

그림 6.10

2.2 등분포 하중이 작용하는 일단 내민보의 계산

2.2.2 등분포하중을 받을 경우

[그림 6.11]의 (a)와 같이 1단 내민보에 등분포하중이 만재되어 있을 경우 단면력을 구해보자.

① 지점반력

$$\sum M_B = 0\text{으로부터} \qquad R_A l - wl\frac{l}{2} + wl_1\frac{l_1}{2} = 0$$

$$R_A = \frac{wl}{2} - \frac{wl_1^2}{2l} \tag{6.11}$$

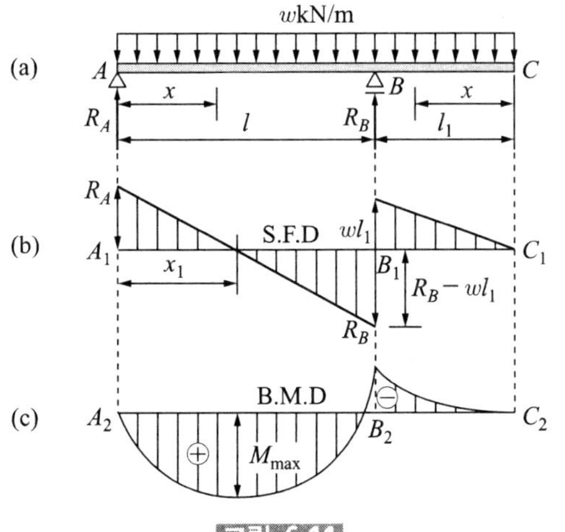

그림 6.11

$$\sum V = 0 \text{으로부터} \qquad R_A + R_B - w(l + l_1) = 0$$

$$R_B = w(l + l_1) - \left(\frac{wl}{2} - \frac{wl^2}{2}\right) = \frac{wl}{2} + \frac{wl_1}{l}\left(l + \frac{l_1}{2}\right) \tag{6.12}$$

② 전단력

AB 사이에서 A로부터 x거리 단면의 전단력을 S_x라 하면

$$S_x = R_A - w_x \tag{6.13}$$

$$x = 0 \text{이면} \ \ S_A = R_A = \frac{wl}{2} - \frac{wl_1^2}{2l}$$

$$x = l \text{ 이면} \ \ S_B = R_A - wl = -\frac{wl}{2} - \frac{wl_1^2}{2l} \tag{6.14}$$

BC 사이 C단부터 x거리 떨어진 위치의 전단력을 S_x라 하면

$$S_x = wx \tag{6.15}$$

$$x = l_1 \text{이면} \ \ S_B = wl_1$$

③ 휨모멘트

AB 사이에서 A단부터 x거리 단면의 휨모멘트를 M_x라 하면

$$M_x = R_A x - \frac{wx^2}{2} \tag{6.16}$$

$x = 0$이면 $M_A = 0$

$x = l$ 이면 $M_B = \left(\frac{wl}{2} - \frac{wl_1^2}{2l}\right) l - \frac{wl^2}{2} = -\frac{wl_1^2}{2}$

혹은 내민 부분에서 구하면

$$M_B = -wl_1 \frac{l_1}{2} = -\frac{wl_1^2}{2} \tag{6.17}$$

$M_C = 0$

휨모멘트가 최대로 되는 점의 위치는 식 (4.46)을 0으로 놓고 x_1을 구하면

$S_x = R_A - wx_1 = 0$

$\frac{wl}{2} - \frac{wl_1^2}{2l} - wx_1 = 0$

$$\therefore \; x_1 = \frac{l}{2} - \frac{l_1^2}{2l} \tag{6.18}$$

최대휨모멘트 M_{max}는 식 (4.51)에서 구한 x_1의 값을 식 (4.49)의 x에 대입하여 휨모멘트를 구하면 된다.

$$M_{max} = R_A x_1 - \frac{wx_1^2}{2} = \left\{\left(\frac{l}{2} - \frac{l_1^2}{2l}\right)\left(\frac{wl}{2} - \frac{wl_1^2}{2l}\right)\right\} - \frac{w}{2}\left(\frac{l}{2} - \frac{l_1^2}{2l}\right)^2 \tag{6.19}$$

6.6 [그림 6.12]와 같은 1단 내민보의 단면력을 구하고 단면도를 그려라.

풀이

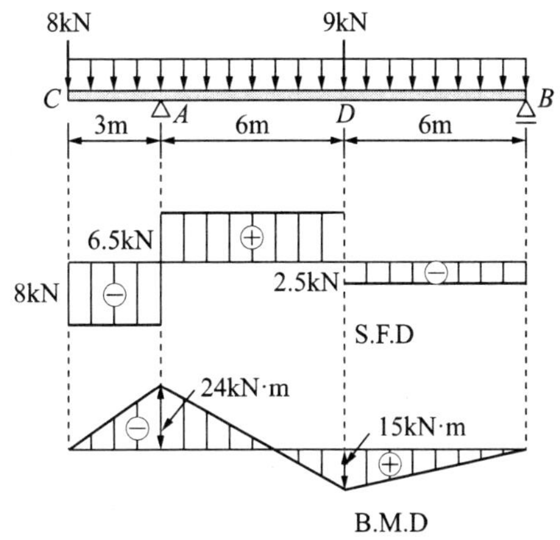

그림 6.12

(1) 반력

$$\sum M_B = 0$$

$$R_A \times 12 - 8 \times 15 - 9 \times 6 = 0$$

$$\therefore\ R_A = \frac{1}{12}(8 \times 15 + 9 \times 6) = 14.5\ \text{kN}$$

$$\sum V = 0$$

$$R_A + R_B - 8 - 9 = 0$$

$$\therefore\ R_B = 17 - 14.5 = 2.5\ \text{kN}$$

(2) 전단력

CA 사이 $S_{C\sim A} = -8\ \text{kN}$

AD 사이 $S_{A\sim D} = -8 + R_A = -8 + 14.5 = 6.5\ \text{kN}$

DB 사이 $S_{D\sim B} = 6.5 - 9 = -2.5\ \text{kN}$

(3) 휨모멘트

CA 사이 $M_x = -P \cdot x$

$M_C = 0$

$M_A = -8 \times 3 = -24\ \text{kN} \cdot \text{m}$

AD 사이 $M_x = -P \cdot x + R_A(x-3)$

$x = 3\ \text{m}$이면 $M_A = -8 \times 3 = -24\ \text{kN} \cdot \text{m}$

$x = 9\ \text{m}$이면 $M_D = -8 \times 9 + 14.5 \times 6 = 15\ \text{kN} \cdot \text{m}$

$M_B = 0$

6.7 [그림 6.13]과 같은 내민보의 단면력을 구하고 단면력도를 그려라.

풀이

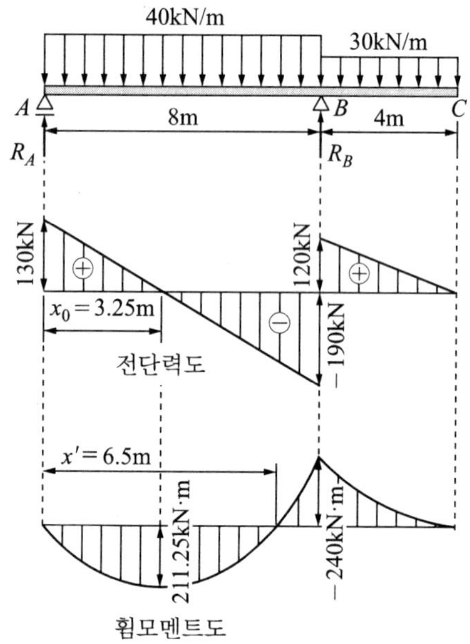

그림 6.13

(1) 반력

$$R_A = \frac{1}{8}(40 \times 8 \times 4 - 30 \times 4 \times 2) = 130\text{kN}$$

$$R_B = \frac{1}{8}(40 \times 8 \times 4 + 30 \times 4 \times 10) = 310\text{kN}$$

(2) 전단력

$$S_A = 130\text{kN}$$

$$S_{B(\text{좌측})} = 130 - 40 \times 8 = -190\text{kN}$$

$$S_{B(\text{우측})} = 130 - 40 \times 8 + 310 = 120\text{kN}$$

$$S_C = 0$$

AB구간에서 전단력이 0이 되는 지점은

$S_0 = 130 - 40 \times x_0 = 0$에서부터 $x_0 = 3.25\text{m}$

(3) 휨모멘트

$$M_A = 0$$

$$M_B = 130 \times 8 - 40 \times 8 \times 4 = -240\text{kN}\cdot\text{m}$$

$$M_C = 0$$

$$\oplus M_{\max} = 130 \times 3.25 - 40 \times 3.25 \times \frac{3.25}{2} = 211.25\text{kN}\cdot\text{m}$$

A에서부터 변곡점까지의 거리 x'은

$$M_0 = 130 \times x' - 40 \times x' \times \frac{x'}{2} = 0$$

$$\therefore x' = 6.5\text{m}$$

2.3 집중하중이 작용하는 양단 내민보의 계산

① 반력

$$\Sigma M_B = R_A l - P_1(l_1 + l) - P_2(b+c) - P_3 c + P_4 l_2 = 0$$

$$\therefore R_A = \frac{1}{l}\{P_1(l_1+l) + P_2(b+c) + P_3 c - P_4 l_2\}$$

$$\Sigma M_A = -R_B l - P_1 l_1 + P_2 a + P_3(a+b) + P_4(l+l_2) = 0 \qquad (6.20)$$

$$\therefore R_B = \frac{1}{l}\{-P_1 l_1 + P_2 a + P_3(a+b) + P_4(l+l_2)\}$$

(검산 $R_A + R_B - P_1 - P_2 - P_3 - P_4 = 0$)

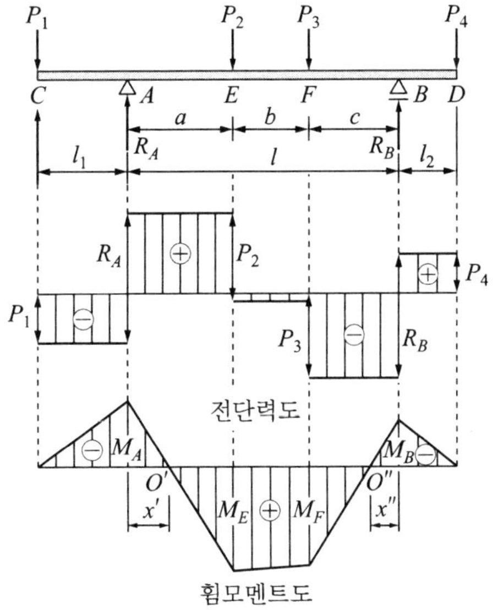

그림 6.14

② 전단력

$$S_{C\sim A} = -P_1$$

$$S_{A\sim E} = -P_1 + R_A$$

$$S_{E \sim F} = -P_1 + R_A - P_2$$

$$S_{F \sim B} = -P_1 + R_A - P_2 - P_3 \tag{6.21}$$

$$S_{B \sim D} = -P_1 + R_A - P_2 - P_3 + R_B$$

③ 휨모멘트

$$M_C = 0$$

$$M_A = -P_1 l_1$$

$$M_E = -P_1(l_1 + a) + R_A a$$

$$M_F = -P_4(c + l_2) + R_B c \tag{6.22}$$

$$M_B = -P_4 l_2$$

$$M_D = 0$$

지점 A에서 변곡점까지의 거리 x'은

$$M_0' = -P_1(l_1 + x') + R_A x' = 0$$

$$\therefore x' = \frac{P_1 l_1}{R_A - P_1}$$

지점 B에서 변곡점까지의 거리 x''은 (6.23)

$$M_0'' = -P_4(l_2 + x'') + R_B x'' = 0$$

$$\therefore x'' = \frac{P_4 l_2}{R_B - P_4}$$

보의 휨모멘트가 0이 되는 점은 C점, D점 이외에 O′점, O″점의 2점이 있다. 따라서 CO′ 사이의 보는 凸한 모양, O′O″ 사이의 보는 凹 모양이 되며 O″D 사이의 보는 凸의 모양으로 변형한다. 또, 하중의 작용상태에 따라서는 정(+)의 휨모멘트가 생기지 않는 경우도 있다.

6.8 [그림 6.15] (a)와 같은 내민보의 단면력을 구하고 S.F.D 및 B.M.D를 그려라.

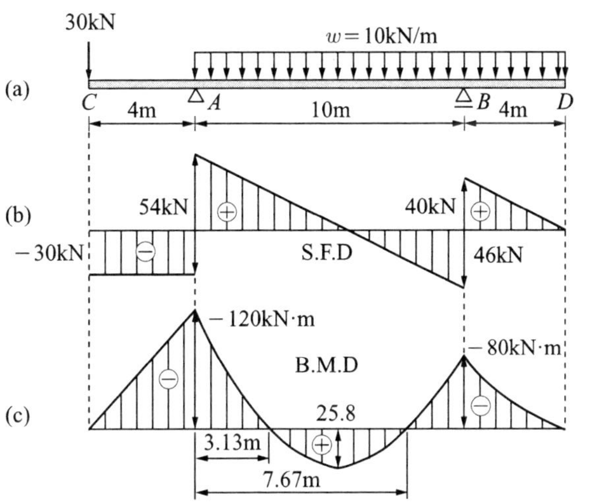

그림 6.15

풀이

(1) 지점반력

$\sum M_B = 0$으로부터 $R_A l - P_1(l_1 + l) - \dfrac{wl^2}{2} + \dfrac{wl_2^2}{2} = 0$

$$\therefore\ R_A = \frac{1}{l}\left\{P_1(l_1+l) + \frac{wl^2}{2} - \frac{wl_2^2}{2}\right\} = \frac{1}{10}\left\{30(4+10) + \frac{10\times 10^2}{2} - \frac{10\times 4^2}{2}\right\} = 84\text{ kN}$$

$\sum V = 0$으로부터

$$R_B = P_1 + w(l + l_2) - R_A = 30 + 10(10+4) - 84 = 86\text{ kN}$$

(2) 전단력

CA 사이 $S_{C\sim B} = -P_1 = -30$ kN

AB 사이 $S_x = R_A - P_1 - wx = 84 - 30 - 10x = 54 - 10x$

$x = 0$이면 $S_A = 54$ kN

$x = l$ 이면 $S_B = 54 - 100 = -46$ kN

BD 사이 $S_x = wx = x$

$x = 0$이면 $S_D = 0$

$x = 4$이면 $S_B = 40$ kN

중앙경간에서 전단력이 0인 위치는 AB 사이의 전단력 $S_x=0$로 놓아 x_0를 구하면 된다.

$$S_x = 54 - 10x_o = 0 \quad \therefore x_0 = 5.4\ \mathrm{m}$$

(3) 휨모멘트

$$M_A = -P_1 l_1 = -30 \times 4 = -120\ \mathrm{kN \cdot m}$$

$$M_B = -\frac{w l_2^2}{2} = \frac{-10 \times 4^2}{2} = -80\ \mathrm{kN \cdot m}$$

$$M_C = 0$$

$$M_D = 0$$

AB 사이에서의 임의 위치의 휨모멘트 M_x는

$$M_x = R_A x - P_1(l_1 + x) - \frac{w x^2}{2} = -120 + 54x - 5x^2$$

최대휨모멘트 $M_{\max}$는 A지점부터 x_0 떨어진 위치에 존재하므로 위 식에 $x_0 = 5.4\ \mathrm{m}$를 대입하여 구하면

$$M_{\max} = -120 + 54 \times 5.4 - 5 \times 5.4^2 = 25.8\ \mathrm{kN \cdot m}$$

그리고 모멘트가 0인 위치는 $M_x = 0$으로 놓고 x를 구하면

$$-120 + 54x - 5x^2 = 0 \quad \therefore x = 7.67\ \mathrm{m} \quad \text{또는} \quad x = 3.13\ \mathrm{m}$$

이로서 S.F.D와 B.M.D를 그리면 그림 (b), (c)와 같다.

03 | 게르버보

부정정 연속보에 부정정 차수만큼의 힌지(활절)를 넣어 정정보를 만들어서, 힘의 평형방정식 3개만으로도 구조해석을 할 수 있게 만든 보를 게르버보라고 한다. 또한 내부 힌지 절점에서의 휨모멘트는 0이며 전단력이 0이 되는 곳에서 큰 휨모멘트가 생기고 그중 절대값이 가장 큰 것이 최대 휨모멘트가 된다. 구조상 단순보에 실린 하중은 내민보 부분에 영향을 주지만, 내민보에 실린 하중은 단순보에 아무런 영향을 주지 않는다.

풀이 순서는 게르버보를 단순보 구간과 내민보 구간, 캔틸레버보 구간 등으로 구분한다. 힌지를 지점으로 하는 단순보 구간을 계산해서 반력값을 구한 다음에 반력값을 내민보나 캔틸레버보의 해당 끝부분에 반대 방향으로 작용시켜 외력으로 생각하고 내민보 부분과 캔틸레버보 부분을 푼다.

① 일단내민보와 단순보를 조합한 겔버보

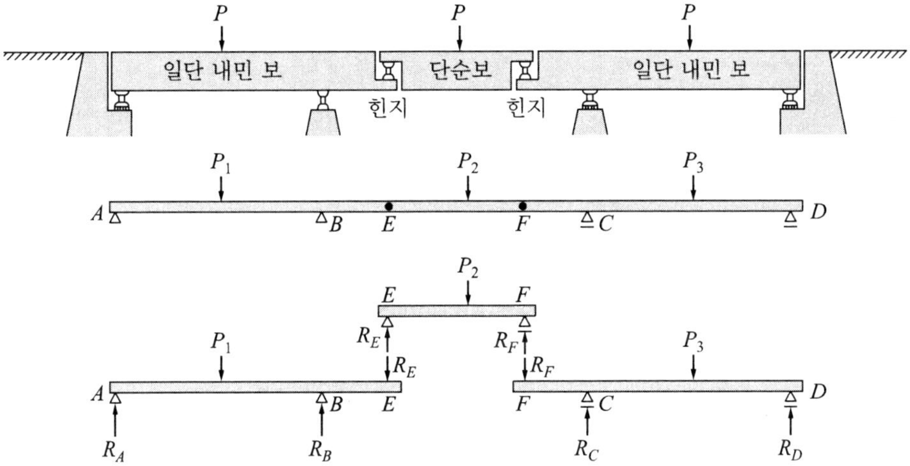

그림 6.16

② 양단내민보와 단순보를 조합한 겔버보

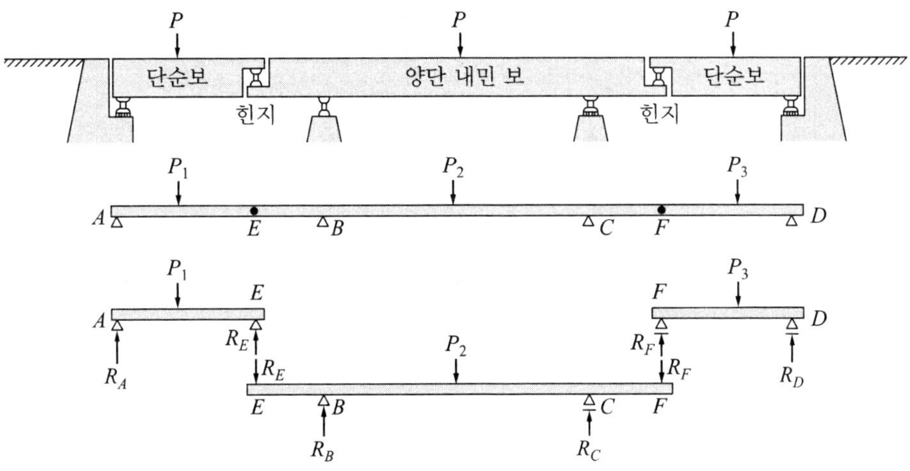

그림 6.17

반력 R_C, 단순보 CD의 R_D는,

$$R_C = \frac{6 \times 2}{6} = 2\text{kN},\ \mathrm{R_D} = \frac{6 \times 4}{6} = 4\text{kN}$$

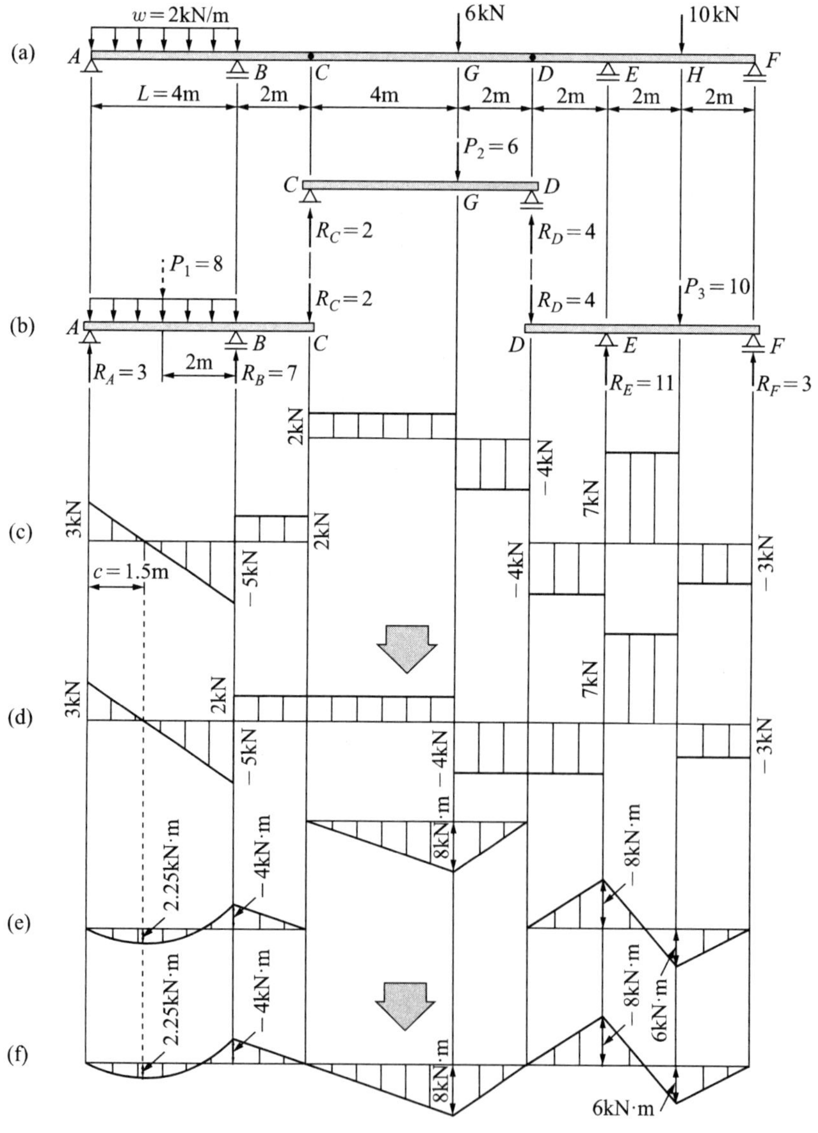

그림 6.18

내민보 ABC, DEF의 반력은,

$$R_A = \frac{8\times2}{4} - \frac{2\times2}{4} = 3\text{kN},\ \mathrm{R_B} = \frac{8\times2}{4} + \frac{2\times6}{4} = 7\text{kN}$$

$$R_E = \frac{4\times6}{4} + \frac{10\times2}{4} = 11\text{kN},\ \mathrm{R_F} = \frac{-4\times2}{4} + \frac{10\times2}{4} = 3\text{kN}$$

각 보의 전단력도를 작성한다면, 그림 (c)와 같이 되며, 이것을 모아서 동일 기준 선상으로 작성한다면, 그림 (d)와 같이 겔버보의 전단력도를 구할 수 있다. 즉, 외력의 변화를 좌측 끝에서부터 차례로 작성하여 간 것이다. 또한, 각 보에 대해서 휨모멘트도를 작성한다면, 그림 (e)와 같이 되며, 이것을 정리하여 동일 기준 선상으로 작성한다면, 그림 (f)와 같이 겔버의 휨모멘트도를 구할 수 있다.

다음과 같은 모양의 게르버보 역시 힌지를 지점으로 하는 단순보 구간을 먼저 계산하고 캔닐레버 끝부분에 단순보에서 계산한 반력을 하중을 재하시키면 된다.

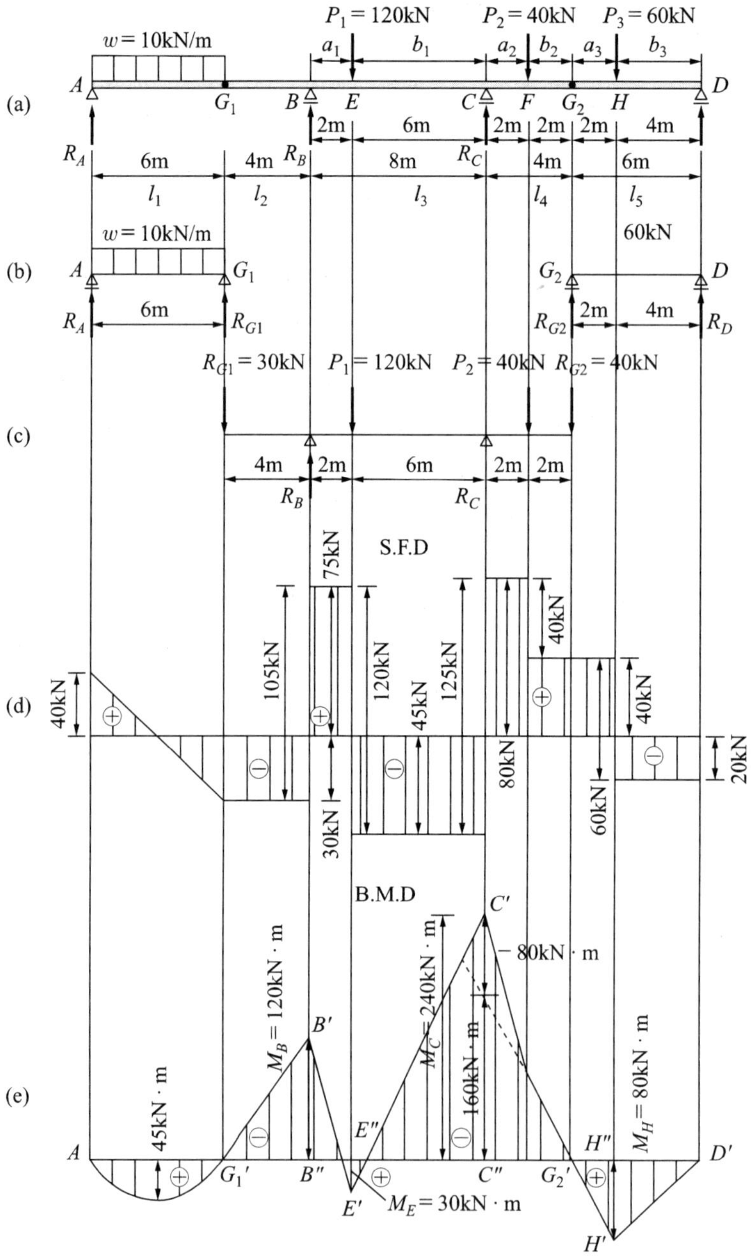
(a)
(b)
(c)
(d)
(e)
$P_1 = 120$kN
$P_2 = 40$kN
$P_3 = 60$kN
$w = 10$kN/m
a_1 b_1 a_2 b_2 a_3 b_3
A G_1 B E C F G_2 H D
R_A R_B R_C
l_1 l_2 l_3 l_4 l_5
60kN
R_{G1} R_{G2} R_D
$R_{G1} = 30$kN
$R_{G2} = 40$kN
S.F.D
75kN
105kN
120kN
45kN
125kN
40kN
80kN
30kN
60kN
20kN
B.M.D
$M_B = 120$kN · m
$M_C = 240$kN · m
80kN · m
160kN · m
45kN · m
$M_H = 80$kN · m
$M_E = 30$kN · m
A G_1' B' B'' E' E'' C' C'' G_2' H' H'' D'

그림 6.19

6.9 [그림 6.20] (a)에서와 같은 3경간 게르버보의 단면력을 구하여라.

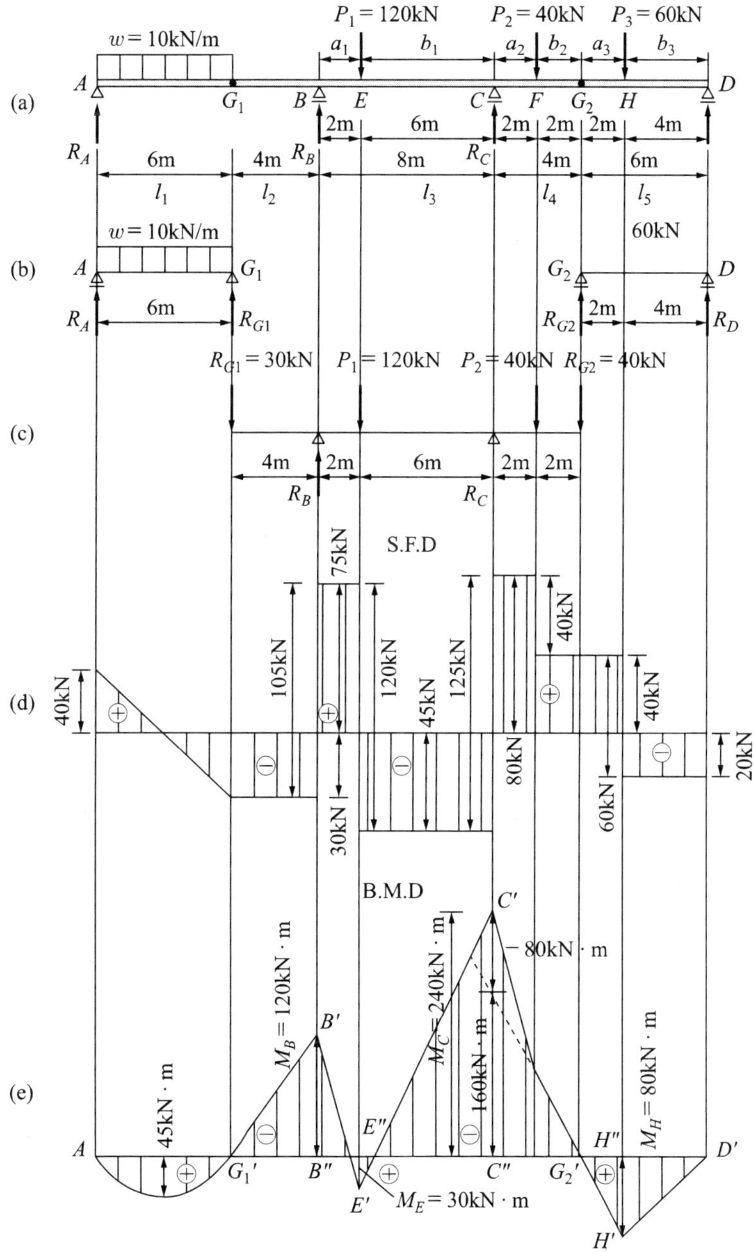

그림 6.20

풀이

[그림 6.20] (b), (c)에서와 같이 단순보와 내민보로 나누어 단면력을 구한다.

[지점반력]

우선 그림 (b)의 단순보 부분의 반력을 구하면

$$R_A = R_{G1} = \frac{w\, l_1}{2} = \frac{10 \times 6}{2} = 30\text{ kN}$$

$$R_{G2} = \frac{P_3\, b_3}{l_5} = \frac{60 \times 4}{6} = 40\text{ kN}$$

$$R_D = P_3 - R_{G2} = 60 - 40 = 20\text{ kN}$$

그림 (c)의 내민보의 반력을 구하면

$\sum M_C = 0$으로부터

$$R_B\, l_3 - R_{G1}(l_2 + l_3) - P_1 b_1 + P_2 a_2 + R_{G2}\, l_4 = 0$$

$$R_B = \frac{1}{l_3}\{R_{G1}(l_2 + l_3) + P_1 b_1 - P_2 a_2 - R_{G2} l_4\}$$

$$= \frac{1}{8}\{30(4+8) + 120 \times 6 - 40 \times 2 - 40 \times 4\} = 105\text{ kN}$$

$\sum V = 0$으로부터

$$R_C = R_{G1} + P_1 + P_2 + R_{G2} - R_B = 30 + 120 + 40 + 40 - 105 = 125\text{ kN}$$

[전단력]

각 구간에서의 전단력을 구하면

AG_1 사이 $S_x = R_A - wx = 30 - 10x$

$x = 0$이면 $S_A = 30\text{ kN}$

$x = l_1 = 6\text{ m}$이면 $S_{G_1} = 30 - 60 = -30\text{ kN}$

S.F가 0인 위치는 $30 - 10x = 0 \quad \therefore\ x = 3\text{ m}$

$$S_{G1\sim B} = -30\text{ kN}$$

$$S_{B\sim E} = R_B - R_{G1} = 105 - 30 = 75\text{ kN}$$

$$S_{E\sim C} = R_B - R_{G1} - P_1 = 105 - 30 - 120 = -45\text{ kN}$$

$$S_{C\sim F} = R_B - R_{G1} - P_1 + R_C = P_2 + R_{G2} = 40 + 40 = 80\text{ kN}$$

$$S_{F\sim G2} = R_{G2} = 4\text{ kN}$$

$$S_{G2\sim H} = R_{G2} = 4\text{ kN}$$

$$S_{H\sim D} = -R_D = -2\text{ kN}$$

[휨모멘트]

A_{G1} 사이의 임의의 위치에서의 휨모멘트 M_x는

$$M_x = R_A x - \frac{wx^2}{2} = 30x - 5x^2$$

$$M_A = M_{G1} = 0$$

$$M_{\max} = M_{x=3} = 30 \times 3 - 5 \times 3^2 = 45 \text{ kN} \cdot \text{m}$$

그림 (c)로부터 각 하중점과 지점에서의 휨모멘트를 구하면

$$M_B = -R_{G1} l_2 = -30 \times 4 = -120 \text{ kN} \cdot \text{m}$$

$$M_E = R_B a_1 - R_{G1}(l_2 + a_1) = 105 \times 2 - 30(4+2) = 30 \text{ kN} \cdot \text{m}$$

$$M_F = -R_{G2} \cdot b_2 = -40 \times 2 = -80 \text{ kN} \cdot \text{m}$$

$$M_{G2} = M_D = 0$$

$$M_H = R_{G2} a_3 = 40 \times 2 = 80 \text{ kN} \cdot \text{m}$$

이로서 S.F.D와 B.M.D를 그리면 그림 (d), (e)와 같다.

제6장 연습문제

01. 다음과 같은 보의 반력 및 단면력을 구하고 전단력도, 휨모멘트도를 그려라.

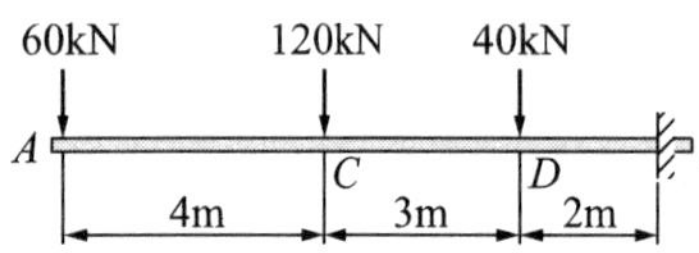

(a)

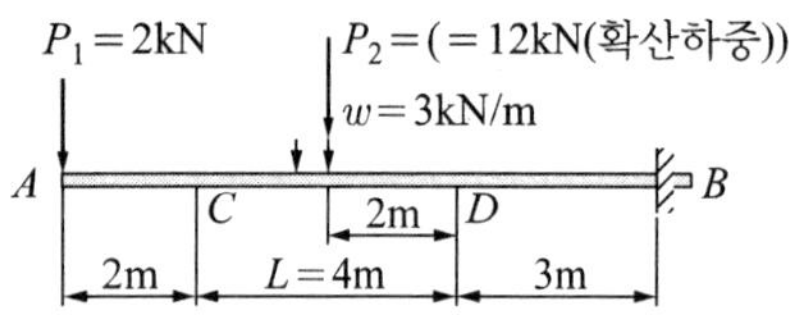

(b)

02. 그림과 같은 보의 반력 및 단면력을 구하고 전단력도, 휨모멘트도르 그려라

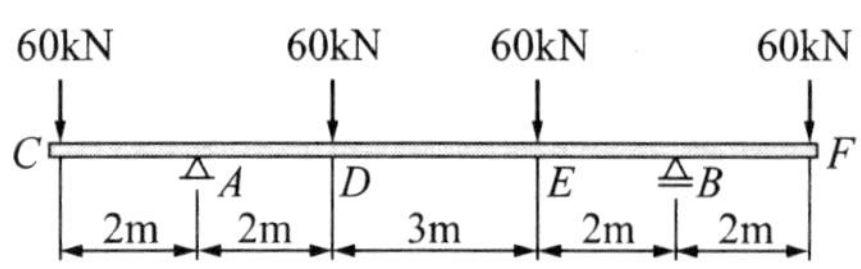

(a)

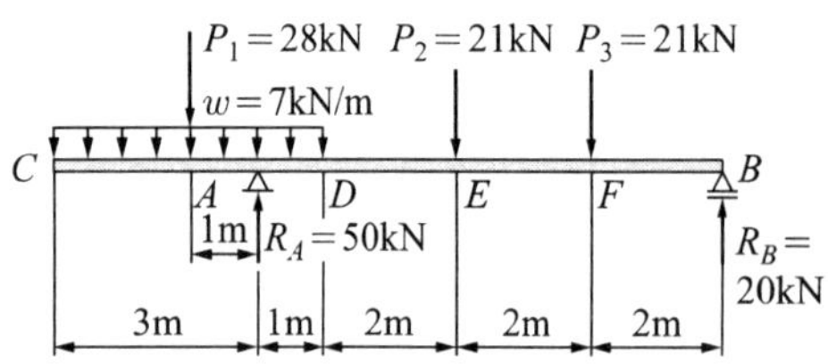

(b)

03. 다음 그림과 같은 보를 해석하여라.

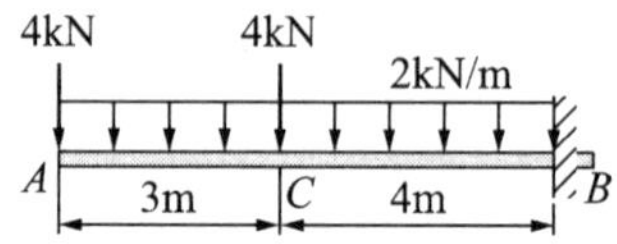

(a)

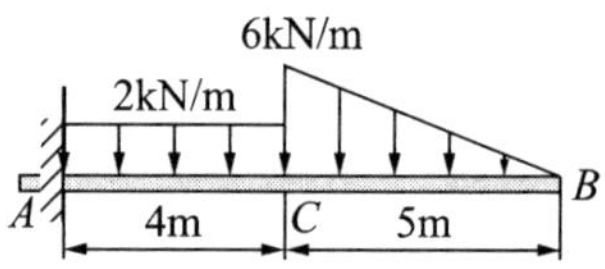

(b)

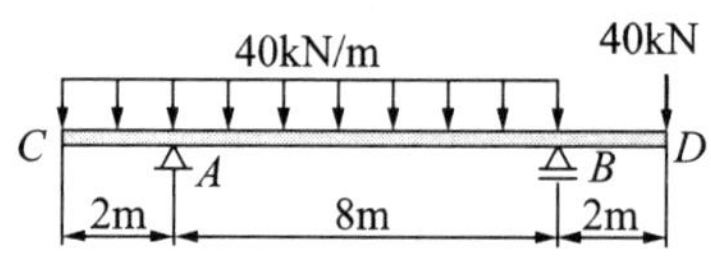

(c)

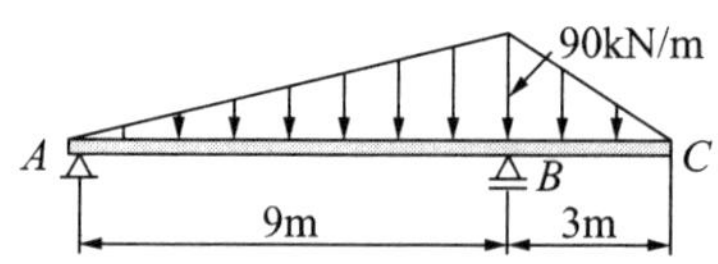

(d)

04. 다음 그림과 같은 케르버보의 반력을 구하고 전단력도, 휨모멘트도를 그려라.

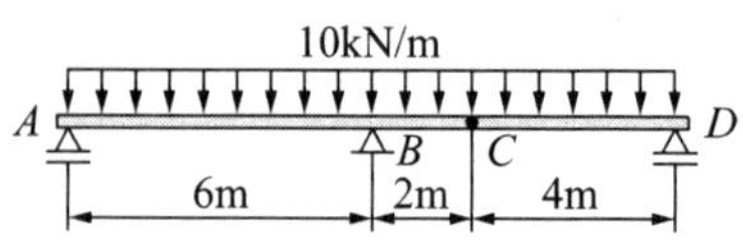

(a)

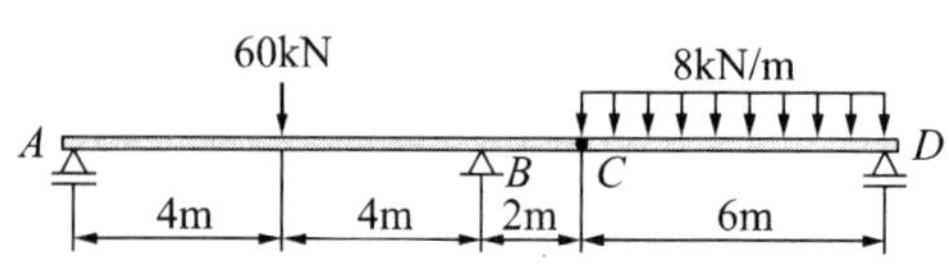

(b)

05. 그림과 같은 보의 M점에 대한 단면력을 영향선을 이용하여 구하여라.

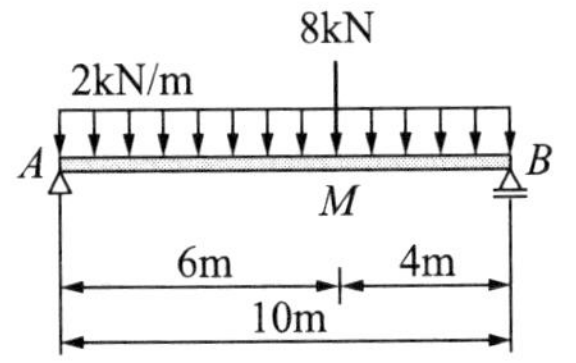

(a)

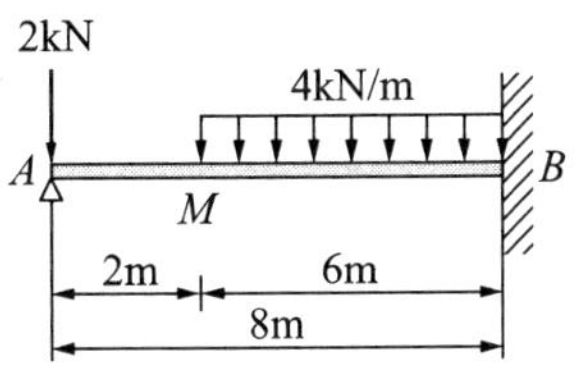

(b)

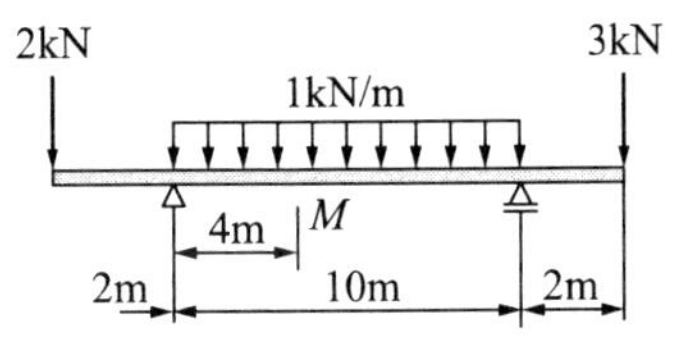

(c)

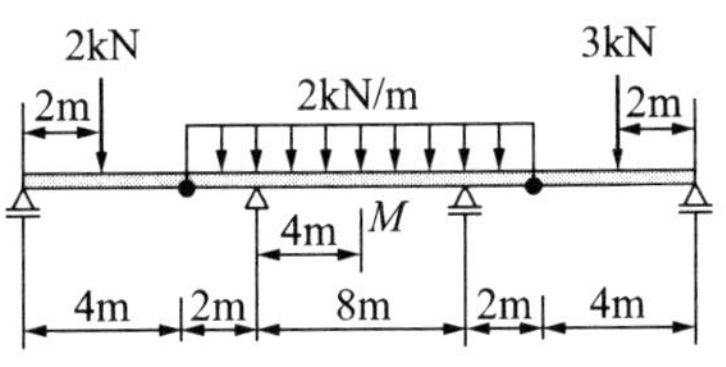

(d)

제 7 장 보의 영향선

앞 장에서는 움직이지 않는 하중의 단면력 계산을 배웠다. 그러나 자동차나 기차 등은 이동하는 하중으로 이러한 하중을 이동하중이라고 말하고, 이들 하중이 일정한 간격으로 유지되면서 이동하는 것을 연행하중이라고 한다. 예를 들어 자가용은 앞, 뒤 바퀴가 일정한 간격을 유지하면서 이동하며 기차의 궤도 또한 마찬가지다.

보에 이동하중이 작용하면 하중이 작용하는 위치에 따라서 지점 반력, 전단력과 휨모멘트 값은 변화된다. 이러한 변화를 나타낸 선도를 영향선이라고 한다. 영향선은 단위하중 $P=1$이 보의 위를 이동할 때 지점의 반력이나 임의점의 전단력과 휨모멘트의 변화를 나타낸다. 그리고 그 크기는 하중이 작용하는 점 바로 밑 종거로 나타나며, 실제의 하중이 작용했을 때 반력이나 전단력과 휨모멘트가 어떤 경우에 최대가 되는지 쉽게 알 수 있다.

01 | 단순보의 영향선

1.1 반력의 영향선

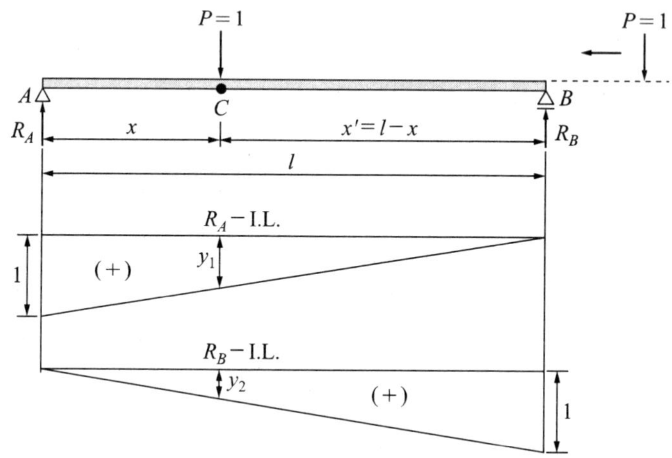

그림 7.1

① P가 A점에 있을 때

$$R_A = P = 1 \Rightarrow y_A$$

② P가 B점에 있을 때

$$R_A = 0 \Rightarrow y_B$$

③ P가 임의점 C점에 있을 때

$$R_A = \frac{P}{l}x' = \frac{x'}{l} = y_c = y_1 = \text{하중} \times \text{밑의 종거} = P(1) \times 1$$

실제하중이 작용했을 경우는 하중 P에 1 대신 실제 작용하중을 곱하면 실제 반력이 계산된다. 등분포 하중일 경우는 등분포 하중이 작용하는 구간의 영향선도 면적을 곱해주면 된다. [그림 7.2] (a)와 같이 집중하중 $P = 20\text{kN}$과 등분포하중 $w = 6\text{kN/m}$가 지간 10m의 단순보에 작용하는 경우, 반력 R_A, R_B를 영향선을 사용하여 구해보자. 반력은 집중하중에 의한 것과 등분포하중에 의한 것을 합한 것이다.

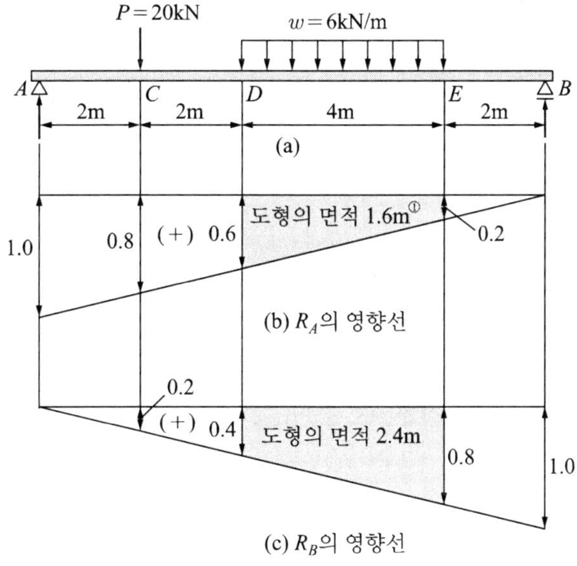

그림 7.2

집중하중의 경우=(작용점 밑의 영향선 종거)×(집중하중)
등분포하중의 경우=(등분포하중 밑의 영향선으로 둘러싸인 면적)×(등분포하중)

[그림 7.2]로부터 반력 R_A, R_B은

$$R_A = 0.8 \times 20\text{kN} + 1.6\text{m} \times 6\,\text{kN/m} = 25.6\,\text{kN}$$

$$R_B = 0.2 \times 20\text{kN} + 2.4\text{m} \times 6\,\text{kN/m} = 18.4\,\text{kN}$$

1.2 전단력의 영향선

전단력이나 휨모멘트는 지간의 어느 점에서도 생기므로, 구하려는 점의 영향선은 오직 1개만 존재한다. 따라서 전단력이나 휨모멘트의 영향선은 구하려는 점이 변하면 다시 그려야 한다.

단위하중 P가 이동할 때 임의의 점 C의 전단력을 구하고자 하면,

$$\begin{cases} P\text{가 } BC \text{ 구간에 있을 경우는 } C\text{점의 전단력 } S_C = R_A \\ P\text{가 } AC \text{ 구간에 있을 경우는 } C\text{점의 전단력 } S_C = -R_B \end{cases}$$

가 된다. 이것은 반력에 대한 영향선을 포개 놓은 것과 같다.

따라서, V_c의 영향선에서 AC 사이는 반력 R_B에 음의 부호를 붙여서 $-R_B$의 영향선을, CB 사이는 R_A의 영향선을 작용하면 된다.

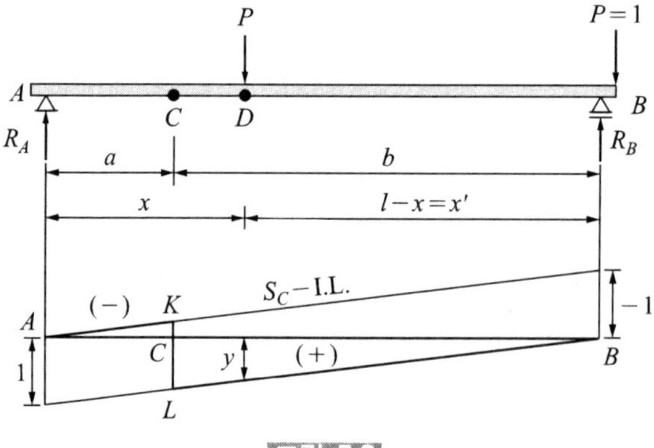

그림 7.3

[그림 7.4] (a)와 같이, $P = 20\text{kN}$과 $w = 6\text{kN/m}$가 작용할 때에 점 E에 작용하는 전단력 V_E를 영향선을 사용하여 구해보자.

점 E의 전단력의 영향선은 AE 사이는 $-R_B$의 영향선, EB 사이는 R_A의 영향선을 작성하여 [그림 7.4] (b)와 같이 된다. 집중하중 밑의 영향선의 종거는 0.2, 등분포하중하의 영향선으로 둘러싸인 면적은 $(0.4\times4\text{m})/2 = 0.8\text{m}$이다. 전단력 V_E는

$$V_E = (-0.2)\times 20\text{kN} + 0.8\text{m}\times 6\,\text{kN/m} = 0.8\text{kN}$$

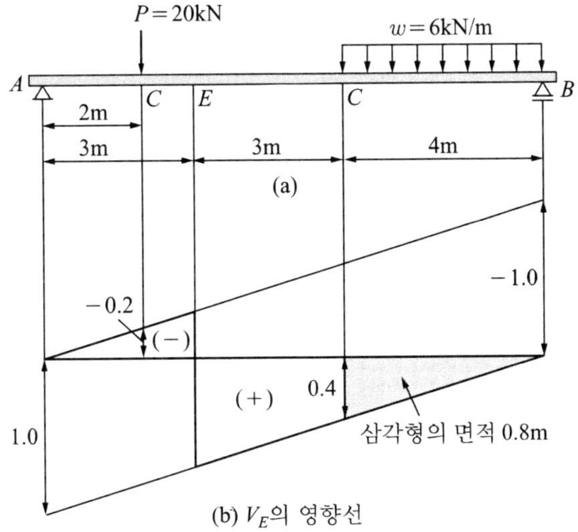

(b) V_E의 영향선

그림 7.4

1.3 휨모멘트 영향선

P가 D점에 있을 경우는 C점의 휨모멘트는 [그림 7.5]의 영향선도를 이용하여 구할 수 있다. 일반 단순보에서의 C점의 휨모멘트는

$$M_C = R_A\cdot a = \frac{P}{l}(l-x)\cdot a \Rightarrow \frac{a}{l}(l-x)$$

영향선도에서

$$a : y_D = l : (l-x) \;\Rightarrow\; y_D\cdot l = a(l-x) \;\Rightarrow\; y_D = \frac{a}{l}(l-x)$$

$$\therefore M_C = P\cdot y_D$$

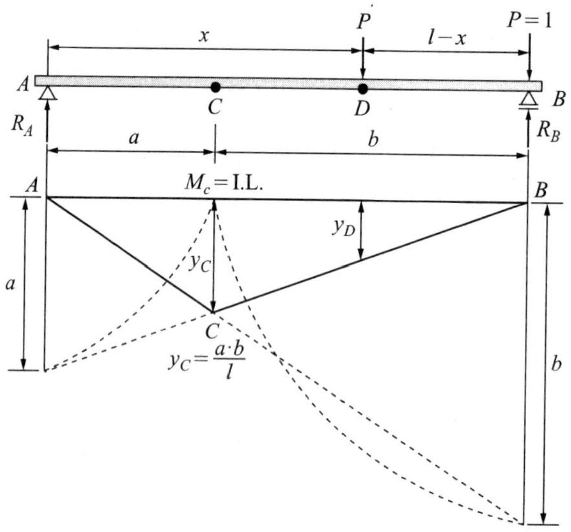

그림 7.5

임의점 D에 하중이 작용할 경우 C점의 휨모멘트는 y크기의 종거로 나타난다. 따라서 ∇ABC가 영향선도이다. 만약 하중 P가 C에 있으면 $M_C = P \cdot y_C$이다.

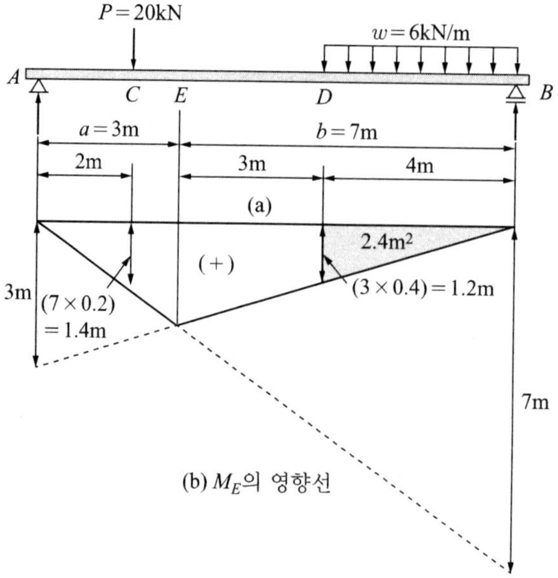

그림 7.6

[그림 7.6] (a)의 단순보 점 E의 휨모멘트를 영향선을 사용하여 구해 보자.

M_E의 영향선은 그림 (b)와 같이 된다. 집중하중하에서 영향선의 세로거리는 7m×0.2=1.4m, 등분포하중하에서의 영향선으로 둘러싸인 면적(1.2m×4m)/2=2.4m^2 이다. 점 E의 휨모멘트는,

$$M_E = 1.4\text{m} \times 20\,\text{kN} + 2.4\text{m}^2 \times 6\,\text{kN/m} = 42.4\,\text{kN}\cdot\text{m}$$

02 | 캔틸레버보의 영향선

2.1 반력의 영향선

단위하중 $P=1$이 AB 사이 어느 쪽의 점에 작용하더라도 $R_B=1$이 된다.

따라서 R_B의 영향선은 그림 (b)와 같이 AB 사이에서 기준선의 아래쪽에 1을 취하여 그려진다.

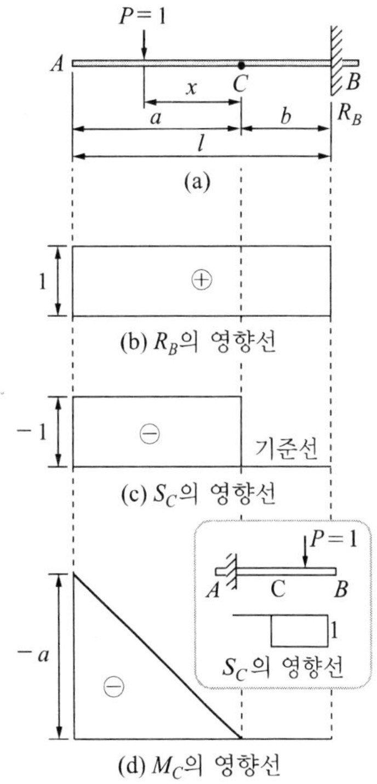

그림 7.7

2.2 전단력의 영향선

임의점 C의 전단력 S_C은 단위하중 $P=1$이 A_C 사이에 작용할 때,

$$S_C = -1$$

단위하중 $P=1$이 CB 사이에 작용할 때

$$S_C = 0$$

따라서 S_C의 영향선은 그림 (c)와 같이 A_C 사이에서 기준선의 위쪽에 -1을 취하여 그려진다. 단, 고정지점이 좌측에 있는 캔틸레버보의 영향선은 부호가 $(+)$가 되며 기준선의 아래쪽에 1을 취하여 그린다.

2.3 휨모멘트의 영향선

임의점 C의 휨모멘트 M_C은 단위하중 $P=1$이 AC 사이에 작용할 때,

$$M_C = -1 \times x$$

$x=0$일 때, $M_D=0$

$x=a$일 때, $M_D = -1 \times a = -a$

단위하중 $P=1$이 CB 사이에 작용할 때

$$M_C = 0$$

따라서 M_C의 영향선은 그림 (d)와 같이 A점에서 기준선의 위쪽에 $-a$를 취하고 C점에서 기준선에 0을 취하여 이것을 연결하면 된다.

03 | 내민보의 영향선

(1) 지점반력의 영향선

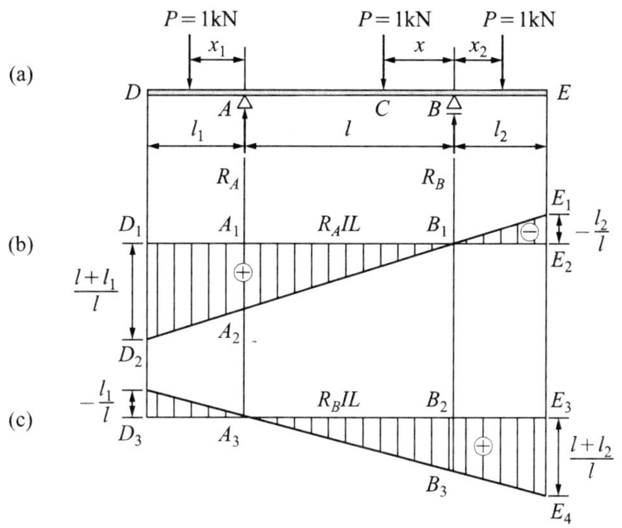

그림 7.8

[그림 7.8] (a)와 같은 내민보는 그 중앙경간인 AB보가 단순보로 취급할 수 있으므로 AB 사이에 단위하중 $P=1$이 작용하면 반력 R_A의 영향선은 [그림 7.8]에서 보는 바와 같이 단순보에서의 반력의 영향선과 같으며 A_2, B_1으로 된다.

단위하중 $P=1$이 지점 A의 왼쪽에 작용할 때는 $R_A=\dfrac{1(l+x_1)}{l}$이므로 반력 R_A의 영향선은 직선변화를 이루고

$$x_1=0\text{이면}\quad R_A=1$$

$$x_1=l_1\text{이면}\quad R_A=\frac{(l+l_1)}{l}=1+\frac{l_1}{l}=y_D$$

위의 관계에서 그림 (b)와 같이 직선 A_2, B_1의 연장선 A_2, D_2가 A의 왼쪽에 단위하중 $P=1$이 작용할 때의 반력 R_A의 영향선이 된

다. 또한 단위하중 $P=1$이 B점의 오른쪽에 작용할 때 단위하중 $P=1$이 BE 사이에 작용할 때는 $R_A=-\frac{x^2}{l}$로 되고

$$x_2=0\text{이면}\quad R_A=0$$

$$x_2=l_2\text{이면}\quad R_A=-\frac{l_2}{l}$$

따라서 R_A의 영향선은 A_2, B_1의 연장선 B_1, E_2로 되고 그 값은 (−)이다. 반력 R_B의 영향선도 R_A의 영향선과 같은 방법으로 구하면 그림 (c)와 같다.

(2) 전단력의 영향선

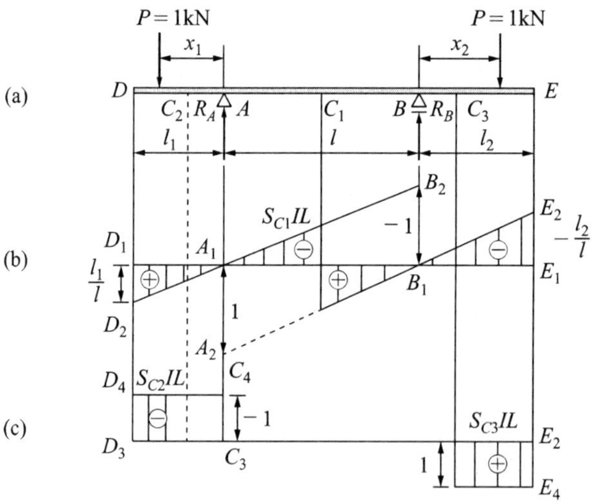

그림 7.9

[그림 7.9] (a)와 같이 AB 사이에 있는 C_1점의 전단력 S_{C1}의 영향선은 단위하중 $P=1$이 AB보 사이에 있을 때 그림 (b)와 같이 단순보의 전단력의 영향선과 같다.

단위하중 $P=1$이 AD 사이에 있을 때는

$$S_{C1}=R_A-1=\frac{(l+x_1)}{l}-1=\frac{x_1}{l}$$

이 되며 전단력 S_{C1}의 영향선은 직선으로 된다.

$x_1 = 0$이면 $S_{C1} = 0$

$x_1 = l_1$이면 $S_{C1} = \dfrac{l_1}{l} = y_D \quad (1 : l = y_D : l_1)$

위의 관계로부터 B_2, A_1의 연장선 A_1, P_2가 A지점의 왼쪽에 단위하중 $P=1$이 작용할 때의 S_{C1}의 영향선이 된다. 지점 B의 오른쪽에 단위하중 $P=1$이 작용할 때의 S_{C1}의 영향선은 A_2, B_1을 연장하면 된다.

내민보 DA 사이에 있는 C_2점의 전단력 S_{C2}의 영향선은 단위하중 $P=1$이 C_2점에 작용하였을 때 $S_{C2}=0$이므로 영향선은 없고 $P=1$이 C_2점에서 왼쪽에 작용하였을 때는 $S_{C2}=-1$이며 캔틸레버보에서의 전단력의 영향선과 같다. 또 BE 사이의 C_3점의 영향선도 같은 방법으로 그릴 수 있고 이들을 그리면 그림 (c)와 같다.

(3) 휨모멘트의 영향선

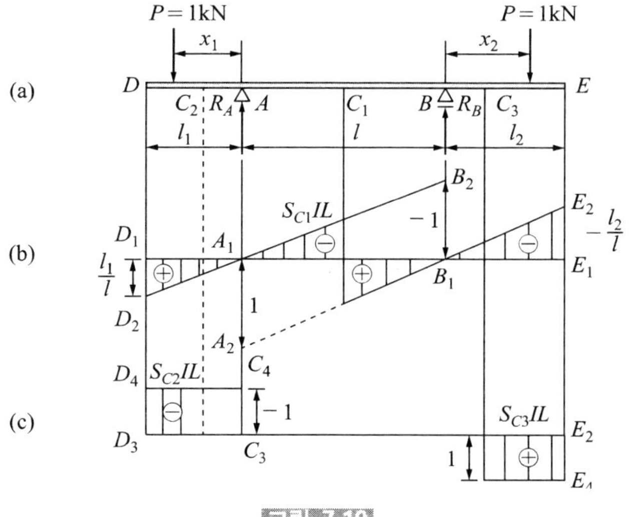

그림 7.10

[그림 7.10] (a)는 중앙경간인 AB보 위에 있는 점 C_1의 휨모멘트

M_{C1}의 영향선을 표시한 것이다. 단위하중 $P=1$이 AB 사이에 작용할 때의 영향선은 단순보에 대한 휨모멘트의 영향선과 같다. 단위하중 $P=1$이 AD 사이에 작용할 때는

$$M_{C1}=R_A \times a-(a+x_1)=\frac{(l+x_1)}{l}\times a-(a+x_1)$$

이 되며 휨모멘트 M_{C1}의 영향선은 직선변화를 이룬다.

$x_1=0$이면 $M_{C1}=0$

$x_1=l_1$이면 $M_{C1}=\dfrac{l_1(a-l)}{l}=-y_D=-\dfrac{l_1}{l}b$

이상의 관계를 그림 (b)에서 살펴보면 AD 사이에 단위하중 $P=1$이 작용할 때의 M_{C1}의 영향선은 B_2, A_1을 연장한 A_1, D_2로 표시되는 것을 알 수 있다. 단위하중 $P=1$이 BE 사이에 작용할 때의 M_{C1}의 영향선은 같은 방법으로 A_2B_1의 연장선 B_1E_2로 표시된다. 내민부에 있는 C_2점의 휨모멘트의 영향선은 0이다. 그러나 C_2점에서 왼쪽에 단위하중 $P=1$이 작용할 때의 $M_{C2}=-1\cdot x$이며 M_{C2}의 영향선은 직선으로 표시된다.

$x=0$이면 $M_{C2}=0$

$x=l_1-c$이면 $M_{C2}=-(l_1-c)=-y_D$

가 되므로 M_{C2}의 영향선은 그림 (c)와 같다.

7.1 [그림 7.11]에서 내민보의 반력 및 E점의 전단력과 휨모멘트를 영향선을 이용하여 구하여라.

풀이

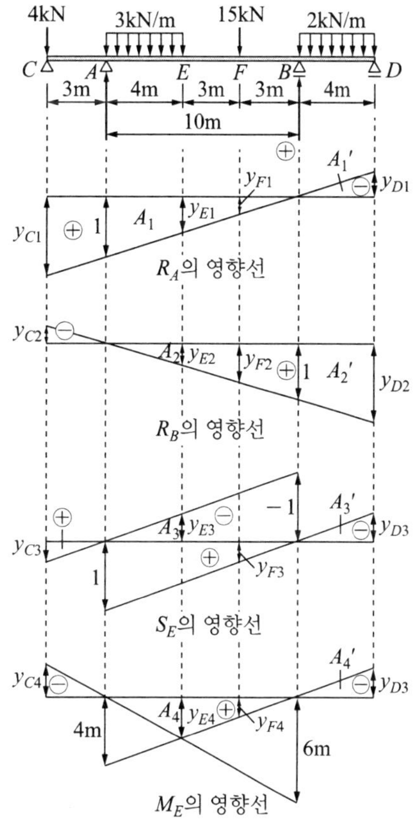

그림 7.11

$$y_{C_1} = 1 + \frac{3}{10} = 1.3$$

$$y_{E_1} = \frac{6}{10} = 0.6,\ A_1 = \frac{1+0.6}{2} \times 4 = 3.2\text{m}$$

$$y_{F_1} = \frac{3}{10} = 0.3$$

$$y_{D_1} = -\frac{4}{10} = -0.4,\ A'_1 = -\frac{0.4 \times 4}{2} = -0.8\text{m}$$

$$R_A = 4 \times 1.3 + 3 \times 3.2 + 15 \times 0.3 + 2 \times (-0.8)$$

$$= 17.7\text{kN}$$

$$y_{C_2} = -\frac{3}{10} = -0.3$$

$$y_{E_2} = \frac{4}{10} = 0.4,\ A_2 = \frac{0.4 \times 4}{2} = 0.8\text{m}$$

$$y_{F_2} = \frac{7}{10} = 0.7$$

$$y_{D_2} = 1 + \frac{4}{10} = 1.4,\ A'_2 = \frac{1+1.4}{2} \times 4 = 4.8\text{m}$$

$$R_B = 4 \times (-0.3) + 3 \times 0.8 + 15 \times 0.7 + 2 \times 4.8$$

$$= 21.3\text{kN}$$

$$y_{C_3} = \frac{3}{10} = 0.3$$

$$y_{D_3} = -\frac{4}{10} = -0.4,\ A'_3 = -\frac{0.4 \times 4}{2} = -0.8\text{m}$$

$$S_E = 4 \times 0.3 + 3 \times (-0.8) + 15 \times 0.3 + 2 \times (-0.8) = 1.7\text{kN}$$

$$y_{C_1} = -6 \times \frac{3}{10} = -1.8\text{m}$$

$$y_{E_4} = \frac{4 \times 6}{10} = 2.4\text{m},\ A_4 = \frac{2.4 \times 4}{2} = 4.8\text{m}^2$$

$$y_{F_4} = 3 \times \frac{4}{10} = 1.2\text{m}$$

$$y_{D_4} = -4 \times \frac{4}{10} = -1.6\text{m},\ A'_4 = -\frac{1.6 \times 4}{2} = -3.2\text{m}^2$$

$$M_E = 4 \times (-1.8) + 3 \times 4.8 + 15 \times 1.2 + 2 \times (-3.2) = 18.8\text{kN} \cdot \text{m}$$

04 | 게르버보의 영향선

게르버보는 단순보와 내민보의 조합으로 이루어진 구조이므로 지점 반력, 전단력 및 휨모멘트의 영향선은 단순보와 내민보의 각 영향선의 조합으로 이루어진다.

(1) 지점반력의 영향선

[그림 7.12] (a)에서 EF 사이는 내민보로서 R_A의 영향선은 [그림 7.8] (b)와 같이 되고 CE 사이와 FD 사이는 단순보로서 단위하중 $P=1$이 이 사이에 작용할 때는 E, F점의 반력 R_E, R_F가 내민보의 내민부 단부인 E, F에 작용하는 것이 되므로 CE와 FD 사이는 그림 (b)에서 보는 바와 같이 직선으로 연결된다. 즉 $R_E = \frac{a_1}{l_1}$으로 지점 C에 단위하중 $P=1$이 있을 때는 $a_1 = 0$이므로, $R_E = 0$이고 단위하중 $P=1$이 E점에 있을 때는 $R_E = 1$이 되므로 EC 사이가 직선으로 연결된다.

R_C의 영향선은 CE 사이가 단순보이므로 단순보의 반력의 영향선과 같아서 그림 (c)와 같다.

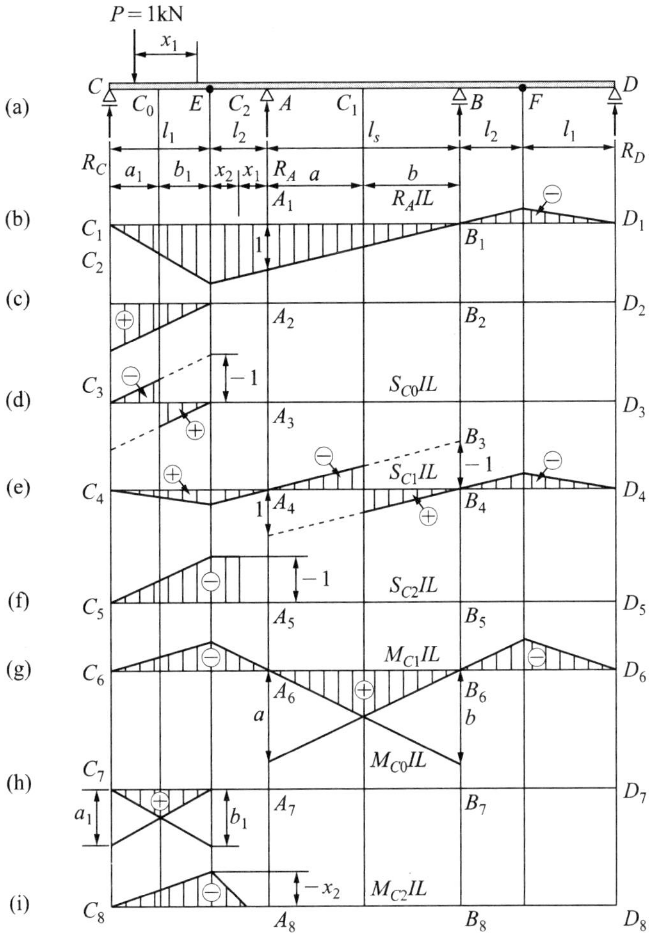

그림 7.12

(2) 전단력의 영향선

CE 사이는 단순보이므로 CE 사이의 임의 점 C_0의 전단력 S_{C0}의 영향선은 [그림 7.8]과 같고 이를 그리면 그림 (c)와 같다.

AB 사이의 임의 점 C_1의 전단력의 영향선은 EF 사이가 내민보이므로 [그림 7.9] (b)와 같은 영향선도를 이루고 CE와 FD 사이는 반력에서와 같은 그림 (e)와 같이 직선으로 연결된다.

EA 사이의 임의 점 C_2의 전단력 S_{C2}의 영향선은 내민보의 내민부의 영향선으로 [그림 7.9] (c)와 같은 모양으로 그림 (f)와 같이 CE 사이는 반력에서와 같은 이유로 직선으로 연결된다.

(3) 휨모멘트의 영향선

AB 사이의 임의점 C_1의 휨모멘트 M_{C1}의 영향선은 EF 사이가 내민보이므로 [그림 7.10] (b)와 같은 모양의 영향선도를 이루고 CE 사이와 FD 사이는 반력에서와 같은 이유로 직선으로 연결된다. 따라서 M_{C1}의 영향선도는 그림 (g)와 같다.

CE 사이의 임의점 C_2의 휨모멘트 M_{C2}의 영향선은 EA 사이가 내민보의 내민부이므로 C_2의 휨모멘트의 영향선은 [그림 7.10] (c)와 같으며 CE 사이는 반력에서와 같은 이유로 직선으로 연결되며 M_{C2}의 영향선도는 그림 (f)와 같다.

7.2 [그림 7.13]에서 겔버보의 A점과 B점의 반력 및 H점의 전단력과 휨모멘트를 영향선에 의해서 구하여라.

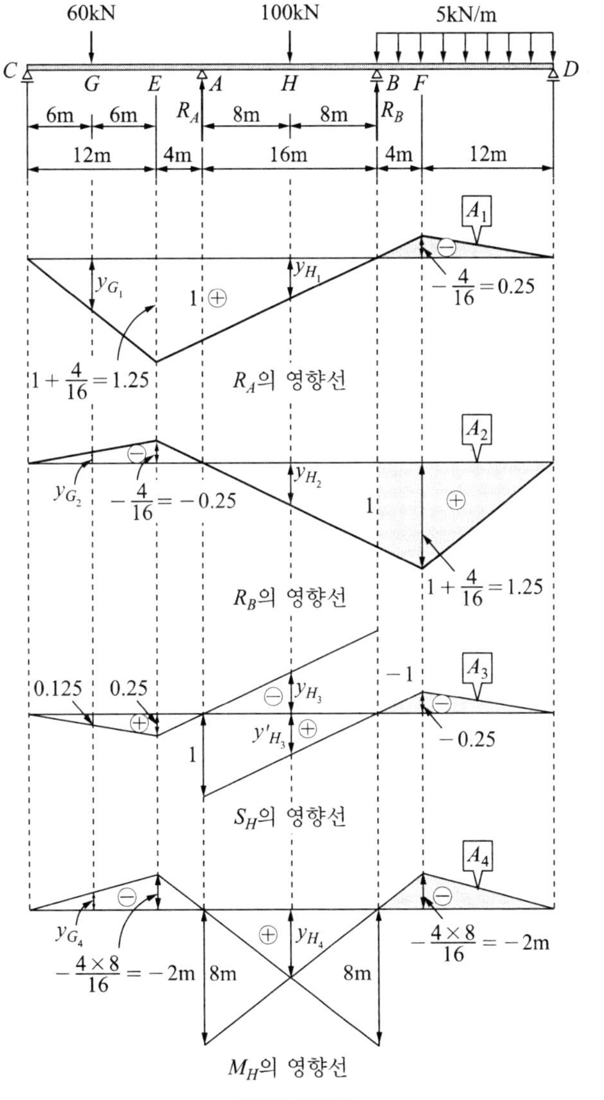

그림 7.13

풀이

$$y_{G_1}=\frac{6}{12}\times 1.25=0.625$$

$$y_{H_1} = \frac{8}{16} = 0.5$$

$$A_1 = -\frac{0.25 \times 16}{2} = -2\text{m}$$

$$R_A = 60 \times 0.625 + 100 \times 0.5 + 5 \times (-2) = 77.5\text{kN}$$

$$y_{G_2} = -\frac{6}{12} \times 0.25 = -0.125$$

$$y_{H_2} = \frac{8}{16} = 0.5$$

$$A_2 = \frac{1+1.25}{2} \times 4 + \frac{1.25 \times 12}{2} = 12\text{m}$$

$$R_B = 60 \times (-0.125) + 100 \times 0.5 + 5 \times 12 = 102.5\text{kN}$$

$$y_{H_3} = -\frac{8}{16} = 0.5$$

$$y_{H_3} = \frac{8}{16} = 0.5$$

$$A_3 = A_1 = -2\text{m}$$

$$S_{H(\text{좌측})} = 60 \times 0.125 + 100 \times 0.5 + 5 \times (-2) = 47.5\text{kN}$$

$$S_{H(\text{우측})} = 60 \times 0.125 + 100 \times (-0.5) + 5 \times (-2) = -52.5\text{kN}$$

$$y_{G_1} = -\frac{6}{12} \times 2 = -1\text{m}$$

$$y_{H_1} = \frac{8 \times 8}{16} = 4\text{m}$$

$$A_4 = -\frac{2 \times 16}{2} = -16\text{m}^2$$

$$M_H = 60 \times (-1) + 100 \times 4 + 5 \times (-16) = 260\text{kN} \cdot \text{m}$$

05 | 간접하중보의 영향선

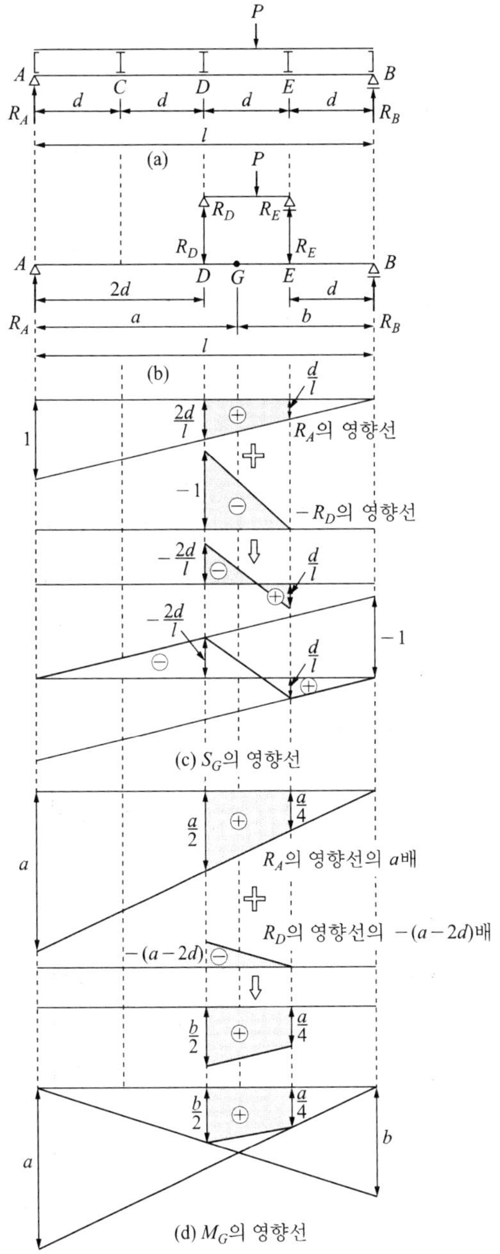

그림 7.14

(1) 반력의 영향선

단순보에 직접하중이 작용한 경우를 이용하여 구할 수 있다.

(2) 전단력의 영향선

DE 사이의 임의점 G의 전단력 S_G은 P가 AD 사이에 작용할 때,

$$S_G = -R_B$$

P가 EB 사이에 작용할 때,

$$S_G = R_A$$

P가 DE 사이에 작용할 때,

$$S_G = R_A - R_D$$

이것으로부터 AD간은 $-R_B$의 영향선 EB 사이에는 R_A의 영향선을 그려서 DE 사이의 R_A의 영향선과 $-R_D$의 영향선을 합하면 그림 (c)와 같은 S_G의 영향선을 구할 수 있다.

(3) 휨모멘트의 영향선

DE 사이의 임의점 G의 휨모멘트 M_G는 P가 AD 사이에 작용할 때,

$$M_G = R_B b$$

P가 EB 사이에 작용할 때,

$$M_G = R_A a$$

P가 DE 사이에 작용할 때,

$$M_G = R_A a - R_D(a-2d)$$

이것으로부터 AD 사이는 R_B의 영향선을 b배하고, EB 사이는 R_A의 영향선을 a배하여 그리고, DE 사이에는 R_A의 영향선의 a배와 R_D의 영향선의 $-(a-2d)$배를 합성한 것을 그려서 이들을 정리하면 그림 (d) 같은 M_G의 영향선을 구할 수 있다.

7.3 [그림 7.15]와 같은 보의 점 G의 전단력과 휨모멘트를 영향선을 이용하여 구하여라.

풀이

그림 (b)에 있어서,

$$V_G = \left(-\frac{1}{6}\right)\times 20 + \left(-\frac{1}{3}+1\right)\times 6 = \frac{2}{3}\text{kN}$$

그림 (c)에 있어서,

$M_G = 1\times 20 + (8+4)\times 6 = 92\text{kN}\cdot\ \text{m}$이다.

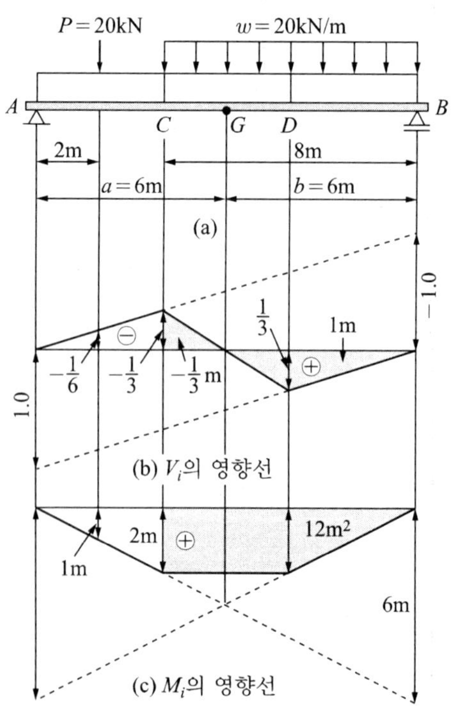

그림 7.15

06 | 단면력의 최대값

단순보가 이동하중의 작용을 받는 경우, 보위의 임의의 점의 전단력·휨모멘트는 하중의 이동에 따라 변화한다. 연행하중이 어떤 조건을 만족하도록 하는 위치에 이동해 올 때에 전단력이나 휨모멘트가 최대값을 얻게 된다.

6.1 보의 최대 반력

등분포하중 w가 단순보 위를 이동할 때 지점 A의 반력 R_A는 이 등분포하중의 1단이 A지점에 실렸을 때 최대가 되고 그 크기는 [그림 7.16]에서 영향면적($A_1C_1C_2A_2$의 면적)에 w를 곱한 값이 되기며 지점반력 R_B의 최대값은 이와 같이 하중 w의 지단이 B점에 실렸을 때 생긴다.

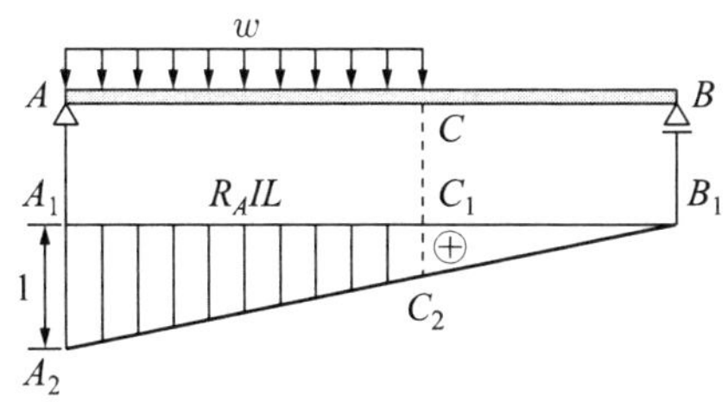

그림 7.16

집중하중이 지나갈 경우는 하중 P_1이 A점에 실린 순간 그 값이 최대가 됨을 알 수 있다. 이때에 하중 P_n에 연속하는 다음의 하중 P_{n+1}이 새로 보 위에 실리더라도 R_A가 최대로 된다는 것에는 변함이 없다.

다음에 하중 P_1이 A지점을 통과하면 R_A는 갑자기 작아졌다가 P_2

가 A지점에 접근함에 따라서 다시 커질 것이다. 이와 같이 하여 P_1, P_2, $\cdots$가 A지점에 실릴 때마다 R_A가 최대로 되는데 그 중에서 가장 큰 것을 최대반력(maximum reaction)이라 한다.

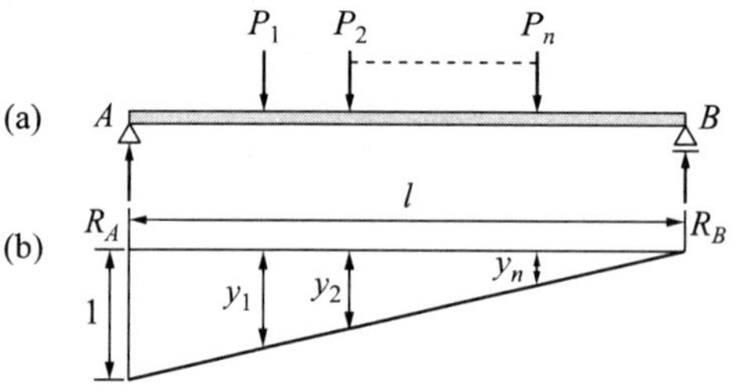

그림 7.17

6.2 보의 임의점의 최대 전단력

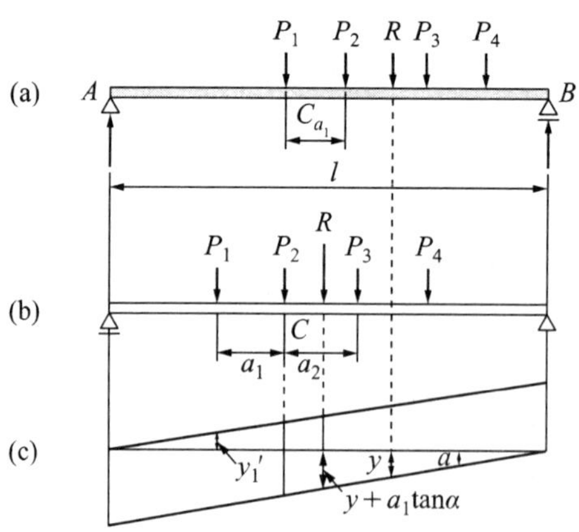

그림 7.18

[그림 7.18]과 같이 단순보 위 임의 단면 C에 연행하중 P_1, $\cdots$, P_4가 작용할 때 C단면의 전단력을 S_C라 하면 일반적으로 S_C는 연행하중의 선두 쪽에 속하는 하중이 C점의 바로 우측에 왔을 때 최대가 되는데 그림 (a)와 그림 (b)의 어느 하중상태에서 C단면에 최대전단력이 생기는가를 알아보자.

지금 $P_1 \sim P_4$의 합력을 R이라 하고 그림 (a)와 (b)의 재하상태에 대해서 S_C를 각각 S_{C1}, S_{C2}라 하면

$$S_{C1} = R\,y = P_1 y_1 + P_2 y_2 + P_3 y_3 + P_4 y_4$$

$$S_{C2} = P_2(y_2 + a_1 \tan\alpha) + P_3(y_3 + a_1 \tan\alpha) + P_4(y_4 + a_1 \tan\alpha) - P_1 y'_1$$

이 두 전단력의 차를 ΔS_C라 하면

$$\Delta S_C = S_{C2} - S_{C1} = R\,a_1 \tan\alpha - P_1(a_1 \tan\alpha + y'_1 + y_1) = R\frac{a_1}{l} - P_1 \quad (7.1)$$

$\therefore R\dfrac{a_1}{l} - P_1 < 0$ 그림 (a)의 재하상태에서 S_{C1}이 최대

$R\dfrac{a_1}{l} - P_1 = 0$ 그림 (a)의 재하상태에서 S_C는 같아서 $S_{C1} = S_{C2}$

$R\dfrac{a_1}{l} - P_1 > 0$ 그림 (a)의 재하상태에서 S_{C2}가 최대

다음에 P_3가 C점상에 재하될 때 그림 (b)와 비교해서 전단력의 차 $\Delta S_C'$는 앞에서와 같은 계산방법에 따라

$$\Delta S_C' = S_{C3} - S_{C2} = R\frac{a_2}{l} - P_2 \quad (7.2)$$

$R \cdot \dfrac{a_2}{l} - P_2 < 0$ P_2가 C점상에 재하될 때 S_{C2}가 최대이고

$R \cdot \dfrac{a_2}{l} - P_2 > 0$ P_3가 C점상에 재하될 때 S_{C3}가 최대이고

$R \cdot \dfrac{a_2}{l} - P_2 = 0$ $S_{C2} = S_{C3}$로 되고 P_2, P_3중 어느 하중이든 C점상에 재하될 때 S_C가 최대이다.

위의 결과로서 다음과 같은 조건식이 얻어진다.

$$\frac{P_{r-1}}{a_{r-1}} \le \frac{1}{l}\sum_1^n P \le \frac{P_r}{a_r} \quad (7.3)$$

따라서 식 (7.3)의 조건이 만족되는 재하상태일 때 C점의 전단력이 최대가 된다.

7.4 [그림 7.19]의 단순보에서 연행하중이 작용할 때 C점의 최대전단력과 절대최대전단력을 구하여라.

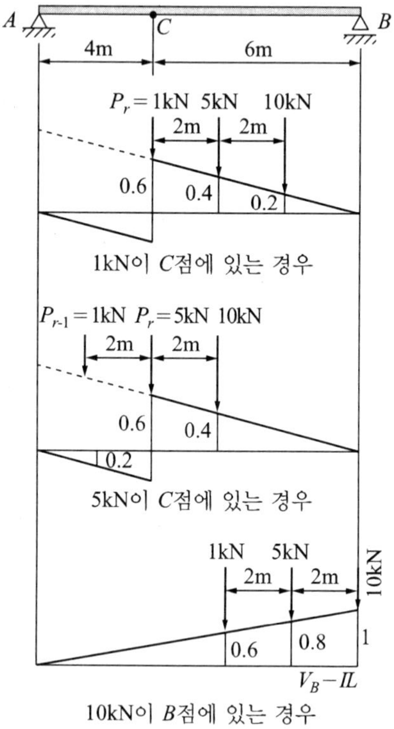

그림 7.19

풀이

조건식 (7.3)을 이용하는 방법과 각각의 경우에 대해 직접 계산하는 경우에 대해 비교해보자.

(1) 조건식을 이용하는 경우

$$\frac{P_{r-1}}{a_{r-1}} \leq \frac{1}{l}\sum_{1}^{n} P \leq \frac{P_r}{a_r}$$

① 1 kN이 C점에 있을 때

$(P_r = 1\,\text{kN})$

$$0 \leq \frac{16}{10} \leq \frac{1}{2}$$

$0 \leq 1.6 \leq 0.5$로 식이 성립하지 않으므로 1 kN이 C점에 있을 때 C점의 전단력은 최대가 아니다.

② 5 kN이 C점에 있을 때

$(P_r = 5\,\text{kN})$

$$\frac{1}{2} \leq \frac{16}{10} \leq \frac{5}{2}$$

$0 \leq 1.6 \leq 2.5$로 식이 성립하므로 5 kN이 C점에 있을 때 C점의 전단력은 최대가 된다.

$$\therefore\ S_{C.\max} = 1 \times (-0.2) + 5 \times 0.6 + 10 \times 0.4 = 6.8\,\text{kN}$$

(2) 경우의 수에 따라 직접계산

① 1 kN이 C점에 있을 때

$$S_C = 1 \times 0.6 + 5 \times 0.4 + 10 \times 0.2 = 4.6\,\text{kN}$$

② 5 kN이 C점에 있을 때

$$S_C = 1 \times (-0.2) + 5 \times 0.6 + 10 \times 0.4 = 6.8\,\text{kN}$$

10 kN이 C점에 있을 때는 직관적으로 위 두 경우보다 작으므로 $S_{C.\max} = 6.8\,\text{kN}$임을 알 수 있다.

6.3 보의 임의점의 최대휨모멘트

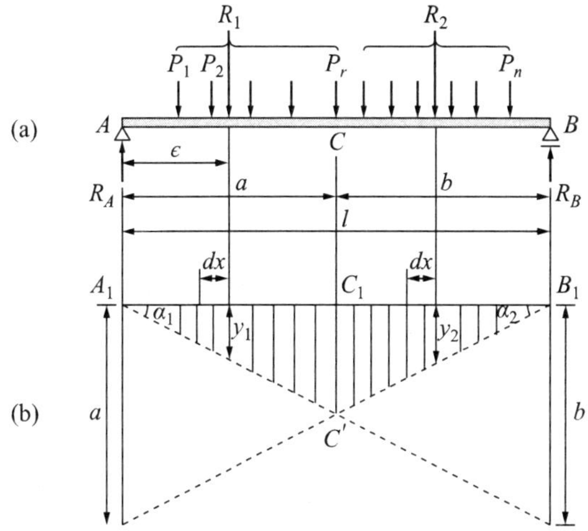

그림 7.20

[그림 7.20] (a)와 같이 연행하중이 A, B 위에 작용할 때 R_1, R_2를 각각 AC, CB 사이에 작용하는 하중의 합력이라 하고, 이때 임의점 C에 대한 휨모멘트의 영향선을 그려서 M_C를 구하면

$$M_C = R_1\, y_1 + R_2\, y_2$$

연행하중이 미소거리 dx만큼 왼쪽으로 이동함으로써 C점에서의 휨모멘트가 dM_C만큼 변화를 가져왔다면 C점의 휨모멘트는 다음과 같다.

$$M_C + dM_C = R_1(y_1 - dx\tan\alpha_1) + R_2(y_2 + dx\tan\alpha_2)$$

dx만큼 이동함으로써 생긴 휨모멘트의 변화량 dM_C는

$$dM_C = R_2\, dx\, \tan\alpha_2 - R_1\, dx\, \tan\alpha_1 = R_2\frac{a\, dx}{l} - R_1\frac{b\, dx}{l}$$

$$\therefore\ \frac{dM_C}{dx} = \frac{a\, b}{l}\left(\frac{R_2}{b} - \frac{R_1}{a}\right)$$

M_C가 최대로 되려면 $\dfrac{dM}{dx}=0$이 되어야 하므로

$$\frac{R_2}{b}-\frac{R_1}{a}=0$$

$$\therefore \ \frac{R}{l}=\frac{R_1}{a} \tag{7.4}$$

그런데 M_C가 최대가 되는 하중배치는 반드시 C점상에 하중이 실렸을 때이므로 [그림 7.20]의 AC 사이의 하중의 합력 R_1에 C점 위의 하중 P_r을 더해야 되는가가 문제가 된다. 그래서 더하는 경우와 더하지 않는 경우를 생각하면 식 (7.4)에서

C점상의 하중을 더하지 않는 경우는 $\dfrac{R}{l}>\dfrac{R_1}{a}$

C점상의 하중을 더하는 경우는 $\dfrac{R}{l}<\dfrac{R_1}{a}$

으로 된다. 따라서 다음 조건식을 만족하는 하중재하 시에 최대휨모멘트값이 얻어진다.

$$\frac{1}{a}\sum_1^{r-1}P<\ \frac{1}{l}\sum_1^{n}P<\ \frac{1}{a}\sum_1^{r}P \tag{7.5}$$

식 (7.5)를 적용하여 연행하중의 재하하중의 재하상태를 결정한 다음 M_C를 구하면 M_C가 임의의 점 C의 최대휨모멘트가 되는데 하중의 이동시 보 위에서 하중이 벗어나거나 또는 새로운 하중이 들어옴으로써 식 (7.5)를 만족하는 하중상태가 둘 이상 생기는 각 경우의 하중상태에서 휨모멘트를 구하여 그 중 큰 값을 취한다.

7.5 [그림 7.21]의 단순보에서 연행하중이 작용할 때 C점의 최대휨모멘트를 구하여라.

풀이

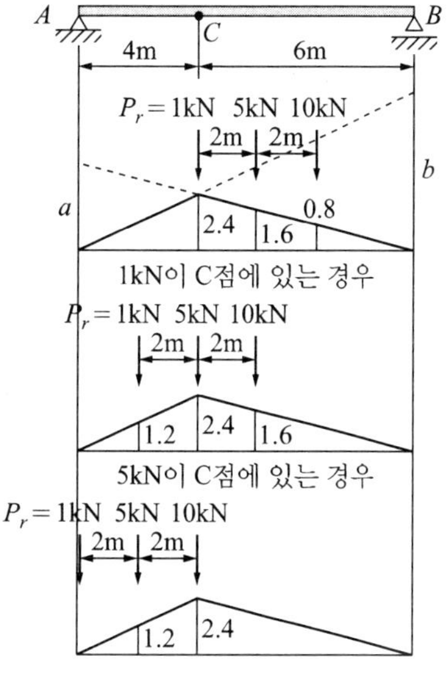

그림 7.21

조건식 (7.5)를 이용하는 방법과 각각의 경우에 대해 직접 계산하는 경우에 대해 비교해보자.

(1) 조건식을 이용하는 경우

$$\frac{1}{a}\sum_{1}^{r-1}P < \frac{1}{l}\sum_{1}^{n}P < \frac{1}{a}\sum_{1}^{r}P$$

① 1 kN이 C점에 있을 때($P_r = 1\,\text{kN}$)

$0 \le \frac{16}{10} \le \frac{1}{4}$, $0 \le 1.6 \le 0.25$로 식이 성립하지 않으므로 1 kN이 C점에 있을 때 C점의 휨모멘트는 최대가 아니다.

② 5 kN이 C점에 있을 때 ($P_r = 5\,\text{kN}$)

$\frac{1}{4} \le \frac{16}{10} \le \frac{6}{4}$, $0.25 \le 1.6 \le 1.5$로 식이 성립하지 않으므로 5 kN이 C점에 있을 때 C점의 휨모멘트는 최대가 아니다.

③ 10 kN이 C점에 있을 때 ($P_r = 10\,\text{kN}$)

$\frac{6}{4} \le \frac{16}{10} \le \frac{16}{4}$, $1.5 \le 1.6 \le 4$로 식이 성립하므로 10 kN이 C점에 있을 때 C점의 휨모멘트는 최대가 된다.

$$\therefore\ M_{C\max} = 5\times 1.2 + 10\times 2.4 = 30\ \text{kN}\cdot\text{m}$$

(2) 경우의 수에 따라 직접계산

① 1 kN이 C점에 있을 때

$$M_C = 1\times 2.4 + 5\times 1.6 + 10\times 0.8 = 18.4\ \text{kN}\cdot\text{m}$$

② 5 kN이 C점에 있을 때

$$M_C = 1\times 1.2 + 5\times 2.4 + 10\times 1.6 = 29.2\ \text{kN}\cdot\text{m}$$

③ 10 kN이 C점에 있을 때

$$M_{C\max} = 5\times 1.2 + 10\times 2.4 = 30\ \text{kN}\cdot\text{m}$$

6.4 절대최대전단력

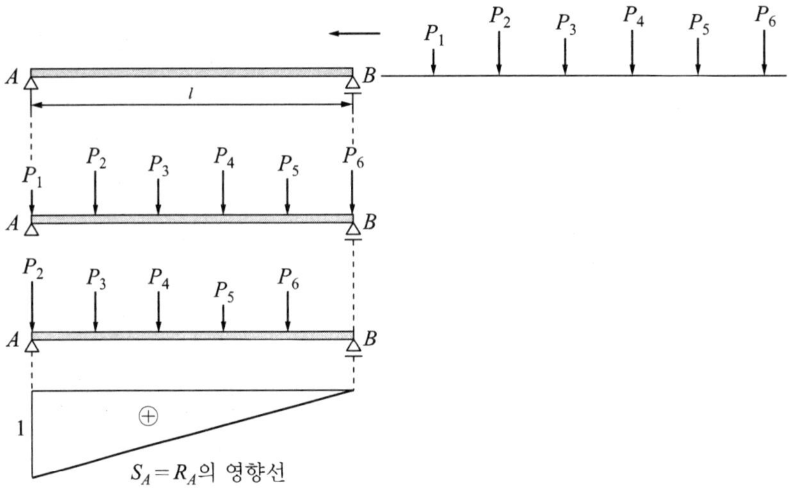

그림 7.22

보의 각 단면에 생기는 최대전단력 중에서 가장 큰 값을 갖는 최대전단력을 절대최대전단력이라고 한다. **단순보의 절대최대전단력은 보의 지점에 생기며 지점반력이 최대가 되도록 연행하중을 작용시키면 된다.** 지점 A의 최대전단력은 P_1을 지점 A에 작용시키면 좋지만 P_2와 비교해서 P_1이 작을 때는 다음의 P_2를 지점 A에 작용시켰을 때가 최대 전단력이다.

지점 B의 최대전단력은 연행하중을 역행시켜서 지점 B의 반력이 최대가 되도록 작용시킨다. 이렇게 하여 계산된 양지점에 생기는 최대전단력 중에서 큰 값이 절대최대전단력이다.

7.6 [그림 7.23] 단순보에서 등분포하중이 작용할 때 C점의 최대전단력과 절대최대전단력을 구하여라.

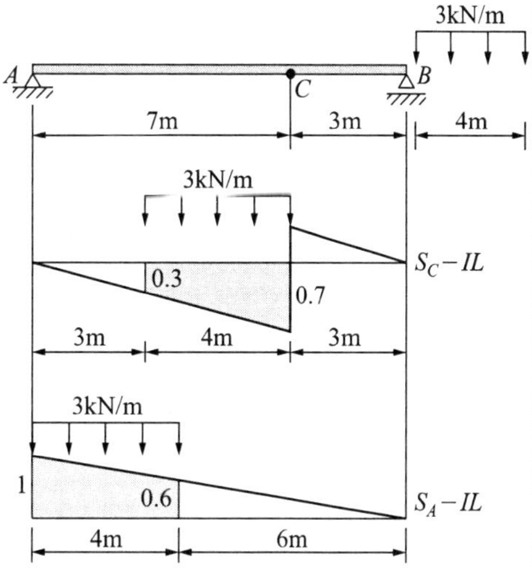

그림 7.23

풀이

C점의 전단력 영향선도와 같이 분포하중이 작용할 때 영향선도의 면적이 가장 크게 되고 전단력이 최대가 됨을 알 수 있다.

$$\therefore\ S_{C\max} = 3\times\left\{-\frac{0.3+0.7}{2}\times 4\right\} = -6\,\text{kN}$$

절대최대전단력은 지점에서 발생되므로

$$\therefore\ S_{ab\max} = 3\times\left\{\frac{1+0.6}{2}\times 4\right\} = 9.6\,\text{kN}$$

6.5 절대최대휨모멘트

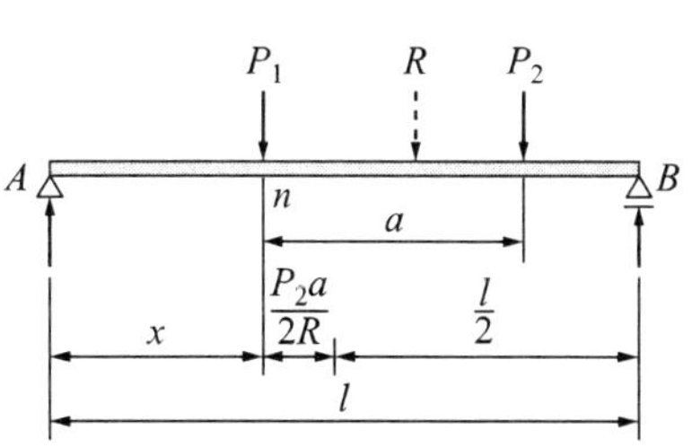

그림 7.24

[그림 7.24]에서와 같이 두 개의 집중하중이 보 위를 이동하여 작용할 경우 P_1 하중이 A로부터 x거리에 있는 n점의 휨모멘트는

$$R_A = P_1\frac{(l-x)}{l} + P_2\frac{(l-x-a)}{l}$$

$$M_n = R_A\,x = P_1\frac{(l-x)}{l}x + P_2\frac{(l-x-a)}{l}x$$

M_n이 최대가 되는 조건은 $\dfrac{dM_n}{dx}=0$에서

$$\frac{dM_n}{dx}=\frac{P_1+P_2}{l}(l-2x)+\frac{P_2\,a}{l}=0$$

$$\therefore\ x=\frac{(P_1+P_2)\,l-P_2\,a}{2(P_1+P_2)}$$

합력 R은 $R=P_1+P_2$이므로

$$x=\frac{l}{2}-\frac{P_2\,a}{2R} \tag{7.6}$$

식 (7.6)의 둘째 항 $\dfrac{P_2\,a}{2R}$은 하중 P_1과 합력 R 사이의 거리 $\left(\dfrac{P_2\,a}{R}\right)$의 $\dfrac{1}{2}$이므로 이 식으로 보 위에서 최대휨모멘트가 생기는 위치를 구할 수 있다. 즉 그 위치는 두 하중의 합력과 가까운 하중과의 거리를 2등분한 점을 보의 중앙에 위치하도록 재하시켰을 때 가까운 하중 P_1 및 n점에서 최대휨모멘트가 생긴다. 이 최대휨모멘트를 절대최대휨모멘트(absolute maximum bending Moment)라 한다.

연행하중이 보 위를 지나갈 때 절대최대모멘트를 구해보자.

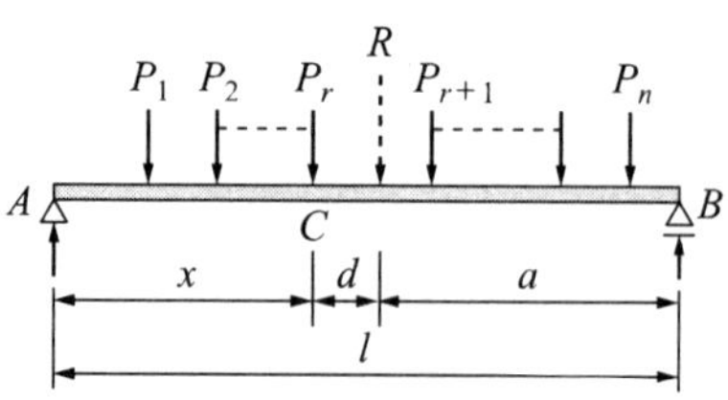

그림 7.25

[그림 7.25]와 같은 하중상태에서 C점의 휨모멘트 M_C가 최대값을 갖는다고 하고 그 값을 구하면

$$M_C=\frac{R\,a}{l}\,x-M_1=\frac{R}{l}(l-x-d)\,x-M_1 \tag{7.7}$$

여기서 M_1은 보 AC 사이에 실린 하중에 의한 C점의 모멘트의 총화이다. 지금 C점의 위치를 바꾸어 식 (7.6)에서의 최대 M_C의 최대값 즉, 절대최대휨모멘트를 생기게 하는 위치 a를 다음과 같이 구할 수 있다.

$$\frac{dM_C}{dx} = \frac{R}{l}(l-2x-d) = 0$$

$$\therefore\ x = \frac{l-d}{2} \tag{7.8}$$

또는 $$a = l - x - d = \frac{l-d}{2}$$

따라서 판별식 (7.5)를 만족함과 동시에 d가 지간 중앙점에 의하여 2등분되는 하중조건일 때 C점에서 절대최대휨모멘트가 생긴다.

※ 즉 연행하중 중 보에 실을 수 있는 만큼 싣고 그의 합력 R의 위치를 구하여 이것과 인접한 하중과의 거리 d를 2등분한 점을 보의 중앙에 일치시키도록 재하할 때 인접한 하중 작용점 C에서 절대최대휨모멘트가 생긴다.

7.7 [그림 7.26]의 단순보에서 연행하중이 작용할 때 절대최대휨모멘트를 구하여라.

풀이

① 합력의 크기

$R = 2 + 4 = 6\text{ kN}$

② R의 작용점(4 kN에서)

$6\text{kN} \times x = 2\text{kN} \times 3\text{m}$

$\therefore x = 1\text{m}$

③ 하중배치 [그림 참조]

④ R과 근접한 하중 4 kN에서 절대최대휨모멘트가 발생.

$\therefore\ M_{ab} = 2 \times 1.125 + 4 \times 2.475 = 12.15\text{ kN}\cdot\text{m}$

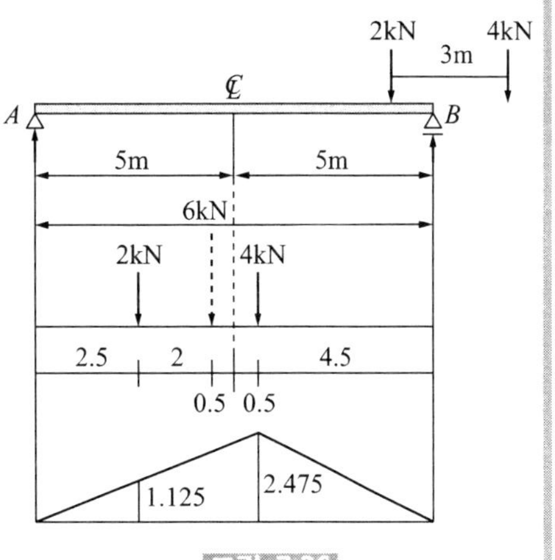

그림 7.26

7.8 단순보 AB에 [그림 7.27]과 같은 이동 하중이 오른편에서 왼편으로 이동할 때, 이 보에 생기는 절대 최대 휨모멘트를 구하고자 한다. B지점으로부터 절대 최대 휨모멘트가 생기는 위치는 어디인가?

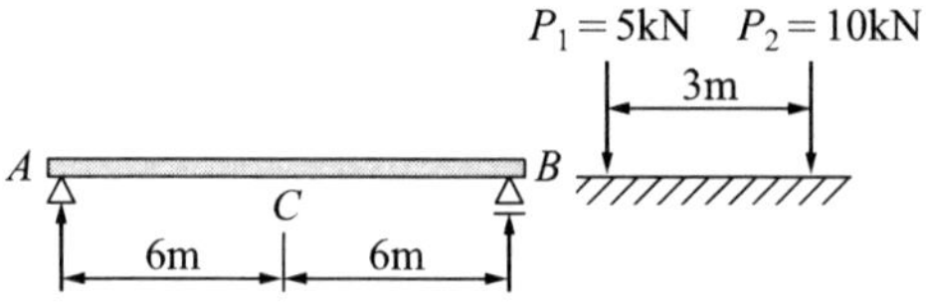

그림 7.27

풀이

절대 최대 휨모멘트는 연행하중의 합력 작용점과 합력에 가장 인접한 하중과의 중앙점이 보의 중앙점과 일치할 때, 인접한 하중점의 아래에서 생기므로, 그림과 같이 재하되었을때 10kN의 하중 아래에서 발생한다.

우선 합력의 위치 x를 구하기 위해 10tf의 위치에 모멘트 중심을 잡으면

$$R \times x = 5 \times 3,\quad x = \frac{15}{R} = \frac{15}{5+10} = 1m$$

∴ 절대 최대 휨모멘트는 그림에서와 같이 하중이 실릴 때 10tf 하중 밑에서 생기므로 B점에서 5.5m 떨어진 곳이다.

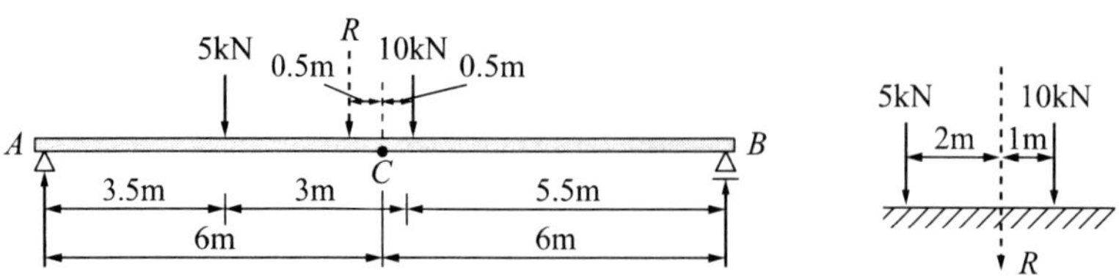

제7장 연습문제

01. 그림과 같은 단순보의 i점의 휨모멘트를 영향선을 이용하여 구하여라.

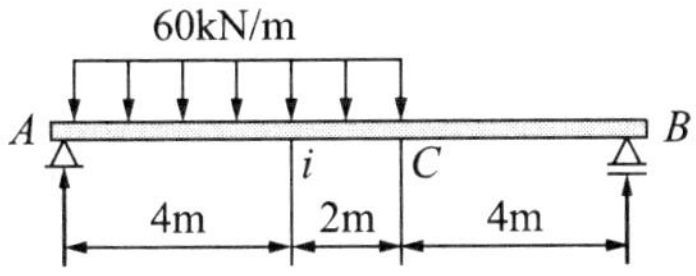

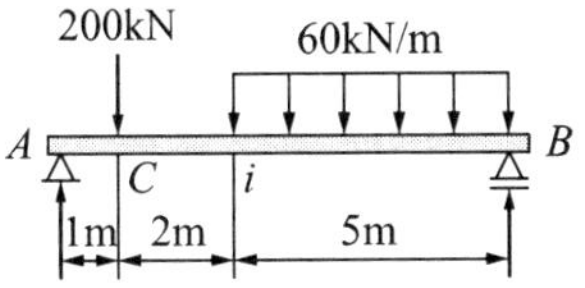

02. 그림과 같은 내민보의 반력을 영향선을 이용하여 구하여라.

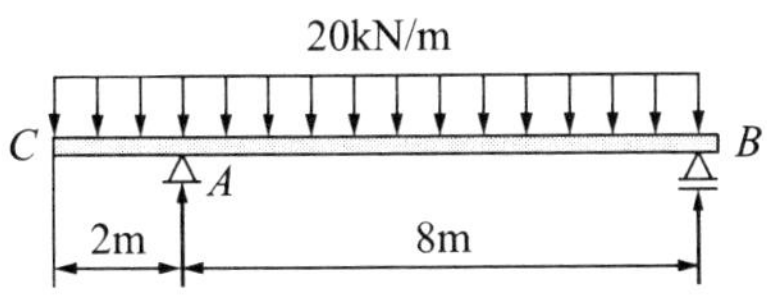

03. 그림과 같은 내민보의 i점의 전단력, 휨모멘트 그리고 각 지점의 반력을 영향선을 이용하여 구하여라.

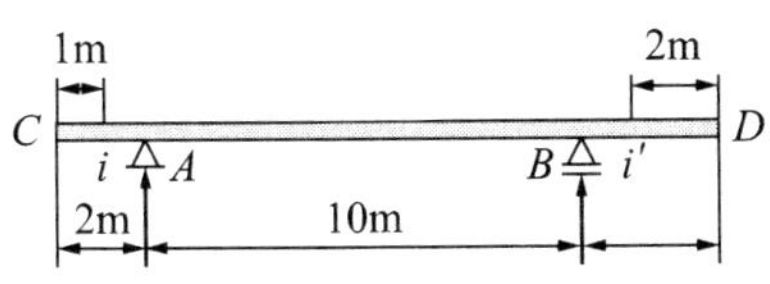

04. 그림과 같은 보 위를 그림 (b)와 같은 연행하중이 이동할 때 C점에서의 최대전단력 및 최대휨모멘트를 구하고 또 절대최대전단력과 절대최대휨모멘트를 구하여라.

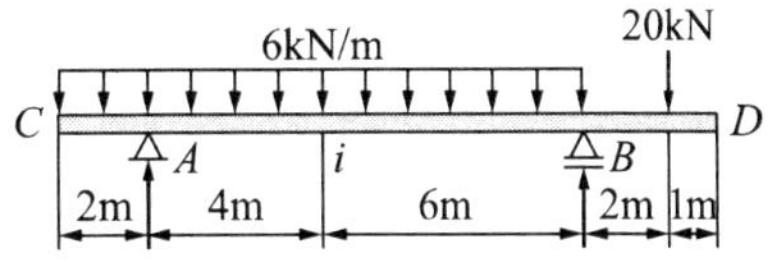

05. 그림과 같은 보 위를 이동하중이 지나갈 때 C점의 최대 전단력 및 최대 휨모멘트를 구하여라.

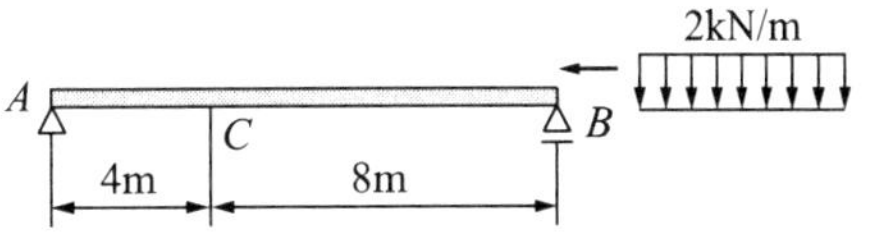

(a)

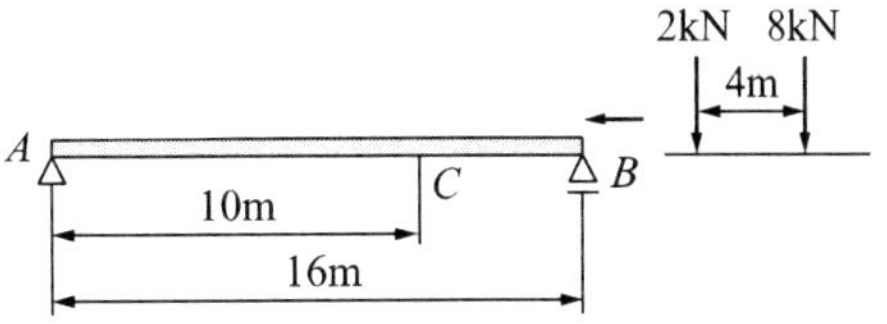

(b)

06. 문제 5번의 (b)과 같은 보의 절대 최대 전단력 및 절대 최대 휨모멘트를 구하여라.

07. 그림과 같은 보에 연행하중이 이동할 때 C 점의 최대 전단력 및 최대 휨모멘트를 구하여라.

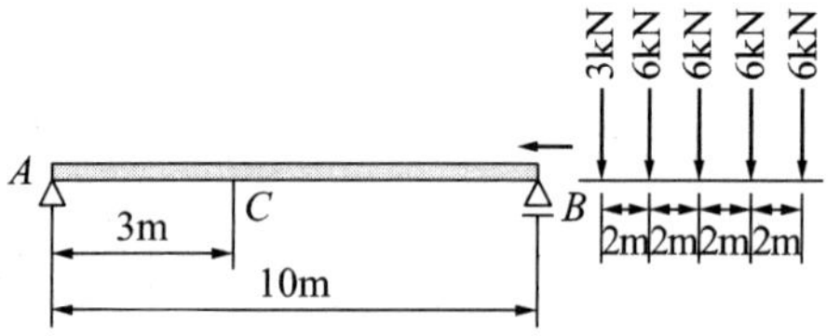

08. 문제 7번에서 절대 최대 전단력 및 절대 최대 휨모멘트를 구하여라.

보의 응력

01 | 휨응력

보에 하중이 작용하면 휨모멘트가 발생하고 [그림 8.1] (a)와 같이 곡률반경만큼 변형이 생긴다, 미소구간 d_x 부분을 확대하면 [그림 8.1] (b)와 같이 보의 중립축 $N-N$보다 위쪽은 압축력에 의해서 줄어들고 아래쪽은 인장력에 의해서 늘어난다. [그림 8.1] (b)를 이용하여 외력에 의해 발생한 휨모멘트로 인한 내부의 저항하는 힘 즉, 휨응력에 대하여 알아보자.

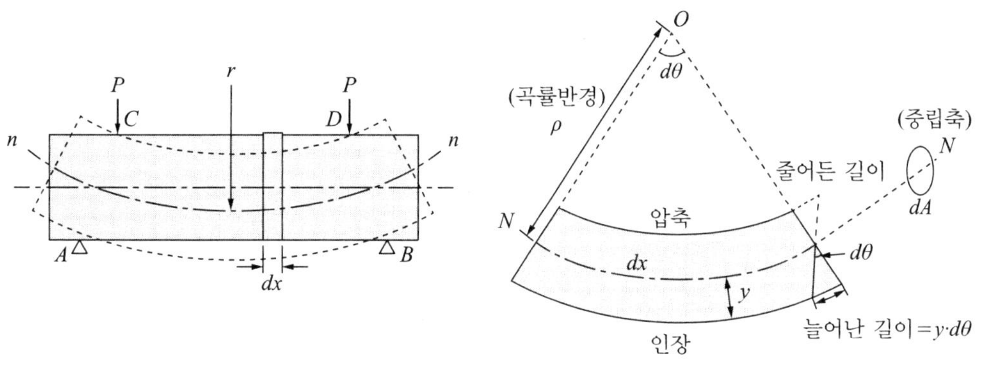

(a) (b)

그림 8.1

여기에서 중립축에서 내부의 구하고자 하는 임의점까지의 거리를 y 하 하면

$$\rho \cdot d\theta = dx \, (\rho : \text{곡률 반경})$$

$$곡률\, K = \frac{1}{\rho} = \frac{d\theta}{dx}$$

$$늘어난\ 길이 = y \cdot d\theta$$

$$변형율 = \frac{늘어난\ 길이}{dx} = \frac{y \cdot d\theta}{dx} = \frac{y}{\rho} = ky$$

Hooke의 법칙에서

$$f = E \cdot \epsilon \cdot \frac{Ey}{\rho} = KEy \tag{8.1}$$

미소면적 dA의 외력에 대한 모멘트

$= 힘 \times 거리$

$= (응력 \times 미소면적 \times 미소면적까지\ 거리)$

$= f \cdot dA \cdot y$

$= \dfrac{E \cdot y}{\rho} \cdot dA \cdot y$

$= \dfrac{Ey^2}{\rho} dA$

단면전체의 외력 Moment

$$M = \int \frac{Ey^2}{\rho} dA = \frac{E}{\rho} \int y^2 dA = \frac{EI}{\rho} \tag{8.2}$$

↑ 단면 2차 모멘트

$$\left.\begin{aligned} &식\ (8.1)\ f = \frac{Ey}{\rho} \Rightarrow \frac{1}{\rho} = \frac{f}{Ey} \\ &식\ (8.2)\ M = \frac{EI}{\rho} \Rightarrow \frac{1}{\rho} = \frac{M}{EI} \end{aligned}\right\} \frac{f}{Ey} = \frac{M}{EI} \quad \therefore f = \frac{M}{I} y$$

그러므로 외력에 의해 생기는 휨모멘트에 저항하는 휨응력을 구하는 공식은 다음과 같이 정리할 수 있다.

$$f = \frac{M}{I} \cdot y \tag{8.3}$$

여기서, f : 임의점의 휨응력

M: 휨 모멘트(외력에 의한)

I : 중립축에 대한 단면 2차 모멘트

y : 중립축에서 응력을 구하려는 곳까지의 거리

식 (8.3)에서 y는 중립축으로부터의 거리를 나타내므로 중립축에서 즉, $y=0$일 때 $f=0$이며 f는 y에 비례하고 중립축에서 가장 거리가 먼 압축측 끝과 인장측 끝에서의 최대 압축응력 f_c, 최대 인장응력 f_t가 발생하는 것을 알 수 있다.

$$f_c = \frac{M}{I} \cdot y_1$$
$$f_t = \frac{M}{I} \cdot y_2 \tag{8.4}$$

단면이 도심축에 대하여 대칭이면 f_c와 f_t는 같고 $\frac{I}{y_1}$, $\frac{I}{y_2}$를 단면계수라 하면

$$f_c = \frac{M}{Z_c}, \quad f_t = \frac{M}{Z_t} \tag{8.5}$$

$y_1 = y_2$, $\frac{I}{y_1} = \frac{I}{y_2} = Z$라 하면

$$f = \frac{M}{Z} \tag{8.6}$$

[그림 8.2]와 같이 단면적 $A = 240\ \text{cm}^2$인 세 종류의 단면에, 800 kN·m인 휨모멘트가 작용할 때, 각 단면에 발생하는 상면 및 하면의 휨응력을 계산해보자.

각 직사각형 단면의 단면계수를 구하여, 식 (8.5)를 이용하여 수직응력을 계산한다면,

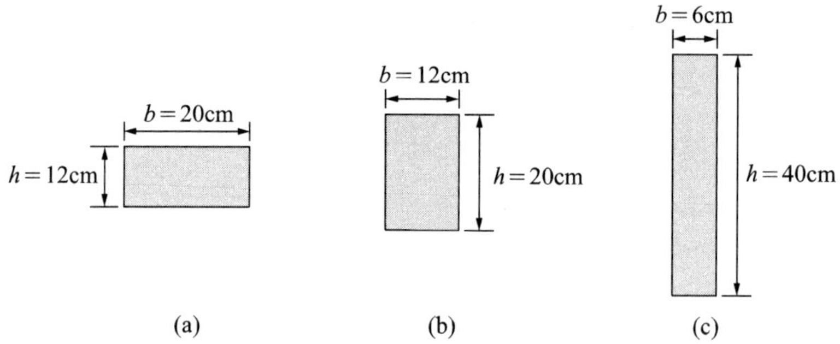

그림 8.2

다음과 같다.

그림 (a)에서는, $Z_1 = \dfrac{bh^2}{6} = \dfrac{20 \times 12^2}{6} = 480\ \text{cm}^3$

$$f_1 = \frac{M}{Z_1} = \frac{800 \times 10^4}{480 \times 10^3} = 16.7\ \text{N/mm}^2 = 16.7\ \text{MPa}$$

그림 (b)에서는, $Z_2 = \dfrac{bh^2}{6} = \dfrac{12 \times 20^2}{6} = 800\ \text{cm}^3$

$$f_2 = \frac{M}{Z_2} = \frac{800 \times 10^4}{800 \times 10^3} = 10\ \text{N/mm}^2 = 10\ \text{MPa}$$

그림 (c)에서는, $Z_3 = \dfrac{bh^2}{6} = \dfrac{6 \times 40^2}{6} = 1{,}600\ \text{cm}^3$

$$f_3 = \frac{M}{Z_3} = \frac{800 \times 10^4}{1{,}600 \times 10^3} = 5\ \text{N/mm}^2 = 5\ \text{MPa}$$

이 결과를 보면 재료의 면적이 같더라고 단면계수의 차이에 따라 많은 휨응력의 차이가 생기는 것을 알 수 있다. **설계시 단면계수가 클수록 응력이 작아지기 때문에 유리한 단면이 된다.**

같은 단면을 갖는 원과 정사각형 단면을 비교해보면

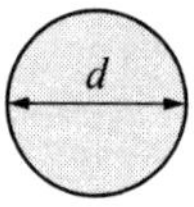

$$Z = \frac{\pi d^3}{32} = \frac{1}{8}\underbrace{\left(\frac{\pi d^2}{4}\right)}_{\text{Ⓐ}} d = \frac{Ad}{8} = 0.125Ad$$

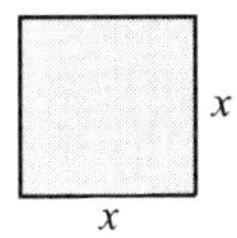

$$Z = \frac{x^3}{6} = \frac{x}{6} \cdot A\,(A = x^2)$$

같은 단면적이므로 $\frac{\pi d^2}{4} = x^2 \quad \therefore x = \frac{d}{2}\sqrt{\pi}$

$$\therefore Z = \frac{\frac{d}{2}\sqrt{\pi}}{6} A = 0.148Ad$$

∴ 같은 단면적을 가질 때는 정사각형 단면이 유리(안전)하다.

8.1 [그림 8.3]과 같이 균등질의 직사각형 단면보에 최대휨모멘트 10 kN·m가 작용할 때 f_{max}를 구하고 도심 축에서 15 cm 떨어진 단면에서의 휨응력을 구하여라.

풀이

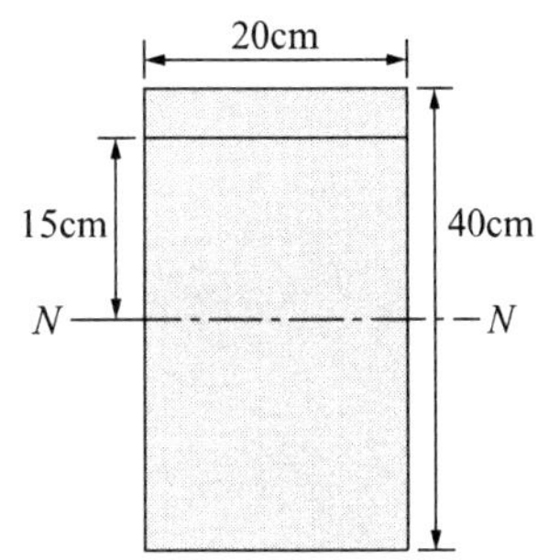

그림 8.3

$$I = \frac{bh^3}{12} = \frac{20 \times 40^3}{12} = 106{,}667\ \text{cm}^4$$

$$Z = \frac{bh^2}{6} = \frac{20 \times 40^2}{6} = 5{,}333\ \text{cm}^3$$

(1) $f_{max} = \frac{M}{I}y = \frac{M_{max}}{z} = \frac{100 \times 10^3 \times 10^3}{5{,}333 \times 10^3} = 18.77\ \text{MPa}$

(2) $f = \frac{M}{I}y = \frac{100 \times 10^3 \times 10^3}{106{,}667 \times 10^4} \times 150 = 14.06\ \text{MPa}$

8.2 [그림 8.4]와 같은 균일한 단면은 얼마의 휨모멘트까지 견딜 수 있겠는가? 단 $f_a = 8.5\text{MPa}$라 한다.

풀이

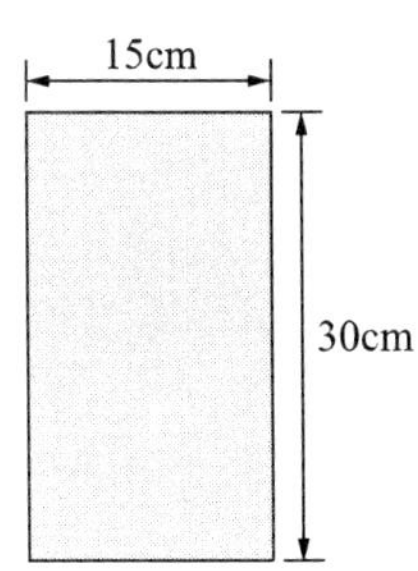

그림 8.4

$$Z = \frac{bh^2}{6} = \frac{15 \times 30^2}{6} = 2{,}250\ \text{cm}^3$$

$f = \frac{M}{Z}$에서 $M = 8.5 \times 2{,}250 \times 10^3 = 19{,}125{,}000\ \text{N} \cdot \text{mm}$

∴ 19,125 N·m까지 견딜 수 있다.

8.3 [그림 8.5]의 工형, 휨모멘트 $M = 83{,}200\ \mathrm{kN \cdot m}$가 작용할 때, 응력도를 그려라.

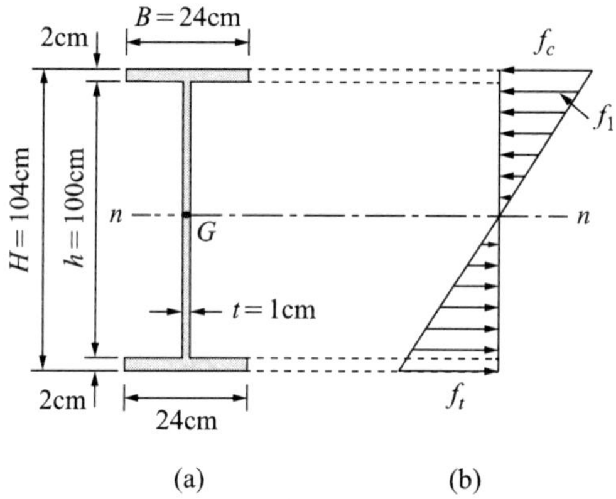

그림 8.5

풀이

단면계수는 $b = B - t = 23\ \mathrm{cm}$로 한다면,

$$Z = \frac{I_n}{y} = \frac{BH^3/12 - bh^3/12}{H/2} = \frac{BH^3 - bh^3}{6H} = \frac{24 \times 104^3 - 23 \times 100^3}{6 \times 104} = 6{,}405\ \mathrm{cm}^3$$

연응력도는 $f = f_c = f_t = \dfrac{M}{Z} = \dfrac{83{,}200 \times 10^4}{6{,}405 \times 10^3} = 130\ \mathrm{N/mm^2} = 130\ \mathrm{MPa}$

8.4 [그림 8.6]의 철근 콘크리트 단면에 $M = 20{,}000\mathrm{kN \cdot cm}$의 휨모멘트가 작용할 때, 콘크리트의 휨응력과 철근에 생기는 휨응력을 구하여라. (단, $n = 15$로 하고, 복부의 콘크리트는 무시한다.)

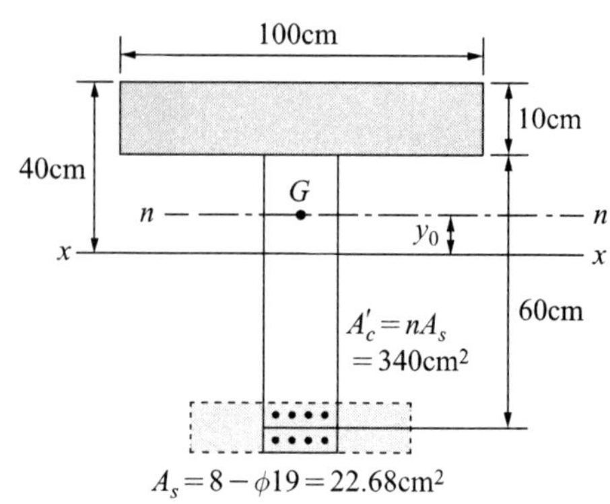

그림 8.6

풀이

철근단면을 콘크리트 단면으로 환산하여, 중립축에 관한 단면 이차모멘트로 단면계수를 구한다. 콘크리트의 상연에서부터 40cm의 위치에 $x - x$축을 선택하면,

단면	(cm·cm)	$A_i(\text{cm}^2)$	$y_i(\text{cm})$	$A_i y_i(\text{cm}^3)$	$bh^3/12(\text{cm}^4)$	$A_i y_i^2(\text{cm}^4)$	$I_x(\text{cm}^4)$
콘크리트	100×10	1,000	35	35,000	$\frac{100\times10^3}{12}$	1,225,000	1 233,000
철근 (환산단면)	15× A_s	340	−30	−10,200	=8 000	306,000	306,000
합 계			$A=$ 1,340	$Q_x=$ 24,800			$I_x=$ 1, 539,000

$$A_c' = n\times A_s = 15\times 22.68 = 340\text{cm}^2$$

중립축의 위치 y_0, 중립축에 관한 단면이차 모멘트 I_n은,

$$y_0 = \frac{Q_x}{A} = \frac{24,800}{1,340} = 18.5\text{cm}$$

$$I_n = I_x - Ay_0^2 = 1,539,000 - 1,340\times 18.5^2 = 1,080,000\text{cm}^4$$

중립축으로부터 콘크리트의 위 가장자리까지의 거리를 y_c, 철근의 도심까지의 거리를 y_t로 한다면,

$$y_c = 40 - 18.5 = 21.5\text{cm},\ y_t = 30 + 18.5 = 48.5\text{cm}$$

단면계수 Z_c, Z_t는 다음과 같이 된다.(철근측의 단면계수의 계산은 주의를 요한다.)

$$Z_c = \frac{I_n}{y_c} = \frac{1,080,000}{21.5} = 50,230\text{cm}^3$$

$$Z_t = \frac{I_n}{y_t}\cdot\frac{1}{n} = \frac{1,080,000}{48.5}\times\frac{1}{15} = 1,485\text{cm}^3$$

콘크리트의 상면응력 f_c는,

$$f_c = \frac{M}{Z_c} = \frac{20,000\times10^4}{50,230\times10^3} = 3.98\text{N/mm}^2 = 3.98\text{MPa}$$

철근에 생기는 응력도 f_t 는,

$$f_t = \frac{M}{Z_t} = \frac{20,000\times10^4}{1,485\times10^3} = 135\text{N/mm}^2 = 135\text{MPa}$$

02 | 전단응력

2.1 전단응력의 종류

보는 하중을 받으면 휨모멘트 이외에 전단력도 받는다. 이 전단력의 작용으로 내부에서는 전단응력이 생기며 전단응력에는 [그림 8.7] (b)와 (c)와 같이 수평방향과 수직방향의 전단응력이 생긴다. 이를 수평전단응력과 수직 전단응력이라고 한다.

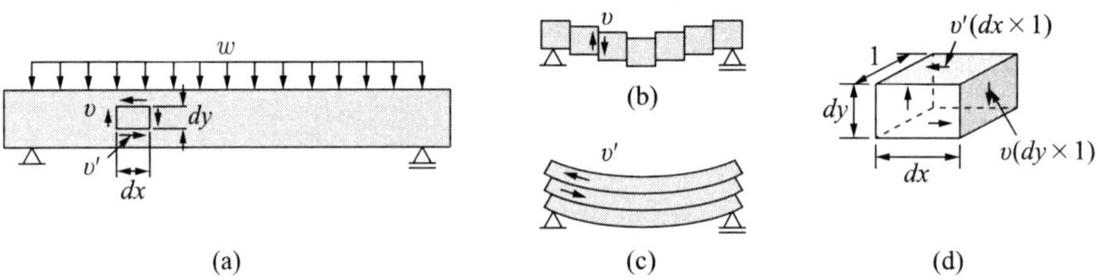

그림 8.7

[그림 8.7] (a)의 단순보의 어떤 점의 수직전단응력을 v, 수평전단응력을 v'로 한다. 이 점에서 미소부분 $dx \times dy \times 1$을 가정하여, 이 미소부분을 확대한다면, 그림 (d)와 같이 된다. 수직전단응력 v는, $dy \times 1$의 면에 작용하며, 그 힘은 vdy이다. 이 수직전단응력이 만드는 우력의 모멘트는, 시계방향이므로 $v \times dy \times dx$이다.
한편, 수평전단응력도 v'는 $dx \times 1$의 면에 작용하며, 그 힘은 $v'dx$이다. 이 수평전단응력이 만드는 우력 모멘트는 반시계 방향이므로 $-v'dx \times dy$이다. 미소부분 $dx \times dy \times 1$가 평형을 이루기 위해서, 이러한 우력들의 모멘트가 대칭되어야 한다. 즉, ΣM=0으로부터,

$$vdxdy - v'dxdy = 0, \text{ 여기에서, } v = v'$$

수직전단응력 v 와 수평전단응력 v'의 크기는 같다는 것을 알 수 있다.

2.2 전단응력

위 절에서 언급한 전단응력의 크기는 보의 상면과 하면의 사이에서는 같은 세기를 가질 수 없다. [그림 8.8] (a)에서와 같이 거리가 dx 만큼 떨어진 두 단면에 대하여 생각해보면

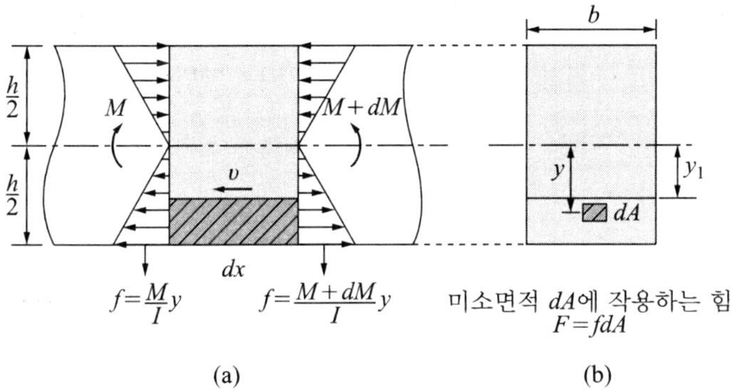

그림 8.8

[그림 8.8] (c)에서와 같이 아래 부분 빗금 친 부분을 잘라서 생각해보면, 여기서

$$F_1 : M\text{에 대한 인장력} = \int \frac{My}{I}\, dA \tag{8.7}$$

$$F_2 : M+dM\text{에 대한 인장력} = \int \frac{(M+dM)\,y}{I}\, dA \tag{8.8}$$

$$F_3 : y_1 \text{ 지점의 전단력} = v(dx) \tag{8.9}$$

여기서 수평력의 평형방정식을 이용하면

$$F_1 + F_3 = F_2,\ F_3 = F_2 - F_1$$

위의 식들을 여기에 대합해보면 다음과 같다.

$$v\,b\,dx = \int \frac{(M+dM)\,y}{I}\,dA - \int \frac{M\,y}{I}\,dA = \int \frac{dM\,y}{I}\,dA$$

$$= \frac{dM}{I}\int y\,dA \tag{8.10}$$

$$v = \frac{dM}{dx}\cdot\frac{1}{Ib}\int y\,dA = \frac{S}{Ib}\int y\,dA$$

이 식에서 적분값은 그림 (a)의 빗금 부분의 중립축에 대한 단면 1차 모멘트이고 S는 F_1단면에 생기는 전단력을, b는 단면의 폭을 나타낸다.

단면 1차 모멘트를 G라 하면

$$v = \frac{S\cdot G}{Ib} \tag{8.11}$$

이 식을 정리하면

v : 전단응력(MPa)

I : 단면 도심에 대한 단면 2차 모멘트(cm^4)

b : 단면의 폭

S : 전단력

G : 구하는 단면 바깥쪽 면적의 도심축에 대한 단면 2차 모멘트

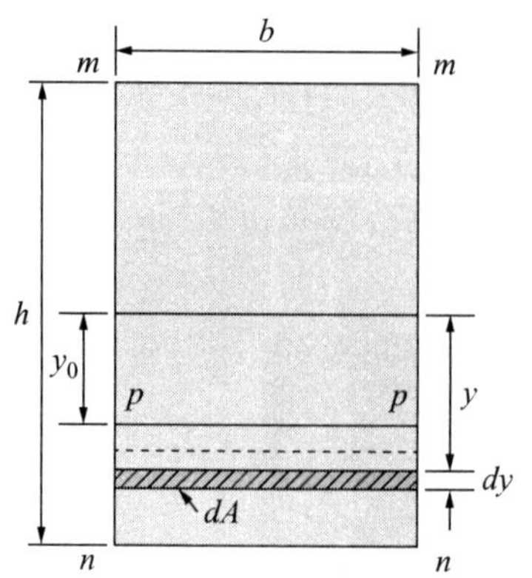

그림의 직사각형 단면에 대한 전단응력을 구해보면 $dA = b\,dy$, $y_2 =$

$h/2$이므로

$$G = \int_{y_o}^{y_2} y\, dA = \int_{y_o}^{\frac{h}{2}} y\, b\, dy = \frac{b}{2}\left(\frac{h^2}{4} - y_o^2\right)$$

또는 $b\left(\frac{h}{2} - y_o\right) \times \frac{1}{2}\left(\frac{h}{2} + y_o\right)$로 구할 수도 있다.

위의 것을 식 (8.11)에 대입하여

$$v = \frac{S}{Ib} \cdot \frac{b}{2}\left(\frac{h^2}{4} - y_o^2\right) = \frac{S}{2I}\left(\frac{h^2}{4} - y_o^2\right) \tag{8.12}$$

전단응력 v는 y_o의 크기에 따라 포물선으로 변화하며

식 (8.12)에 $y_o = \pm\frac{h}{2}$를 대입하여 보면

$$v = \frac{S}{2I}\left(\frac{h^2}{4} - \frac{h^2}{4}\right) = 0$$

$y_o = 0$을 대입하면

$$v = \frac{S}{2I}\left(\frac{h^2}{4} - 0\right) = \frac{Sh^2}{8I}$$

으로 최대가 된다.

이로부터 중립축에서 최대전단응력이 발생하며, 최상단과 하단에서의 전단응력의 0이 된다는 사실을 알 수 있다.

직사각형 단면인 경우에 단면적의 폭을 b, 높이를 h라 하면 중립축에서의 I가 $\frac{bh^3}{12}$이고 $y_o = 0$일 때 최대 전단응력이 생기므로 이를 구해보면

$$v_{\max} = \frac{Sh^2}{8\frac{bh^3}{12}} = \frac{3}{2} \cdot \frac{S}{A} \tag{8.13}$$

으로 평균전단응력 $v = \dfrac{S}{bh}$의 1.5배가 되며 전단응력의 분포는 [그림 8.9]와 같다.

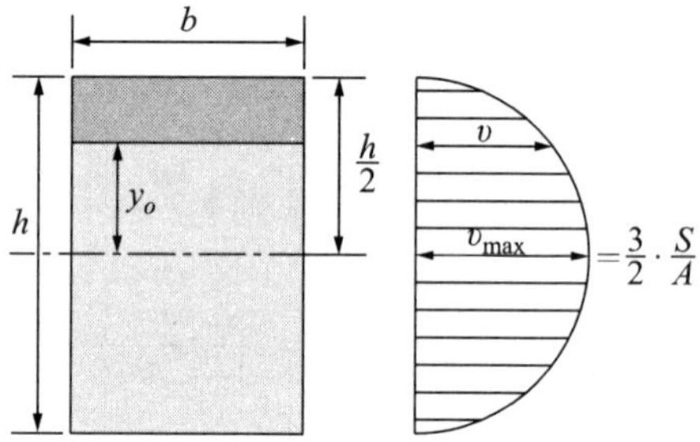

그림 8.9

여기서 $\dfrac{S}{A}$는 평균전단응력이며 $\dfrac{3}{2}$은 사각형일 때의 전단응력 계수가 된다.

[그림 8.10]과 같은 원형단면의 경우를 살펴보면

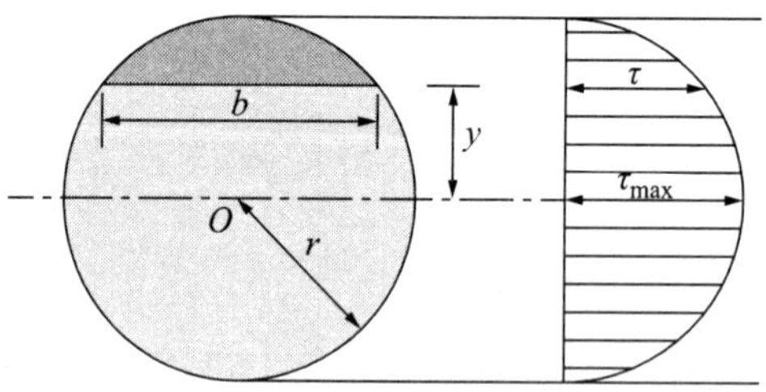

그림 8.10

$$G = \frac{b^3}{12}$$

또 $\left(\dfrac{b}{2}\right)^2 + y^2 = r^2$

$$b^2 = 4(r^2 - y^2)$$

$$v = \frac{S}{I} \cdot \frac{G}{b} = \frac{S\dfrac{b^3}{12}}{Ib} = \frac{S}{I}\frac{b^2}{12} = \frac{S(r^2 - y^2)}{3I} \tag{8.14}$$

$y=0$에서 최대이므로 위의 식에 대입하여

$$\therefore\ v_{max}=\frac{4}{3}\cdot\frac{S}{\pi r^2} \tag{8.15}$$

그러므로 원형단면의 전단응력 계수는 $\frac{4}{3}$가 됨을 알 수 있다.

8.5 [그림 8.11]과 같은 직사각형 단면에 전단력 $S=40\text{kN}$이 작용할 때, 최단 전단응력 및 평균 전단응력을 구하여라.

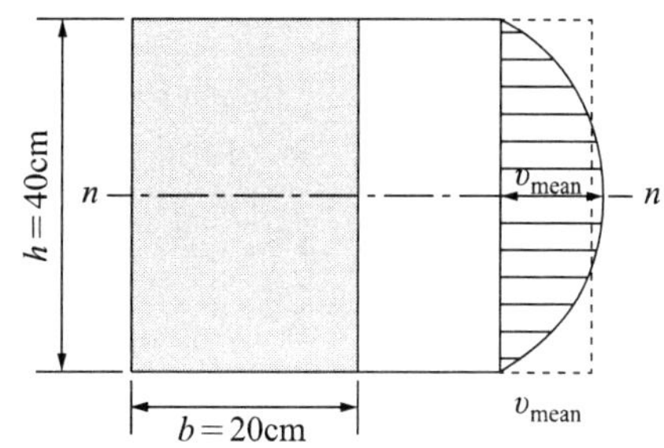

그림 8.11

풀이

식 (8.13)에서 최대전단응력은

$$v_{max}=\frac{3}{2}\cdot\frac{S}{A}=\frac{3}{2}\times\frac{40{,}000}{20\times40}=7.5MPa$$

평균전단응력은

$$v_{mean}=\frac{S}{A}=\frac{3}{2}\times\frac{40{,}000}{20\times40}=5MPa$$

8.6 [그림 8.12] (a)의 工형 단면에, $S=3.6\text{kN}$의 전단력이 작용할 때, 최대 전단응력 v_{max}와 평균 전단력도 v_{mean}, 플랜지와 복판의 접합부에서의 전단응력도 v_1, v_2를 구하고, 전단 응력의 분포도를 그려라.

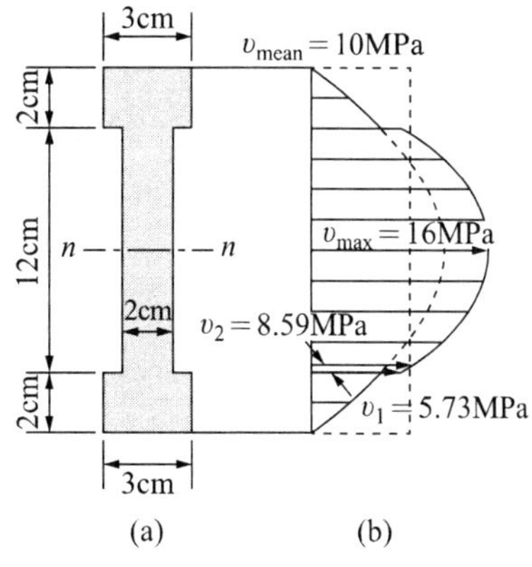

그림 8.12

풀이

중립축에 관한 단면 이차모멘트 I는,

$$I=\frac{3\times16^3}{12}-\frac{1\times12^3}{12}=880\text{cm}^4$$

단면 일차모멘트는,

$$G_1=A_1y_1=6\times7=2=42\text{cm}^3$$

$$G_2=A_1y_1+A_2y_2=6\times7+12\times3=78\text{cm}^3$$

최대전단응력도는 식 (7-8)에, $I = 880\text{cm}^4$, $G = G_2 = 78\text{cm}^3$,
$b = 2\text{cm}$, $S = 3.6\text{kN}$를 대입하여,

$$v_{\max} = \frac{SG}{Ib} = \frac{3.6 \times 10^3 \times 78 \times 10^3}{880 \times 10^4 \times 20} = 16\text{N/mm}^2 = 16\text{MPa}$$

접합부의 플랜지측 전단응력도는, 식 (7-8)에, $I = 880\text{cm}^4$, $S = S_1 = 42\text{cm}^3$, $S = 3.6\text{kN}$, $b = 3\text{cm}$를 대입하여,

$$v_1 = \frac{SG}{Ib} = \frac{3.6 \times 10^3 \times 42 \times 10^3}{880 \times 10^4 \times 30} = 5.73\text{N/mm}^2 = 5.73\text{MPa}$$

접합부의 복판측 전단응력도는, 식 (7-8)에, $I = 880\text{cm}^4$, $G = G_1 = 42\text{cm}^3$, $S = 3.6\text{kN}$, $b = 2\text{cm}$를 대입하여,

$$v_2 = \frac{SG}{Ib} = \frac{3.6 \times 10^3 \times 42 \times 10^3}{880 \times 10^4 \times 20} = 8.59\text{N/mm}^2 = 8.59\text{MPa}$$

평균 전단응력은 $S = 3.6\text{kN}$, $A = 2 \times 3 \times 2 + 12 \times 2 = 36\text{cm}^2$이므로,

$$v_{mean} = \frac{V}{A} = \frac{3.6 \times 10^3}{36 \times 10^2} = 10\text{N/mm}^2 = 10\text{MPa}$$

이러한 값들로, 전단응력도의 분포도를 그린다면, 그림 (b)가 된다.

03 | 보의 응력해석

3.1 임의 단면에 생기는 응력

구조물이 외력을 받으면 수직응력과 전단응력이 발생하는데 수직응력이 한 개축에 생기는 경우를 1축 응력, 2개축에 생기는 경우 2축 응력, 전단응력만 생기는 경우를 순수 전단상태라 하며 일반적으로는 전단응력과 수직응력이 모두 생기게 된다. 그러나 아주 얇은 판에서 두께 방향인 z축은 무시하고 계산하게 되는데 이를 평면응력이라고 한다. 우리가 계산하는 보통의 경우가 바로 평면 응력 상태이다.

보의 임의 단면에는 수직한 방향으로 휨응력과 전단응력이 발생하게 되는데 보의 축과 임의의 경사를 가진 단면은 두 수직응력의 합성응력을 받게 된다. 이 때 **전단력이 0이 되는 단면을 주응력면이라고 하고 이때의 수직응력을 주응력이라고 한다**.

다음과 같이 직육면체의 수직단면에 인장력 P_x와 P_y가 작용했을 때 x방향의 응력을 f_x, y방향의 응력을 f_y라 하면, f_x가 f_y보다 대수적으로 크다고 가정하고 [그림 8.13] (a)에서와 같이 법선 n이 x축과 각 θ를 이루는 경사평면 ac에 작용하는 응력상태를 조사해보기로 하자. 그림 (b)에서 $\triangle abc$를 자유체로 분리시킨 것을 가정하고 ab, bc, ac의 면적을 dA_x, dA_y, dA_n으로 표시하면 ab와 bc에 작용하는 응력의 합은 각각 $f_x\,dA_x$, $f_y\,dA_y$이다.

경사단면 ac 위의 응력의 합력을 $f_n\,dA_n$, 전단응력의 합력을 $v\,dA_n$이라면 이들 힘들 사이에는 평형조건이 성립하므로 n방향 힘의 평형조건을 생각하면

$$f_n\,dA_n = f_x\,(dA_n \cos\theta)\cos\theta + f_y\,(dA_n \sin\theta)\sin\theta$$

단, $dA_x = dA_n\cos\theta, \quad dA_y = dA_n\sin\theta$

위 식의 양변을 dA_n으로 나누어

$$f_n = f_x\cos^2\theta + \sigma_y\sin^2\theta \qquad (8.16)$$

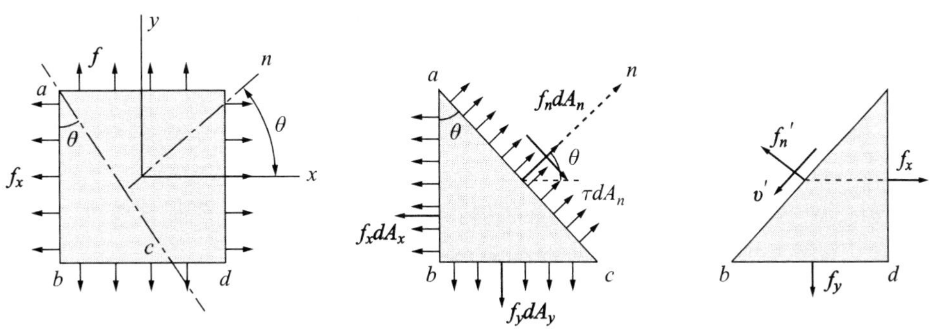

그림 8.13

삼각함수의 배각공식에서 $\sin^2\theta = (1-\cos 2\theta)/2$, $\cos^2\theta = (1+\cos 2\theta)/2$이므로 식 (8.16)을 변형하면

$$f_n = \frac{(f_x+f_y)}{2} + \frac{(f_x-f_y)}{2}\cos 2\theta \tag{8.17}$$

로 표시된다. 또 그림 (b)의 ac방향의 힘의 평형조건을 생각하면

$$v\,dA_n = f_x\,(dA_n\cos\theta)\sin\theta - f_y\,(dA_n\sin\theta)\cos\theta$$

양변을 dA_n으로 나누어

$$v = f_x\cos\theta\sin\theta - f_y\sin\theta\cos\theta = (f_x-f_y)\sin\theta\cos\theta \tag{8.18}$$

삼각함수공식을 사용하여 식 (8.18)를 변형하면 다음과 같다.

$$v = \frac{f_x-f_y}{2}\sin 2\theta \tag{8.19}$$

위의 식 (8.18)과 (8.19)는 각이 θ인 임의 경사단면에 작용하는 법선응력(f_n)과 전단응력(τ)의 크기를 결정해주는 식이다.
$\sin(90°+\theta)=\cos\theta$, $\cos(90°+\theta)=-\sin\theta$이므로 각 θ대신 $\theta' = 90°+\theta$를 식 (8.16), (8.18)에 각각 대입하면 ([그림 8.13] (c) 참조)

$$f'_n = f_x\sin^2\theta + f_y\cos^2\theta = \frac{f_x+f_y}{2} - \frac{f_x-f_y}{2}\cos 2\theta \tag{8.20}$$

$$v' = -(f_x-f_y)\cos\theta\sin\theta = -\frac{f_x-f_y}{2}\sin 2\theta \tag{8.21}$$

식 (8.20), (8.21)은 평면 ac와 직교하는 평면 위에 작용하는 법선응력을 나타낸다. 이상의 결과에 의하면 다음과 같다.

f_n은 $\theta = 0$에서 $f_{n\max} = f_x$

$\theta = \frac{\pi}{2}$에서 $f_{n\min} = f_y$

그러므로 f_x와 f_y는 최대 및 최소의 법선응력이고 이를 주응력(principal stress)이라 한다. 이 주응력에 대하여는 다음에 상세히 설명하기로 한다.

전단응력 τ는 $\theta = \frac{\pi}{4}$에서 최대값을 가지며,

$$v_{\max} = \frac{f_x - f_y}{2} \tag{8.22}$$

이다. 두 응력이 서로 같을 경우($f_x = f_y$)에는 어떤 경사면에도 전단응력은 작용하지 않으며 인장력 대신 압축력이 작용할 경우는 f_x, f_y에 (−)의 부호만 붙이면 된다.

3.2 Mohr의 원

앞 장의 식 (8.17), (8.19)에서 편의상

$$\frac{f_x + f_y}{2} = f_{av} \qquad \frac{f_x - f_y}{2} = v_{\max}$$

이라 놓으면

$$f_n = f_{av} + v_{\max}\cos 2\theta \tag{8.22}$$

$$v = v_{\max}\sin 2\theta \tag{8.23}$$

라 고쳐 쓸 수 있다. 이 식에서 θ를 소거하기 위하여

$$\sin 2\theta = \frac{v}{v_{\max}} \tag{8.24}$$

$\cos^2 2\theta = 1 - \sin^2 2\theta$, $\cos 2\theta = \sqrt{1 - \sin^2 2\theta}$ 이므로 이 식에 (8.24)

을 대입하여

$$\cos 2\theta = \sqrt{1 - \left(\frac{v}{v_{\max}}\right)^2} \tag{8.25}$$

식 (8.25)를 (8.22)에 대입하여

$$f_n - f_{av} = v_{\max}\sqrt{1 - \frac{\tau^2}{v_{\max}^2}}$$

양변을 제곱하면

$$(f_n - f_{av})^2 + \tau^2 = v_{\max}^2 \tag{8.26}$$

식 (8.26)은 반지름이 $\tau_{\max}$ 즉, $\dfrac{f_x - f_y}{2}$이고 그 중심이 f축 위의 f_{av}, 즉 $\dfrac{f_x + f_y}{2}$인 곳에 있는 원의 방정식임을 알 수 있다. 이 원을 모어의 응력원(Mohr's stress circle)이라고 한다.

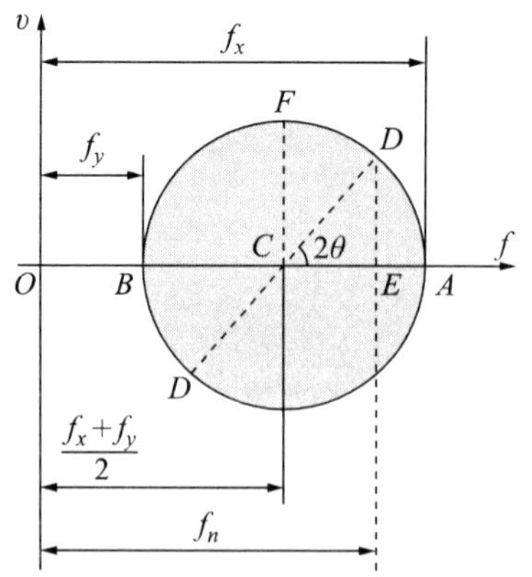

그림 8.14

[그림 8.14]와 같이 f와 v를 직각축으로 잡고 $f_x = OA$, $f_y = OB$를 취하여 AB를 지름으로 하는 원을 그리면 이 원주 위의 모든 점들은 임의의 각 θ를 갖는 단면상의 응력을 나타낸다.

그림에서 원주상의 임의점 D를 취하여

$$OC = \frac{f_x + f_y}{2}$$

$$CD = BC = \frac{f_x - f_y}{2}$$

$$OE = OC + CD\cos 2\theta = \frac{f_x + f_y}{2} + \frac{f_x - f_y}{2}\cos 2\theta \tag{8.27}$$

$$DE = CD\sin 2\theta = \frac{f_x - f_y}{2}\sin 2\theta \tag{8.28}$$

그러므로 점 D의 좌표들은 임의각 θ를 갖는 경사단면상에 작용하는 f_n과 v를 표시함이 증명된다. 따라서 $\theta = 0$일 때 점 D는 점 A와 일치하므로 $f_n = f_x$, $\tau = 0$이고 $\theta = 45°$일 때 $2\theta = 90°$이므로 F의 위치가 되어

$$f_n = \frac{f_x + f_y}{2},\ \tau_{\max} = \frac{f_x - f_y}{2}$$

$\theta = 90°$일 때 $2\theta = 180°$이므로

$$f_n = f_y,\ v = 0$$

8.7 직경 2 cm인 봉에 31,400 N의 인장력이 작용하고 16 MPa의 힘이 주위에서 작용한다면 횡단면과 30°의 각을 이루는 경사단면에서 수직응력과 전단응력 및 이들을 합성한 응력의 크기는 얼마인가?

풀이

$$f_x = \frac{P}{A} = \frac{4p}{\pi d^2} = \frac{4 \times 31{,}400}{3.14 \times (20)^2} = 100\ \text{MPa}$$

$f_y = 16\ \text{MPa}$이므로

$$f_n = \frac{f_x + f_y}{2} + \frac{f_x - f_y}{2}\cos 2\theta = 58 + 42 \times 0.5 = 79\ \text{MPa}$$

$$v = \frac{f_x - f_y}{2}\sin 2\theta = 42 \times \frac{\sqrt{3}}{2} = 21\sqrt{3}\ \text{MPa}$$

합성응력 $f_r = \sqrt{f_n^2 + v^2} = \sqrt{79^2 + (21\sqrt{3})^2} = 86.97\ \text{MPa}$

8.8 평면 응력을 받고 있는 물체의 어떤 점에서 수직응력과 전단응력이 [그림 8.15]와 같을 때, 주응력과 최대 전단응력을 구하고 그림으로 도시하여라.

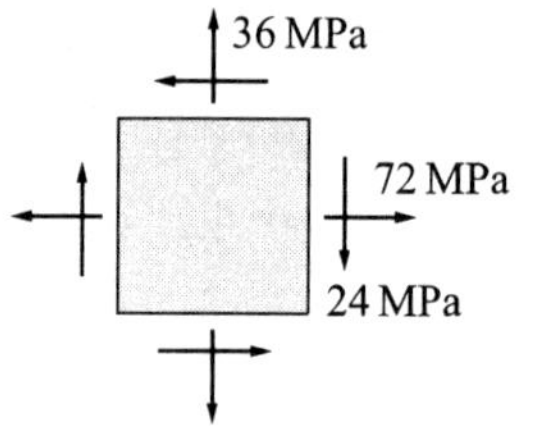

그림 8.15

풀이

우선 주어진 응력을 아래 그림과 같이 모어 원에 점으로 도시한 뒤 두 점을 잇는 선과 수직응력 축이 만나는 점을 센터(c)로 정한다.

선의 길이를 지름으로 한 원을 그린 뒤 주응력 f_{p1}, f_{p2}의 값을 정한다.

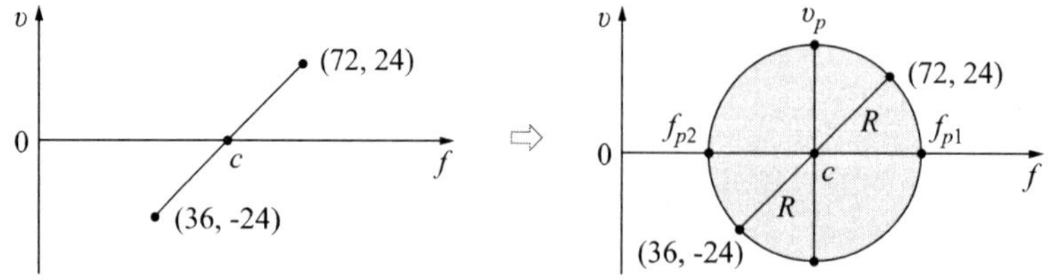

$$c = 36 + \frac{72 - 36}{2} = 54$$

이므로 센터(c)의 좌표는 $c(54,\ 0)$이고 원의 반지름(R)은

$$R = \sqrt{(72-54)^2 + 24^2} = 30$$

이므로 f_{p1}, f_{p2}을 계산하면

$$f_{p1} = 54 + 30 = 84\,\text{MPa}$$

$$f_{p2} = 54 - 30 = 24\,\text{MPa}$$

그 다음 오른쪽 그림과 같이 f_{p1} 점과 제 3의 주응력 f_{p3} 점의 거리를 지름으로 하는 점선 원을 그린 뒤 최대 전단응력의 값을 정한다.

$$v_{\max} = \frac{f_{p1} - f_{p3}}{2} = \frac{84 - 0}{2} = 42\,\text{MPa}$$

따라서,

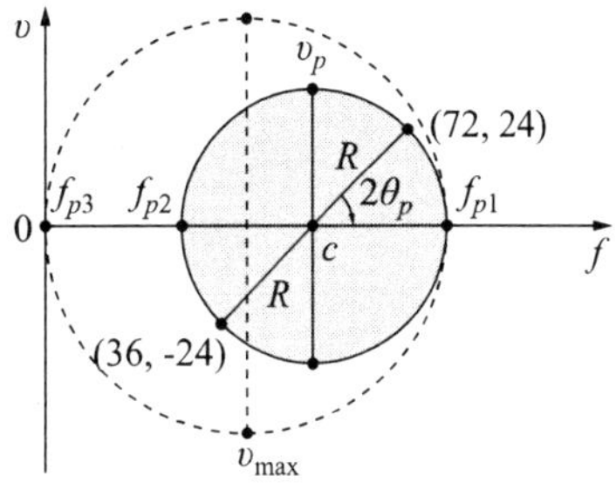

$$f_{p1} = 84\text{ MPa}$$

$$f_{p2} = 24\text{ MPa}$$

$$f_{p3} = 0\text{ MPa}$$

$$v_{\max} = 42\text{ MPa}$$

주응력과 최대 전단응력의 값을 그림으로 도시하기 위해 각도 $2\theta_p$를 구하면

$$\tan 2\theta_p = \frac{24}{(72-54)} = \frac{24}{18} = 1.33$$

$$2\theta_p = 53.1^\circ,\ \theta_p = 26.6^\circ$$

따라서 아래 그림과 같이 도시할 수 있다.

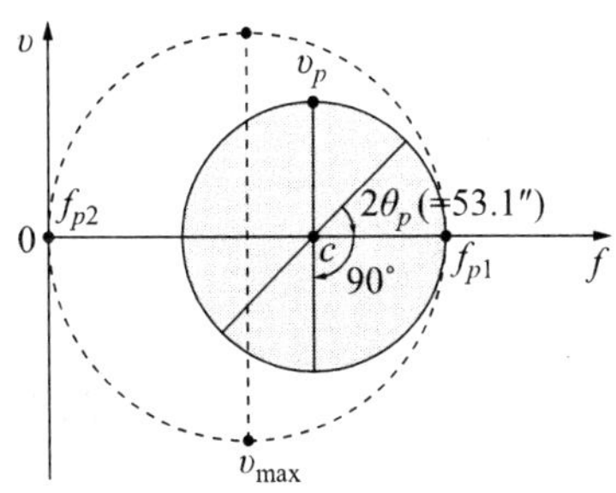

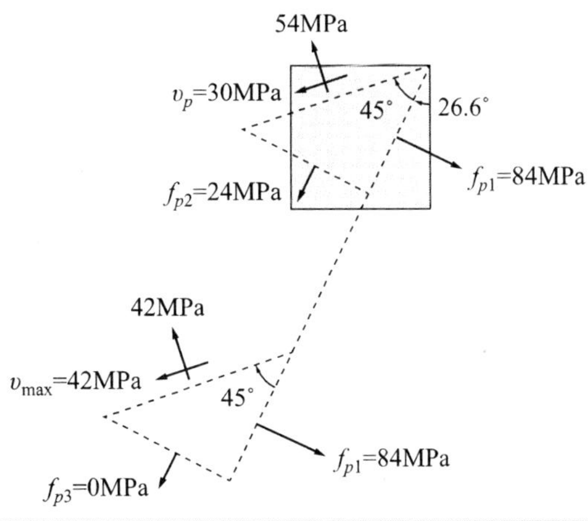

3.3 주응력

평면물체 내의 임의점에 있는 경사면 상의 응력상태는 식 (8.20)과 (8.21)에서 보인 바와 같이 그 면의 경사각 θ에 따라 변화하며 이때의 최대 및 최소가 되는 응력을 주응력이라 하고 주응력이 일어나는 주단면에는 전단응력이 작용하지 않는다는 것을 앞의 장에서 간단히 말한 바 있다.

일반적으로 법선응력과 전단응력의 값을 알면 그 요소 안에 작용하는 최대응력들의 크기와 방향을 알 수 있는데, 이번에는 임의의 평면응력 하에 있는 요소에 대하여 생각해보자.

[그림 8.16]과 같이 물체 내에 직각좌표 XOY를 취하고 X축과 각 θ를 이루는 평면상에 작용하는 법선응력을 f_n, 전단응력을 τ라 하고 삼각형 요소 abc를 생각하자. 경사면의 면적을 dA_n이라 하면 $dA_x = dA_n\cos\theta$, $dA_y = dA_n\sin\theta$로 표시된다.

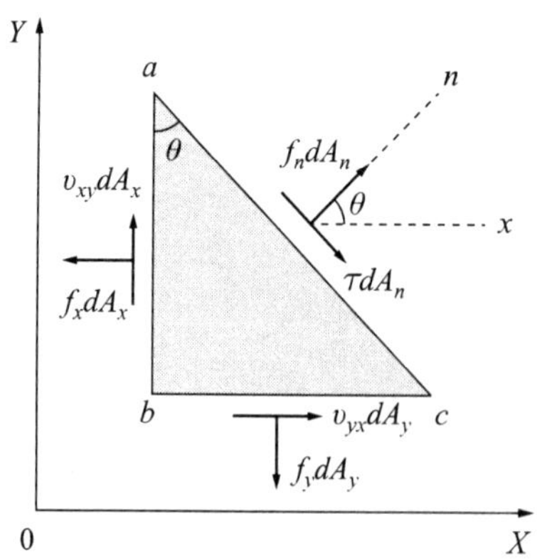

그림 8.16

$\triangle abc$에서 x, y방향에 대한 힘의 평형조건을 생각하면 $\sum X = 0$, $\sum Y = 0$에서

$$f_n\, dA_n = f_x\, dA_n \cos^2\theta + f_s\, dA_n \sin^2\theta - 2v_{xy}\, dA_n \cos\theta \sin\theta$$

$$\tau\, dA_n = f_x\, dA_n \cos\theta \sin\theta - f_y\, dA_n \sin\theta \cos\theta + \tau_{xy}\, dA_n\, (\cos^2\theta - \sin^2\theta)$$

위 식의 양변을 각각 dA_n으로 나누고 삼각함수공식을 이용하여 정리하면

$$\begin{aligned} f_n &= f_x \cos^2\theta + f_y \sin^2\theta - 2\tau_{xy} \sin\theta \cos\theta \\ &= \frac{f_x + f_y}{2} + \frac{f_x - f_y}{2} \cos 2\theta - v_{xy} \sin 2\theta \end{aligned} \tag{8.29}$$

$$\begin{aligned} \tau &= (f_x - f_y) \sin\theta \cos\theta + v_{xy} (\cos^2\theta - \sin^2\theta) \\ &= \frac{f_x - f_y}{2} \sin 2\theta + v_{xy} \cos 2\theta \end{aligned} \tag{8.30}$$

법선응력 f_n이 최대가 되기 위해서는 $\frac{df_n}{d\theta} = 0$으로 하여 θ의 값을 구하면 되므로 식 (8.29)을 미분하여 0으로 놓으면

$$\frac{df_n}{d\theta} = -\frac{f_x - f_y}{2}\, 2 \sin 2\theta - 2v_{xy} \cos 2\theta = 0$$

$$(f_x - f_y) \sin 2\theta + 2v_{xy} \cos 2\theta = 0$$

$$(f_x - f_y) \tan 2\theta + 2v_{xy} = 0$$

$$\tan 2\theta = \frac{2\tau_{xy}}{f_x - f_y}$$

$$\theta = \frac{1}{2} \tan^{-1} \frac{2\tau_{xy}}{f_x - f_y} + \frac{n\pi}{2} \tag{8.31}$$

단, n은 정수

이 식은 식 (8.30)에서 $\tau = 0$으로 한 것과 같은 결과가 되었다. 즉, 법선응력 f_n가 최대, 최소로 되는 단면에서 τ가 0이 되고, 이 조건을 만족하는 2θ의 값은 두 개가 존재하며 서로 직교한다.

이와 같이 최대, 최소의 법선응력 $(f_n)_{\max}$ 및 $(f_n)_{\min}$이 되는 단면을 주단면(principal plane), 그 면에 작용하는 법선응력을 주응력(principal stress)이라 한다.

주응력 $(f_n)_{\max}$와 $(f_n)_{\min}$을 구하기 위하여 식 (8.31)을 식 (8.29)에 대입하면 다음과 같은 결과를 얻는다.

$$f_{n\max} = \frac{f_x + f_y}{2} + \frac{1}{2}\sqrt{(f_x - f_y)^2 + 4v_{xy}^2}$$

$$f_{n\min} = \frac{f_x - f_y}{2} - \frac{1}{2}\sqrt{(f_x - f_y)^2 + 4v_{xy}^2} \qquad (8.32)$$

또 최대전단응력 v를 결정하기 위하여 식 (8.30)을 미분하여 0으로 놓으면

$$\frac{d\tau}{d\theta} = \frac{f_x - f_y}{2} 2\cos 2\theta - 2v_{xy}\sin 2\theta = 0$$

$$(f_x - f_y) = 2v_{xy}\tan 2\theta$$

$$\therefore\ \tan 2\theta = \frac{f_x - f_y}{2v_{xy}}$$

$$\therefore\ \tan 2\theta = \frac{f_x - f_y}{2v_{xy}}$$

$$\theta = \frac{1}{2}\tan^{-1}\frac{f_x - f_y}{2\tau_{vy}} + \frac{n\pi}{2} \qquad (8.33)$$

위의 결과 식 (8.31)과 (8.33)의 $\tan 2\theta$를 곱하면 -1이므로 2θ는 서로 직교함을 알 수 있으며, τ'가 최대 또는 최소로 되는 면은 두 면이며 이들도 서로 직교함을 알 수 있다. 또 f_n이 최대 또는 최소로 되는 면과 τ가 최대나 최소로 되는 면은 45°의 각을 이룬다.

전단응력이 최대 최소로 되는 면을 주전단응력면(principal shearing

stress plane)이라 하고 이때의 전단응력을 주전단응력(principal shearing stress)이라고 한다. 주전단응력 τ_{max}와 τ_{min}을 구하기 위하여 식 (8.33)을 (8.30)에 대입하면 다음과 같다.

$$v_{max} = \frac{1}{2}\sqrt{(f_x - f_y)^2 + 4\tau_{xy}^2}$$
$$v_{min} = -\frac{1}{2}\sqrt{(f_x - f_y)^2 + 4\tau_{xy}^2} \tag{8.34}$$

식 (8.32)과 (8.34)가 주응력의 기본식이다

3.4 보의 최대응력

보의 경우에는 앞에서 언급한 평명응력의 경우가 같이 y축 방향의 응력이 미세하므로 무시를 할 수 있다. 그러므로

$$f_x = f,\ f_y = 0,\ \tau = \tau \tag{8.35}$$

의 관계가 성립한다. 즉 X축에 평행한 면에서는 전단응력 τ가 생기지만 휨응력은 일어나지 않는다. 식 (8.31), (8.32)에 (8.35)의 관계를 대입하여

$$\tan 2\theta = -\frac{2\tau}{f}$$
$$f_{n\max} = \frac{f}{2} + \frac{1}{2}\sqrt{f^2 + 4\tau^2} \tag{8.36}$$
$$f_{n\min} = \frac{f}{2} - \frac{1}{2}\sqrt{f^2 + 4\tau^2}$$

여기서, f_{min}은 최대압축응력을 표시한다.

이상의 결과를 정리해보면 수직응력은 중립축에서 거리가 제일 먼

곳에서 최대로 되며 전단응력 v는 0이 된다.

최대인장응력 $f_{n\max} = f_t$, $\theta = 90°$일 때

최대압축응력 $f_{n\min} = f_c$, $\theta = -90°$일 때

즉, 여러 경사면을 가진 단면의 응력들 중에서 최대의 것은 축과 직각인 단면의 가선에서 생긴다. 중립축에 가까워질수록 f_n은 점차 줄어 중립축에서 $f_n = 0$이고 반대로 v는 점점 증가하여 $v_{\max}$이 된다. 중립축에 직각인 단면에서는 $f_n = 0$이지만 중립축과 ±45°의 경사단면에서는 인장응력이 다음과 같이 생긴다.

중립축에서의 최대인장응력 $f_{t\max} = v_{\max}$, $\theta = 45°$일 때

중립축에서의 최대압축응력 $f_{c\min} = -v_{\max}$, $\theta = 45°$일 때

최대전단응력은 중립축에서 $f_n = 0$, $\tau = v_{\max}$, $\theta = 0$일 때이지만 중립축과 ±45°되는 단면에서는 다음과 같다.

인장측 표면의 최대전단응력 $v_{\max} = \dfrac{f_t}{2}$, $\theta = 45°$

압축측 표면의 최대전단응력 $v_{\min} = \dfrac{f_c}{2}$, $\theta = -45°$

04 | 허용응력법에 의한 보의 설계

탄성설계에 의한 허용응력법으로 설계를 할 경우 다음과 같이 보를 설계한다. 철근 콘크리트와 같은 복합체의 경우는 강도설계법을 사용하므로 틀리다.

보에 외력이 작용할 때 그 외력에 대하여 보가 안전하고 경제적인 단

면의 치수를 결정해야 한다. 그러므로 보에서 일어나는 최대응력이 보를 만들고 있는 재료의 허용응력을 초과하지 않도록 해야 한다.

$$\left.\begin{array}{ll} f_{\max} \leqq f_a & (\text{허용휨응력}) \\ v_{\max} \leqq v_a & (\text{허용전단응력}) \end{array}\right\} \tag{8.37}$$

보를 설계할 때 주의점으로는

① 단면이 크고 지간이 짧은 보에서는 전단력의 영향이 크므로 주응력에 대하여 생각한다.

② 캔틸레버보의 지점에는 최대전단력과 최대휨모멘트가 함께 작용하므로 주응력에 대하여 검토한다.

③ I형 단면에서는 플랜지(flange)와 웨브(web)의 경계면에서 주응력에 대하여 검토한다.

④ 콘크리트 보에서는 사(斜)인장응력에 대하여 충분한 고려가 있어야 한다.

⑤ 재료는 섬유와 평행한 방향의 전단세기가 적으므로 전단력에 대하여 충분히 검토한다.

보의 설계순서는 일반적으로 다음에 의한다.

① 예상되는 모든 하중에 의한 최대휨모멘트를 구한다.

② 사용재료를 정하고 허용응력을 시방서에서 알아둔다.

③ 절대최대휨모멘트에 의한 안전한 단면을 정한다.

④ 단면의 각 점에서 최대휨모멘트에 의하여 경제적이 될 수 있도록 변화시켜 결정한다.

⑤ 최대전단응력에 대하여 검산한다.

⑥ 보의 최대처짐량에 대하여 검산한다.

4.1 휨응력에 의한 보의 설계

휨모멘트를 받는 보의 단면 설계는

$$\left.\begin{aligned} \frac{M_{\max}}{Z_1} &\leqq f_{ca} \\ \frac{M_{\max}}{Z_2} &\leqq f_{ta} \end{aligned}\right\} \tag{8.38}$$

$M_{\max}$: 최대휨모멘트

Z_1, Z_2: 단면계수

f_{ca} : 허용휨압축응력

f_{ta} : 허용휨인장응력

$$\left.\begin{aligned} \frac{M_{\max}}{I} \cdot y_1 &\leqq f_{ca} \\ \frac{M_{\max}}{I} \cdot y_2 &\leqq f_{ta} \end{aligned}\right\} \tag{8.39}$$

단면에 결손(구멍 등)이 있을 때는 결손부분을 제한 유효단면으로 한다. 단면을 결정하고 허용휨모멘트를 정하려면

$$M = f_a \cdot Z \tag{8.40}$$

이때 단면계수는

$$Z = \frac{M}{f_a} \tag{8.41}$$

가 된다.

[그림 8.17]과 같은 직사각형 단면의 보에서

$$Z = \frac{I_x}{y} = \frac{bh^2}{6}$$

$$f_{max} = \frac{M_{max}}{Z} = \frac{6M_{max}}{bh^2} \leq f_a$$

$$\therefore \ bh^2 \geq \frac{6M_{max}}{f_a} \tag{8.42}$$

위의 식에서 f_{ca}와 f_{ta}가 서로 다른 재료에서는 그 중 작은 값을 f_a로 취한다. 식 (8.42)에서 bh만이 미지수이므로 둘 중 어느 한쪽을 가정하여 나머지를 정한다. h가 크면 유리한 보가 되나 횡방향의 강도가 감소하는 결점이 있다.

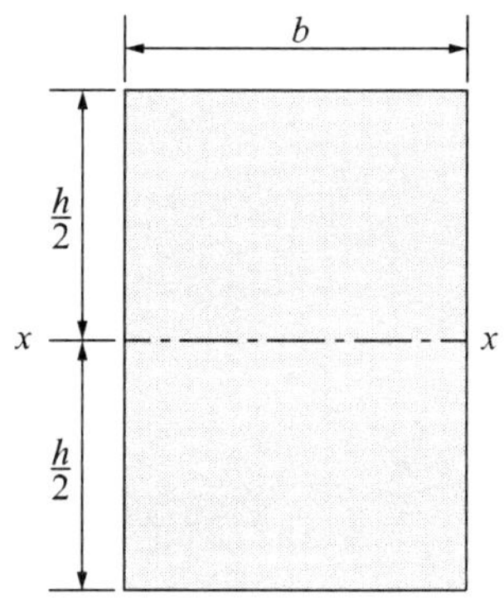

그림 8.17

4.2 전단응력에 의한 단면 설계

휨응력에 대하여 안전하면 일반적으로 전단응력은 고려하지 않는 경우가 많으나 앞 절에서 말한 특수한 조건일 경우는 반드시 검토해야 한다. τ_a를 허용전단응력이라 할 때

$$v_{max} = \frac{S_{max} \cdot G_{max}}{I \cdot b} \leq v_a \tag{8.43}$$

여기서, 전단력 S는 전단면을 같은 크기로 할 때는 절대최대전단력 S_{max}을 사용해야 한다.

8.9 [그림 8.18]과 같은 단순보에 30 N의 집중하중이 작용하고 자체 질량에 의한 등분포하중 10 kN/m이라 한다. 이 보의 허용응력은 9 MPa이고, 폭이 40 cm인 직사각형 단면으로 할 때 높이 h를 구하여라.

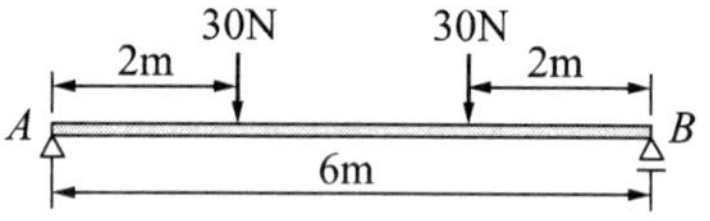

그림 8.18

풀이

$$M_{\max} = 60\times3-30\times1-\frac{10\times3^2}{2}$$

$$=105\text{ kN}\cdot\text{m}=105{,}000{,}000\text{ N}\cdot\text{mm}$$

$$f=9=\frac{M}{Z}=\frac{105\times10^6}{\frac{400\times h^2}{6}}$$

$$h=\sqrt{\frac{6\times105\times10^6}{400\times9}}=418.3\text{ mm}\fallingdotseq 42\text{ cm}$$

8.10 [그림 8.19] (a)와 같이, 지간 4m의 단순보(정사각형단면)에, 보의 자중을 포함하여 $w=2\text{kN/m}$의 등분포하중과 $P=20\text{kN}$의 이동하중이 작용하는 경우에 보의 단면을 계산하라. (단, 허용 휨응력을 $f_a=10\text{N/mm}^2$, 허용 전단응력을$v_a=1\text{N/mm}^2$로 한다.)

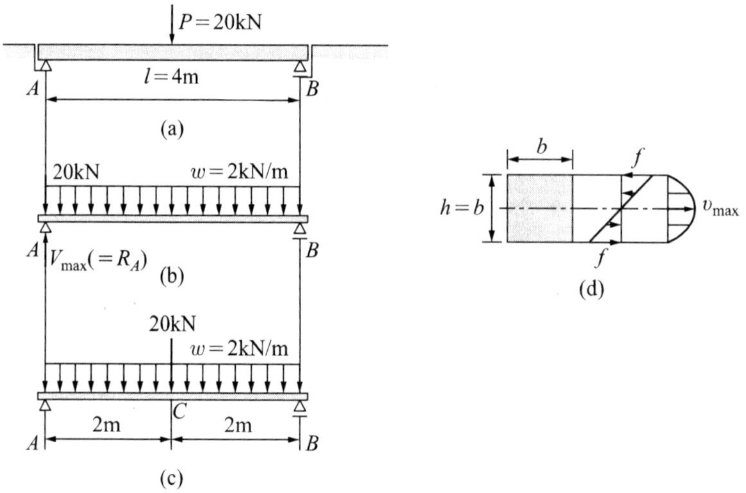

그림 8.19

풀이

1) 최대전단력 V_{max}는, P가 지점 A 위에 있을 때, 점 A에 발생한다.

$$V_{max} = \frac{wl}{2} + P = \frac{2\times 4}{2} + 20 = 24\text{kN}$$

최대휨모멘트 M_{max}는 P가 보의 중앙점 C 위에 있을 때, 점 C에 생긴다. 그림 (c)로부터,

$$M_{max} = \frac{wl^2}{8} + \frac{Pl}{4} = \frac{2\times 4^2}{8} + \frac{20\times 4}{4} = 24\text{KN}\cdot\ \text{m}$$

2) 필요단면계수는,

$$Z \geqq \frac{M_{max}}{f_a} = \frac{24\times 10^6}{100} = 2\ 400\ 000\text{mm}^3 = 2\ 400\text{cm}^3$$

3) 한 변이 b cm인 정사각형 단면으로 가정한다면, 한변 b의 정사각형 단면의 단면계수 W는,

$$Z = \frac{bh^2}{6} = \frac{b^3}{6}$$

$WZ \geqq 2{,}400$로 부터, $\frac{b^3}{6} \geqq 2{,}400$

그러므로, $b \geqq \sqrt[3]{14{,}400}$, $b \geqq 24.33\text{cm}$

따라서, $b = 25\text{cm}$로 가정한다.

4) 전단응력에 대한 검산

가정단면의 단면적 $A = b\times b = 25\times 25 = 625\text{cm}^2$

최대 전단력 $V_{max} = 24\text{kN}$

정사각형 단면의 최대전단응력 v_{max}는,

$$v_{max} = \frac{3}{2}\cdot\ \frac{V_{max}}{A} = \frac{3}{2}\cdot\ \frac{24\ 000}{62\ 500} = 0.576\text{N/mm}^2 < v_a(=1\text{N/mm}^2)$$

최대 전단응력이 허용 전단응력보다 작으므로, 전단력에 대해 안전하다.

가정과 같이 한 변이 $b = 25\text{cm}$ 정사각형 단면이 좋다.

이 단면의 저항 모멘트를 구하면, 다음과 같이 된다.

$$M_r = Zf_a = \frac{bh^2}{6}\times f_a = \frac{250\times 250^2}{6}\times 10 = 26.04\times 10^6\text{N/mm}^2 = 26.04\text{MPa}$$

8.11 [그림 8.20]과 같이, 지간 $l=12\text{m}$인 단순보에 $P=100\text{kN}$의 하중이 작용하는 경우, H형 단면을 설계하라. (단, 강의 허용휨응력은 $f_a=140\text{N/mm}^2$(140MPa), 허용전단응력은 $v_a=80\text{N/mm}^2$(80MPa)로 한다.)

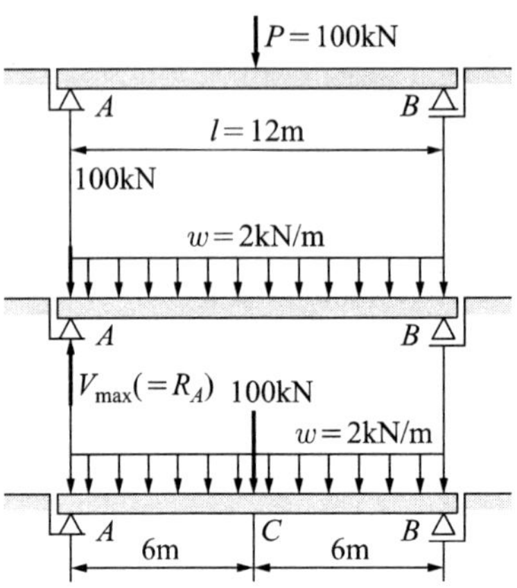

그림 8.20

풀이

보의 단면설계에서는 처음에 보의 단면치수는 알지 못하므로 자중도 또한 알지 못한다. 따라서, 보의 설계에서는, 우선, 보의 자중을 가정하고 단면치수를 반복 계산하여 구한다. 이때, 가정한 자중은 계산으로 구한 무게보다 커야만 한다.

H형강의 자중을 $w=2\text{kN/m}$로 가정한다.

1) 최대 전단력 V_{max}는,

$$V_{max}=\frac{wl}{2}+P=\frac{2\times12}{2}+100=112\text{kN}$$

최대 휨모멘트 M_{max}는,

$$M_{max}=\frac{wl^2}{8}+\frac{Pl}{4}=\frac{2\times12^2}{8}+\frac{100\times12}{4}=336\text{kN}\cdot\text{m}$$

2) 필요한 단면계수 W는,

$$Z\geq\frac{M_{max}}{f_a}=\frac{336\times10^6}{140}=2.4\times10^6\text{mm}^3=2.4\times10^3\text{cm}^3$$

3) 단면 형태의 가정

H형강의 규격으로부터, 단면계수 W가 2,400cm^{3}에 가장 가까운 단면형태(H600×200×11

×17)로 선택한다면, [그림 8.21]과 같이 된다.

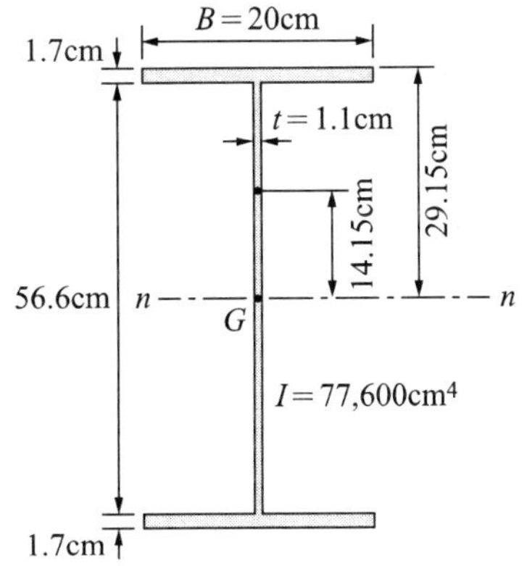

그림 8.21

이 단면의 단면계수

$$W = 2{,}590\text{cm}^3 > 2{,}400\text{cm}^3.$$

자중은 $w = 1.04\text{kN/m} < 2\text{kN/m}$이므로 가정된 단면은 적당하다.

4) 전단응력에 대한 검산

$$I = 77{,}600\text{cm}^4,\ b = 20\text{cm},\ t = 1.1\text{cm},\ V_{\max} = 112\text{kN}$$

단면 1차모멘트 $G = (20 \times 1.7) \times 29.15 + (28.3 \times 1.1) \times 14.15 = 1{,}432\text{cm}^3$

$$v_{\max} = \frac{V_{\max} G}{Ib} = \frac{112 \times 10^3 \times 1{,}432 \times 10^3}{77{,}600 \times 10^4 \times 11} = 18.8\text{N/mm}^2 < V_a = 80\text{N/mm}^2$$

따라서, 안전하다.

4.3 합성응력을 받는 보의 설계

일반적으로 보에는 휨모멘트, 전단력, 축방향력 중 어느 하나만이 단독으로 작용하지 않고 두 종류 이상이 합성하여 작용하는 경우가 많다. 이와 같은 응력을 합성응력이라 한다.

보가 축방향력 P와 휨모멘트 M을 동시에 받을 때는 축방향력에 의한 응력 f_n와 휨모멘트에 의한 응력을 동시에 받으므로

$$f = \frac{P}{A} + \frac{M}{I} \cdot y \tag{8.44}$$

단면계수를 이용하면

$$\text{최대압축응력} \quad f_{c\,\max} = \frac{P}{A} - \frac{M}{Z_1} \tag{8.45}$$

$$\text{최대인장응력} \quad f_{t\,\max} = \frac{P}{A} + \frac{M}{Z_2} \tag{8.46}$$

인장력과 휨모멘트를 동시에 받을 때

$$\frac{P}{A} + \frac{M}{Z_2} \leqq f_{ta} \tag{8.47}$$

압축력과 휨모멘트를 동시에 받을 때

$$\frac{P}{A} - \frac{M}{Z_1} \leqq f_{ca} \tag{8.48}$$

8.12 단면이 10 cm×15 cm인 소나무로 만든 보가 그림과 같은 하중을 받을 때 안전 여부를 검토하라. 단, 소나무의 허용응력 f_{ta}는 70 MPa이고, 자체 질량은 무시한다.

풀이

$$P = 40{,}000\ \text{N}$$

$$M = \frac{Pl}{4} = \frac{1{,}200 \times 3{,}000}{4} = 900{,}000\ \text{N} \cdot \text{mm}$$

$$f_{ta} = 7\ \text{MPa}$$

$$A = 100 \times 150 = 15{,}000\ \text{mm}^2$$

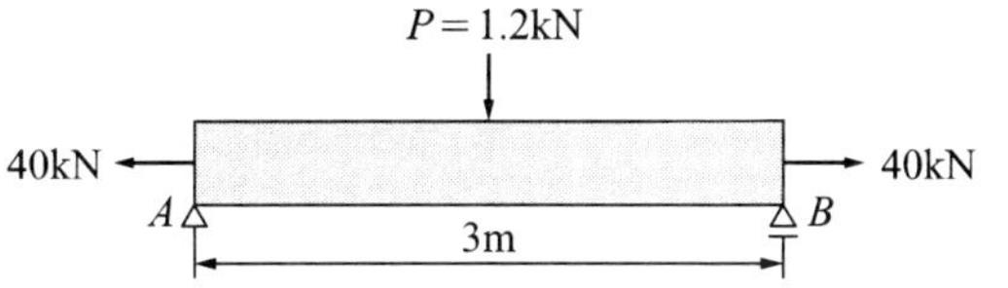

그림 8.22

$$Z = \frac{bh^2}{6} = \frac{1}{6} \times 100 \times 150^2 = 375{,}000\ \text{mm}^3$$

식 (8.47)으로 검토하면

$$f_{\max} = \frac{P}{A} + \frac{M}{Z} = \frac{40{,}000}{15{,}000} + \frac{900{,}000}{375{,}000} = 2.67 + 2.4 = 5.07\ \text{MPa}$$

따라서 안전하다.

상연 응력도는 식 (8.45)에서

$$f' = \frac{P}{A} - \frac{M}{Z} = 2.67 - 2.4 = 0.27\ \text{MPa}$$

제8장 연습문제

01. 그림과 같은 단면에 $M=29.6\text{kN}\cdot\ \text{cm}$의 휨모멘트가 작용할 때 상면과 하면의 휨응력과 f_c'을 구하여라.

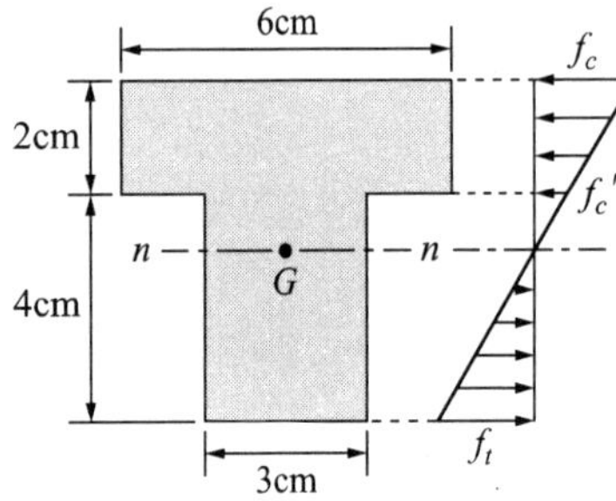

02. 그림과 단면에 $M=1{,}055\text{kN}\cdot\ \text{cm}$의 휨모멘트가 작용할 때 상면과 하면의 휨응력과 f_c', f_t'을 구하여라.

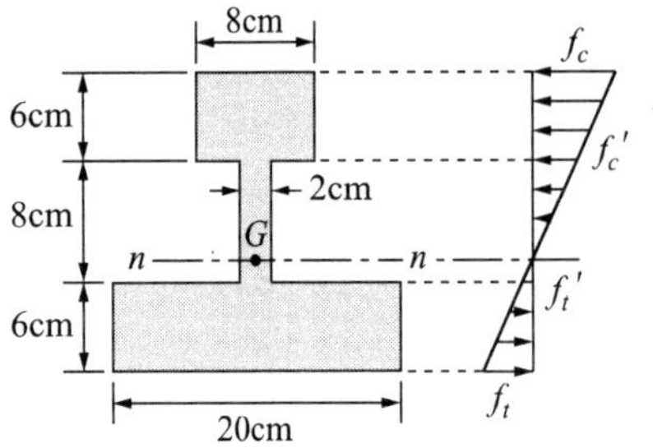

03. $b=3\text{cm}$, $h=4\text{cm}$의 직사각형 $V=1\ 200N$의 전단력이 작용할 때 최대전단응력 $v_{\max}$, 평균전단응력 v_{mean}을 구하여라.

04. 직경 d인 원형단면의 최대전단응력도가 $v_{\max}=4V/3A$로 되는 것을 증명하라. (단, 원형단면의 단면 이차모멘트는 $I=\dfrac{\pi d^4}{64}$, 원형단면의 면적은 $\dfrac{\pi d^2}{4}$ 반원의 도심은 원의 중심으로부터 $\dfrac{2d}{3\pi}$의 위치이다.)

05. 그림의 T형 단면에 $V=2{,}400\text{kN}$의 전단응력이 작용할 때 전단응력의 분포도를 그려라.

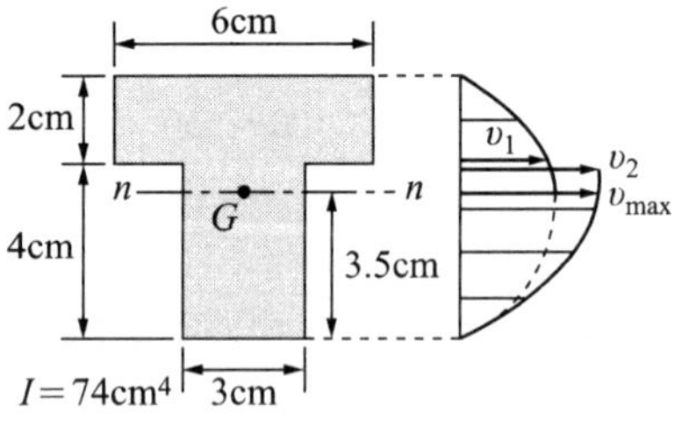

06. 그림과 같은 보의 C점과 A점의 중립축에서 전단응력과 중립축에서 15 cm 떨어진 단면에서의 전단응력을 구하여라. 단 자체 질량은 무시한다.

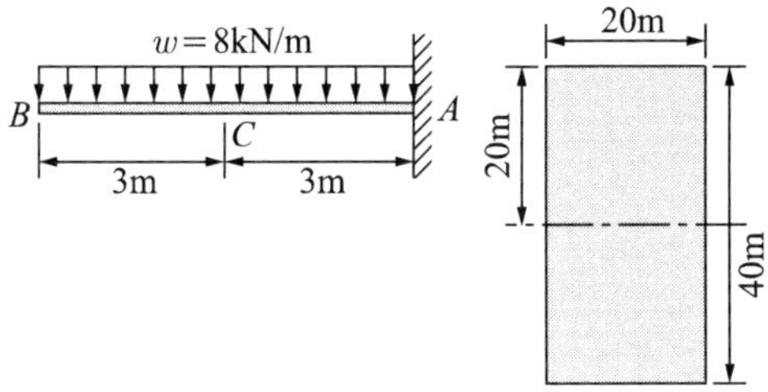

07. 그림과 같은 직경이 d인 통나무를 제재하여 휨모멘트에 대하여 최대강도를 갖도록 직사각형 단면으로 제재하려면 단면의 폭 b와 h의 크기의 비를 어떻게 하는 것이 좋은가?

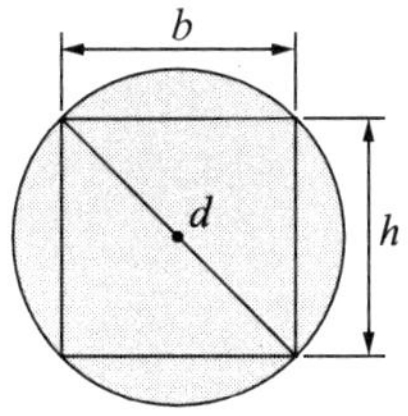

08. 길이 6 m, 내경 d_1 =205 mm 외경 d=213 mm의 강철관의 양단이 단순지지되어 있고, 그 중앙에 20 kN의 집중하중이 작용하고 있을 때 최대휨응력을 구하여라. 단 자중은 무시한다.

09. 그림과 같이 휨모멘트와 축방향력을 동시에 받는 보의 중앙점에서 최대응력과 최소응력을 구하여라.

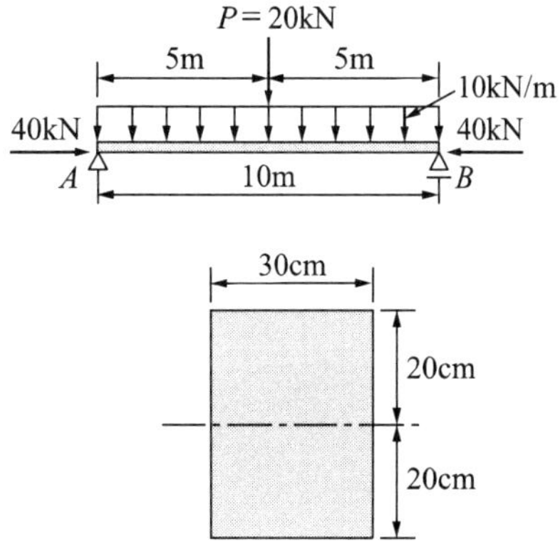

제 9 장

라아멘 및 아치

라아멘이란 각 직선부재의 연결이 강절로 결합되어 있으며 외력의 작용을 받아 구조물의 모양이 변하더라도 [그림 9.1]과 같이 접합점에 모인 모든 부재의 각은 변하지 않는 구조이다. Rigid Frame이라고도 한다.

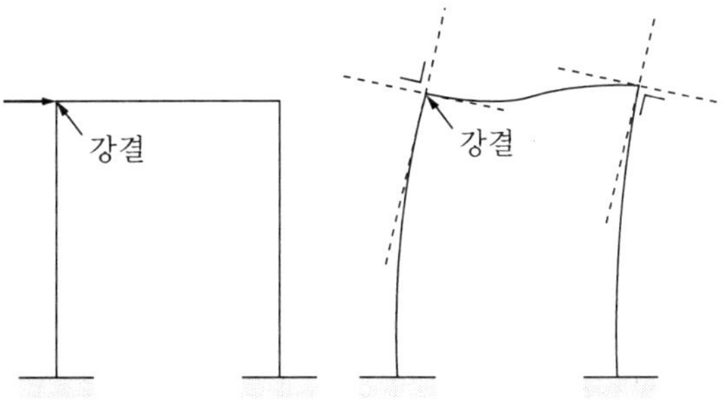

그림 9.1

01 | 라멘의 종류

라멘은 다음과 같은 종류가 있다.

① 캔티레버형 라멘

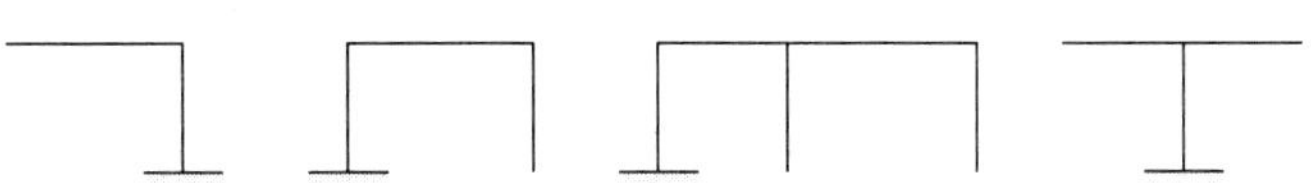

② 단순보형라멘

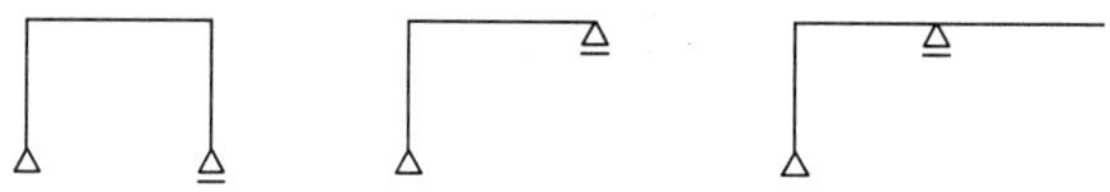

③ 3-활절라멘(3-hinge 라멘)

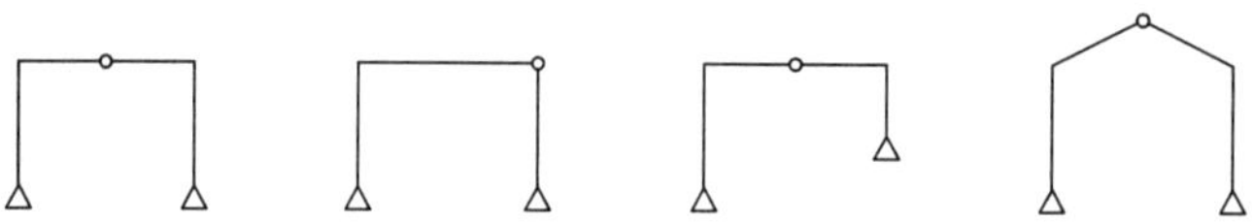

1.1 반력의 계산

1.1.1 캔틸레버식 라멘과 단순보식 라멘의 반력 계산

반력의 수가 평형방정식의 수(3)보다 같거나 적으므로 정정보와 동일한 방법으로 평형방정식을 적용하여 계산하면 된다.

① 캔틸레버식 라멘의 반력 계산

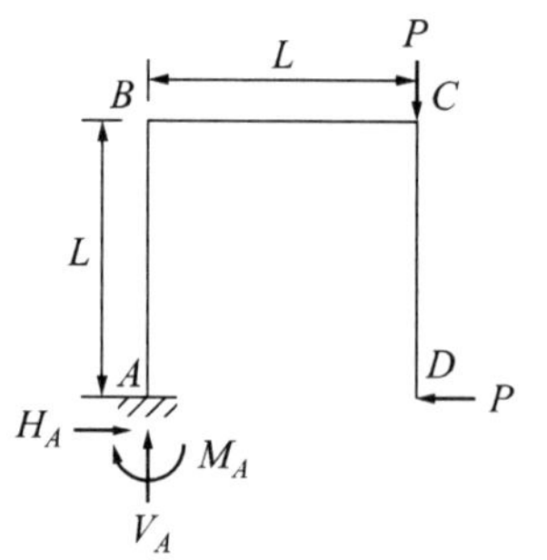

$\Sigma H = 0,\ \overset{\rightarrow}{+}\ ;\ H_A - P = O, \qquad H_A = P(\rightarrow)$

$\Sigma V = 0,\ \uparrow +\ ;\ V_A - P = 0, \qquad V_A = P(\uparrow)$

$\Sigma M_A = 0,\ \curvearrowright +\ ;\ M_A + P(L) = 0, \qquad M_A = -PL(\curvearrowleft)$

② 단순보식 라멘의 반력계산

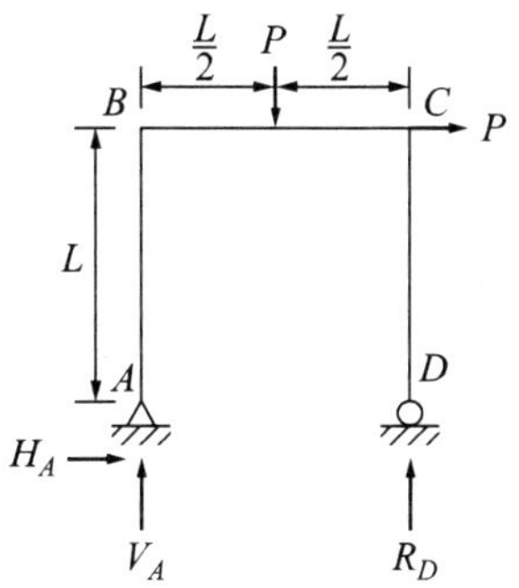

$\Sigma H=0$, $\overset{\rightarrow}{+}$; $H_A+P=O$, $\quad H_A=-P(\leftarrow)$

$\Sigma M_A=0$, $\curvearrowright$+ ; $P\left(\frac{L}{2}\right)+P(L)-R_D(L)=0$, $\quad R_D=\frac{3P}{2}(\uparrow)$

$\Sigma V=0$, $\uparrow+$; $V_A+R_D-P=0$, $\quad V_A=-\frac{P}{2}(\downarrow)$

③ 3힌지(활절)라멘의 반력해석

반력의 수가 평형방정식의 수보다 많으므로 평형방정식만으로는 반력을 계산할 수 없다. 그러나 힌지가 존재하므로 힌지점에서는 휨모멘트가 0이 된다는 적합조건식을 이용하여 평형방정식과 같이 사용하여 반력을 계산할 수 있다.

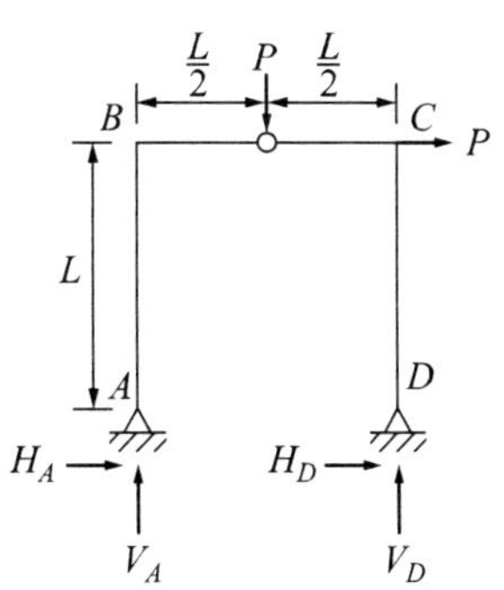

$$(전체)\Sigma M_D = 0,\ \curvearrowleft + \ ;\ V_A(L) - P\left(\frac{L}{2}\right) + P(L) = 0,\qquad V_A = -\frac{P}{2}(\downarrow)$$

$$(좌측)\Sigma M_E = 0,\ \curvearrowleft + \ ;\ V_A\left(\frac{L}{2}\right) - H_A(L) = 0,\qquad H_A = -\frac{P}{4}(\leftarrow)$$

$$(전체)\Sigma V = 0,\ \uparrow + \ ;\ V_A + V_D - P = 0,\qquad V_D = -\frac{3P}{2}(\uparrow)$$

$$(좌측)\Sigma H = 0,\ \overrightarrow{+}\ ;\ H_A + H_D + P = 0,\qquad H_D = -\frac{3P}{4}(\leftarrow)$$

1.2 단면력의 계산과 단면력도 완성

정정보 해석과 동일한 방법으로 외력과 단면을 또는 반력과 단면력 사이에 평형방정식을 사용하여 단면력을 계산한 후 단면력을 그린다. **(항상 바라보는 시점은 라멘의 중앙에서 해당되는 부재를 바라보면서 정정보해석을 하면 된다)**

다음과 같은 캔틸레버식 라멘의 단면력을 계산해보면

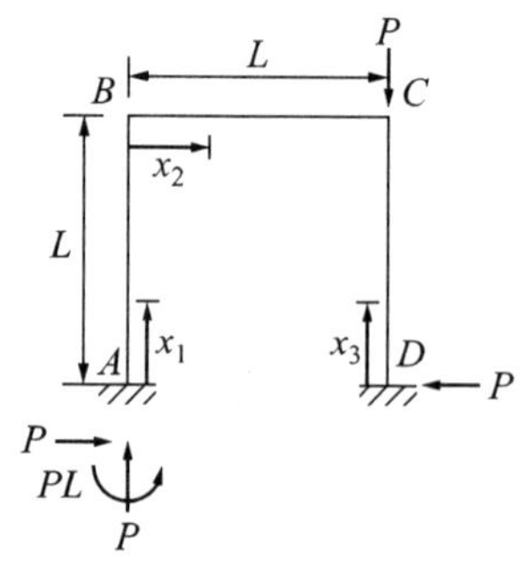

임의점에서 단면력이 드러나도록 부재를 고립한 후 단면력을 산정한다.

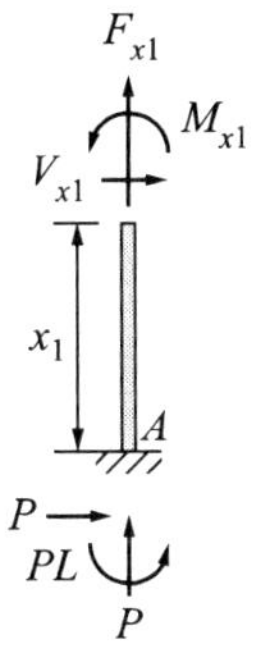

$\Sigma V=0,\ \uparrow+\ ;\ P+F_{x1}=0,$ $\qquad F_{x1}=-P(\rightarrow\square\leftarrow)$

$\Sigma H=0,\ \overrightarrow{+}\ ;\ P+V_{x1}=0,$ $\qquad V_{x1}=-P(\downarrow\square\uparrow)$

$\Sigma M_1=0,\ \curvearrowright+\ ;\ -PL-M_{x1}-P(x_1)=0,$ $\qquad M_{x1}=-PL-Px_1(\frown)$, $\quad M_B=-2PL(\frown)$

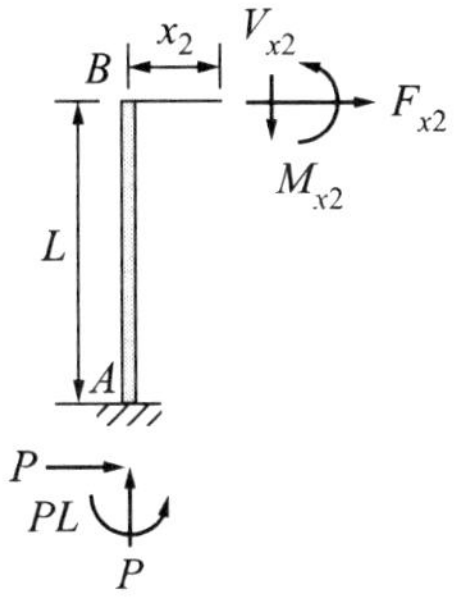

$\Sigma H=0,\ \overrightarrow{+}\ ;\ P+F_{x2}=0,$ $\qquad F_{x2}=-P(\rightarrow\square\leftarrow)$

$\Sigma V=0,\ \uparrow+\ ;\ P-V_{x2}=0,$ $\qquad V_{x2}=+P(\uparrow\square\downarrow)$

$\Sigma M_2=0,\ \curvearrowright+\ ;\ -PL-P(L)+P(x_2)-M_{x2}=0,$ $\qquad M_{x2}=-2PL+Px_2(\frown)$, $\quad M_c=-PL$

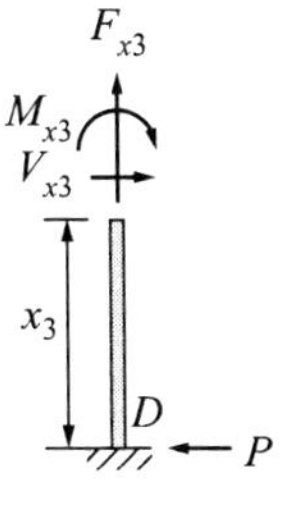

$\Sigma V = 0$, ↑+ ; $F_{x3} = 0$, $\qquad F_{x3} = 0$

$\Sigma H = 0$, $\overrightarrow{+}$; $-P + V_{x3} = 0$, $\qquad V_{x3} = P(\uparrow\square\downarrow)$

$\Sigma M_3 = 0$, ↻+ ; $P(x_3) + M_{x3} = 0$, $\qquad M_{x3} = -Px_3(\frown)$

$M_c = -PL(\frown)$

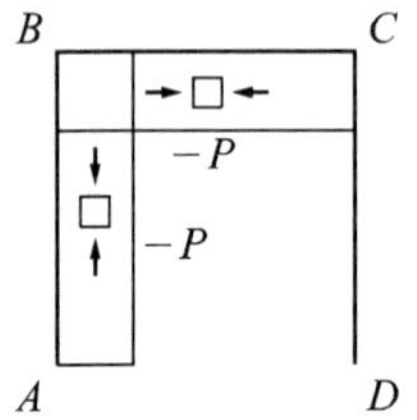

[축력도, AFD]

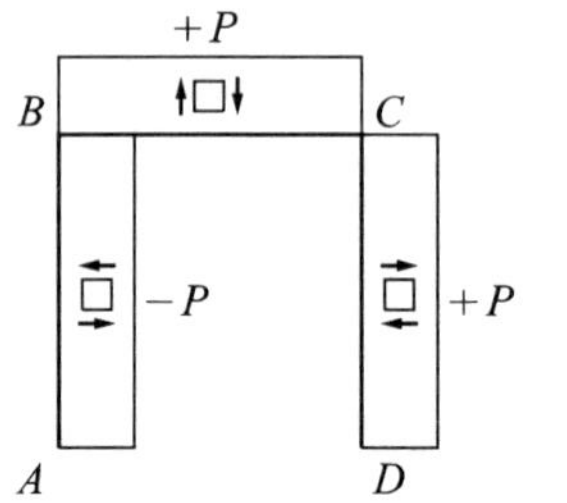

[전단력도, SFD]

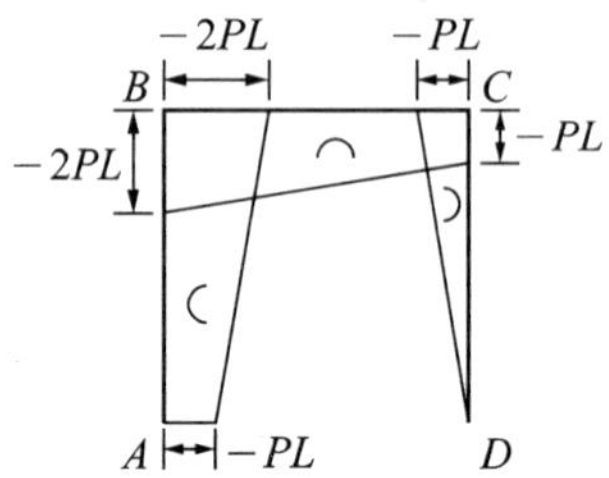

[휨모멘트도, BMD]

9.1 [그림 9.2] 단순보식 라멘의 단면력도를 그려라.

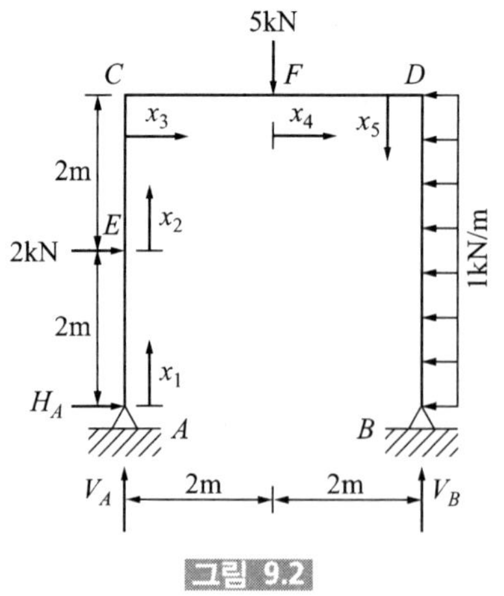

그림 9.2

풀이

(1) 지점반력

$(\overrightarrow{+})\sum H = 0$, $H_A + 2 - 1\times 4 = 0$ $\qquad \therefore H_A = 2\text{kN}$

(↶+) $\sum M_B = 0$, $V_A \times 4 + 2 \times 2 - 5 \times 2 - (1 \times 4) \times 2 = 0$ $\quad \therefore V_A = 3.5\text{kN}$

(+↑) $\sum V = 0$, $V_A + V_B - 5 = 0$ $\quad \therefore V_B = 1.5\text{kN}$

(2) 단면력

① 구간 $AE(0 \le x_1 \le 2)$

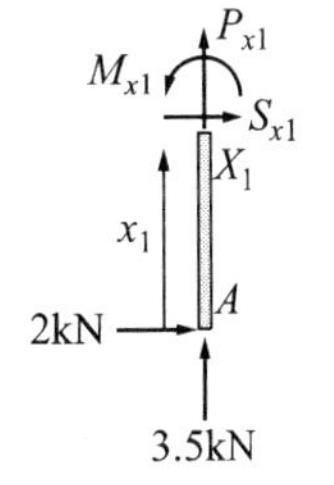

그림 9.3 구간AE 자유물체도

(+↑) $\sum V = 0$, $P_{x1} + 3.5 = 0$ $\quad \therefore P_{x1} = -3.5\text{kN}$

(+→) $\sum H = 0$, $S_{x1} + 2 = 0$ $\quad \therefore S_{x1} = -2\text{kN}$

(↶+) $\sum M_{X1} = 0$, $M_{x1} + 2x_1 = 0$ $\quad \therefore M_{x1} = -2x_1$

위 식에서 $x_1 = 2\text{m}$일 때,

$P_E = -3.5\text{kN},\ S_E = -2\text{kN},\ M_E = -4\text{kN}\cdot\text{m}$

② 구간 $EC(0 \le x_2 \le 2)$

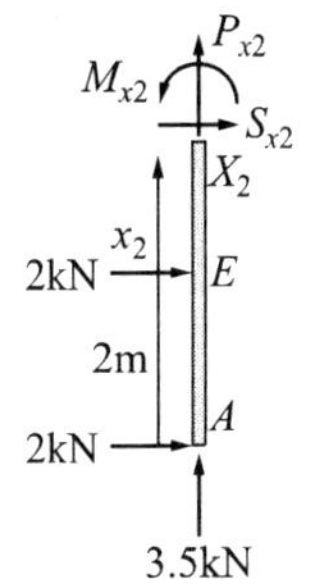

그림 9.4 구간EC 자유물체도

(+↑) $\sum V = 0$, $P_{x2} + 3.5 = 0$ $\quad \therefore P_{x2} = -3.5\text{kN}$

(+→) $\sum H = 0$, $S_{x2} + 2 + 2 = 0$ $\quad \therefore S_{x2} = -4\text{kN}$

(↶+) $\sum M_{X2} = 0$, $M_{x2} + 2(2 + x_2) + 2x_2 = 0$ $\quad \therefore M_{x2} = -4x_2 - 4$

위 식에서 $x_2 = 2\text{m}$일 때,

$P_C = -3.5\text{kN},\ S_C = -4\text{kN},\ M_C = -12\text{kN}\cdot\text{m}$

③ 구간 $CF(0 \le x_3 \le 2)$

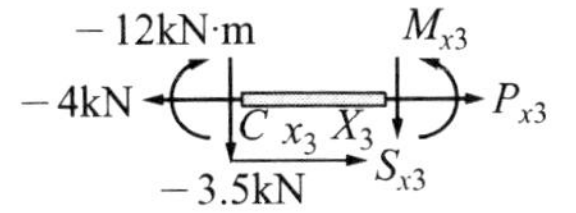

그림 9.5 구간CF 자유물체도

(+→) $\sum H = 0$, $P_{x3} - (-4) = 0$ $\quad \therefore P_{x3} = -4\text{kN}$

(+↓) $\sum V = 0$, $S_{x3} + (-3.5) = 0$ $\quad \therefore S_{x3} = 3.5\text{kN}$

(↶+) $\sum M_{X3} = 0$, $M_{x3} - (-12) + (-3.5 \times x_3) = 0$ $\quad \therefore M_{x3} = 3.5x_3 - 12$

$x_3 = 2\text{m}$일 때,

$P_F = -4\text{kN},\ S_F = 3.5\text{kN},\ M_F = -5\text{kN}\cdot\text{m}$

④ 구간 $FD(0 \le x_4 \le 2)$

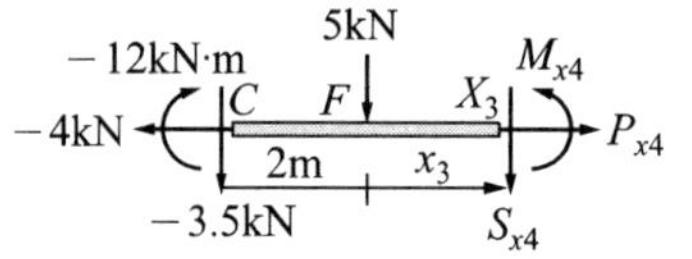

그림 9.6 구간FD 자유물체도

$(\overset{+}{\rightarrow})\sum H=0,\ P_{x4}-(-4)=0$ $\therefore P_{x4}=-4\text{kN}$

$(+\downarrow)\sum V=0,\ S_{x4}+(-3.5)+5=0$ $\therefore S_{x4}=-1.5\text{kN}$

$(\curvearrowright +)\sum M_{X4}=0,\ M_{x4}-(-12)+-3.5(2+x_4)+5x=0$ $\therefore M_{x4}=-1.5x_4-5$

$x_4=2\text{m}$일 때,

$P_D=-4\text{kN},\ S_D=-1.5\text{kN},\ M_D=-8\text{kN}\cdot\text{m}$

⑤ 구간 $DB(0 \le x_5 \le 4)$

$(+\downarrow)\sum V=0,\ P_{x5}-(-1.5)=0$ $\therefore P_{x5}=-1.5\text{kN}$

$(\overset{+}{\rightarrow})\sum H=0,\ S_{x5}+(-4)+(1\times x_5)=0$ $\therefore S_{x5}=4-x_5$

$(\curvearrowright +)\sum M_{X5}=0,\ M_{x5}-(-8)+(-4\times x_5)+(1\times x_5\times \frac{x_5}{2})=0$

$\therefore M_{x5}=-8+4x_5-\frac{x_5^2}{2}$

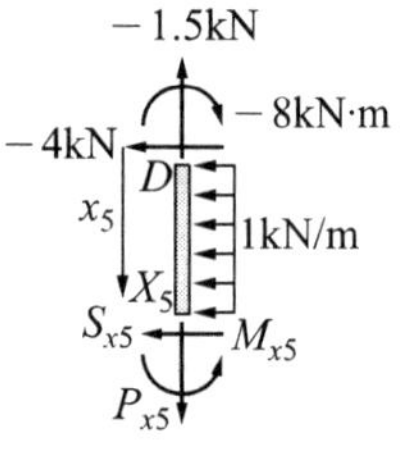

그림 9.7 구간DB 자유물체도

$x_5=4\text{m}$일 때, $P_B=-1.5\text{kN},\ S_B=0,\ M_D=0$

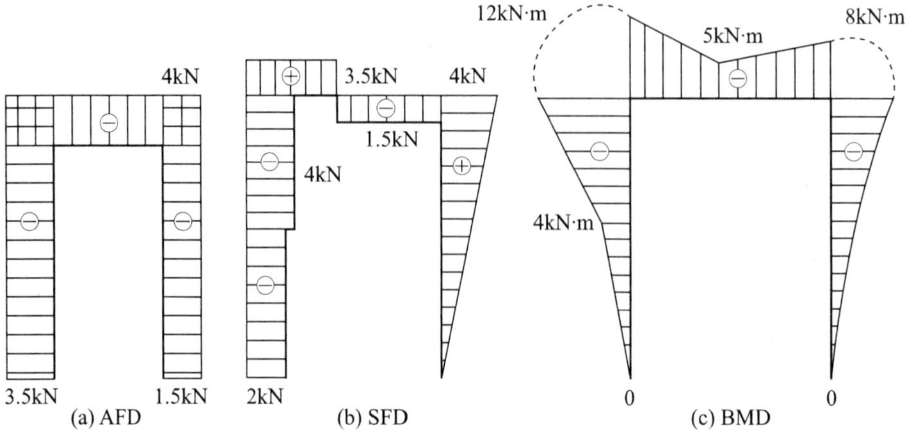

그림 9.8 f 단면력도

9.2 [그림 9.9]와 같은 라아멘의 단면력도를 그려라.

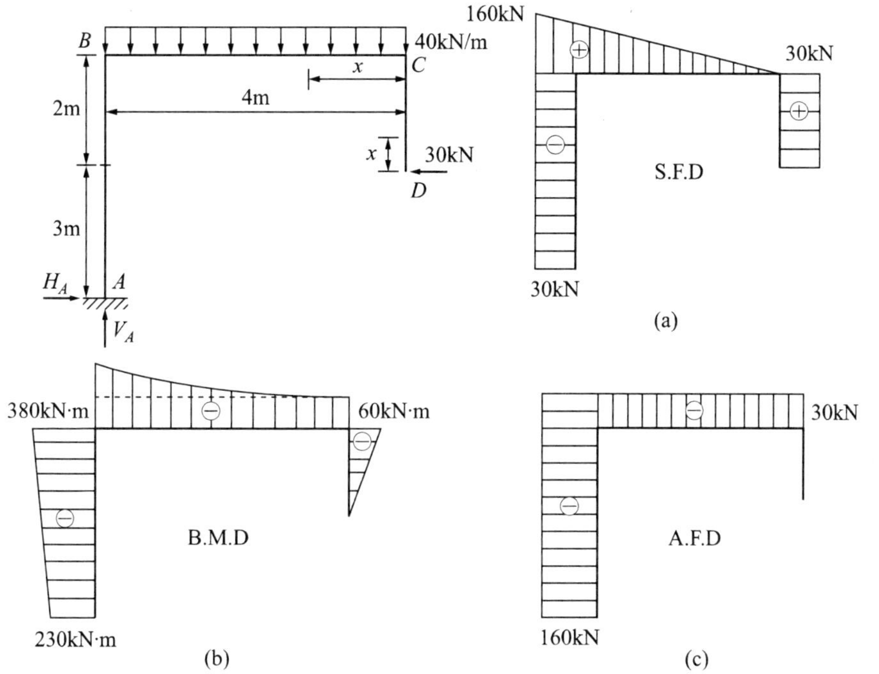

그림 9.9

풀이

① 지점반력

$\sum V=0$에서 $\quad V_A-40\times 4=0 \quad \therefore\ V_A=40\times 4=160\text{ kN}$

$\sum H=0$에서 $\quad H_A-30=0 \quad \therefore\ H_A=30\text{ kN}$

② 전단력

$C \sim D$ 부재 $\quad S_x=30\text{ kN}$

$B \sim C$ 부재 $\quad S_x=40\text{ kN}$

$x=0$ 일 때 $S_C=0$, $\quad x=4\text{m}$ 일 때 $S_B=160\text{ kN}$

$A \sim B$ 부재 $\quad S_x=-30\text{ kN}$

전단력도는 [그림 9.9] (a)와 같다.

③ 휨모멘트

$C \sim D$ 부재 $\quad M_x=-30x$

$x=0$ 일 때 $M_D=0$

$x=2\,\text{m}$ 일 때 $M_C=-30\times 2=-60\text{ kN}\cdot\text{m}$

$B\sim C$ 부재 $\quad M_x=M_C-2x^2=-60-20x^2$

$x=0$ 일 때 $M_C=-60\text{ kN}\cdot\text{m}$

$x=4\,\text{m}$일 때 $M_B=-60-20\times 4^2=-380\text{ kN}\cdot\text{m}$

$A\sim B$ 부재 $\quad M_x=M_B+30x$

$x=0$ 일 때 $M_B=-380\text{ kN}\cdot\text{m}$

$x=5\,\text{m}$일 때 $M_A=-380+30\times 5=-230\text{ kN}\cdot\text{m}$

휨모멘트도는 [그림 9.9]의 (b)와 같다.

④ 축방향력

$C\sim D$ 부재 $\quad A_x=0$

$B\sim C$ 부재 $\quad A_x=-30\text{ kN}$

$A\sim B$ 부재 $\quad A_x=-V_A=160\text{ kN}$

축방향력도는 그림 (c)와 같다.

9.3 [그림 9.10]과 같은 라아멘의 단면력도를 그려라.

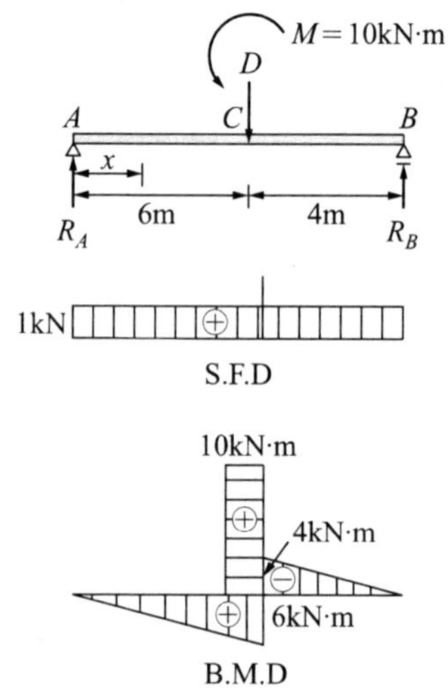

그림 9.10

풀이

① 지점반력

$\sum M_B=0$에서 $\quad R_A\times 10-10=0$

$$\therefore\ R_A=\frac{10}{10}=1\text{ kN},$$

$R_B=-1\text{ kN}$

② 전단력

$A\sim B$ 부재 $\quad S_{A\sim B}=R_A=1\text{ kN}$ (일정)

$C\sim D$ 부재 $\quad S_{C\sim D}=0$

③ 휨모멘트

$A\sim B$ 부재 $\quad AC$ 사이 $M_x=R_A\,x$

$x=0$일 때 $M_A=0$

$x=6\,\text{m}$일 때

$$M_C=6\text{ kN}\cdot\text{m}$$

BC 사이

$$M_x=-R_B x=-x\quad x=0\text{일 때 } M_B=0$$

$x=4\,\text{m}$일 때

$$M_C=-4\text{ kN}\cdot\text{m}$$

$C\sim D$ 부재 $\quad M_x=10\text{ kN}\cdot\text{m}$

④ 축방향력

축방향력은 모두 0이다.

9.4 다음과 같은 3힌지 라멘의 단면력을 계산하고 단면력도를 그려라.

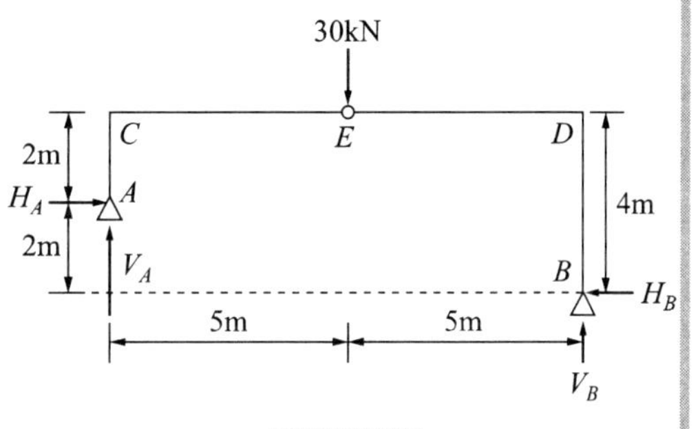

그림 9.11

풀이

(1) 반력

① $\Sigma M_B=0;\ V_A\cdot 10+H_A\cdot 2-30\times 5=0$

② $\Sigma V=0;\ V_A+V_B=0$

③ $M_E(\text{좌})=0;\ V_A\cdot 5-H_A\cdot 2=0$

④ $\Sigma H=0;\ H_A-H_B=0$

반력은 연립하여 계산해야 한다.

①+②에서 $\quad 10V_A+2H_A-150=0$

$$+)\ 5V_A-2H_A=0$$

$$15V_A-150=0,\ V_A=10\text{kN}$$

$V_A=10\text{kN}$을 위 식에 대입하여 미지반력을 구하면 $V_B=20\text{kN},\ H_A=H_B=25\text{kN}$

(2) 보(A−C)

$S_x=-25\text{kN}$(일정)

$A_x=-10\text{kN}$(일정)

$M_x=-25x$(1차)

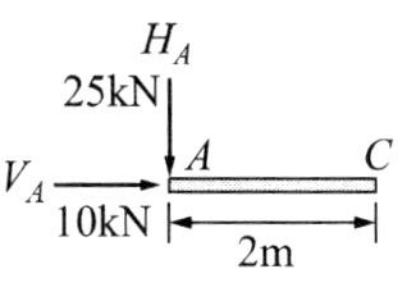

$$\begin{cases} x=0, \ M_A=0 \\ x=2, \ M_C=-50\text{kN}\cdot\text{m} \end{cases}$$

(3) 보(C－D)

$(C-E)$ $S_x=10\text{kN}$(일정)

$(E-D)$ $S_x=10-30=-20\text{kN}$(일정)

$A_x=-25\text{kN}$(일정)

$(C-E)$ $M_x=-50+10x$

$$\begin{cases} x=0, M_C=50\text{kN}\cdot\text{m} \\ x=5, M_E=0 \end{cases}$$

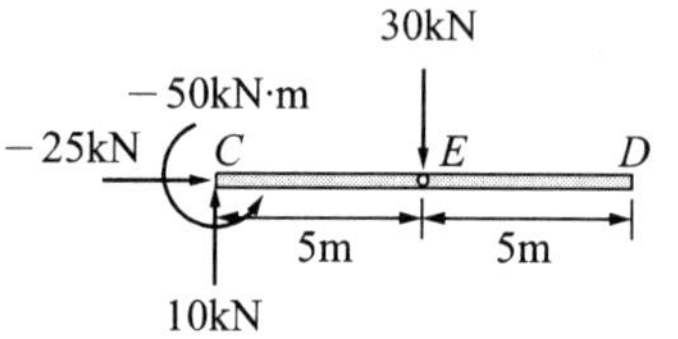

$(E-D)$ $M_x=-50+10x-30(x-5)$

$$\begin{cases} x=5, \ M_E=0 \\ x=10, M_D=-100\text{kN}\cdot\text{m} \end{cases}$$

(4) 보(D－B)

$S_x=25\text{kN}$(일정)

$A_x=-20\text{kN}$(일정)

$M_x=-25x$(1차)

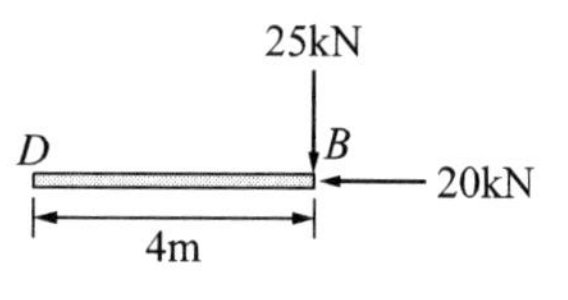

$$\begin{cases} x=0, \ M_B=0 \\ x=4, \ M_D=-100\text{kN}\cdot\text{m} \end{cases}$$

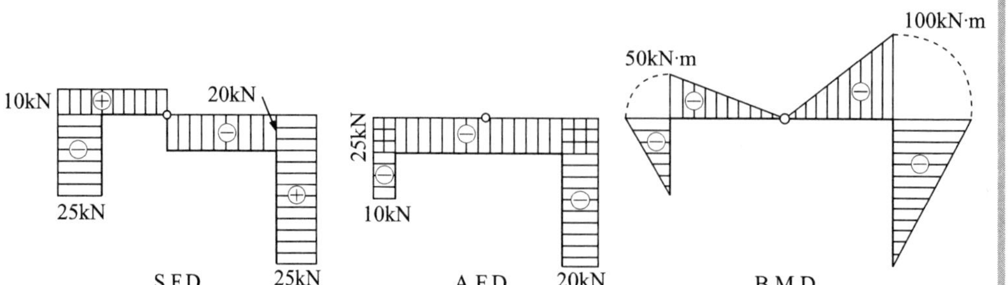

02 | 정정 아치

아아치(arch)라 하는 것은 부재의 축이 곡선(포물선형)으로 된 보를 말하며, 이 장에서 취급할 정정 아아치에는 철근콘크리트나 철골구조로 된 [그림 9.12]와 같은 종류가 있다. 그림 (a)와 같은 것을 3활절 아아치(three hinged arch), 그림 (b)와 같이 지점을 고정단과 이동단으로 하고 양 지점을 부재로 이은 타이드 아아치 또는 벽돌이나 돌로 쌓은 아아치(그림 c) 등이 있으며, 그림 (d)와 같은 캔틸레버 아아치 등도 있다.

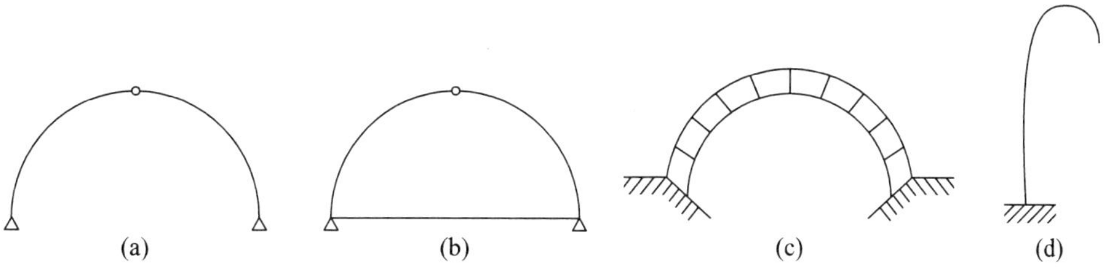

그림 9.12

단순보와 아치를 비교해보면 아치는 휨모멘트는 적고 축방향력(압축)이 크다는 특성을 가진다.

또한 수평반력이 크기 때문에 기초 지지력이 커야 한다.

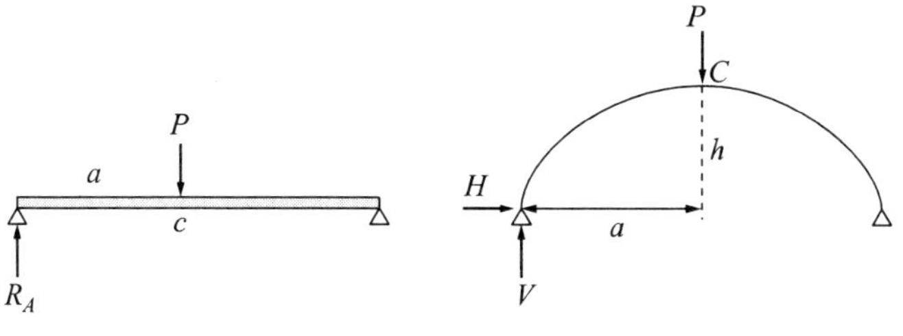

$M_C = R_A \times a$ $M_C = V \times a - H \times h$ (휨모멘트가 적다)

그림 9.13 단순보와 아치의 비교

2.1 캔틸레버식 아치의 해석 (C점의 단면력 해석)

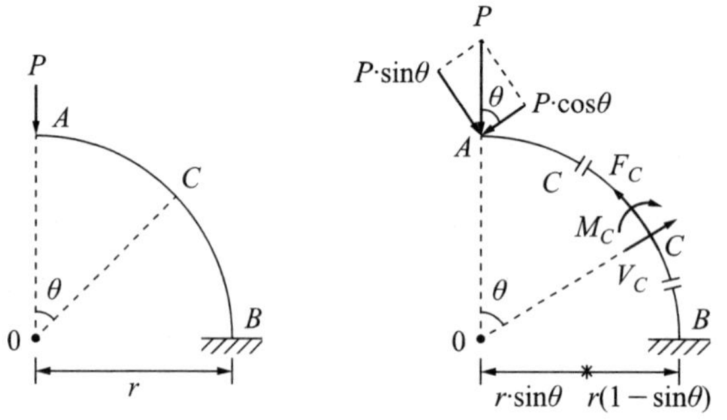

[자유물체도]

$$F_c = -P \cdot \sin\theta (\theta = 0° \text{일 때 } F_c = 0,\ \theta = 90° \text{일 때 } F_c = -P)$$

$$V_c = -P \cdot \cos\theta (\theta = 0° \text{일 때 } V_c = -P,\ \theta = 90° \text{일 때 } V_c = 0)$$

$$M_c = -P(r \cdot \sin\theta)(\theta = 0° \text{일 때 } M_c = 0,\ \theta = 90° \text{일 때 } M_c = -P \cdot r)$$

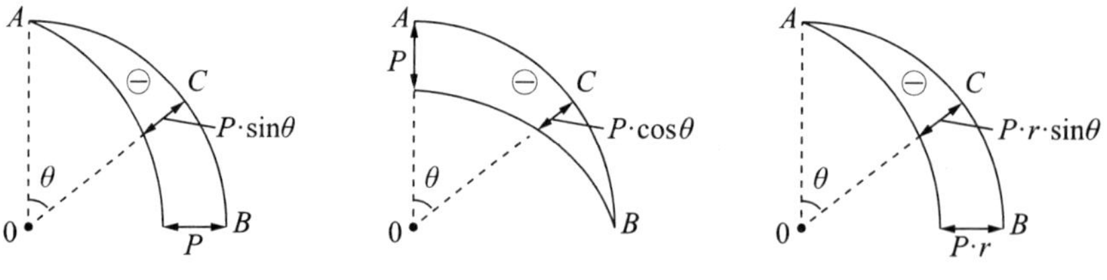

[AFD] [SFD] [BMD]

2.2 단순보식 아치의 해석(D점의 단면력)

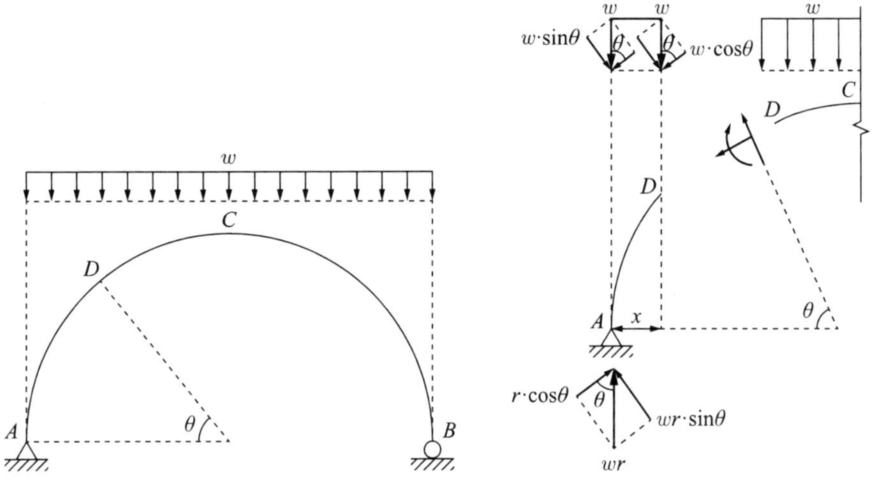

$$F_c = -wr\cdot\cos\theta + w\cdot\cos\theta \times x$$

$$V_c = +wr\cdot\sin\theta - w\cdot\sin\theta \times x$$

$$M_c = +wr(x) - (w+x)\left(\frac{x}{2}\right) = +wr\cdot x - \frac{w\cdot x^2}{2}$$

여기서 $x = r - r\cdot\cos\theta = r(1-\cos\theta)$

2.3 3힌지(활절) 아치의 반력 계산

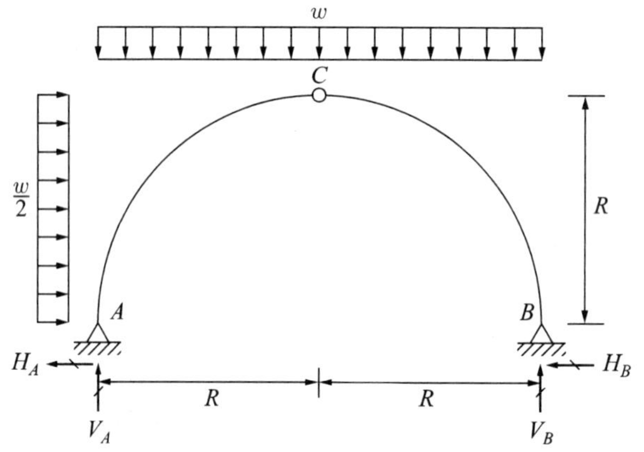

$$\Sigma M_A = 0,\ (\curvearrowright +)\ ;\ \left(\frac{w}{2} \times R\right)\left(\frac{R}{2}\right) + (w \times 2R)(R) - V_B(2R) = 0$$

$$V_B = \frac{9}{8}wR(\uparrow)$$

$$\Sigma M_{C(우)} = 0,\ (\curvearrowright +)\ ;\ (w \times R)\left(\frac{R}{2}\right) - V_B(R) + H_B(R) = 0$$

$$H_B = \frac{5}{8}wR(\leftarrow)$$

$$\Sigma H = 0,\ (\overrightarrow{+})\ ;\ \frac{w}{2} \times R - H_A - H_B = 0$$

$$H_A = -\frac{1}{8}wR \Rightarrow H_A = \frac{1}{8}wR(\rightarrow)$$

$$\Sigma V = 0,\ (\uparrow +)\ ;\ V_A + V_B - w \times 2R = 0$$

$$V_A = \frac{7}{8}wR(\uparrow)$$

2.4 타이드 아치의 해석 (AB는 타이부재)

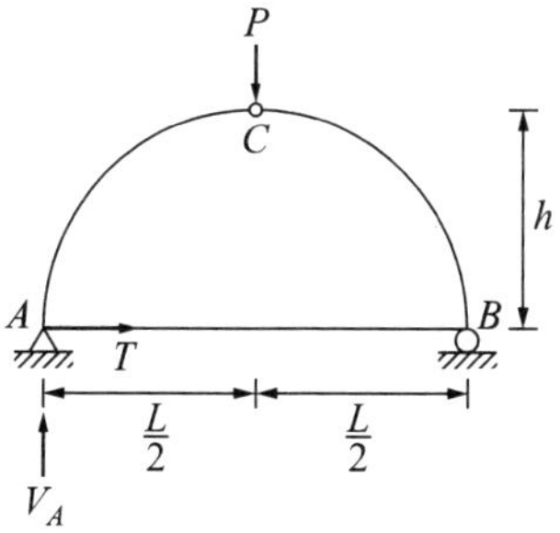

(1) $\Sigma M_B = 0$, ↻+ ; $V_A(L) - P\left(\frac{L}{2}\right) = 0$

$$V_A = \frac{P}{2}(\uparrow)$$

$\Sigma M_{C(좌)} = 0$, ↻+ ; $V_A\left(\frac{L}{2}\right) - T(h) = 0$

$$T = \frac{PL}{4h}(\text{인장})$$

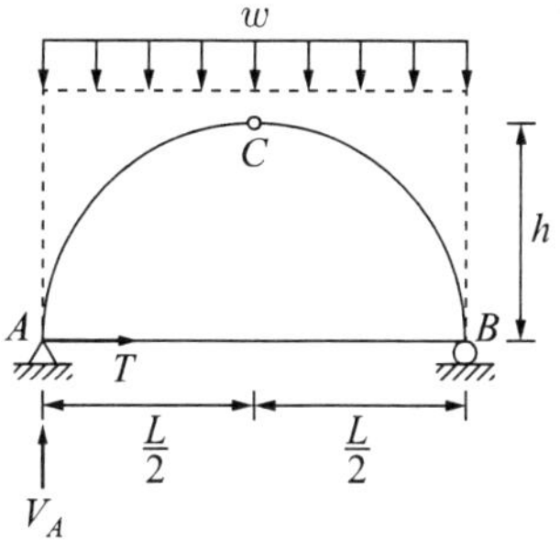

(2) $\Sigma M_B = 0$, ↻+ ; $V_A(L) - (w \times L)\left(\frac{L}{2}\right) = 0$

$$V_A = \frac{wL}{2}(\uparrow)$$

$\Sigma M_{C(좌)} = 0$, ↻+ ; $V_A\left(\frac{L}{2}\right) - T(h) - \left(w \times \frac{L}{2}\right)\left(\frac{L}{4}\right) = 0$

$$T = \frac{wL^2}{8h}(\text{인장})$$

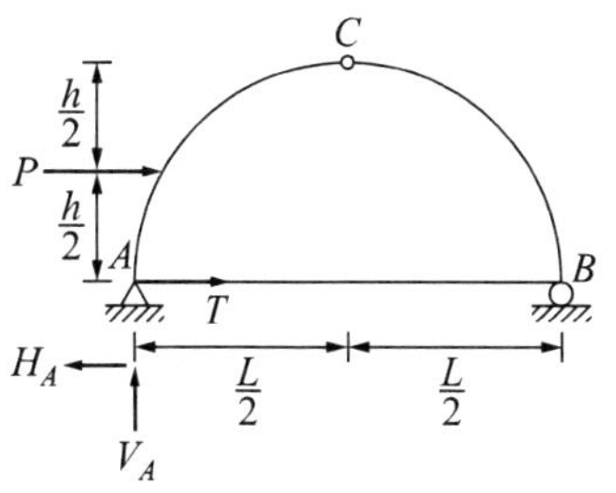

(3) $\Sigma H = 0$, →+ ; $P - H_A = 0$

$$H_A = P(\leftarrow)$$

$\Sigma M_B = 0$, ↻+ ; $-V_A(L) + P\left(\frac{h}{2}\right) = 0$

$$V_A = \frac{Ph}{2L}(\downarrow)$$

$\Sigma M_{C(좌)} = 0$, ↻+ ;

$$-V_A\left(\frac{L}{2}\right) + H_A(h) - T(h) - P\left(\frac{h}{2}\right) = 0$$

$$T = \frac{P}{4}(\text{인장})$$

2.5 3활절 아치가 집중하중을 받을 경우

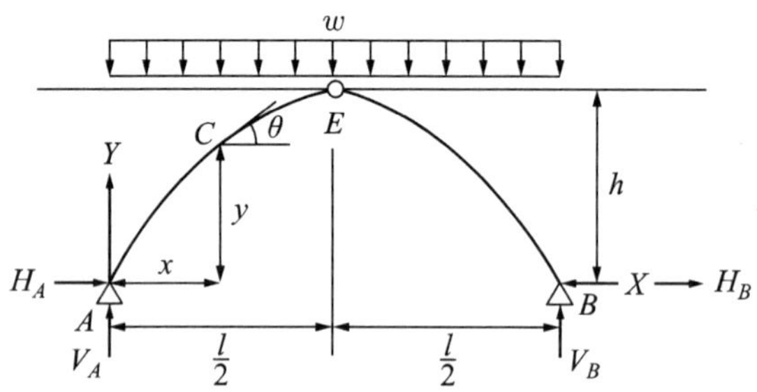

그림 9.14

① 지점반력

각 지점반력을 수평과 수직으로 나누어 방향을 [그림 9.14]와 같이 가정하면

$\sum V = 0$에 의하여

$$V_A + V_B - P_1 - P_2 = 0 \tag{1}$$

$\sum H = 0$에 의하여

$$H_A - H_B = 0 \tag{2}$$

$\sum M_E = 0$에서

절점 E의 좌측을 생각하여

$$V_A\, l_1 - H_A\, h_1 - P_1(l_1 - a_1) = 0 \tag{3}$$

절점 E의 우측을 생각하면

$$H_B\, h_2 - V_B\, l_2 + P_2(l_2 - a_2) = 0 \tag{4}$$

위의 (1), (2), (3), (4) 4개의 방정식을 연립으로 풀어 H_A, V_A, H_B, V_B를 구한다.

② 전단력

그림에서 A지점을 절점으로 하는 직교좌표를 생각하여 임의단면 C의 좌표를 $(x,\ y)$, 그 점에서 곡선에 그은 접선과 x축이 이루는 각을 θ라 하고 단면 C의 전단력을 S_x라 하면

$0 \leqq x \leqq a_1$ 일 경우

$$S_x = V_A \cos\theta - H_A \sin\theta$$

$a_1 \leqq x \leqq l_1$ 일 경우

$$S_x = (V_A - P_1)\cos\theta - H_A \sin\theta$$

③ 휨모멘트

그림에서 임의단면 C의 휨모멘트를 M_x라 하면

$0 \leqq x \leqq a_1$ 일 경우

$$M_x = V_A\, x - H_A\, y$$

$a_1 \leqq x \leqq l_1$ 일 경우

$$M_x = V_A\, x - P_1(x - a_1) - H_A\, y$$

④ 축방향력

그림에서 임의단면 C의 휨모멘트를 A_x라 하면

$0 \leqq x \leqq a_1$ 일 경우

$$A_x = -\, V_A \sin\theta - H_A \cos\theta$$

$a_1 \leqq x \leqq l_1$ 일 경우

$$A_x = -(V_A - P_1)\sin\theta - H_A \cos\theta$$

2.6 3활절 아치가 등분포하중을 받을 경우

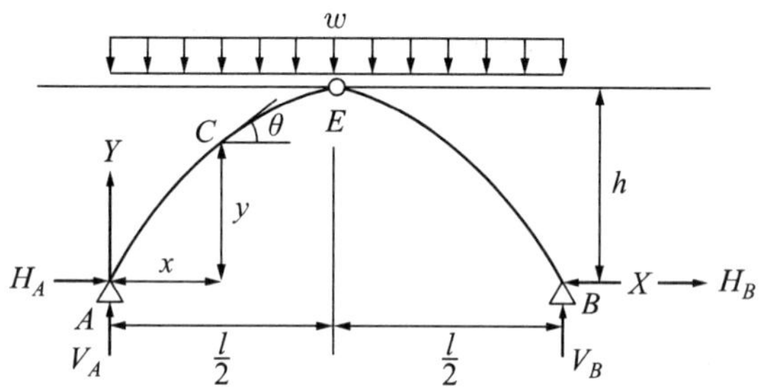

그림 9.15

① 지점반력

지점반력을 수평반력과 수직반력으로 나누고 방향을 [그림 9.15]와 같이 가정하면

$\sum V = 0$에 의하여

$$V_A = V_B = \frac{w\,l}{2} \tag{1}$$

$\sum M_E = 0$에 의하여 절점 E의 좌측을 생각하여

$$V_A \times \frac{l}{2} - H_A\,h - \frac{w\,l^2}{8} = 0 \tag{2}$$

$\sum H = 0$에 의하여

$$H_A - H_B = 0 \tag{3}$$

위의 식 (1), (2), (3)에 의하여

$$H_A = H_B = \frac{w\,l^2}{8h}$$

② 전단력

지점 A를 원점으로 하는 직교좌표를 생각하여 임의단면 C의 좌

3표를 $(x,\ y)$, 그 점에서 곡선에 그은 접선이 X축과 이루는 각을 θ라 할 때 단면 C의 전단력을 S_x라 하면

$$S_x = (V_A - wx)\cos\theta - H_A \sin\theta = w\left\{\left(\frac{l}{2} - x\right) - \frac{l^2}{8h}\tan\theta\right\}\cos\theta$$

③ 휨모멘트

단면 C의 휨모멘트를 M_x라 하면

$$M_x = V_A x - H_A y - \frac{wx^2}{2} = w\left\{\left(\frac{l-x}{2}\right)x - \frac{l^2}{8h}y\right\}$$

④ 축방향력

단면 C에서의 축방향력을 A_x라 하면

$$A_x = -(V_A - wx)\sin\theta - H_A\cos\theta = w\left\{\left(\frac{l}{2} - x\right)\sin\theta + \frac{l^2}{8h}\cos\theta\right\}$$

아아치의 곡선이 포물선이라 하면

$$y = \frac{4h}{l^2}(l-x)x$$

$$\tan\theta = \frac{dy}{dx} = \frac{8h}{l^2}\left(\frac{l}{2} - x\right)$$

이때 임의난면 C에서는

전단력 $S_x = 0$

휨모멘트 $M_x = 0$

축방향력 $A_x = -\dfrac{w\,l^2}{8h}\left\{\dfrac{8h}{l^2}\left(\dfrac{l}{2} - x\right)\sin\theta + \cos\theta\right\}$

$$A_x = -H_A\sec\theta$$

위의 결과에 의하면 **등분포하중을 받는 포물선형 3힌지아치는 축방향력 즉 압축력만이 일어나므로 경제적인 구조이다.**

포물선 이외의 곡선으로 된 아아치가 등분포하중을 받으면, 응력으로서 휨모멘트와 전단력이 일어나지만, 동일경간의 등분포하중을 받는 단순보의 휨모멘트에 비하여 상당히 작은 휨모멘트가 생긴다.

9.5 그림과 같은 포물선 아치의 x=10m 지점에서 단면 C의 단면력을 구하여라.

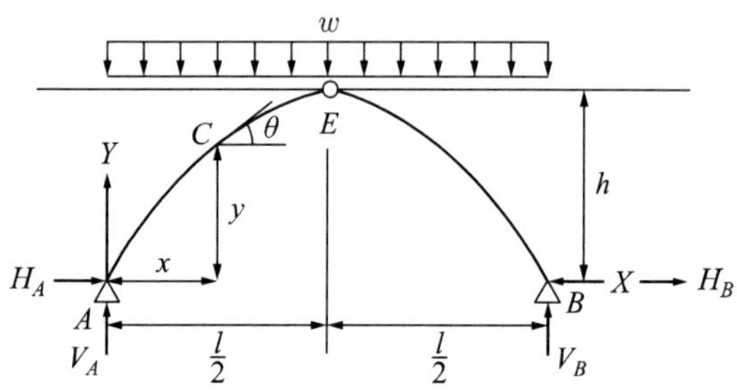

그림 9.16

풀이

$\sum M_B = 0$에서

$$V_A \times 30 - 20 \times 25 = 0$$

$$\therefore\ V_A = 16.67\ \text{kN}$$

$\sum M_E = 0$에서

$$-H_A \times 20 + V_A \times 15 - 20 \times 10 = 0$$

$$\therefore\ H_A = 2.5\ \text{kN}$$

$$y = \frac{4h}{l^2}(l-x)\,x = \frac{4 \times 20}{30^2}(30-10) \times 10 = 17.78\ \text{m}$$

$$\tan\theta = \frac{8h}{l^2}\left(\frac{l}{2} - x\right) = \frac{8 \times 20}{30^2}\left(\frac{30}{2} - 10\right) = 0.8889$$

$$\therefore\ \theta = 41°38'00''$$

$$S_C = (V_A - P)\cos\theta - H\sin\theta = (16.67 - 20)\cos\theta - 2.5\sin\theta$$

$$= -3.33 \times 0.74741 - 2.5 \times 0.66436 = -4.149\ \text{kN}$$

$$\therefore\ \cos\theta = 0.74741,\quad \sin\theta = 0.66436$$

$$A_C = -(V_A - P)\sin\theta - H\cos\theta = -(16.67 - 20)\sin\theta - 2.5\cos\theta$$

$$= 3.33 \times 0.66436 - 2.5 \times 0.74741 = 0.3438\ \text{kN}$$

$$M_C = V_A x - H_A y - P \times 5 = 16.67 \times 10 - 2.5 \times 17.78 - 20 \times 5 = 22.25\ \text{kN} \cdot \text{m}$$

제9장 연습문제

01. [그림 9.17]과 같은 라아멘을 풀고 단면력도를 그려라.

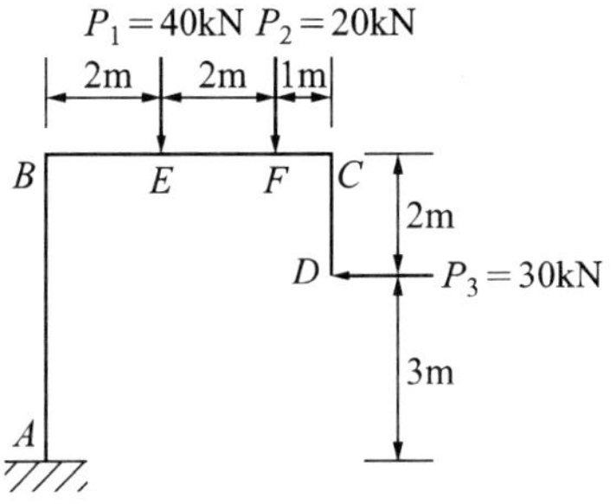

그림 9.17

02. [그림 9.18]과 같은 라아멘을 풀어라.

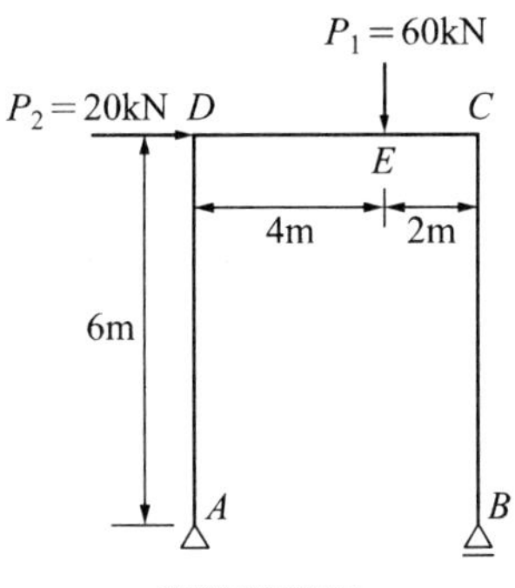

그림 9.18

03. [그림 9.19]와 같은 라아멘의 단면력도를 그려라.

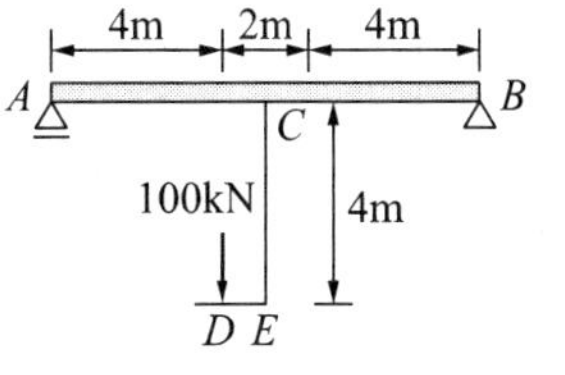

그림 9.19

04. [그림 9.20]과 같이 모멘트하중을 받는 라아멘을 풀어라.

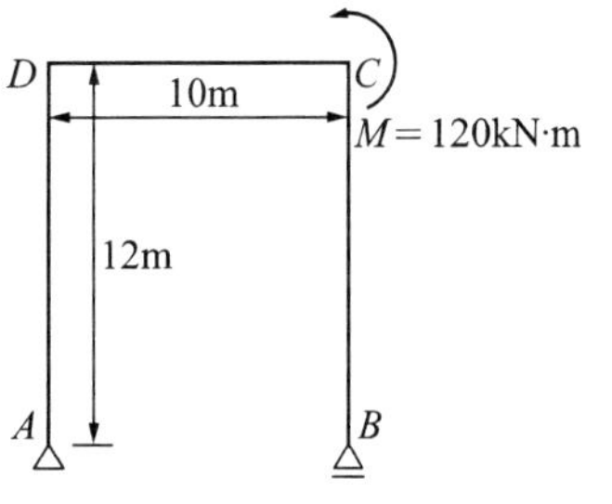

그림 9.20

05. [그림 9.21]과 같은 라아멘을 풀어라.

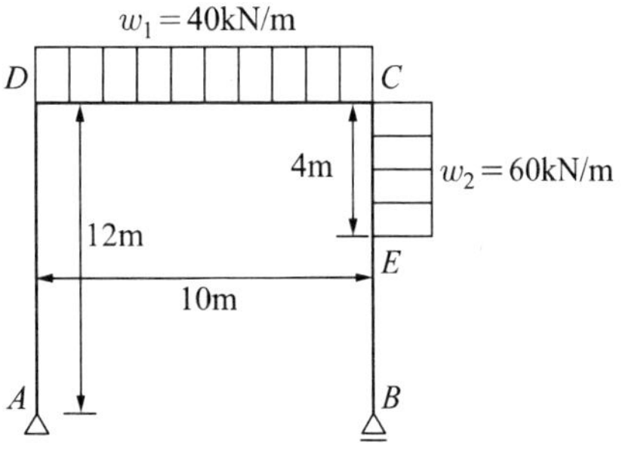

그림 9.21

06. [그림 9.22]와 같은 라아멘을 풀고 단면력도를 그려라.

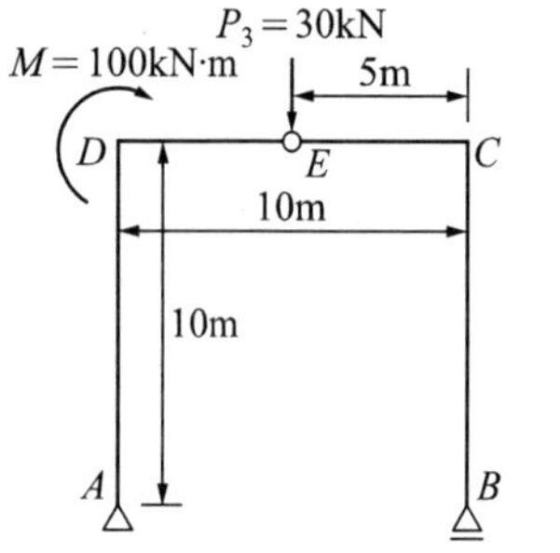

그림 9.22

07. [그림 9.23]과 같은 라아멘을 풀어라.

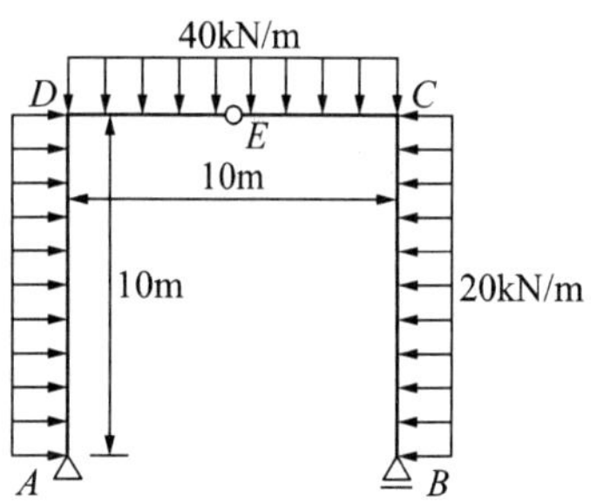

그림 9.23

08. [그림 9.24]와 같은 라아멘을 풀어라.

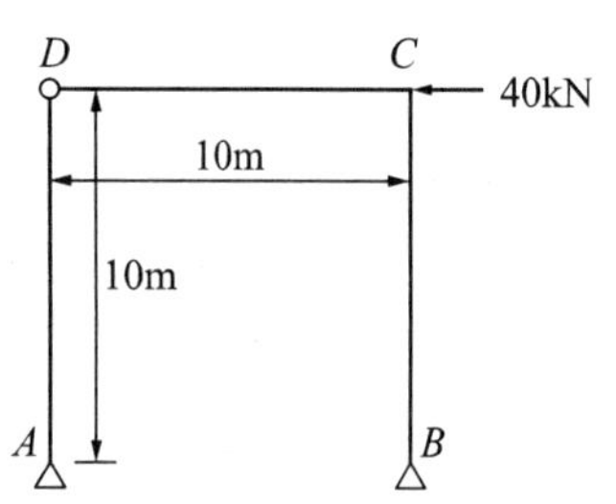

그림 9.24

09. [그림 9.25]와 같은 포물선 아아치의 A점에서 $x=10\,\text{m}$ 점의 단면력을 구하여라. 단 아아치는 $y=\dfrac{4h}{l^2}(l-x)\,x$ 인 포물선형이다.

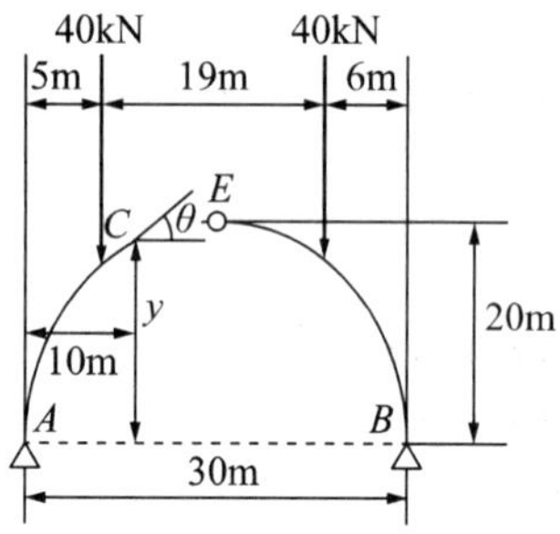

그림 9.25

answer $A_C=-39.004\text{ kN}$, $S_C=-32.887\text{ kN}$, $M_C=-693.45\text{ kN}\cdot\text{m}$

10. [그림 9.26]과 같은 아아치의 단면 C의 단면력을 구하여라. 단, 아아치는 문제 9와 동일한 포물선형이다.

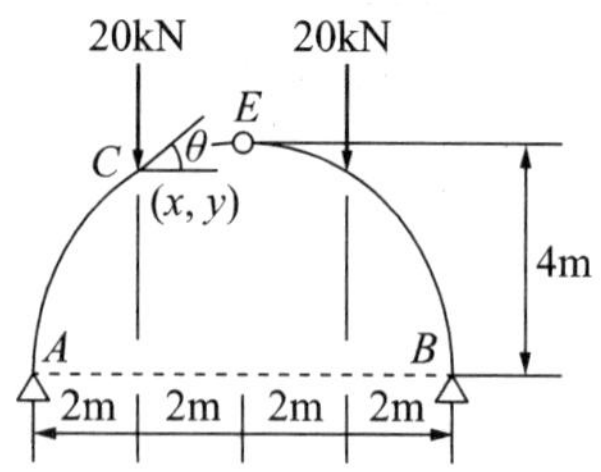

그림 9.26

answer $A_C=-2.121\text{ kN}$, $S_C=0.707\text{ kN}$, $M_C=0$

제 10 장

트러스

01 | 트러스의 개요

트러스는 직선이고 긴 부재를 삼각형으로 조합하여 연결시킨 구조물을 말한다. 실제로 사용되는 트러스는 입체 트러스 이지만 설계 계산에 있어서는 외력이나 부재는 전부 동일평면 내에 존재하는 평면 트러스로 생각한다. 트러스를 구성하는 삼각형은 역학적으로 안정하며 다음과 같은 기본 가정을 통하여 간단하게 계산을 할 수 있다.

트러스의 기본가정

① 부재는 마찰이 없는 힌지로만 연결되어 있다.
② 모든 하중은 절점에만 작용하며 재축의 중심에 작용한다.
③ 모든 부재는 직선이며 부재의 단면에는 인장, 압축만 존재한다. 곡선일 경우는 휨모멘트가 발생한다.
④ 외력으로 인한 트러스의 변형은 무시한다.
⑤ 일반적으로 트러스의 자중은 고려하지 않는다.

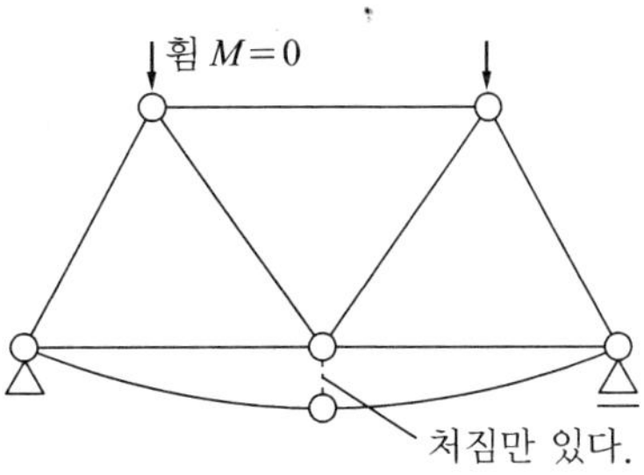

그림 10.1

앞의 내용과 같은 가정으로 인하여 휨모멘트는 발생하지 않으며 축방향력(인장, 압축)만 존재한다.
실제트러스의 절점은 대부분이 힌지가 아닌 볼트, 너트로 구성되어 있으나 차이가 없는 것으로 간주한다.

02 | 트러스 각 부분의 명칭 및 종류

2.1 부분의 명칭

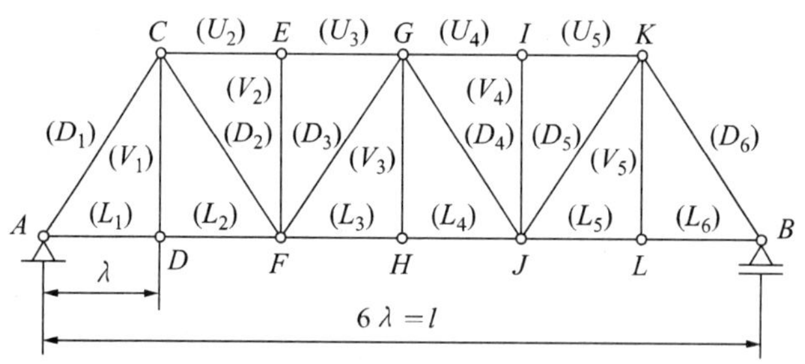

그림 10.2 트러스 명칭

① 현재 : 트러스의 외측 부재
   1) 상현재 : 위쪽의 현재[CE부재(또는 U_2), EG부재(또는 U_2) 등]
   2) 하현재 : 아래쪽의 현재[AD부재(또는 L_1), DF부재(또는 L_2) 등]

② 복부재 : 상하현재를 연결하는 내측의 부재
   1) 수직재 : 수직한 부재[CD부재(또는 V_1), EF부재(또는 V_2) 등]
   2) 경사재 : 경사진 부재[AC부재(또는 D_1), CF부재(또는 D_2) 등]

③ 단주 : 양단의 부재[AC부재, BK부재]

④ 격점 : 부재의 교점으로 절점이라고도 하며, 그림에서는 힌지 기호 ○를 사용하여 생략하는 경우도 많다.(A, D, C 등)

⑤ 격간길이 : 현재의 격점 사이의 거리(λ)

⑥ 지점 : 양 지점(A, B)

⑦ 지간 : 양 지점간의 길이(l)

2.2 트러스의 종류

트러스는 현재의 형태에 따라, 다음과 같이 분류된다.

① 직현 트러스 : 상하의 현재가 평행한 트러스

② 곡현 트러스 : 현재가 다각형인 트러스

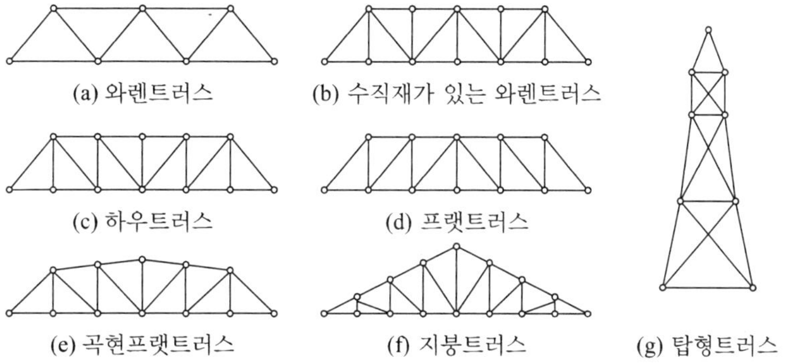

그림 10.3 트러스의 종류

2.3 트러스의 정정과 안정

- 외부적 안정 : 어떠한 하중을 받더라도 트러스 전체가 정지하고 있는 것(그림 10.4 (a))
- 내부적 안정 : 어떠한 하중을 받더라도 트러스의 형상이 변화하지 않는 것(b)
- 외부적 불안정 : 하중에 의해 트러스 전체가 이동하는 것(c)
- 내부적 불안정 : 하중에 의해 트러스의 형상이 변화되는 것(d)

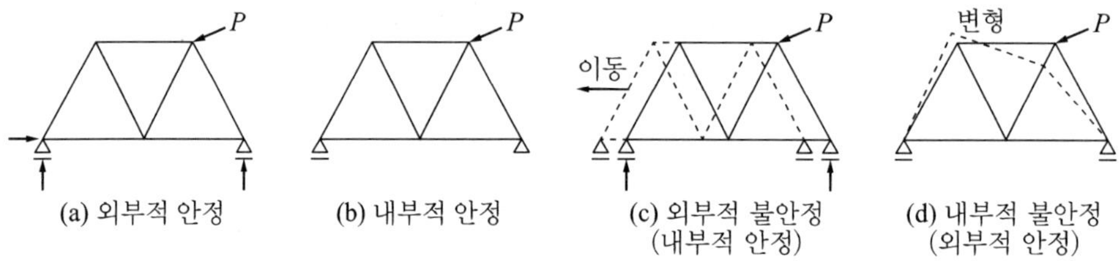

그림 10.4

정정과 부정정의 정의는 다음과 같다.

- 외부적 정정 : 지점반력이 전부 평형의 3조건으로 풀리는 것(그림 10.5 (a))
- 내부적 정정 : 어떤 부재나 삼각형의 한 변을 구성하여 각 부재응력이 전부 평형의 3조건으로 풀리는 것(b)
- 외부적 부정정 : 지점반력이 4개 이상이며 평형의 3조건으로 풀리지 않는 것(c)
- 내부적 부정정 : 필요 이상의 부재가 있어, 균형의 3조건으로 풀리지 않는 것(d)

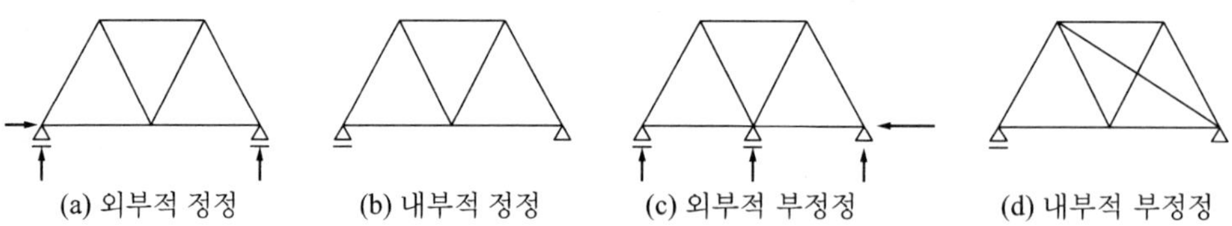

그림 10.5

[그림 10.6]과 같이 기본이 되는 △ABC를 고려할 경우, 부재는 3개, 힌지도 3개이다. 이것에 △BCD를 연결시키면, 부재는 2개, 힌지는 1개가 증가한다. 마찬가지로 △CDE에 관해서도 부재가 힌지가 증가하는 것은 같다. 이것으로부터, 삼각형이 하나 늘어나는 것에 의해 부재와 힌지는 2 : 1의 비율로 증가한다. 이로부터 트러스의 총 부재수를 m, 총 절점수를 P라고 하면 다음 식이 성립한다.

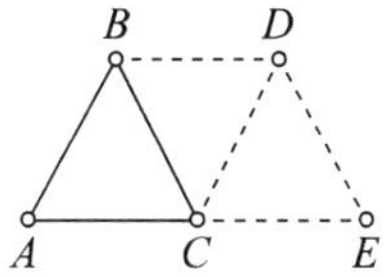

그림 10.6

$$(m-3):(P-3)=2:1 \tag{10.1}$$

$\therefore m=2P-3$

$m=2P-3$ ⇒내부적 정정

$m>2j-3$ ⇒내부적 부정정

($n=m-2P+3n$을 내부적 부정정차수라고 한다.)

$m<2P-3$ ⇒내부적 불안정

또한 트러스가 외부적정정이기 위해서는 반력수 r이 3개가 되어야 한다.

⇓

$$r-3=0$$

따라서, 트러스가 내부적, 외부적으로도 정정인지 어떤지의 판별실은 다음과 같이 된다.

$$N=m-2P+r \tag{10.2}$$

$N<0$ ⇒불안정

$N=0$ ⇒안정·정정

$N>0$ ⇒안정·부정정(N차의 부정정)

10.1 다음 그림의 트러스의 안정을 판별하라.

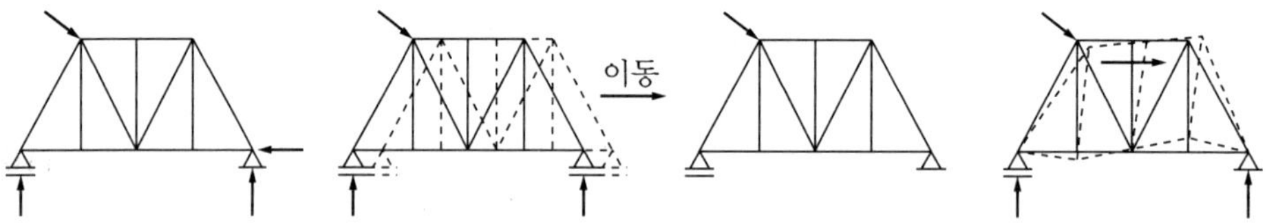

(a) (b) (c) (d) 내적불안정(외적안정)

그림 10.7

풀이

그림 (a), $m=13,\ p=8,\ r=3\quad (m=2p-3)$

$$N=13-2\times 8+3=13-16+3=0$$ 안정·정정

그림 (b), $m=13,\ p=8,\ r=2\quad (m=2p-3)$

$$N=13-16+2=-1$$ 외적 불안정

그림 (c), 그림 (a)와 같음

그림 (d), $m=11,\ p=8,\ r=3\quad (m<2p-3)$

$$N=11-16+3=-2$$ 내적 불안정

03 | 트러스 부재의 해석

트러스 부재의 응력을 계산하는 방법에는 다음과 같은 방법이 있으며, 가장 편하고 정확하게 계산할 수 있는 방법을 선택한다.

- 해석법
  - 격점법(절점법)
  - 단면법
    - 쿨만법(전단력법)
    - 리터법(모멘트법)

3.1 절점법(격점법)

트러스가 안정을 가지고 파괴되지 않는다고 하는 것은 각 격점에 있어서, 외력과 부재의 응력이 균형을 이루기 때문이며, 균형의 조건식 $\Sigma V=0$, $\Sigma H=0$, $\Sigma M=0$이 성립한다. 이중 각 격점에서의 $\Sigma H=0$, $\Sigma V=0$를 이용하여 미지부재의 응력을 구하는 방법을 격점법이라 한다. 격점법에 의한 해법은, 다음과 같다.

- 격점법에 의한 계산의 순서(그림 10.8)

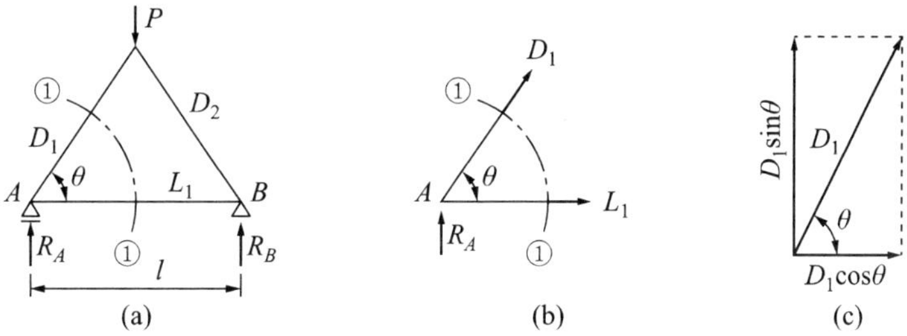

그림 10.8

① 지점반력 R_A, R_B을 구한다.

② 그림 (a)와 같이 가상절단면 ①－①를 그려서 구하고자 하는 부재응력 D_1, L_1과 R_A가 평형상태에 있다고 생각한다.

③ 그림 (b)와 같이 어느 부재나 처음에는 모두 인장응력이 생기는 것으로 가정하여 절단면에 대해 인장방향으로 화살표를 붙인다.

④ 격점 A에서 $\Sigma V=0, \Sigma H=0$을 적용하여 D_1, L_1을 구한다.

⑤ 수직분력과 수평분력을 구하고 (그림 (c)), 상향과 오른쪽 방향을 ⊕, 아래 방향과 왼쪽 방향을 ⊖로 계산한다. 결과가 ⊖이면 구하는 부재응력은 가정과 반대의 압축력이 된다.

⑥ 차례로 격점을 이동하며 미지의 부재응력을 구한다. 단지, 미지부재가 3개 이상이 되면 풀리지 않기 때문에 2개 이하가 되도록 격점을 골라야 한다. 또한, 한번 구한 부재응력이 압축력이 (⊖)이라고 하더라도 다음의 부재응력을 구하는 경우에는 인장력으로서

계산식을 만들고 수식을 대입할 때 (−)부호를 붙인다.

10.2 다음 그림과 같은 트러스를 격점법으로 각부재의 응력을 구하여라.

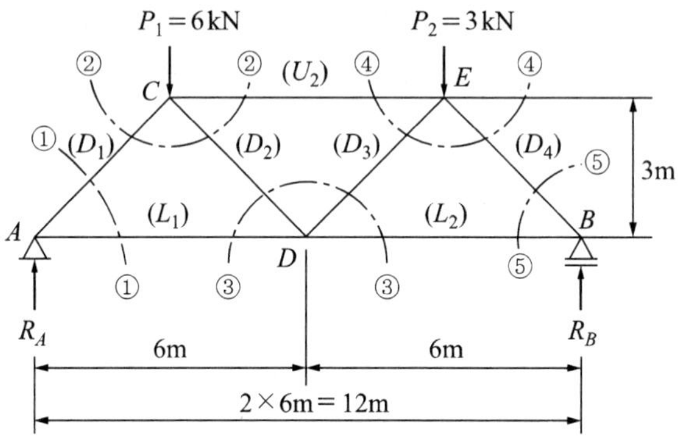

그림 10.9

풀이

반력 R_A, R_B는 $\Sigma M_B = 0$로부터,

$$\Sigma M_B = R_A \times 12 - 6 \times 9 - 3 \times 3 = 0$$

그러므로, $R_A = \dfrac{1}{12} \times (54+9) = 5.25\text{kN}$

$\Sigma V = 0$로부터,

$$R_B = \Sigma P - R_A = 9 - 5.25 = 3.75\text{kN}$$

[그림 10.10]의 ①−①단면에서,

$\Sigma V = 0$로부터,

$$\Sigma V = R_A + D_1 \sin\theta = 0$$

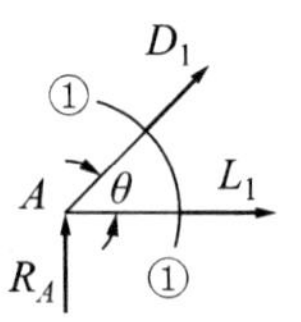

그림 10.10

그러므로,

$$D_1 = -\frac{R_A}{\sin\theta} = -5.25 \times \frac{\sqrt{2}}{1} = -5.25\sqrt{2} = -7.42\text{kN}(\text{압축력})$$

$\Sigma H = 0$으로부터,

$$\Sigma H = D_1 \cos\theta + L_1 = 0$$

그러므로,

$$L_1 = -D_1\cos\theta = -\left(-5.25\sqrt{2}\times\frac{1}{\sqrt{2}}\right) = 5.25\text{kN}$$ (인장력)

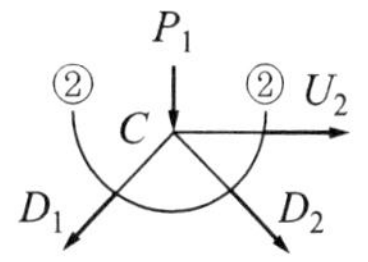

그림 10.11

다음으로, [그림 10.11]의 ②－②단면에서 ΣV＝0로부터,

$$\sum V = -D_1\sin\theta - D_2\sin\theta - P_1 = 0$$

그러므로,

$$D_2 = \frac{1}{\sin\theta}(-D_1\sin\theta - P_1) = \sqrt{2}\times\left(5.25\sqrt{2}\times\frac{1}{\sqrt{2}}-6\right) = -0.75\sqrt{2} = -1.06\text{kN}$$ (압축력)

$\sum H = 0$로부터,

$$\sum H = -D_1\cos\theta + D_2\cos\theta + U_2 = 0$$

그러므로,

$$U_2 = D_1\cos\theta - D_2\cos\theta = -5.25\sqrt{2}\times\frac{1}{\sqrt{2}} - \left(-0.75\sqrt{2}\times\frac{1}{\sqrt{2}}\right) = -4.5\text{kN}$$ (압축력)

[그림 10.12]의 ③－③단면에서 ΣV＝0로부터,

$$\sum V = D_2\sin\theta + D_3\sin\theta = 0$$

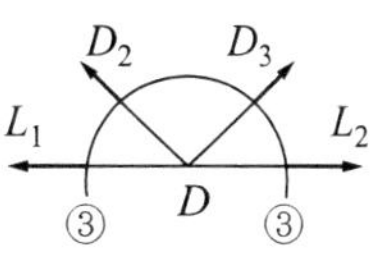

그림 10.12

그러므로,

$$D_3 = -D_2 = -(-0.75\sqrt{2}) = 0.75\sqrt{2} = 1.06\text{kN}$$ (인장력)

$\sum H = 0$로부터,

$$\sum H = -L_1 - D_2\cos\theta + D_3\cos\theta + L_2 = 0$$

그러므로,

$$L_2 = L_1 + D_2\cos\theta - D_3\cos\theta = 5.25 + (-0.75\sqrt{2})\times\frac{1}{\sqrt{2}} - 0.75\sqrt{2}\times\frac{1}{\sqrt{2}}$$

$$= 3.75\text{kN}$$(인장력)

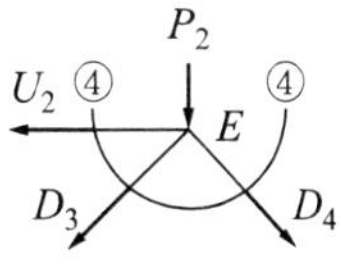

그림 10.13

[그림 10.13]의 ④－④단면에서, ΣV＝0로부터,

$$\sum V = -D_3\sin\theta - D_4\sin\theta - P_2 = 0$$

그러므로,

$$D_4 = \frac{1}{\sin\theta}(-D_3\sin\theta - P_2) = \sqrt{2}\times\left(-0.75\sqrt{2}\times\frac{1}{\sqrt{2}}-3\right) = -3.75\sqrt{2} = -5.30\text{kN}$$(압축력)

여기에서 검산을 위해, [그림 10.14]의 ⑤－⑤단면에서,

$\sum V = 0$로부터,

$$\sum V = D_4\sin\theta + R_B = 0$$

그러므로,

$$D_4 = -\frac{R_B}{\sin\theta} = -3.75\sqrt{2} = -5.30\text{kN}$$

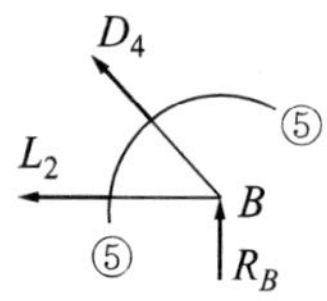

그림 10.14

$\Sigma H = 0$로부터,

$$\Sigma H = -L_2 - D_4\cos\theta = 0$$

그러므로,

$$L_2 = -D_4\cos\theta - \left(-3.75\sqrt{2}\times\frac{1}{\sqrt{2}}\right) = 3.75\text{kN}$$

10.3 [그림 10.15]에서와 같은 와렌트러스의 모든 부재력을 구하여라.

풀이

부재력수 $m=7$, 반력수 $r=3$, 절점수 $p=5$

$$\therefore\ n = m + r - 2p = 7 + 3 - 2\times 5 = 0$$

따라서 정정트러스이다.

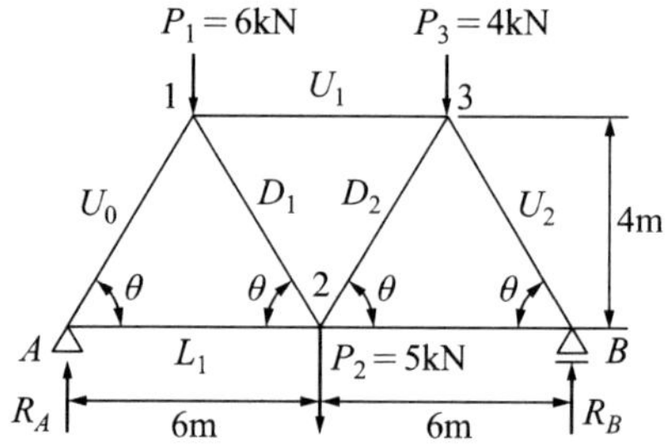

그림 10.15

$$R_A = \frac{6\times 9 + 5\times 6 + 4\times 3}{12} = 8\text{ kN}$$

$$R_B = \frac{6\times 3 + 5\times 6 + 4\times 9}{12} = 7\text{ kN}$$

기하학적 관계에서

$$\sin\theta = 0.8,\ \cos\theta = 0.6$$

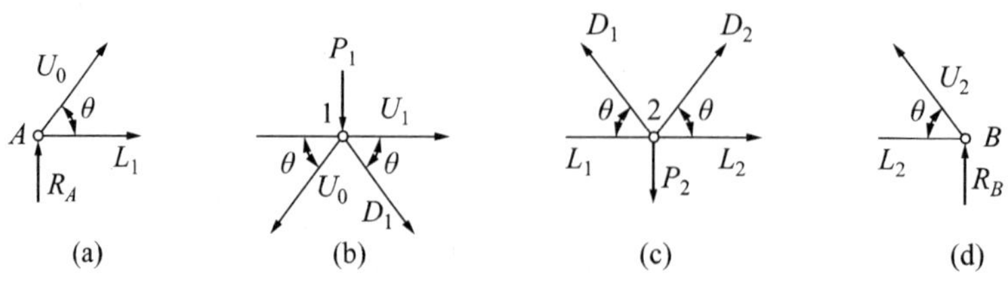

그림 10.16

[그림 10.16] (a)의 절점 A에서의 평형조건식을 세우면

$$\sum V = 0\ ;\ R_A + U_o\sin\theta = 0$$

$$\therefore\ U_o = -\frac{R_A}{\sin\theta} = \frac{8}{0.8} = -10\ \text{kN}$$

$$\sum H = 0\ ;\ U_o\cos\theta + L_1 = 0$$

$$\therefore\ L_1 = -U_o\cos\theta = 10\times 0.6 = 6\ \text{kN}$$

그림 (b)의 절점 1에서 평형조건식을 세우면

$$\sum V = 0\ ;\ P_1 + U_o\sin\theta + D_1\sin\theta = 0$$

$$\therefore\ D_1 = -\frac{1}{\sin\theta}(P_1 + U_o\sin\theta)$$

$$D_1 = \frac{R_A - P_1}{\sin\theta} = \frac{8-6}{0.8} = 2.5\ \text{kN}$$

$$\sum H = 0\ ;\ U_1 - U_o\cos\theta + D_1\cos\theta = 0$$

$$\therefore\ U_1 = (U_o - D_1)\cos\theta = (-10-2.5)\times 0.6 = -7.5\ \text{kN}$$

그림 (c)를 참조하여 절점에 평형조건식을 세우면

$$\sum V = 0\ ;\ D_1\sin\theta + D_2\sin\theta - P_2 = 0$$

$$\therefore\ D_2 = -D_1 + \frac{P_2}{\sin\theta =} - 2.5 + \frac{5}{0.8} = 3.75\ \text{kN}$$

$$\sum H = 0\ ;\ D_1\cos\theta - D_2\cos\theta + L_1 - L_2 = 0$$

$$\therefore\ L_2 = L_1 + (D_1 - D_2)\cos\theta = 6 + (2.5 - 3.75)\times 0.6 = 5.25\ \text{kN}$$

그림 (d)에 보인 절점 B의 평형조건에서

$$\sum V = 0\ ;\ R_B + U_2\sin\theta = 0$$

$$\therefore\ U_2 = -\frac{R_B}{\sin\theta} = -\frac{7}{0.8} = -8.75\ \text{kN}$$

또 수평방향의 평형조건식을 세워서 구할 수도 있다.

$$\sum H = 0\ ;\ U_2\cos\theta + L_2 = 0$$

$$\therefore\ L_2 = -U_2\cos\theta = 8.75\times 0.6 = 5.25\ \text{kN}$$

이것은 위에서 구한 값과 일치한다.

3.2 단면법

앞에서 배운 격점법은 트러스의 각 부재를 격점을 중심으로 절단하여 해석하였으나, 단면법은, 미지응력이 세 개 이하가 되도록 임의의 단면으로 절단된다고 가정하고, 절단면의 부재응력과 다른 부분의 외력이 힘의 균형을 이룬다고 생각하여 각 부재의 응력을 구하는 방법이다.

임의의 단면으로 절단했을 때, 미지의 부재응력이 3개 이하이고, 외력과 절단면의 부재응력이 평형이라고 생각하여 각 부재응력을 구하는 방법을 단면법이라고 한다.

[그림 10.17] (a)같은 트러스에 있어서 ①－① 단면으로 절단한 경우 절단면의 좌측의 하중 P와 반력 R_A가 부재응력 U, D, L과 평형이 되어 있다고 생각한다. 즉, 평형의 조건 $\Sigma V=0$, $\Sigma M=0$이 성립한다.

$\Sigma V=0$는 전단력이 평형이 되어있는 것으로, 이것으로부터 미지의 부재응력을 구하는 방법을 쿨맨법이라고 한다. 또한, $\Sigma M=0$은 휨 모멘트가 평형이 된 것으로 이것을 이용하여 미지의 부재응력을 구하는 방법을 리터법이라고 한다.

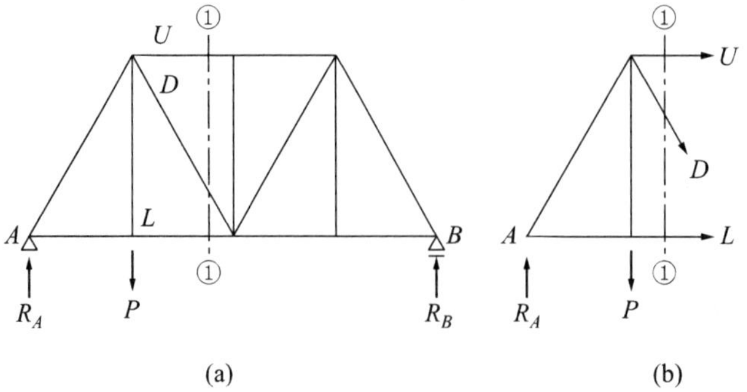

그림 10.17

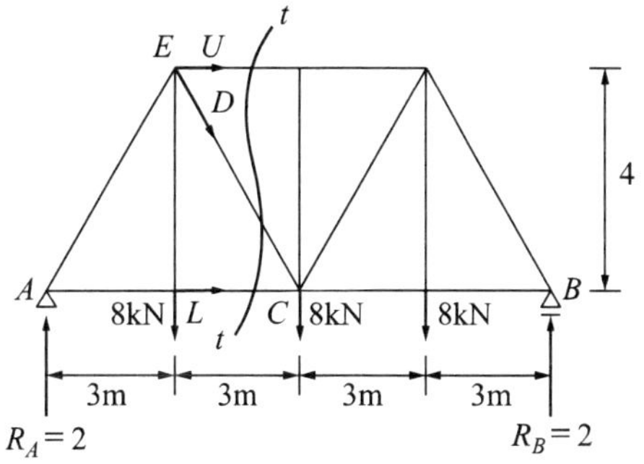

그림 10.18

단면법의 해석 순서는 다음과 같다.

단순보와 같은 방법으로 반력을 구하고 난 다음

① 구하고자 하는 부재를 포함하는 단면을 절단($t-t$단면)하여 어느 한 쪽의 자유물체도를 고려

② 미지의 절단부재(U, D, L)의 방향을 ⊕인장으로 가정

∴방향을 전단면 방향으로 향하게

③ 상현재(U) : 자신을 제외한 나머지 부재(D, L)의 연장선의 교점(C)에 $\Sigma M_C = 0$(평형방정식 수립)

$$\Sigma M_C = 0 \qquad R_A \times 6 - 8 \times 3 + U \times 4 = 0$$

$$U = \frac{1}{4}(-12 \times 6 + 24) = -12\text{kN (압축)}$$

④ 하현재(L)

$$\Sigma M_E = 0 \qquad R_A \times 3 - L \times 4 = 0$$

$$L = \frac{1}{4}(12 \times 3) = 9\,\text{kN (인장)}$$

⑤ 사재(D)

$$\Sigma V = 0 \text{ 사용} \qquad R_A - 8 - D\sin\frac{4}{5}\theta = 0$$

$$D = \frac{5}{4}(12 - 8) = 5\text{kN (인장)}$$

10.4 다음과 같은 플랫 트러스의 U_2, D_2, L_2의 각 부재의 응력을 단면법으로 계산하라.

풀이

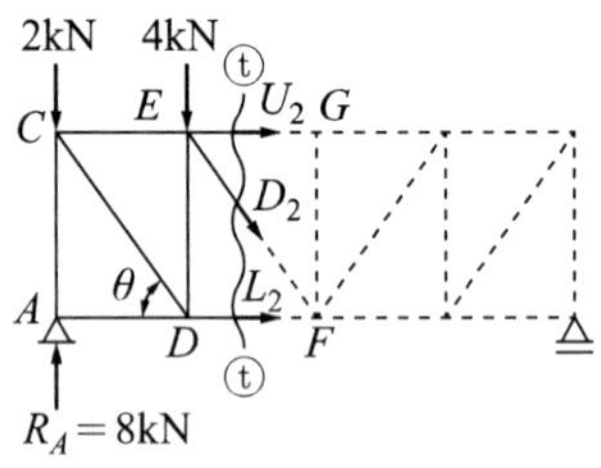

그림 10.19

[그림 10.19]와 같이, ⓣ－ⓣ단면으로 절단한다.

$\sum V = 0$으로부터,

$$\sum V = R_A - 2 - 4 - D_2 \sin\theta = 0$$

그러므로, $D_2 = \dfrac{1}{\sin\theta}(R_A - 2 - 4) = \dfrac{5}{4} \times 2 = 2.5\text{kN}$ (인장력)

$\sum M_E = 0$으로부터,

$$\Sigma M_E = R_A \times 3 - 2 \times 3 - L_2 \times 4 = 0$$

그러므로, $L_2 = \dfrac{1}{4} \times (R_A \times 3 - 2 \times 3) = \dfrac{18}{4} = 4.5\text{kN}$ (인장력)

$\sum M_F = 0$으로부터,

$$\Sigma M_F = R_A \times 6 - 2 \times 6 - 4 \times 3 + U_2 \times 4 = 0$$

그러므로, $U_2 = \dfrac{1}{4} \times (-R_A \times 6 + 12 + 12) = \dfrac{-24}{4} = -6\text{kN}$ (압축력)

10.5 [그림 10.20]과 같은 와랜트러스의 부재응력 U_1, D_2, L_3를 구하여라.

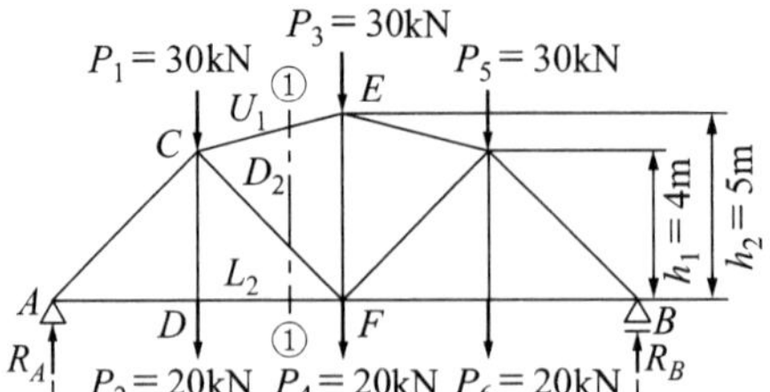

그림 10.20

풀이

반력 R_A, R_B은 [그림 10.20]과 같이 단순보로서 구한다.

$$R_A = R_B = \frac{\Sigma P}{2} = \frac{50+50+50}{2} = 75\,\text{kN}$$

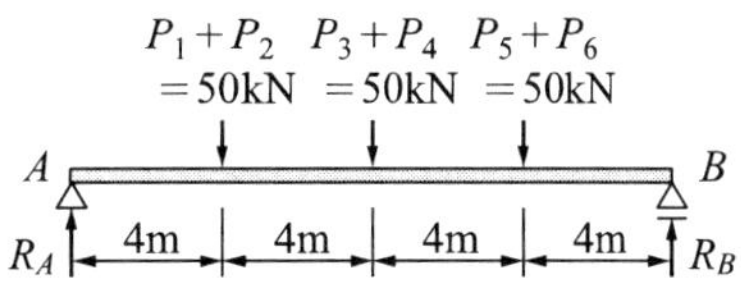

그림 10.21

우선, [그림 10.21]의 a, b, h를 구한다.

△CEG∽FEI이므로

$$\overline{\text{CE}}:\overline{\text{EF}} = \overline{\text{CG}}:\overline{\text{FI}}$$

$$\therefore\ \overline{\text{FI}} = \frac{\overline{\text{CG}}\cdot\overline{\text{EF}}}{\overline{\text{CE}}} = \frac{4\times 5}{\sqrt{(5-4)^2+4^2}} = 4.85\text{m} = h$$

△COD∽ECG이므로

$$\overline{\text{OD}}:\overline{\text{CG}} = \overline{\text{CD}}:\overline{\text{EG}}$$

$$\therefore\ \overline{\text{CD}} = \frac{\overline{\text{CG}}\cdot\overline{\text{CD}}}{\overline{\text{EG}}} = \frac{4\times 4}{5-4} = 16\text{m} = 4+a$$

$$\therefore\ a = 12\text{m}$$

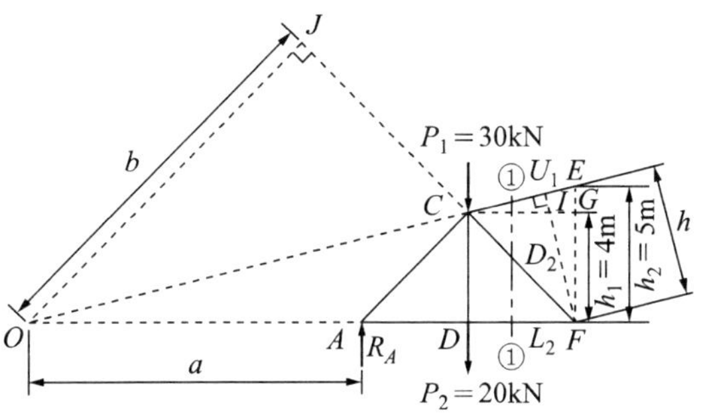

그림 10.22

△FJO∽△FDC이므로

$$\overline{\text{OJ}}:\overline{\text{CD}} = \overline{\text{OF}}:\overline{\text{CF}}$$

$$\therefore\ \overline{\text{OJ}} = \frac{\overline{\text{CD}}\cdot\overline{\text{OF}}}{\overline{\text{CF}}} = \frac{4\times(12+8)}{\sqrt{4^2+4^2}} = 14.14\text{m} = b$$

다음으로, 미지부재응력을 ①–① 단면에 있어서 구하면,

$\Sigma M_F = 0$으로부터

$$R_A\times 8 - (P_1+P_2)\times 4 + U_1\times h = 0$$

$$\therefore\ U_1 = \frac{1}{h}(p_1+p_2)\times 4 - R_A\times 8 = \frac{1}{4.85}(30+20)\times 4 - 75\times 8 = -82.5\text{kN}(\text{압축력})$$

$\Sigma M_0 = 0$으로부터

$$-R_A \times a - (P_1 + P_2) \times (a+4) + D_2 \times b = 0$$

$$\therefore\ D_2 = \frac{1}{b} R_A \times a - (P_1 + P_2) \times (a+4)$$

$$= \frac{1}{14.14} 75 \times 12 - (30+20) \times (12+4) = 7.07\text{kN}(\text{인장력})$$

$\Sigma M_C = 0$으로부터

$$R_A \times 4 - L_2 \times h_1 = 0$$

$$\therefore\ L_2 = \frac{1}{h_1} R_A \times 4 = \frac{1}{4} \times 75 \times 4 = 75\text{kN}(\text{인장력})$$

제10장 연습문제

01. [그림 10.23]과 같은 와렌트러스의 부재력 U, D, L를 구하여라.

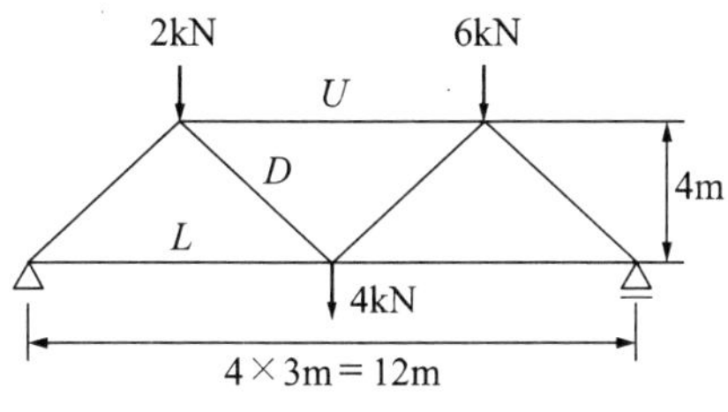

그림 10.23

answer $U = -6$ kN, $D = 3.75$ kN, $L = 3.75$ kN

02. [그림 10.24]와 같이 하우트러스의 부재 L_1의 부재력은?

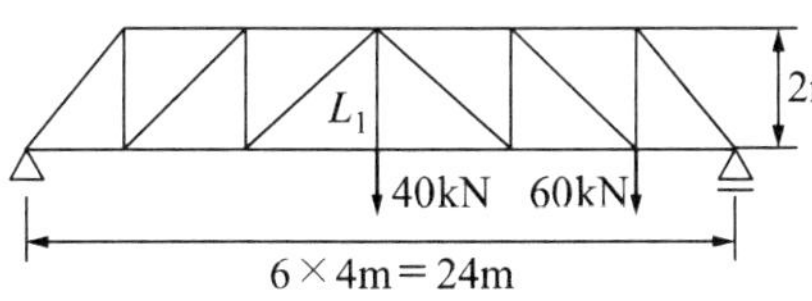

그림 10.24

03. [그림 10.25]와 같은 트러스의 부재력 U, D_1, D_2를 구하여라.

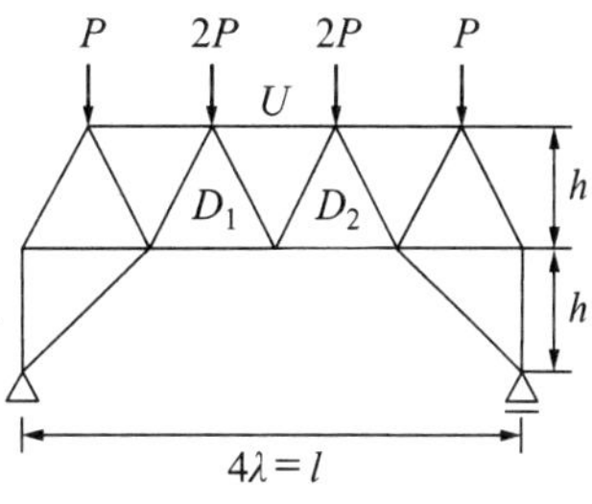

그림 10.25

04. 대표적인 트러스 3개를 들어 그리고 각 명칭을 말하라.

05. [그림 10.26]의 트러스 각 부재의 응력을 구하여라.

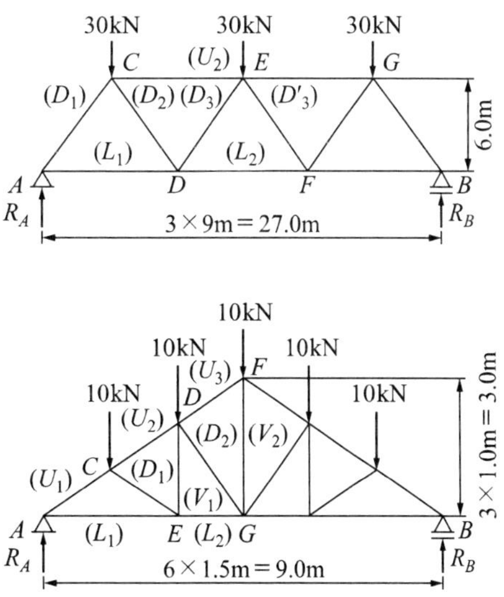

그림 10.26

06. [그림 10.27]과 같은 곡현 와렌트러스의 부재 U_2, D_2, L_2를 구하여라.

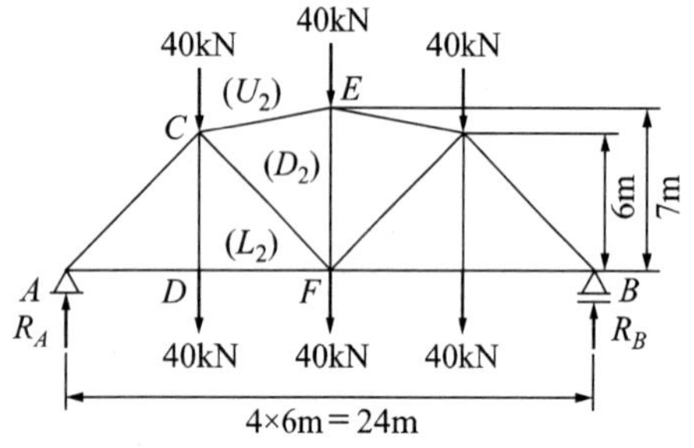

그림 10.27

제 11 장 기둥

기둥이란 축방향으로 압축력을 받는 부재를 말하며 단주와 장주로 나누어진다. 단주는 길이가 하중을 받는 면적에 비하여 상대적으로 작아서 압축하중에 의해 주위가 부풀어 오르면서 파괴가 된다. 반면에 장주는 상대적으로 길이가 길어서 압축하중과 편심하중의 모멘트로 인하여 휘어지면서 파괴되는 형상을 갖는데 이 같은 현상을 좌굴(buckling)이라고 하며 장주의 파괴 원인이 된다.

01 | 단주

1.1 중심 축방향하중을 받는 단주

중심 축방향하중을 받는 단주의 수직응력은 응력은 제3장에서와 같이

$$f_c = \frac{P}{A} \tag{11.1}$$

여기서 f_{ca}를 허용압축력이라 하면

$$f_c = \frac{P}{A} \leqq f_{ca} \tag{11.2}$$

위의 식 (11.2)가 만족하도록 기둥의 최소단면적 A를 결정하게 된다.

11.1 [그림 11.1]과 같이, 직경 15cm, 높이 30cm의 콘크리트 공시체를 이용하여 압축시험을 했을 때, 600kN에서 파괴되었다. 이 콘크리트의 압축응력(압축강도)을 구하여라. 또한, 안전율을 3으로 한 경우에 허용압축응력을 구하여라.

그림 11.1

풀이

기둥의 높이는 직경의 2배이므로, 단주로 하여 계산한다.

$$A=\frac{\pi d^2}{4}=\frac{\pi\times 15^2}{4}=177\text{cm}^2$$

$$f_c=-\frac{P}{A}=-\frac{600\times 10^3}{177\times 10^2}=-34\text{N/mm}^2=-34\text{Mpa}$$

$$f_{ca}=\frac{f_c}{s}=-\frac{34}{3}=-11.3\text{MPa}$$ 또는 압축 11.3MPa

1.2 편심하중을 받는 단주

단주에 편심하중이 작용했을 때에 응력을 구하는 데에는 편심하중에 의해 기둥이 얼마나 변형되는가를 생각한다. 즉, [그림 11.2] (a)와 같이 도심 G로부터 x축 상에 편심거리 e만큼 떨어진 점 E에 하중 P가 작용하면 그림 (b)와 같이 변형한다. 이것은 그림 (c)와 같은 하중 P가 단면의 도심 G에 작용하는 경우에 변형 1과 그림 (d)와 같은 하중 P와 편심거리 e 에 의한 휨모멘트 $M=Pe$의 작용을 받아서, 휘어지는 변형 2가 함께 작용하는 것이다.

이 변형의 상태로부터 편심하중을 받는 단주의 응력을 구하면, 그림 (c)의 변형 I에서는, 전항에서 배운 $f_c=-P/A$로 구해지며, 그림 (d)의 변형 II에서는 앞에서 학습한 $f=\pm M/W$로 구할 수 있다. 그리고 그림 (b)의 전체 응력은 그림 (c)와 그림 (d)인 상태의 응력을 더한 합성응력이며, 이 관계를 그림으로 표시한다면 [그림 11.2]와 같이 된다.

그림 (e)으로부터, 기둥의 A, B 양 끝에 생기는 응력도 f_A는 압축응력을 음, 인장응력 f_B를 양으로 하면 다음과 같이 된다.

$$\left.\begin{aligned} f_A &= -\frac{P}{A} + \frac{M}{I}x_1 \\ f_B &= -\frac{P}{A} - \frac{M}{I}x_2 \end{aligned}\right\} \qquad (11.3)$$

이러한 합성응력은 편심거리 e에 변화에 따라 그림 (e)처럼 변화한다.

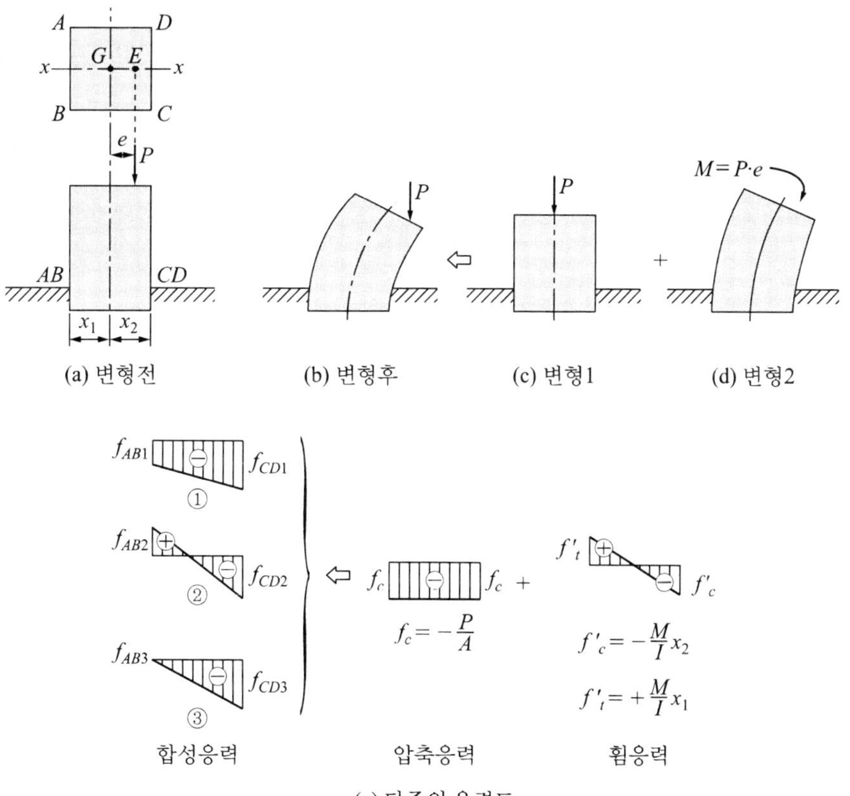

(e) 단주의 응력도

그림 11.2

① e가 작을 때, 전단면에 압축응력 발생
② e가 클 때, 부분적으로 인장응력이 발생
③ e가 ①과 ②의 사이일 때, 압측응력이 0이 되는 곳이 생긴다.

11.2 [그림 11.3]과 같은 직사각형 단면의 단주에 150 kN의 하중이 중심으로부터 100 cm 만큼 편심 되어 있을 경우 부재에 생기는 최대응력과 최소응력을 구하고 응력도를 그려라.

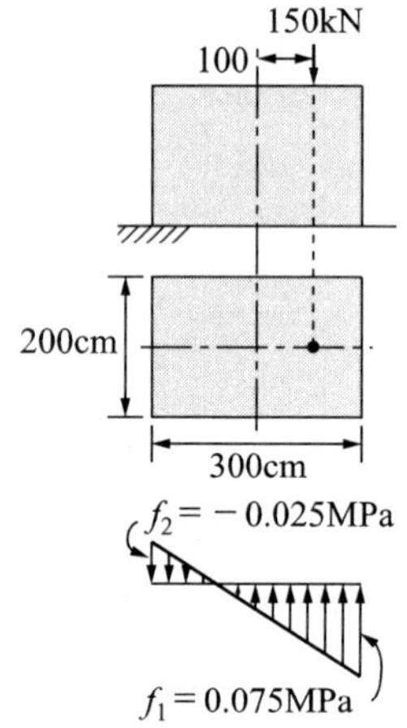

그림 11.3

풀이

$$M = P \cdot e = 150 \times 1.0 = 150\text{ kN} \cdot \text{m} = 150 \times 10^6\text{ N} \cdot \text{mm}$$

$$I_y = \frac{bh^3}{12} = \frac{2{,}000 \times 3{,}000^3}{12} = 4.5 \times 10^{12}\text{ mm}^4$$

최대응력을 f_1이라 하면

$$f_1 = \frac{P}{A} + \frac{M}{I_y}x = \frac{150 \times 10^3}{2{,}000 \times 3{,}000} + \frac{150 \times 10^6 \times 1{,}500}{4.5 \times 10^{12}}$$
$$= 0.025 + 0.05 = 0.075\text{ MPa}$$

최소응력을 f_2라 하면

$$f_2 = \frac{P}{A} - \frac{M}{I_y}x = 0.025 - 0.05 = -0.025\text{ MPa}$$

11.3 [그림 11.4]의 (a)에서 지름 80cm, 편심 거리 $e_x = 15$cm, 편심 하중 $P = 400$kN일 때에 각 점 A, B, F의 응력 f_A, f_B, f_F를 구하여라.

풀이

$$A = \frac{\pi d^2}{4} = \frac{\pi \times 80^2}{4} = 5{,}027\text{cm}^2$$

y에 대한 단면 일차모멘트는 I_y

$$I_y = \frac{\pi d^4}{64} = \frac{\pi \times 80^4}{64} = 2{,}010{,}619\text{cm}^4$$

휨모멘트는

$$M_x = P \times e_x = 4.0 \times 10^5 \times 15 = 6.0 \times 10^6\text{N} \cdot \text{cm}$$

그런데 응력을 구하고자 하는 위치가 모두 x축 위에 있으므로, 여기서는 응력의 일반식을 사용하기로 한다.

즉, 식 (11.3)로부터

$$f = -\frac{P}{A} + \frac{M_x}{I_y}x = -\frac{4.0 \times 10^5}{502{,}700} + \frac{6.0 \times 10^7}{2{,}010{,}619 \times 10^4}x$$

$$= -0.796 + 0.003x$$

따라서, 점 A의 응력 f_A는 $x = -400\text{mm}$를 위의 식에 대입하면

$$f_A = -0.796 + 0.003x = -0.796 + 0.003 \times (-400)$$

$$= -2.0\text{N/mm}^2 = 2.0\text{MPa}$$

점 B의 응력 f_B는 $x = 400\text{mm}$를 위의 식에 대입하면,

$$f_A = -0.796 + 0.003 \times 400\text{mm} = 0.4\text{MPa}$$

점 F의 응력 f_F는 $x = -150\text{mm}$를 위의 식에 대입하면,

$$f_F = -0.796 + 0.003 \times (-150) = -1.2\text{N/mm}^2 = -1.2\text{MPa}$$

이들의 결과를 도시하면 그림 (b)와 같다.

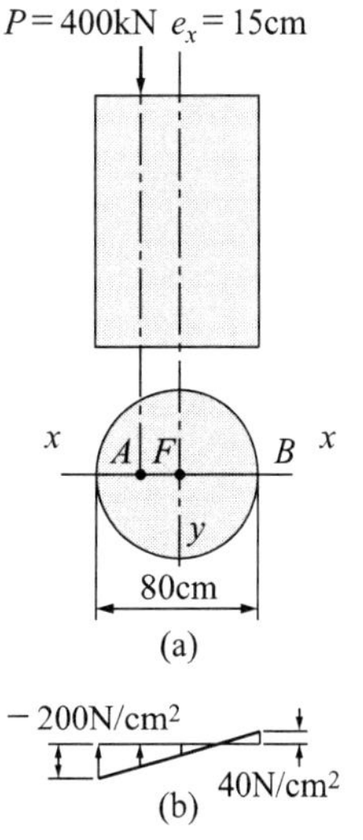

그림 11.4

11.4 예제 11.3에서 점 B에 인장응력이 발생하지 않도록 하기 위해서는 편심 거리 e는 어느 범위에 있어야 하는가?

풀이

인장 응력이 생기지 않도록 하는 것은 $f_B \leqq 0$이어야 한다. 즉,

$$f_B = -\frac{P}{A} + \frac{P \cdot e}{I}x \leqq 0$$

이 관계로부터 e를 구하면 다음과 같다.

$$\frac{P \cdot e}{I}x \leqq \frac{P}{A} \text{로부터 } e \leqq \frac{I}{Ax}$$

그러므로 $e \leqq \dfrac{2{,}010{,}619 \times 10^4}{502{,}700 \times 400} = 100\text{mm}$

1.3 복편심이 작용할 경우

[그림 11.5]와 같이 압축력의 작용점이 도심을 통과하는 x 축, y축 이외의 점 E에 작용하는 경우의 응력을 구해보자.
해결 방법으로서는 [그림 11.2]와 같이, P가 도심상에 작용할 때의 전단면 압축응력과 x 축 상에 편심되었을 때의 휨모멘트 $M_1 = Pe_1$에 의한 휨응력과 y 축 상에 편심하였을 때의 휨모멘트 $M_2 = Pe_2$에 의한 휨응력을 합성하는 것이다.

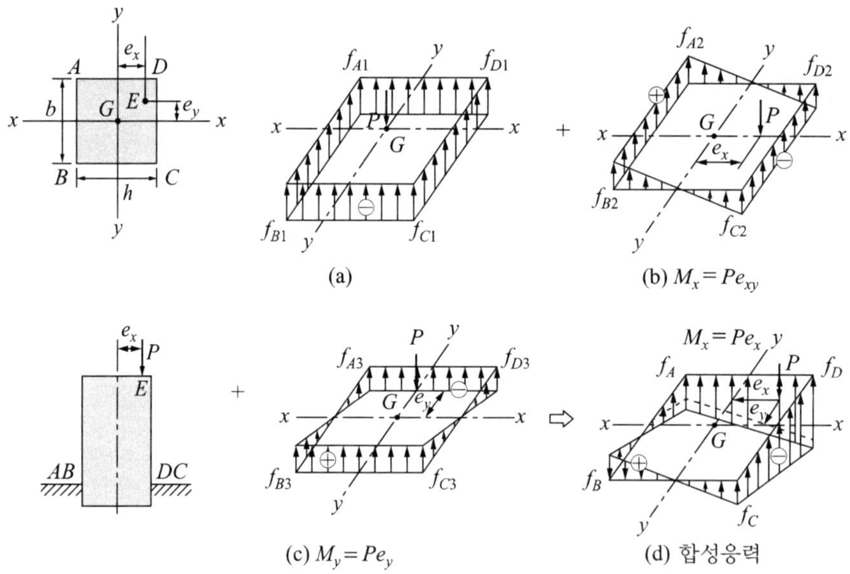

그림 11.5

[그림 11.5]는 압축력의 작용점과 응력의 관계를 표시한 것이며, 합성응력의 크기는 네 모퉁이가 각각 다르므로 다음과 같이 된다.

P에 의한 압축응력(전단면)	압축응력 $f_c = -P/A$
M_1에 의한 휨응력(가장자리 AD)	인장응력 $f_{AD} = M_1/W_{AD}$
(가장자리 BD)	압축응력 $f_{BC} = -M_1/W_{BC}$

M_2에 의한 휨응력(가장자리 AB) 인장응력 $f_{AB} = -M_2/W_{AB}$

(가장자리 CD) 압축응력 $f_{CD} = M_2/W_{CD}$

여기에서, W_{AB}, W_{CD}는, x 축에 관해서는 가장자리 AB · CD의 단면계수로, x 축에 관한 단면 이차모멘트 I_x를 $b/2$로 나눈 것이며, W_{AB}, W_{BC}는, y 축에 관한 가장자리, AD · BC의 단면계수로, y 축에 관한 단면이차 모멘트 I_y를 $\frac{h}{2}$로 나눈 것이다.

따라서, 네 모퉁이의 합성응력은 각 모퉁이의 응력을 합성하여 다음과 같이 된다.

$$\left.\begin{aligned} f_A &= f_{A1} + f_{A2} + f_{A3} = f_c + f_{AD} + f_{AB} \\ f_B &= f_{B1} + f_{B2} + f_{B3} = f_c + f_{AB} + f_{BC} \\ f_C &= f_{C1} + f_{C2} + f_{C3} = f_c + f_{BC} + f_{CD} \\ f_D &= f_{D1} + f_{D2} + f_{D3} = f_c + f_{AD} + f_{CD} \end{aligned}\right\} \qquad (11.4)$$

압축응력은 P의 작용점에 가장 가까운 점 B에서 최대가 되며 가장 먼 점 D에서는 인장응력이 생기게 된다.

11.5 [그림 11.6]과 같이, x 축에서 10cm, y 축에서 15cm 편심된 점 E에, $P = 200{,}000$N의 압축력이 작용할 때, 점 A, B, C, D의 응력도를 구하여라.

풀이

$A = 2{,}400\text{cm}^2 = 240{,}000\text{mm}^2$

$M_1 = Pe_1 = 200{,}000 \times 150 = 30 \times 10^6\text{N} \cdot \text{mm}$

$M_2 = Pe_2 = 200{,}000 \times 100 = 20 \times 10^6\text{N} \cdot \text{mm}$

$W_{AD} = W_{BC} = \dfrac{bh^2}{6} = \dfrac{400 \times 600^2}{6} = 24 \times 10^6\text{mm}^3$

$$W_{AB}=W_{CD}=\frac{hb^2}{6}=\frac{600\times400^2}{6}=16\times10^6\mathrm{mm}^3$$

$$f_c=-\frac{P}{A}=\frac{200{,}000}{240{,}000}=0.83\mathrm{N/mm^2}=0.83\mathrm{MPa}$$

$$f_{AB}=\frac{M_2}{W_{AB}}=\frac{20\times10^6}{16\times10^6}=1.25\mathrm{N/mm^2}=1.25\mathrm{MPa}$$

$$f_{CD}=-f_{AB}=-1.25\mathrm{MPa}$$

$$f_{BC}=\frac{M_1}{W_{BC}}=\frac{300{,}000}{24{,}000}=\frac{30\times10^6}{24\times10^6}=1.25\mathrm{N/mm^2}=1.25\mathrm{MPa}$$

$$f_{AD}=-f_{BC}=1.25\mathrm{MPa}$$

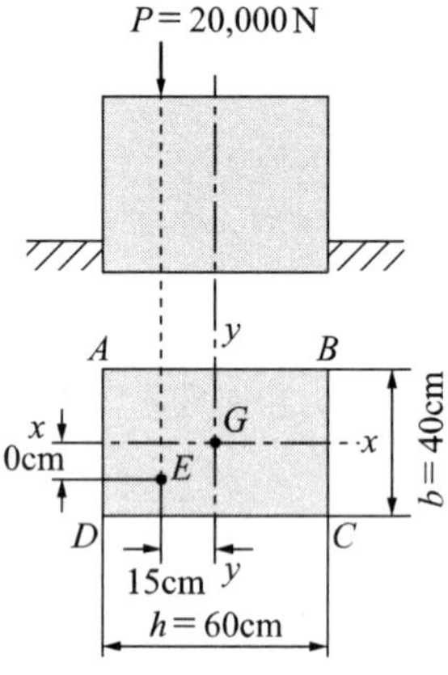

그림 11.6

식 (11.4)으로부터,

$$f_A=-0.83-1.25+1.25=-0.83\mathrm{MPa}$$

$$f_B=-0.83+1.25+1.25=1.67\mathrm{MPa}$$

$$f_C=-0.83+1.25-1.25=-0.83\mathrm{MPa}$$

$$f_D=-0.83-1.25-1.25=-3.33\mathrm{MPa}$$

1.4 단면의 핵

식 (11.3)에서 알 수 있는 것과 같이 단면에서 최대응력을 나타내는 f_1의 값은 항상 (+)로 되어 압축응력이 되지만 최소응력을 나타내는 f_2는 편심거리 e의 크기에 따라 압축 또는 인장응력을 일으키게 한다. 즉 $\frac{P}{A}<\frac{Pe}{I_y}x$인 경우는 단면에 인장응력이 생기게 된다. 기둥은 압축응력을 받는 부재이므로 기둥 단면의 어느 부분에서도 인장응력이 생기는 것을 피하는 것이 좋다. 특히 무근콘크리트로 된 기둥은 인장강도가 약하므로 기둥단면에 인장응력이 생기면 대단히 위험하게 된다. 그러므로 단면에 인장응력을 생기지 않게 하는 편심거리 e를 구하고, 그 내부에 하중을 작용시키면 인장응력이 생기지 않게

된다. 이것을 구하기 위하여 식 (11.3)에서 $f_2 = 0$으로 놓으면

$$\frac{P}{A} - \frac{Pe}{I_y} x_2 = 0$$

e에 관하여 풀면

$$e = \frac{I_y}{A\,x_2}$$

$e = k_e$라 놓고, $r_y = \sqrt{\frac{I_y}{A}}$ (단면의 회전반경)을 대입하면

$$e = k_e = \frac{r_y^2}{x_2} \tag{11.5}$$

e의 값이 $\frac{r_y^2}{x_2}$보다 작은 범위 내에 하중이 작용할 때는 단면에 인장력이 생기지 않는다. 이 e의 값을 단면의 **핵거리**라고 말한다.

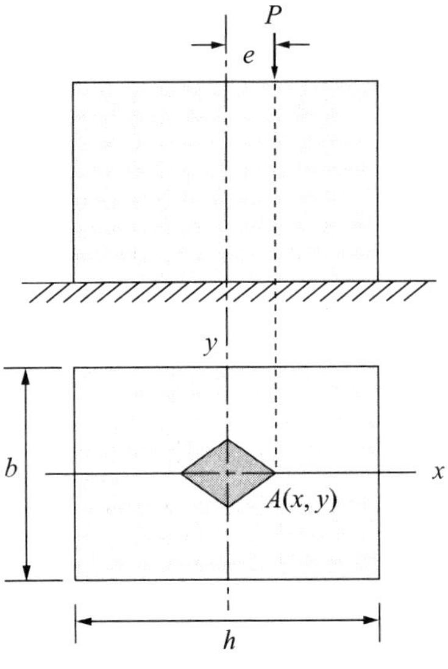

그림 11.7

[그림 11.7]과 같은 직사각형 단면의 임의점 $A(x_1,\ y_1)$에 편심하중

P가 작용할 때 단면의 핵을 구하기 위하여 식 (11.5)를 이용하면

$$f = \frac{P}{A} - \frac{P\,y_1}{I_x}\,y - \frac{P\,x_1}{I_y}\,x = \frac{P}{A} - \frac{P\,y_1}{Z_x} - \frac{P\,x_1}{Z_y}$$

핵거리를 구하기 위하여 $f=0$으로 놓으면

$$\begin{aligned} f &= \frac{P}{A} - \frac{P\,y_1}{Z_x} - \frac{P\,x_1}{Z_y} = \frac{P}{A} - \frac{P\,x_1}{b^2h/6} - \frac{P\,y_1}{bh^2/6} \\ &= \frac{P}{bh}\left(1 - \frac{6x_1}{b} - \frac{6y_1}{h}\right) = 0 \end{aligned} \qquad (11.6\ \text{a})$$

위의 식이 0이 되기 위해서는 괄호 속의 값이 0이어야 하므로

$$1 - \frac{6x_1}{b} - \frac{6y_1}{h} = 0$$

$$\frac{6x_1}{b} + \frac{6y_1}{h} = 1 \qquad (11.6\ \text{b})$$

식 (11.6 b)에서

$$\begin{aligned} x_1 &= 0 \text{ 일 때} \quad y_1 = \frac{h}{6} \\ y_1 &= 0 \text{ 일 때} \quad x_1 = \frac{b}{6} \end{aligned} \qquad (11.6\ \text{c})$$

가 되며, 이것은 [그림 11.8]과 같다. [그림 11.8]에서 k_{x1}, k_{x2}를 x**축에 대한 핵점(core point),** k_{y1}, k_{y2}**를** y**축에 대한 핵점 또는 심점이라고 하며, 각 핵점들을 직선으로 연결한 평행사변형을 단면의 핵(core) 또는 단면의 중심이라 한다.**

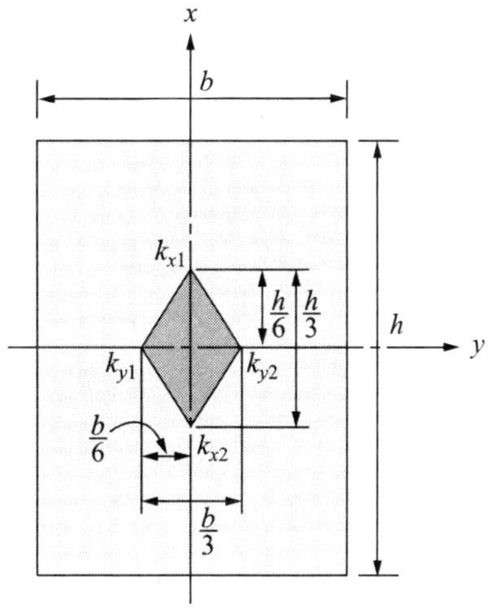

그림 11.8

앞에서 알 수 있는 바와 같이 직사각형 단면에서는 핵 내에 하중이 작용하게 되면 기둥에서는 인장응력이 생기지 않으며, 대칭축 중에서 $2\times\frac{1}{6}=\frac{1}{3}$ 부분을 중앙 3분권(middle third)이라고 한다. 또 앞의 식 (7.7b)에서 $\frac{6x_1}{h}+\frac{6y_1}{b}\leq 1$이면 단면에는 압축응력만이 생기게 되고 $\frac{6x_1}{h}+\frac{6y_1}{b}>1$이면 단면에 인장응력이 생기게 된다.

삼각형 단면과 원형단면의 핵은 [그림 11.9]와 [그림 11.10]과 같다.

- 삼각형 단면

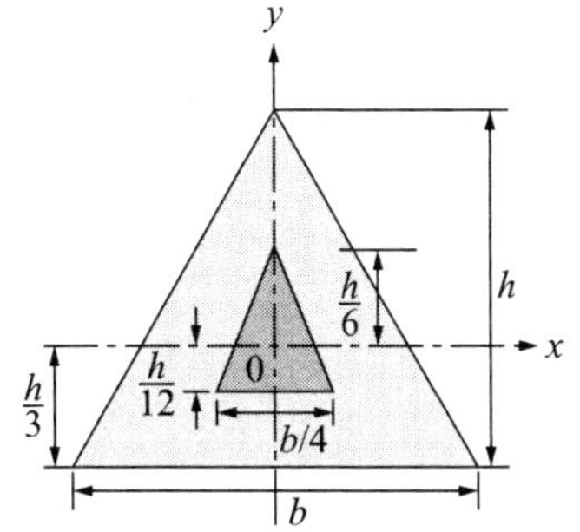

그림 11.9 삼각형단면의 핵

$$I_x = \frac{bh^3}{36},\ I_y = \frac{b^3h}{48},\ A = \frac{1}{2}bh \text{ 이므로}$$

$$r_x = \sqrt{\frac{I_x}{A}} = \sqrt{\frac{bh^3/36}{bh/2}} = \frac{h}{3\sqrt{2}}$$

$$r_y = \sqrt{\frac{I_y}{A}} = \sqrt{\frac{hb^3/48}{bh/2}} = \frac{b}{2\sqrt{6}}$$

$$\therefore\ k_{x1} = \frac{(h/3\sqrt{2})^2}{h/3} = \frac{3h^2}{18h} = \frac{h}{6}$$

$$k_{x2} = \frac{(h/3\sqrt{2})^2}{2h/3} = \frac{3h^2}{36h} = \frac{h}{12}$$

$$k_y = \frac{(b/2\sqrt{6})^2}{b/6} = \frac{6b^2}{24b} = \frac{b}{4}$$

- 원형 단면

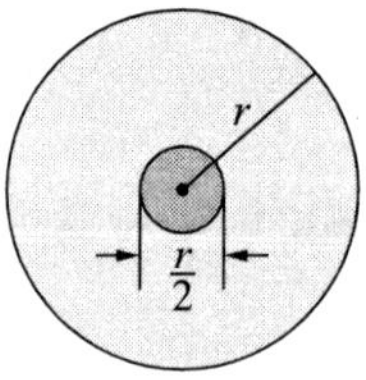

그림 11.10 원형단면의 핵

$$A = \pi r^2,\ I = \frac{\pi r^4}{4},\ r = \sqrt{\frac{I}{A}} = \frac{r}{2}$$

$$\therefore\ k = \frac{\left(\frac{r}{2}\right)^2}{r} = \frac{r}{4}$$

02 | 장주

장주는 좌굴하여 파괴되는 기둥을 말하며 좌굴할 때의 하중을 좌굴하중이라고 한다.
장주와 단주를 구분하는 데는 세장비를 사용하며 다음과 같다.

$\frac{kl}{r} = \lambda$: 세장비(細長비)

장주 : $\lambda > 100$

중간주 : $30 \sim 50 < \lambda < 100$

단주 : $\lambda < 30 \sim 50$

여기서 kl은 유효 길이라 하며 장주를 계산할 때는 이 유효 길이를 사용한다.

(1) 1단 고정, 1단 자유단 기둥

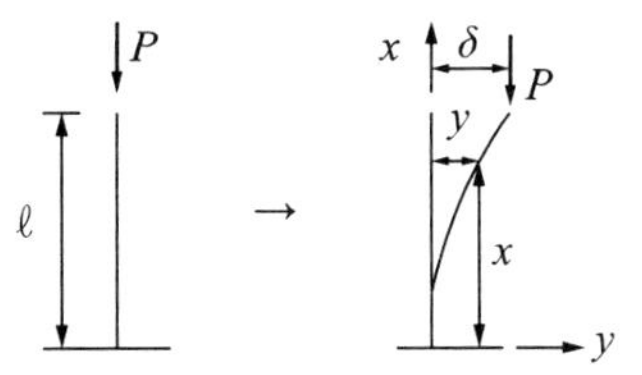

$$M_x = -P(S - y) \tag{a}$$

처짐방정식

$$\frac{d^2y}{dx^2} = -\frac{M}{E \cdot I} - = \frac{1}{\rho} \leftarrow \text{곡률 반경} \tag{b}$$

$$EIy'' = -M = P(S - y) \tag{c}$$

만약 $k^2 = \dfrac{P}{EI}$라 하면

$$\frac{d^2y}{dx^2} + k^2 y = k^2 f \qquad \text{(d)}$$

(비제차 선형 미방)

(d)의 해

일반해 : $y_1 = C_1 \sin kx + C_2 \cos kx$

특별해 : $y_2 = \delta$

$$\therefore y = y_1 + y_2 = C_1 \sin kx + C_2 \cos kx + \delta \qquad \text{(e)}$$

여기서, C_1, C_2 $\Rightarrow$ 경계조건(boundary Condition)

그림에서 $x = 0 \begin{cases} y = 0(\text{처짐}) \\ y^1 = 0(\text{기울기}) \end{cases}$ (f)

(e)를 한 번 미분 $y^1 = C_1 k \cos kx - C_2 k \sin kx$ (g)

$$(f) \xrightarrow{\text{대입}} (g), (e) \left. \begin{matrix} O = C_2 + \delta \\ O = C_1 k \end{matrix} \right) \Rightarrow k \neq 0 \text{ 이므로 } \begin{pmatrix} C_1 = -0 \\ C_2 = -\delta \end{pmatrix}$$

$\therefore y = \delta(1 - \cos kx)$: 휨기둥방정식

$x = l,\ y = \delta$

상단경계조건 $\delta = \delta(1 - \cos kl)$ (i)

$\therefore \delta \cos kl = O$

좌굴하중

i) $\delta = 0$: 좌굴 $= 0$(좌굴이 없음) 제외

ii) $\cos kl = 0,\ kl = \dfrac{n\pi}{2}(n = 1,\ 2,\ \cdots)$

$n = 1$일 때 $\min Pcr$

$$k^2 = \frac{P}{EI} \quad \therefore kl = \frac{\pi}{2} = \sqrt{\frac{Pcr}{EI}} \cdot l$$

$$k = \sqrt{\frac{P}{EI}} \qquad \therefore Pcr = \frac{\pi^2 EI}{4l^2}$$ Euler의 임계하중증식

(2) 양단 hinge기둥 (양단 단순지지된 기둥) → 기본방정식

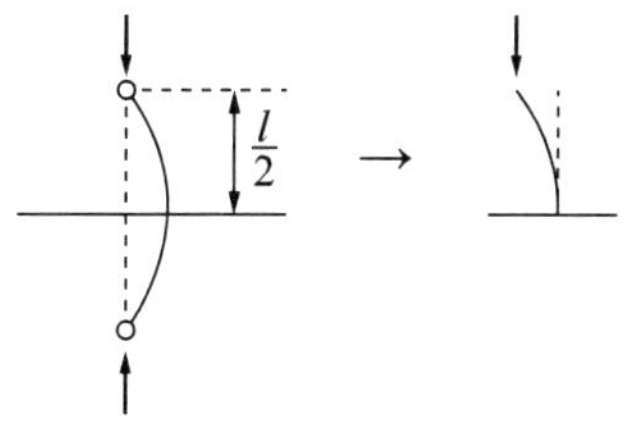

캔틸레버기둥의 l 대신 $\frac{l}{2}$을 대입

$$\therefore Pcr = \frac{\pi^2 EI}{l^2}$$ Euler 좌굴하중 기본공식

(3) 양단 고정기둥

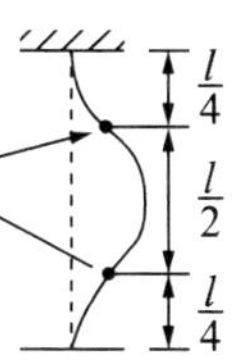

$l = \frac{l}{4}$ 대입

$$Pcr = \frac{\pi^2 EI}{4\left(\frac{l}{4}\right)^2} - \frac{4\pi^2 EI}{l^2}$$

(4) 1단고정 다단 hinge기둥

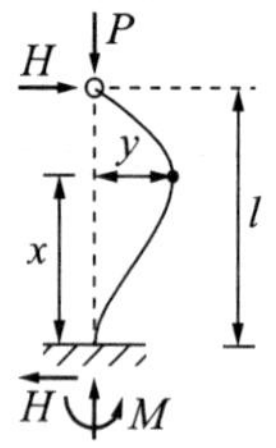

$$M = P \cdot y - H(l - x) \tag{a}$$

$$EIy'' = -M = -Py + H(l - x) \tag{b}$$

일반해

$$y = C_1 \sin kx + C_2 \cos kx + H\frac{(l - x)}{P} \tag{c}$$

$$\left(k^2 = \frac{P}{EI}\right) \quad y' = C_1 k \cos kx - C_2 k \sin kx - \frac{H}{P}$$

$$BC \begin{pmatrix} x = 0 & y = 0 \\ x = 0 & y' = 0 \\ x = l & y = 0 \end{pmatrix} \tag{d}$$

(d) → (c)

$$\left.\begin{aligned} &\text{i)} \quad C_2 + \frac{Hl}{P} = 0 \\ &\text{ii)} \quad C_1 k - \frac{H}{P} = 0 \\ &\text{iii)} \quad C_1 \sin kl + C_2 \cos kl = 0 \;\Rightarrow\; C_1 \tan kl + C_2 = 0 \end{aligned}\right\} \tag{e}$$

(e)에 의해

① $C_1 = C_2 = H = 0$일 때 (e)는 만족되나 이 경우는 좌굴이 없는 경우

$$② \quad C_2 = -\frac{Hl}{P} \quad \Rightarrow \quad -\frac{Hl}{P_1 k}\tan kl - \frac{Hl}{P} = 0 \qquad \text{(f)}$$

$$C_1 = \frac{H}{P_1 k} \quad \Rightarrow \quad \underline{kl = \tan kl} \qquad \text{(g)}$$

만족시키는 최소값 $kl = 4.4934$

$$\therefore l\sqrt{\frac{Pc}{EI}} = 4.4934$$

$$\therefore Pcr = 20.19\frac{EI}{l^2} = \frac{\pi^2 EI}{(0.7l)^2} \fallingdotseq \frac{2\pi^2 EI}{l^2}$$

4가지 경계조건에 따른 좌굴하중을 구하는 과정은 기본식과 유효길이를 이용하여 경계조건을 이용하는 등 복잡한 과정을 거친다. 이 식을 간단히 정리하면 다음과 같다.

※ Euler 기둥공식 일반형

$$Pcr = \frac{n\pi^2 EI}{l^2} = \frac{\pi^2 EI}{(kl)^2} \quad \left(n = \frac{1}{k^2}\right)$$

단, kl : 유효길이(변곡점과 변곡점 사이의 거리)

		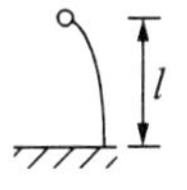	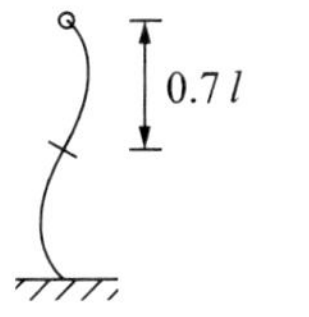	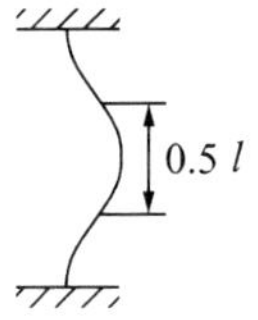
n	$\frac{1}{4}$	1	2	4
k	2	1	0.7	0.5

※ 임계좌굴 응력 f_{cr}

$$f_{cr} = \frac{Pcr}{A} = \frac{\pi^2 EI}{(kl^2)A} = \frac{\pi^2 Er^2}{(kl)^2} = \frac{\pi^2 E}{\left(\frac{kl}{r}\right)^2} = \frac{\pi^2 E}{\lambda^2}$$

단 $r = \sqrt{\frac{I}{A}}$: 회전반경

$\frac{kl}{r} = \lambda$: 세장비(細長比)

11.6 [그림 11.11]과 같은 서로 지지 조건이 다른 두 개의 기둥이 있다. 양단 힌지 기둥의 좌굴 하중이 $P_{cr}=1000\text{kN}$일 때에 양단 고정 기둥의 좌굴 하중을 구하여라. 이 기둥의 단면 특성은 모두 같다.

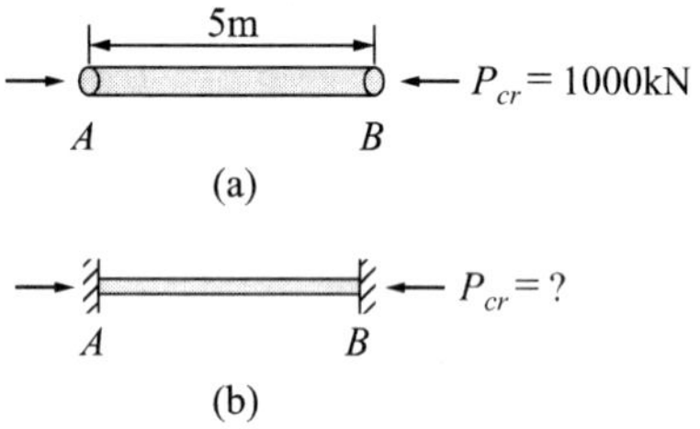

그림 11.11

풀이

양단 힌지 기둥의 좌굴 하중은

$$P_{cr}=\frac{\pi^2 EI}{(kl)^2}=\frac{\pi^2 EI}{(1l)^2}=\frac{4\pi^2 EI}{l^2}=5{,}030\text{kN}$$

이므로 양단 고정의 좌굴 하중은 다음과 같이 된다.

$$P_{cr}=\frac{\pi^2 EI}{(kl)^2}=\frac{\pi^2 EI}{(0.5l)^2}=\frac{4\pi^2 EI}{l^2}=4\times 1{,}000\text{kN}=4{,}000\text{kN}$$

즉, 그림 (a)의 기둥은 1,000kN의 압축력에 좌굴하지만, 그림 (b)의 양 끝 기둥은 4,000kN 압축력에 의해 좌굴하기 시작한다.

11.7 그림 (a)의 장주가 40kN에 견딜 수 있다면 그림 (b)의 장주가 견딜 수 있는 하중은 얼마인가?

풀이

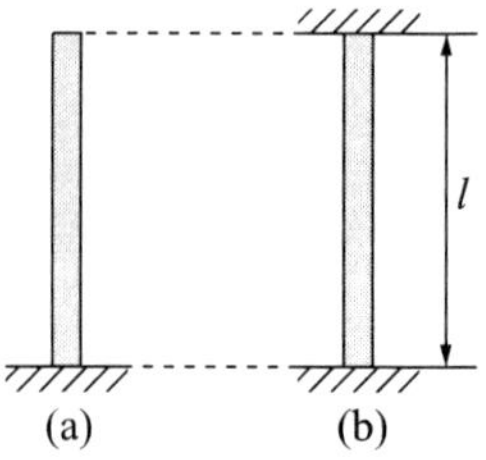

좌굴하중은 $P_{cr}=\frac{n\pi^2 EI}{l^2}$이고,

다른 조건이 같으므로 이 값은 n값에 비례한다.

(a) 기둥의 n값 $=\frac{1}{4}$

(b) 기둥의 n값 $=4$이므로 $P_{(b)}=16\times P_{(a)}=16\times 40=640kN$

제11장 연습문제

01. [그림 11.12] 단면의 단주에서 도심 G로부터 x축 상에 $e=10\text{cm}$ 편심되어 있는 점 E에 $P=120\text{kN}$의 압축력이 작용할 때 AD 및 BC에 발생하는 응력을 구하여라.

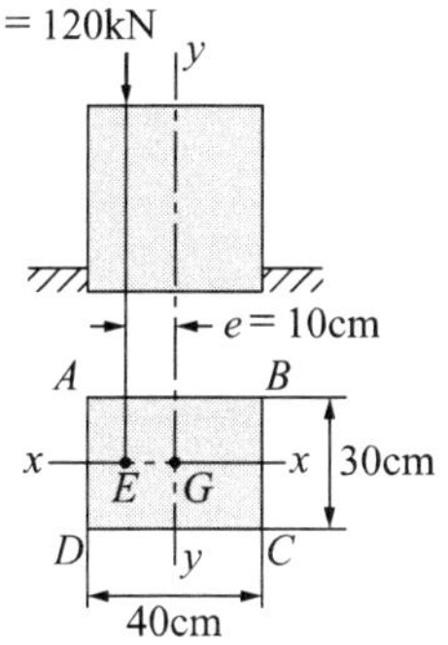

그림 11.12

02. [그림 11.13] 원형단면 단주에서 $D=160\text{kN}$의 압축력이 E점에 작용할 때 A, B, C, D 각 점에 발생하는 응력을 구하여라.

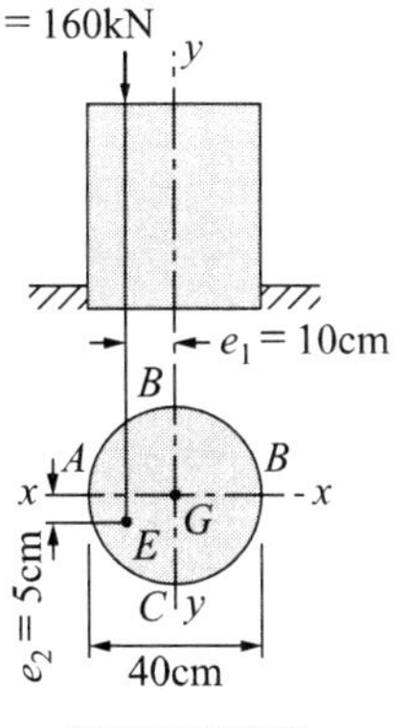

그림 11.13

03. 단면이 10 cm × 15 cm이고 길이가 4 m인 기둥의 세장비를 구하여라.

04. 길이 4 m의 원형 단면의 목재기둥에서 세장비가 100이 되도록 지름 d를 결정하여라.

05. [그림 11.14]와 같은 중심축하중을 받는 긴 기둥의 좌굴하중을 구하여라. 단, 단면은 10 cm × 10 cm, 길이 $l=4$ m, $E=2.1\times10^5$ MPa이다.

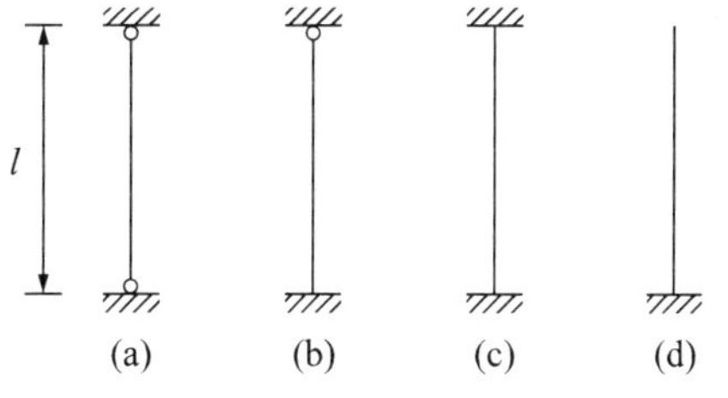

그림 11.14

06. 단면이 20 cm × 20 cm이고 길이 3 m인 침엽수기둥이 받을 수 있는 최소압축력은 얼마인가?

07. 1단 고정 타단 자유인 3 m 길이의 기둥이 있다. 이 기둥의 단면이 15 cm × 20 cm일 때 오일러 공식을 이용하여 좌굴하중을 구하여라. 단 $E=2.1\times10^5$ MPa

제 12 장

구조물의 처짐각과 처짐

[그림 12.1]과 같이 중립면 $N-N$의 보에, 하중 P가 작용하면, 보는 $N'-N'$와 같이 변형하여 처진다. 이 현상을 보의 굽힘이라 하며 $N'-N'$을 처짐곡선 혹은 탄성곡선이라 한다.

또한, 하중이 작용하기 전의 점 C가, 변형 후 C'로 이동할 때, CC'의 수직거리 y_c를 점 C의 처짐이라 한다. 따라서, y_D는 점 D의 처짐이 되고, 길이의 단위로 표시된다.

또한, 처짐곡선상의 점 D'의 접선 ED'과, 원래의 중립면 $N'-N'$과 이루는 각 θ_D를, 점 D의 처짐각이라 하며, 단위는 라디안으로 표시한다. 처짐각은 단순보에서는 지점에서 최대의 처짐각이 생기고, 최대의 처짐이 생기는 점의 처짐각은 0이 된다.

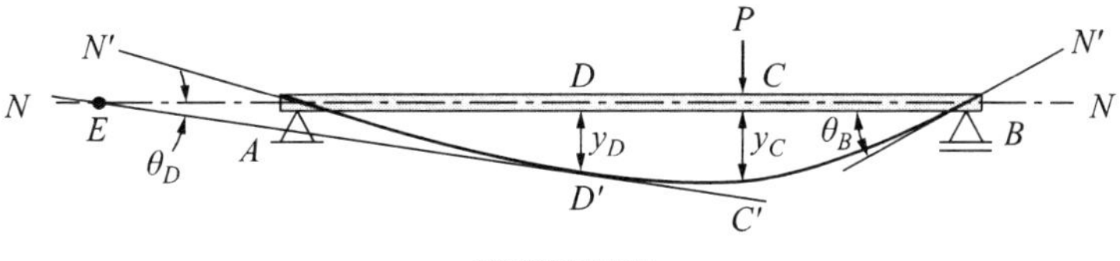

그림 12.1

보의 처짐을 계산하는 경우 다음과 같이 가정을 한다.

1) 전단력에 의한 처짐은 미소하므로 휨모멘트에 의한 처짐만을 고려한다.
2) 단순보가 처짐이 생긴다면 이동지점이 미소하게 이동을 하나 너무 미소하므로 무시한다.
3) 처짐은 아래쪽으로 향하는 것을 양(+), 처짐각은 변형전의 중립축을 기준으로 시계방향으로 회전하는 것을 양(+)으로 한다.

구조물의 처짐(변형)을 계산하는 방법은 다음과 같이 기하학적 방법과 에너지 방법이 있다.

① 기하학적 방법

1) 미분방정식법 또는 이중적분법(보와 기둥에 적용)

2) 모멘트 면적법(보와 라멘에 적용)

3) 탄성하중법(공액보법) (보와 라멘에 적용)

② 에너지 방법

4) 가상일의 방법(단위하중법) - 모든 구조물에 적용

5) Castigliano의 제 2정리 (모든 구조물에 적용)

위의 방법 중 미분방적식법이 가장 기본이 되며 모멘트 면적법과 탄성하중법이 제일 많이 사용되어지고 있다.

01 | 미분방정식법

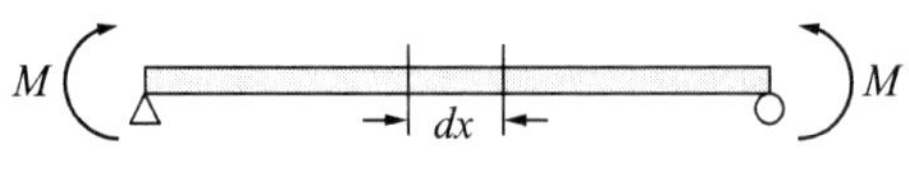

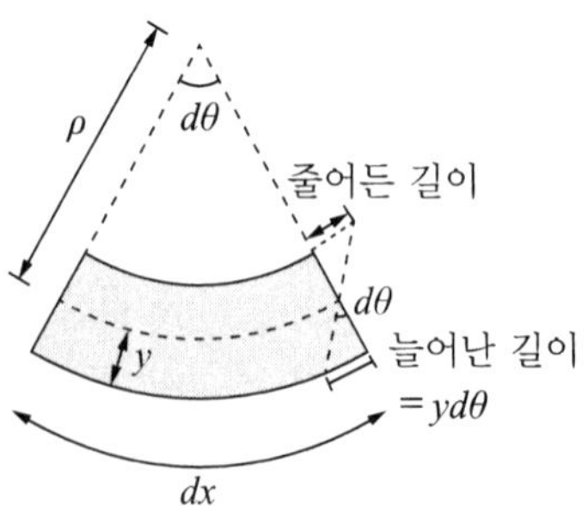

$\rho \cdot d\theta = dx$ 신장량 $= y \cdot d\theta$

- 곡률 : $\dfrac{1}{\rho} = \dfrac{d\theta}{dx}$ ………………………………………………… ①

- 변형률 : $\varepsilon = \dfrac{d\theta y}{dx} = \dfrac{y}{\rho}$

- 응력 $f = E \cdot \varepsilon = \dfrac{E \cdot y}{\rho} (\because \text{Hook's Law. } f = \dfrac{P}{A} = E \cdot \varepsilon)$

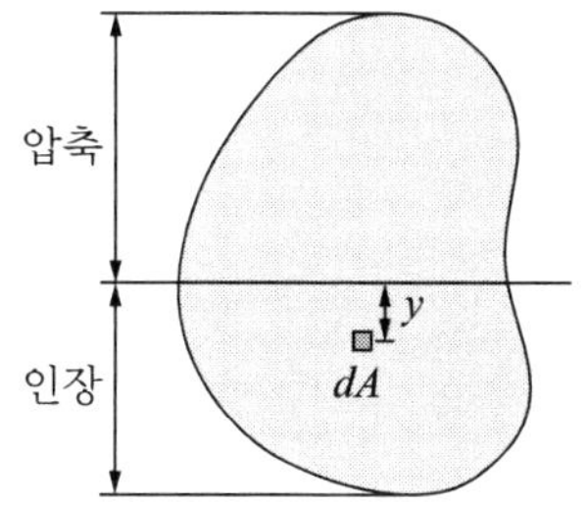

- $Moment\ M_{외력} = \displaystyle\int 힘_{내력} \times 거리$

$$= \int (f \cdot dA) y = \int \frac{Ey^2}{\rho} dA = \frac{EI}{\rho}$$

$$M = \int 미소면적에\ 의한\ P \times 거리\ y (\int y^2 \cdot dA = I)$$

$$\therefore \frac{1}{\rho} = \frac{M}{EI} \qquad ②$$

$$식\ ① \Rightarrow \frac{1}{\rho} = \frac{d}{dx}(\theta) = \frac{d}{dx}\left(\frac{dy}{dx}\right) = \frac{d^2y}{dx^2} \qquad ③$$

$$② = ③\quad \frac{1}{\rho} = (-)\frac{M}{EI} = \frac{d^2y}{dx^2}$$

$\dfrac{1}{a}\displaystyle\sum_{1}^{r-1} P < \dfrac{1}{l}\sum_{1}^{n} P < \dfrac{1}{a}\sum_{1}^{r} P$ ⇨ 처짐곡선의 미분방정식

$$\frac{d^2y}{dx^2} = -\frac{M}{EI} \text{ or } EIy'' = -M$$

$$EIy''' = -M' = -V\ (전단) \qquad \begin{pmatrix} M' = V \\ V' = -w \end{pmatrix}$$

$$EIy^{\text{IV}} = -V' = w\ (등분포하중)$$

12.1 단순보의 중앙에 집중하중이 작용할 경우 최대처짐과 A점과 B점에서의 처짐각을 구하여라.

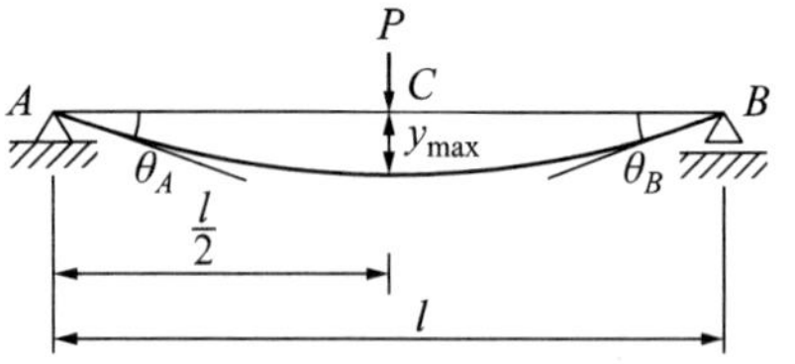

그림 12.2

풀이

임의점에서의 휨모멘트는

$$M_x = \frac{P}{2}x$$

$$EIy'' =- M_x =- \frac{P}{2}x$$

$$EIy' =- \frac{P}{4}x^2 + C_1 \qquad ①$$

$$EIy =- \frac{P}{12}x^3 + C_1 x + C_2 \qquad ②$$

경계조건을 적용시키면

$x = \dfrac{l}{2}$일 때 $y' = 0$, $x = 0$일 때 $y = 0$

①과 ②의 두식에 위의 경계조건을 대입시키면

$$EIy' =- \frac{P}{4}x^2 + \frac{Pl^2}{16}$$

$$EIy =- \frac{P}{12}x^3 + \frac{Pl^2}{16}x$$

처짐각은 지점인 $A(x = 0)$에서 최대가 되므로 계산을 하면

$$\theta_A =- \theta_B = \frac{Pl^2}{16EI}$$

보의 최대처짐은 보의 중앙점 $x = \dfrac{l}{2}$에서 발생하므로

$$EIy_{\max} =- \frac{P}{12}\left(\frac{l}{2}\right)^3 + \frac{Pl^2}{16}\left(\frac{l}{2}\right)$$

$$\therefore\ y_{\max} = \frac{Pl^3}{48EI}$$

이 된다.

12.2 다음과 같은 등분포하중을 받는 단순보의 최대처짐각 및 최대 처짐을 구하여라.

풀이

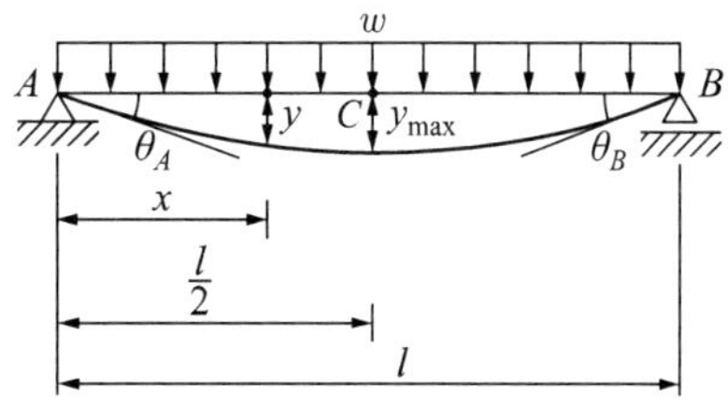

그림 12.3

임의점에서의 휨모멘트는

$$M = R_A x - \frac{w}{2}x^2 = \frac{wl}{2}x - \frac{w}{2}x^2$$

미분 방정식을 적용하면

$$EIy'' = -M = \frac{w}{2}x^2 - \frac{wl}{2}x$$

$$EIy' = \frac{w}{6}x^3 - \frac{w}{4}lx^2 + C_1$$

$$EIy = \frac{w}{24}x^4 - \frac{w}{12}lx^3 + C_1 x + C_2$$

위의 식에 경계조건을 적용하면

$$A\text{점} : x = 0 \Rightarrow y = 0(\text{처짐} = 0)$$

$$C\text{점} : x = \frac{l}{2} \Rightarrow y' = 0(\text{처짐각} = 0)$$

$$\therefore\ EIy'_{x=\frac{l}{2}} = \frac{w}{48}l^3 - \frac{w}{16}l^3 + C_1 = 0$$

$$\therefore\ C_1 = \frac{1}{24}wl^3$$

$$EIy_{x=0} = C_2 = 0$$

$$\therefore\ \text{기울기 } y' = \frac{1}{EI}\left(\frac{w}{6}x^3 - \frac{wl}{4}x + \frac{wl^3}{24}\right)$$

$$\text{처짐 } y = \frac{1}{EI}\left(\frac{w}{24}x^4 - \frac{w}{12}lx^3 + \frac{wl^3}{24}x\right)$$

$$\theta_A = y'_{x=0} = \frac{wl^3}{24EI}$$

$$\theta_B = y'_{x=l} = \ominus\frac{wl^3}{24EI}$$

$$y_{max} = y_{x=\frac{l}{2}} = \frac{5wl^4}{384EI}$$

12.3 다음과 같은 캔틸레버보의 B점에서의 처짐각과 처짐을 구하여라.

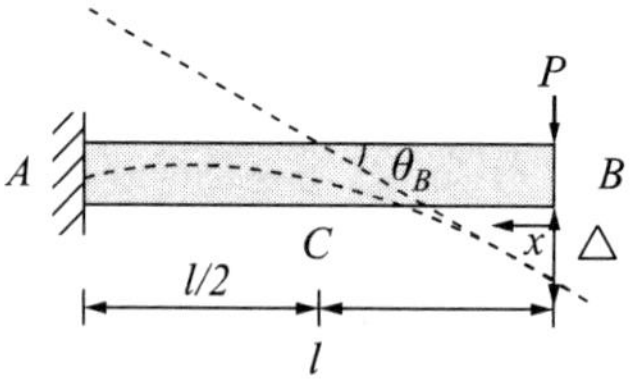

그림 12.4

풀이

① $EIy'' = -M = Px$

$EIy' = \int Px = \frac{Px^2}{2} + C_1$ ①

(y' = 처짐각)

$EIy = \int \frac{Px^2}{2} + C_1 = \frac{P}{6}x^3 + C_1x + C_2$ ②

(y = 처짐)

경계조건 $x = l \rightarrow y = 0$ ①식에 대입 ⇨ $C_1 = -\frac{Pl^2}{2}$

$x = l \rightarrow y' = 0$ ②식에 대입 ⇨ $C_2 = \frac{Pl^3}{3}$

∴기울기 $y' = \frac{1}{EI}\left(\frac{Px^2}{2} - \frac{Pl^2}{2}\right)$

$\theta_B = y'_{x=0}$

처짐 $y = \frac{1}{EI}\left(\frac{Px^3}{3} - \frac{Pl^2}{2}x + \frac{Pl^3}{3}\right)$

$\triangle B = y_{x=0} = \frac{Pl^3}{3EI}$

12.4 다음 그림과 같이 등분포하중을 받는 캔틸레버보의 최대처짐을 구하여라.

풀이

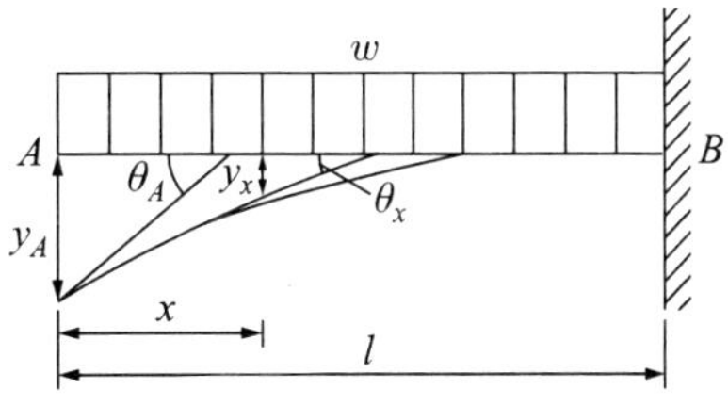

그림 12.5

자유단에서 임의점 x의 휨모멘트는

$$M_x = -\frac{wx^2}{2}$$

$$EIy'' = -M_x = \frac{wx^2}{2}$$

$$EIy' = +\frac{wx^3}{6} + C_1 \qquad ①$$

$$EIy' = +\frac{wx^4}{24} + C_1 x + C_2 \qquad ②$$

$x = l$이면 $\theta_B = y' = 0$, $y = 0$이므로 식 ①과 ②에 대입하면

$$0 = +\frac{wl^3}{6} + C_1 \qquad \therefore C_1 = -\frac{wl^3}{6} \qquad ③$$

$$0 = +\frac{wl^4}{24} - \frac{wl^3}{6}l + C_2 \qquad \therefore C_2 = -\frac{wl^4}{8} \qquad ④$$

식 ③과 ④를 식 ①과 ②에 대입하면

$$\theta = \frac{1}{EI}\left(\frac{wx^3}{6} - \frac{wl^3}{6}\right) = \frac{w}{6EI}(x^3 - l^3)$$

$$y = \frac{1}{EI}\left(\frac{wx^4}{24} - \frac{wl^3}{6}x + \frac{wl^4}{8}\right) = \frac{w}{24EI}(x^4 - 4l^3 x + 3l^4)$$

$x = 0$에서 최대처짐각과 최대처짐이 생기므로

$$\therefore \theta_{\max} = \theta_A = -\frac{wl^3}{6EI}$$

$$\therefore y_{\max} = \frac{wl^4}{8EI}$$

02 | 모멘트 면적법

모멘트 면적법은 캔틸레버보의 처짐과 처짐각을 구하는데 유용하게 쓰인다.

$$\rho \cdot d\theta = dx$$

$$\frac{1}{\rho} = \frac{d\theta}{dx}$$

$$\varepsilon = \frac{\Delta}{dx} = \frac{y}{\rho}$$

$$f = E\varepsilon = \frac{Ey}{\rho}$$

$$f_{\max} = \frac{EC}{\rho} = \frac{d\theta}{dx}EC$$

$$\therefore d\theta = \frac{f \cdot dx / E}{C} = \frac{M}{I}C \cdot \frac{dx}{CE} \Rightarrow d\theta = \frac{M}{EI}dx$$

$$\therefore \theta(\text{처짐각}) = \int \frac{M}{EI}dx = \frac{M}{EI}\text{도의 면적}$$

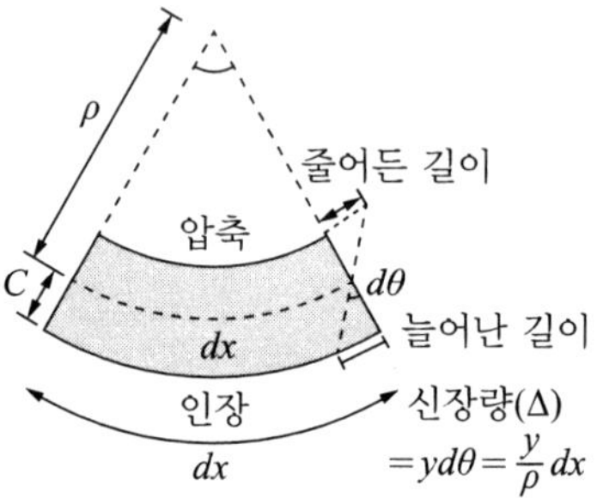

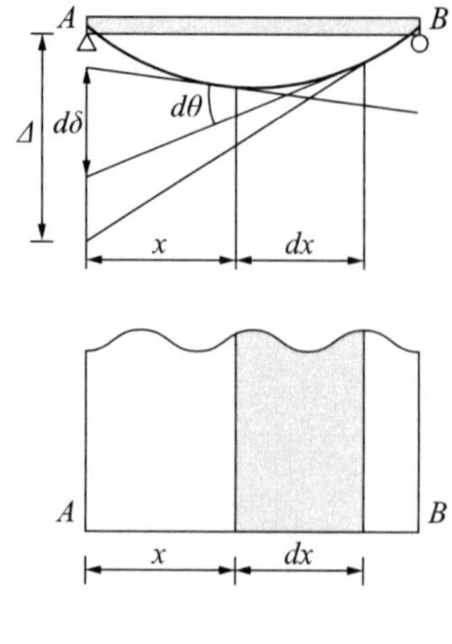

미소거리 dx의 접선을 그어서 $d\theta$로 인한 투영길이 $d\delta$

$$d\delta = x \cdot d\theta$$

$$\Delta = \int d\delta = \int x d\theta = \int x \cdot \frac{M}{EI} dx$$

$$= AB\text{구간 } \frac{M}{EI}\text{도 면적} \times A\text{점까지의 도심거리}$$

여기서 $\frac{M}{EI}dx$: 미소면적($\frac{M}{EI}$도 상에서)

즉, 다음과 같이 정리할 수 있다.

※ 모멘트면적 제 1정리
탄성곡선 상에서 임의의 두 점 사이의 기울기의 변화량 (접선이 이루는 교각)은 이 두 점 사이의 M/EI 도 면적과 같다.

※ 모멘트면적 제 2정리
탄성곡선상의 임의의 점 A에서의 접선과 다른 점 B에서의 접선에 대한 수직거리(처짐)는 두 점 사이의 M/EI 도의 면적을 A점에 관하여 모멘트취한 값과 같다.

※ 해석 절차
1. M/EI 도 : 지점반력을 구하고 M/EI 를 작성한다.
2. 탄성곡선 : 보의 탄성곡선을 과장해서 그린다.
3. 모멘트면적법 : 정리 1, 2를 이용 두 접선간의 각 및 처짐을 구한다.

12.5 다음과 같은 캔틸레버보의 B점에서의 처짐각과 처짐을 구하여라.

풀이

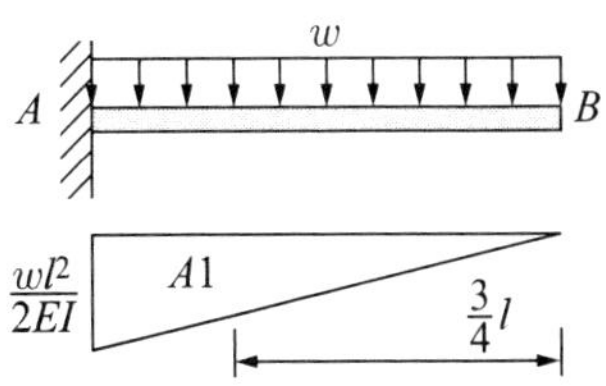

$$\theta_B = A_1 = \frac{1}{3} l \frac{wl^2}{2EI} = \frac{wl^3}{6EI}$$

$$y_B = A_1 x_1 = \frac{wl^3}{6EI}\left(\frac{3}{4}l\right) = \frac{wl^4}{8EI}$$

03 | 탄성하중법

탄성하중법은 단순보의 처짐각과 처짐을 계산하는데 편리하다.

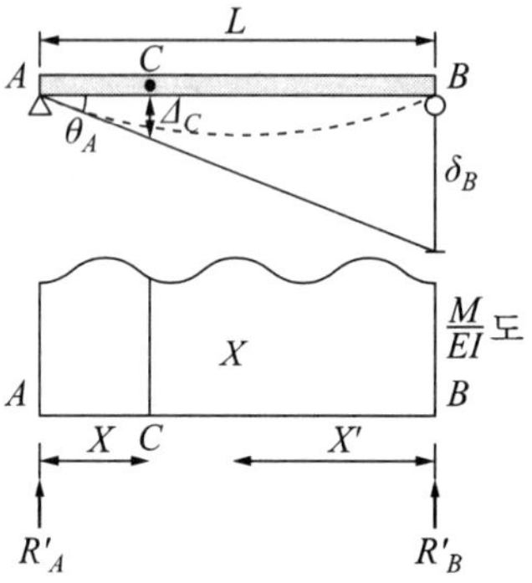

$\frac{M}{EI}$도를 하중으로 한 반력

$$\theta_A \times l = \delta_B \ (\because 부채꼴)$$

$$\therefore \theta_A = \frac{\delta_B}{l}$$

$$\therefore \theta_A = \frac{AB간(\frac{M}{EI}도면적) \times B까지의 도심 \ \overline{x}}{l}$$

$$= \frac{M}{EI}도 \ 하중하의 \ 지점반력 = R_A'$$

$$\theta_C = \theta_A - A_C간 \ \frac{M}{EI}도면적$$

단순보경우 $V_C = R_A - AC$간 w하중

$$y_c = \theta_{Ax} - \delta_C$$

$$= \theta_{Ax} - AC간 \ \frac{M}{EI}도면적 \times 도심으로부터 \ \underline{C까지의 거리}$$

(도심에 집중하중으로 작용)

단순보에서 $M_C = R_A \cdot x \cdot AC$ 간 w하중 면적 $\times$ (거리)

즉 탄성하중법을 정리하면 다음과 같다.

> 정리1) 처짐각θ는 $\dfrac{M}{EI}$도를 하중으로 생각하는 보에서 구하고자 하는 점의 전단력과 같다.
>
> 정리2) 처짐 y는 $\dfrac{M}{EI}$도를 하중으로 생각하는 보에서 그 점의 휨 Moment와 같다.

위의 정리를 이용하여 단순보의 처짐각 및 처짐을 구하는 순서는 다음과 같다.

단순보 AB의 점 C의 처짐각 θ_C와 처짐 y_C를 구하자.

1) 보에 작용하는 외력 P_1, P_2에 의한 휨모멘트 M_C, M_D를 구한다(그림 (b)).
2) M_C, M_D에 그 단면의 $1/EI$를 곱하고, 그림 (c)와 같이, M/EI 그림을 가상의 보에 작용하는 등분포하중이라 가정하고, 다시 한 번 더 보의 계산을 한다. 여기에서 구해진 전단력도·휨모멘트그림을 그림 (d), (e)와 같이, V'그림, M'그림으로 하면, 각각 보의 각 점에서의 처짐각과 처짐을 표시한다.
3) 구하는 점의 처짐각·처짐은, 다음과 같이 된다.

$$\left.\begin{aligned}\theta_C &= V_C' \\ y_C &= \frac{M_C'}{EI}\end{aligned}\right\}$$

보가 전체 길이에 걸쳐서 동일한 단면형상·재질, 즉, EI가 일정하다면, M/EI의 그림 대신에, 그림 (b)의 휨모멘트그림을 분포하중(모멘트하중이라 한다)으로서 재하하여 구하는 점의 전단력 V', 휨모멘트 M'를 계산하여, 그 값에 $1/EI$를 곱함으로써 구할 수 있다.

$$\theta_C = \frac{V_C'}{EI},\ y_C = \frac{M_C'}{EI}$$

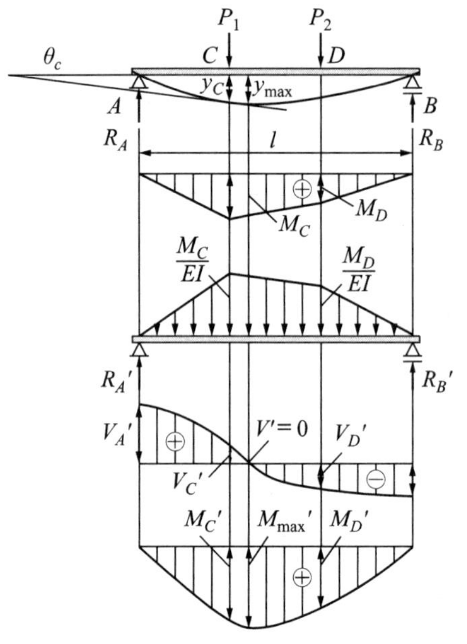

그림 12.6

3.1 집중하중이 작용하는 경우

[그림 12.7] (a)의 EI가 일정한 단순보 AB의 점 C에, 집중하중 P가 작용할 때, 양지점의 처짐각 θ_A, θ_B 및 C의 처짐 y_C를 구한다.

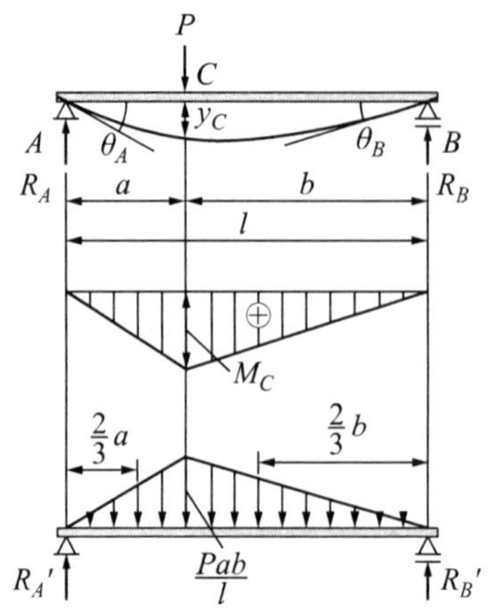

그림 12.7

탄성하중법의 정리 순서에 따라 계산을 하되, EI가 일정하므로, 그림 (c)와 같이, 각 점의 휨모멘트를 분포하중으로 가정하여, 반력 R_A, R_B를 구한다. 그림 (c)를 모멘트 하중도라 한다. 분포하중으로서, $\Sigma M_B' = 0$부터,

$$\Sigma M_B' = R_A' \times l - \left(\frac{1}{2} M_C \times a\right) \times \left(b + \frac{a}{3}\right) - \left(\frac{1}{2} M_C \times b\right) \times \frac{2}{3} b = 0$$

그러므로,

$$R_A' = \frac{1}{l}\left(\frac{M_C ab}{2} + \frac{M_C a^2}{6} + \frac{2M_C b^2}{6}\right) = \frac{M_C}{6l}(a^2 + 3ab + 2b^2)$$

$$= \frac{M_C}{6l}(a+b)(a+2b) = \frac{M_C}{6l}(a+2b) = \frac{M_C}{6}(l+b)$$

위 식에 $M_C = \frac{Pab}{l}$을 대입하면,

$$R_A' = \frac{Pab}{6l}(l+b)$$

같은 방식으로, $R_B' = \frac{Pab}{6l}(l+a)$

모멘트 하중에 의한 보의 점 A와 점 B의 전단력은 $V_A' = R_A'$, $V_B' = -R_B'$이다.

따라서, θ_A, θ_B는, 식 (10.3)으로부터 다음과 같이 된다.

$$\left.\begin{aligned} \theta_A &= \frac{V_A'}{EI} = \frac{Pab(l+b)}{6EIl} \\ \theta_B &= \frac{V_B'}{EI} = -\frac{Pab(l+a)}{6EIl} \end{aligned}\right\} \quad (1)$$

또한, y_C를 구하는 데에는, 그림 (c)의 분포하중이 작용할 때의 점 C의 휨모멘트 M_C'를 계산한다.

$$M_C' = R_A' \times a - \left(\frac{1}{2} \times M_C \times a\right) \times \frac{a}{3} = \frac{Pa^2b^2}{3l}$$

식 (1)으로부터,

$$y_C = \frac{Pa^2b^2}{3EIl} \tag{2}$$

만약, 집중하중 P가 지간의 중앙에 작용할 때는, $a = b = \dfrac{l}{2}$이므로, 처짐각과 처짐은 다음과 같이 된다.

$$\left.\begin{aligned} \theta_A &= \frac{Pl^2}{16EI} = -\theta_B \\ y_C &= \frac{Pl^3}{48EI} \end{aligned}\right\}$$

3.2 등분포하중이 작용하는 경우

[그림 12.8] (a)의 EI가 일정한 단순보에, 등분포하중 w가 작용하는 경우, 양지점의 처짐각 θ_A, θ_B 및 중앙점 C의 처짐 y_C를 구한다.
EI가 일정하므로, 휨모멘트를 분포하중으로 가정하여, 반력 R_A', R_B'를 구한다.
그림 (c)와 같이 포물선으로 둘러싸인 면적 A는 $(2/3)M_C \cdot l$이므로, R_A', R_B'는

$$R_A' = R_B' = \frac{1}{2} \times \left(\frac{2}{3} \times \frac{wl^2}{8} \times l\right) = \frac{wl^3}{24}$$

$$V_A' = R_A', \quad V_B' = -R_B'$$

따라서, θ_A, θ_B는

$$\theta_A = \frac{V_A'}{EI} = \frac{wl^3}{24EI} = -\theta_B$$

또한, y_C를 구하는 데에는, 그림 (c)의 AC 사이의 면적의 도심의 위치가 점 C로부터, $3l/16$인 지점이므로, M_C'는 다음과 같다.

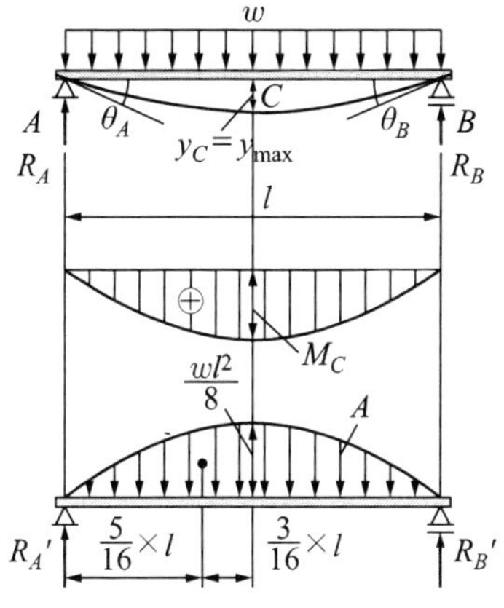

그림 12.8

$$M_C' = \frac{wl^3}{24} \times \frac{l}{2} - \frac{wl^3}{24} \times \frac{3l}{16} = \frac{5wl^4}{384}$$

$$y_C = y_{max} = \frac{5wl^4}{384EI}$$

12.6 [그림 12.9] (a)와 같이 휨강성(EI)이 변화하는 단순보 중앙에 집중하중이 작용할 때, C와 D지점의 처짐각과 D지점의 처짐을 구하여라.

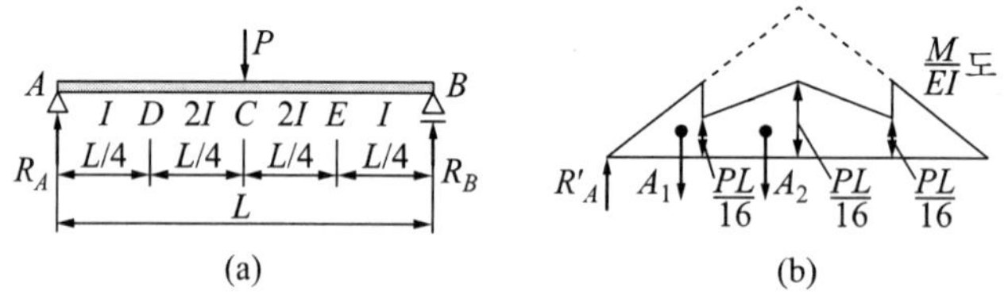

그림 12.9

풀이

모멘트도에서 점선은 I가 일정할 때를 표시한 것이다. $2I$ 구간에서의 처짐각이나 처짐은 I가 일정할 때에 비하여 1/2로 줄어들게 된다. 따라서 M/EI도는 1/2로 감소된다.

$$R_A = \frac{P}{2}$$

$$M_C = R_A \times \frac{l}{4} = \frac{Pl}{8},\ {}_rM_C = \frac{Pl}{8} \times \frac{1}{2} = \frac{Pl}{16}$$

$$M_D = M_{\max} \times \frac{1}{2} = \frac{Pl}{4} \times \frac{1}{2} = \frac{Pl}{8}$$

$$A_1 = \frac{Pl}{8} \times \frac{l}{4} \times \frac{1}{2} = \frac{Pl^2}{64}$$

$$A_2 = \frac{\frac{Pl}{16} + \frac{Pl}{8}}{2} \times \frac{l}{4} = \frac{3Pl^2}{128}$$

$$R_A{}' = A_A + A_2 = \frac{Pl^2}{64} + \frac{3Pl^3}{128} = \frac{5Pl^2}{128}$$

$$\theta_C = \frac{1}{EI}(R_A{}' - A_1) = \frac{3Pl^2}{128EI}$$

04 | 공액보법

공액보는 내민보 등에 탄성하중법을 적용하기 위해서 경계조건을 일정한 규칙에 의하여 변화시킨 보이다. 이렇게 경계조건을 변화시켜 내민보나 겔버보의 처짐각과 처짐을 계산할 수 있다. 방법으로는 다음 그림과 같이 **고정단은 자유단으로 자유단은 고정단으로 변화 시켜주며, 내측 힌지 절점은 내측 지점으로 내측지점은 내측 힌지 절점으로 서로 바꾸어주면 된다.**

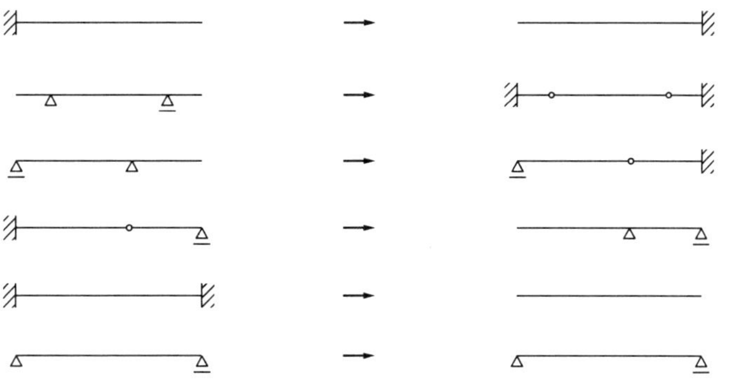

(a) 실제보　　　　　　(b) 공액보

그림 12.10

계산 방법은 실제 보를 공액보로 바꾼 다음에는 탄성하중법 계산과 같다. $\dfrac{M}{EI}$도를 공액보에 재하시킨 후 임의점의 전단력은 원래 보에서의 처짐각 θ가 되며, 임의점의 휨모멘트는 원래 보의 처짐 y가 된다.

12.7 [그림 12.11] (a)와 같은 캔틸레버의 자유단 B의 처짐 및 처짐각과 C지점의 처짐을 공액보법으로 구하여라. 단 EI는 일정하다.

풀이

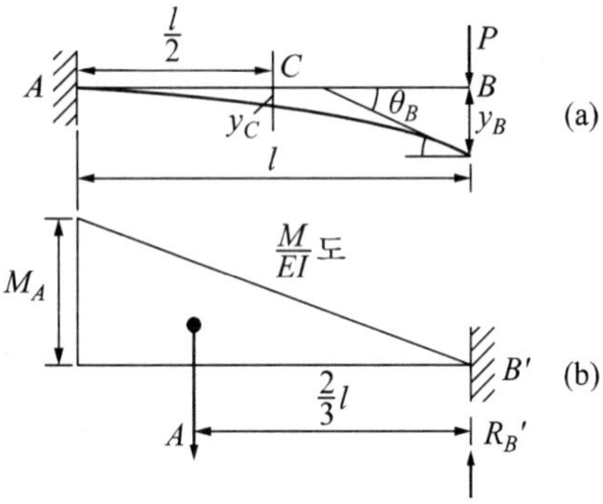

그림 12.11

$$M_A = Pl,\ M_C = \frac{Pl}{2}$$

$$R_B{}' = A = \frac{1}{2} \times M_A \times l = \frac{Pl^2}{2}$$

$$\therefore \theta_B = \frac{A}{EI} = \frac{Pl^2}{2EI}$$

$$\therefore y_B = \frac{1}{EI}\left(A \times \frac{2}{3}l\right) = \frac{1}{EI}\left(\frac{Pl^2}{2} \times \frac{2l}{3}\right) = \frac{Pl^3}{3EI}$$

$$\therefore y_C = \frac{1}{EI}\left(\frac{M_A - M_C}{2} \times \frac{l}{2}\right) \times \left(\frac{5}{9} \times \frac{l}{2}\right) = \frac{1}{EI}\left[\frac{1}{2} \times \left(Pl \times \frac{Pl}{2}\right) \times \frac{l}{2}\right] \times \left(\frac{5}{9} \times \frac{l}{2}\right) = \frac{5Pl^3}{48EI}$$

12.8 [그림 12.12] (a)와 같은 캔틸레버의 B점의 처짐각과 처짐을 공액보법으로 구하여라. 단 EI는 일정하다.

풀이

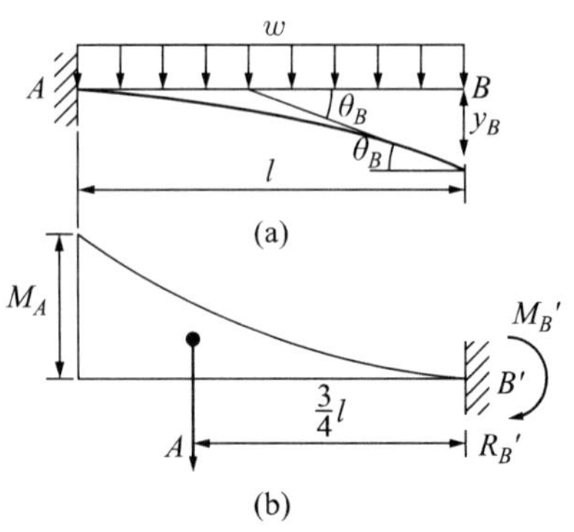

그림 12.12

$$M_A = \frac{wl^2}{2} \quad R_B{}' = A = \frac{1}{3} \times M_A \times l = \frac{wl^3}{6}$$

$$\therefore \theta_B = \frac{A}{EI} = \frac{wl^3}{6EI}$$

$$M_B{}' = (A) \times \left(\frac{3l}{4}\right) = \frac{wl^4}{8}$$

$$\therefore y_B = \frac{M_B{}'}{EI} = \frac{wl^4}{8EI}$$

12.9 [그림 12.13] (a)와 같은 중앙에 등분포하중을 받고 있는 내민보에서 C점의 처짐각과 처짐을 구하여라. 단 EI는 일정하다.

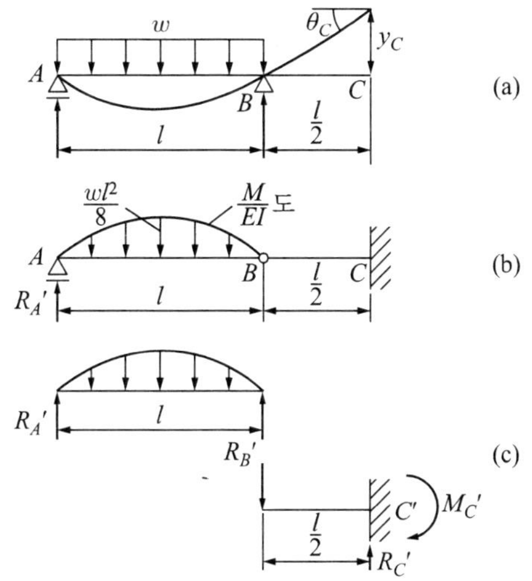

그림 12.13

풀이

$$M_{\max}=\frac{wl^2}{8},\ R_A'=R_B'=\frac{1}{2}\times\frac{2}{3}\times\frac{wl^2}{8}\times l=\frac{wl^3}{24}$$

(1) 처짐각 계산

C지점의 처짐각은 [그림 12.13] (b)에서 BC구간의 전단력을 EI로 나눈 값이다.

$$\theta_C=\frac{R_B'}{EI}=\frac{wl^3}{24EI}$$

(2) 처짐 계산

C지점의 처짐은 [그림 12.13] (b)에서 C지점의 휨모멘트를 EI로 나눈 값이다.

$$M_C=-R_B'\times\frac{l}{2}=-\frac{wl^3}{24}\times\frac{l}{2}=-\frac{wl^4}{48}$$

$$\therefore y_C=\frac{M_C}{EI}=-\frac{wl^4}{48EI}\text{(위로 처짐)}$$

12.10 [그림 12.14]와 같은 단순보에 등분포하중이 작용할 때, 처짐각 θ_A와 최대처짐 $y_{\max}$을 구하여라. 단 $EI = 7 \times 10^6\,\text{kN}\cdot\text{cm}^2$이다.

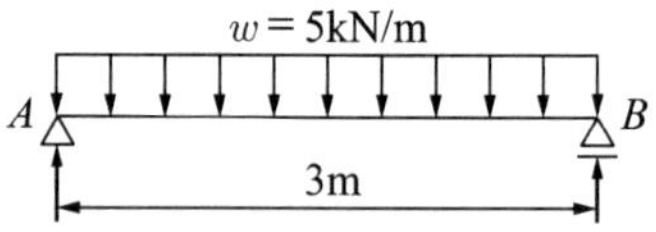

그림 12.14

풀이

(1) 처짐각 계산(θ_A)

$$w = 5\text{kN/m} = 0.05\text{kN/m}$$

$$\theta_A = \frac{wl^3}{24EI} = \frac{(0.05\text{kN/cm}) \times (300\text{cm})^3}{24 \times (7 \times 10^6\text{kN}\cdot\text{cm}^2)} = \frac{5 \times 27 \times 10^4}{24 \times 7 \times 10^6} \fallingdotseq 0.008\text{rad}$$

$$\therefore \theta_A = 0.008 \times \frac{180}{\pi} \times 60' = 27'$$

(2) 최대처짐 계산($y_{\max}$)

$$\therefore y_{\max} = \frac{5wl^4}{384EI} = \frac{5 \times (0.05\text{kN/cm}) \times (300\text{cm})^4}{384 \times (7 \times 10^6\text{kN}\cdot\text{cm}^2)} = 0.75\text{cm}$$

05 | 단위하중법

가상일의 원리와 상반의 정리를 응용하여 구조물의 처짐을 구하는 방법이다. 주어진 구조물의 처짐을 구하고 싶은 곳에 단위하중을 재하하였을 때 단위하중이 실제하중에 의하여 발생한 처짐에 대하여 한 일은 단위하중이 재하된 곳에서의 실제하중에 의한 처짐과 같게 된다. 따라서 상반의 정리에 의하여 단위하중이 재하된 곳의 실제하중에 의한 처짐은 실제하중이 단위하중에 의하여 발생한 처짐에 대하여 한 일과 같게 되고, 이는 다시 가상일의 원리에 의하여 실제하중에 의한 응력이 단위하중에 의하여 발생한 변형도에 대하여 한 내적 가상일과 같게 되는 것을 이용하여 처짐을 구하는 방법이다.

가상일의 원리는 다음과 같다.

(a)

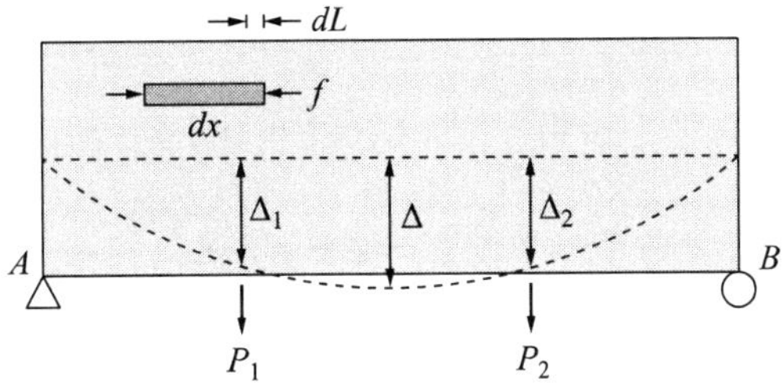

P_1, P_2 에 의한 일

외적일 $W_E = \frac{1}{2}P_1\Delta_1 + \frac{1}{2}P_2\Delta_2$

내적일 $W_I = \frac{1}{2}\Sigma FdL$

$W_E = W_I$ (에너지 보존의 법칙)

$\therefore \frac{1}{2}P_1\Delta_1 + \frac{1}{2}P_2\Delta_2 = \frac{1}{2}\Sigma FdL$

(b)

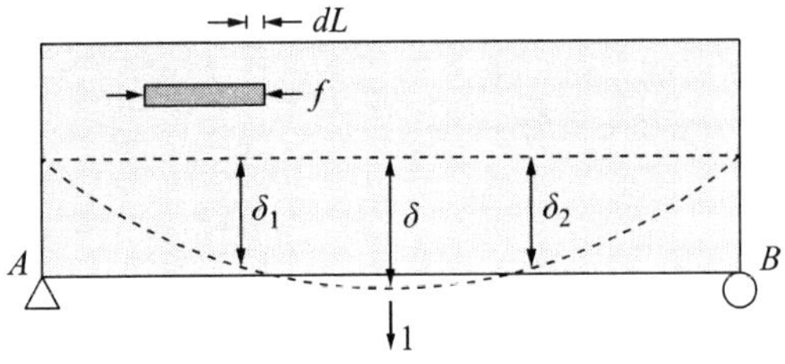

단위하중 1에 의하여

$W_E = \frac{1}{2}1 \cdot \delta$

$W_I = \frac{1}{2}\Sigma fdl$

$\frac{1}{2} \cdot 1 \cdot \delta = \frac{1}{2}\Sigma fdl$

(b)에 (a)가 추가로 작용하면 (P_1, P_2가 적용) 합하면

외적일 : $\frac{1}{2}1 \cdot \delta + \left[\frac{1}{2}P_1\triangle_1 + \frac{1}{2}P_2\triangle_2 + \underline{1 \cdot \triangle}\right]$

아무런 마찰없이 단순히 장소이동

내적일 : $\frac{1}{2}\Sigma f dl + \frac{1}{2}\Sigma F dL + \underline{\Sigma f dL}$

f가 dL만큼 F의 힘에 의해 단순히 이동

$\therefore$ 외적일 = 내적일

$$\frac{1}{2}\delta \cdot 1 + \frac{1}{2}P_1\triangle_1 + \frac{1}{2}P_2\triangle_2 + 1 \cdot \triangle = \frac{1}{2}\Sigma f dl + \frac{1}{2}\Sigma F dL + \Sigma f dL$$

$\therefore 1 \cdot \triangle = \Sigma f dL$

(가상일의 원리 기본방정식)

여기서, Δ : 실하중에 의한 변형(처짐)
f : 단위하중에 의한 내부저항력
dL : 실하중에 의한 내부 변형

이러한 가상일의 원리를 단위 하중법으로 적용하면 다음과 같은 식이 된다.

① Truss (축방향 부재)

$1 \cdot \triangle = \Sigma f dL$(가상일의 기본방정식)

미소신장량

$dL = \frac{Fl}{AE}$ $\qquad$ $\therefore 1\triangle_i = \Sigma\frac{Ffl}{AE}$

F : 실하중에 의한 부재력
f : 단위하중에 의한 부재력
L : 부재의 길이
A : 부재단면적
E : 탄성계수

② 휨부재 (보, 라멘)

$$1\triangle_i = \Sigma f \cdot dL = \Sigma\left(\frac{m}{I}y \cdot dA\right) \cdot \varepsilon_y \cdot dx = \int \frac{m}{I} \cdot \frac{\varepsilon_y \cdot dx}{y} \int y^2 dA$$

$$d\theta \cdot C = \varepsilon \cdot dx \qquad d\theta = \frac{\varepsilon \cdot dx}{C} \text{ (여기서 } d\theta = \frac{M}{EI}dx\text{)}$$

$$\therefore 1y_x = \int \frac{Mm}{EI} dx$$

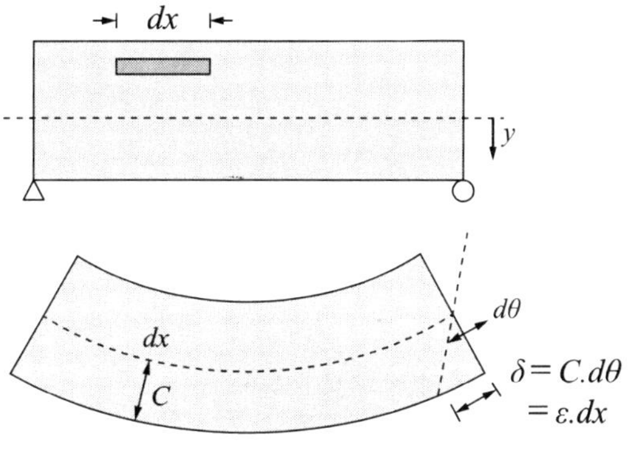

여기서, 1 : y의 방향으로 보와 라멘에 작용하는 외적 가상단위 하중

y : 보와 라멘에 작용하는 실제하중에 의해 일어나는 처짐

m : x의 함수이고 외적단위하중에 의해 생기는 보와 라멘에서 내적 가상 모멘트(단위하중에 의해서 생기는 모멘트)

M : x의 함수이고 실제 하중에 의해 생기는 보와 라멘에서의 내적 모멘트(실제하중에 의해 생기는 모멘트)

E : 재료의 탄성계수

I : 보단면적의 중립축에 대한 단면 2차 모멘트

위 식을 적용하여 처짐을 구하는 방법은 다음과 같다

※적용 방법

1. 휨부재

$$y_i = \int \frac{Mm}{EI} dx$$

① 실하중에 의한 휨 Moment M의 일반식을 구한다. (x의 함수)

② 처짐을 구하고자 하는 점 (i)에 처짐방향으로 재하시킨 단위하중에 의한 휨 Moment 일반식 m을 구한다.

③ 공식에 대입 (각 구간별로 계산하여 적분)

2. 트러스

$$y_i = \frac{\Sigma FfL}{AE}$$

① 실하중에 의한 각 부재력 F를 구한다.

② 처짐을 구하고자 하는 점에 처짐 방향으로 재하시킨 단위 하중에 의한 각 부재력 f를 구한다.

③ 식에 대입해서 합을 구한다.

12.11 [그림 12.15] (a)와 같은 단순보에서 A지점의 처짐각과 C지점의 처짐을 가상일의 원리에 의해서 구하여라. 단 EI는 일정하다.

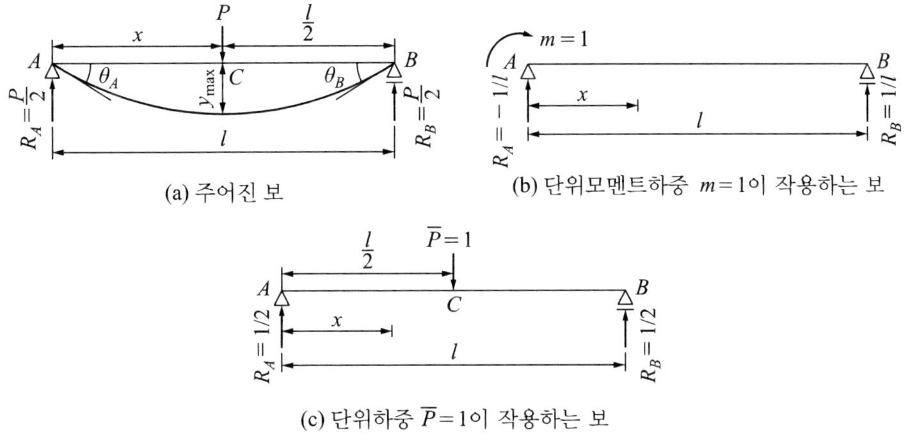

그림 12.15

풀이

[그림 12.15] (a)에서 실제하중에 의해 생기는 구조물의 단면력

$$\left.\begin{aligned} M_x &= R_A x = \frac{P}{2}x \\ M_x &= R_B x = \frac{P}{2}x \end{aligned}\right\} \Rightarrow M$$

(1) 처짐각 계산(θ_A)

$\theta_A = \sum \int \dfrac{Mm}{EI}dx$에서 [그림 12.15] (b)에서 지점 A에 작용시킨 단위모멘트하중($m=1$)에 의한 단면력

$$\left.\begin{aligned} M_x &= m + R_A x = 1 - \frac{1}{l}x \\ M_x &= R_B x = \frac{1}{l}x \end{aligned}\right\} \Rightarrow m(\text{처짐각 계산})$$

부재	기준점	I	M[그림 12.15] (a)	m[그림 12.15] (b)	Mm
A~C	A	I	$\frac{P}{2}x$	$1-\frac{1}{l}x$	$\left(\frac{P}{2}x\right)\left(1-\frac{1}{l}x\right)$
C~B	B	I	$\frac{P}{2}x$	$\frac{1}{l}x$	$\left(\frac{P}{2}x\right)\left(\frac{1}{l}x\right)$

$$\theta_A=\int_0^{\frac{l}{2}}\frac{Mm}{EI}dx+\int_0^{\frac{l}{2}}\frac{Mm}{EI}dx=\frac{1}{EI}\int_0^{\frac{l}{2}}\left(\frac{P}{2}x\right)\left(1-\frac{1}{l}x\right)dx+\frac{1}{EI}\int_0^{\frac{l}{2}}\left(\frac{1}{l}x^2\right)dx$$

$$=\frac{P}{2EI}\int_0^{\frac{l}{2}}\left(x-\frac{1}{l}x^2\right)dx+\frac{P}{2EI}\int_0^{\frac{l}{2}}\left(\frac{1}{l}x^2\right)dx$$

$$=\frac{P}{2EI}\left[\frac{x^2}{2}-\frac{1}{l}\times\frac{x^3}{3}\right]_0^{\frac{l}{2}}+\frac{P}{2EI}\left[\frac{1}{l}\times\frac{x^3}{3}\right]_0^{\frac{l}{2}}=\frac{P}{2E}$$

$$\therefore\theta_A=\frac{Pl^2}{16EI}(\text{시계방향})$$

(2) 처짐 계산(δ_C)

$\delta_{\max}=\sum\int\frac{Mm}{EI}dx$에서

$$\left.\begin{aligned}M_x&=R_Ax=\frac{1}{2}x\\M_x&=R_Bx=\frac{1}{2}x\end{aligned}\right\}\Rightarrow m(\text{처짐 계산})$$

부재	기준점	I	M[그림 12.15] (a)	m[그림 12.15] (b)	Mm
A~C	A	I	$\frac{P}{2}x$	$\frac{1}{2}x$	$\left(\frac{Px}{2}\right)\left(\frac{1}{2}x\right)$
C~B	B	I	$\frac{P}{2}x$	$\frac{1}{2}x$	$\left(\frac{Px}{2}\right)\left(\frac{1}{2}x\right)$

$$\delta_C=\int_0^{\frac{l}{2}}\frac{Mm}{EI}dx+\int_0^{\frac{l}{2}}\frac{Mm}{EI}dx=\frac{1}{EI}\int_0^{\frac{l}{2}}\left(\frac{P}{2}x\right)\left(\frac{1}{2}x\right)dx+\frac{1}{EI}\int_0^{\frac{l}{2}}\left(\frac{P}{2}x\right)\left(\frac{1}{2}x\right)dx$$

$$=\frac{P}{2EI}\int_0^{\frac{l}{2}}(x^2)dx=\frac{P}{2EI}\left[\frac{x^3}{3}\right]_0^{\frac{l}{2}}=\frac{P}{2EI}\left[\frac{\left(\frac{l}{2}\right)^3}{3}\right]=\frac{P}{2EI}\times\frac{1}{3}\times\frac{l^3}{8}=\frac{Pl^3}{48EI}$$

12.12 [그림 12.16] (a)와 같은 단순보에 등분포하중이 작용할 때, A지점의 처짐각과 중앙지점의 최대처짐을 가상일의 방법으로 구하여라. 단, EI는 일정하다.

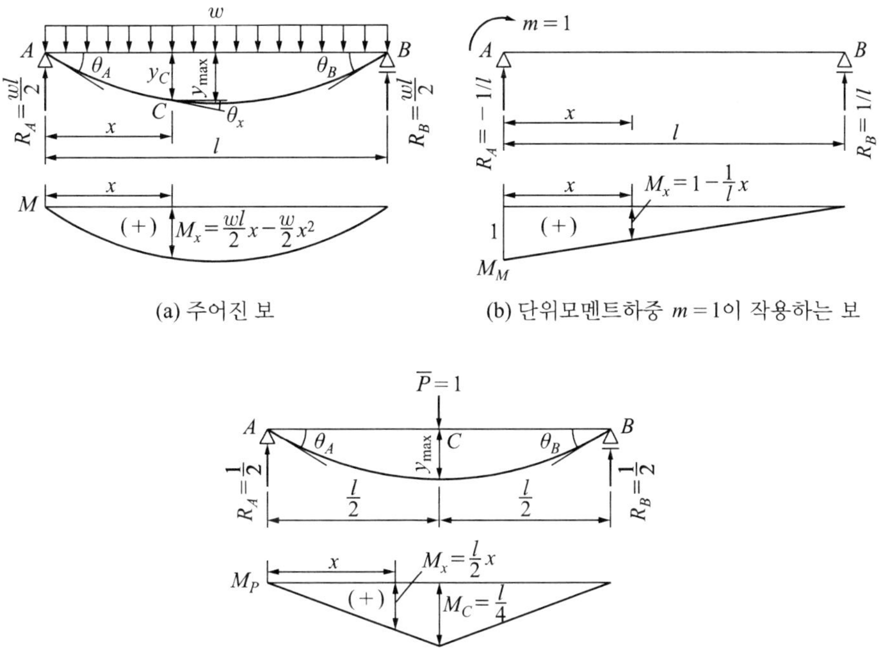

(a) 주어진 보

(b) 단위모멘트하중 $m=1$이 작용하는 보

(c) 단위하중 $\overline{P}=1$이 작용하는 보

그림 12.16

풀이

[그림 12.16] (a)에서 실제하중에 의해 생기는 구조물의 단면력

$$0 \le x \le l \qquad \left.\begin{aligned} M_x &= \frac{wl}{2}x - \frac{w}{2}x^2 \\ V_x &= \frac{wl}{2} - wx \end{aligned}\right\} \Rightarrow M$$

(1) 처짐각 계산(θ_A)

[그림 12.16] (b)에서 지점 A에 작용시킨 단위모멘트하중($m=1$)에 의한 단면력

$$M_x = \overline{m} - \frac{1}{l}x = 1 - \frac{1}{l}x \quad \Rightarrow \quad m$$

$\theta_A = \sum\int \frac{Mm}{EI}dx$ 에서

부재	기준점	I	M[그림 12.16] (a)	m[그림 12.16] (b)	Mm
A~B	A	I	$\frac{wl}{2}x-\frac{w}{2}x^2$	$1-\frac{1}{l}x$	$\left(\frac{wl}{2}x-\frac{w}{2}x^2\right)\left(1-\frac{1}{l}x\right)$

$$\therefore \theta_A = \int_0^l \frac{1}{EI}\left(\frac{wl}{2}x-\frac{w}{2}x^2\right)\left(1-\frac{1}{l}x\right)dx = \frac{w}{2EIl}\int_0^l (l^2x-2lx^2+x^3)dx$$

$$= \frac{w}{2EIl}\left[l^2\frac{x^2}{2}-2l\frac{x^3}{3}+\frac{x^4}{4}\right]_0^l = \frac{w}{2EIl}\left(\frac{l^4}{2}+\frac{l^4}{4}-\frac{2l^4}{3}\right) = \frac{wl^3}{24EI}(\text{시계방향})$$

(2) 처짐 계산($\delta_{\max}$)

[그림 12.16] (c)에서 중앙점 C에 작용시킨 가상적인 단위집중하중($\overline{P}=1$)에 의한 단면력

$$\left.\begin{aligned} M_x &= \frac{1}{2}x \\ V_x &= \frac{1}{2} \end{aligned}\right\} \Rightarrow m_P(\text{처짐 계산})$$

$\delta_{\max} = \sum\int \frac{Mm}{EI}dx$ 에서

부재	기준점	I	M[그림 12.15] (a)	m[그림 12.15] (c)	Mm
A~B	A	I	$\frac{wl}{2}x-\frac{w}{2}x^2$	$\frac{1}{2}x$	$\left(\frac{wl}{2}x-\frac{w}{2}x^2\right)\left(\frac{1}{2}x\right)$

$$\delta_{\max} = \int_0^l \frac{1}{EI}\left(\frac{wl}{2}x-\frac{w}{2}x^2\right)\left(\frac{1}{2}x\right)dx = 2\int_0^{\frac{l}{2}} \frac{w}{2EI}(lx-x^2)\left(\frac{1}{2}x\right)dx = \frac{w}{2EI}\left[\frac{lx^3}{3}-\frac{x^4}{4}\right]_0^{l/2}$$

$$= \frac{w}{2EI}\left[\frac{l}{3}\left(\frac{l}{2}\right)^3-\frac{1}{4}\left(\frac{l}{2}\right)^4\right] = \frac{w}{2EI}\times\frac{5l^4}{192} = \frac{5wl^4}{384EI}$$

12.13 [그림 12.17] (a)와 같은 라멘의 A지점에서 수평변위, 수직변위, 처짐각을 구하여라. 축방향력과 전단력은 무시한다. 단 E는 일정하다.

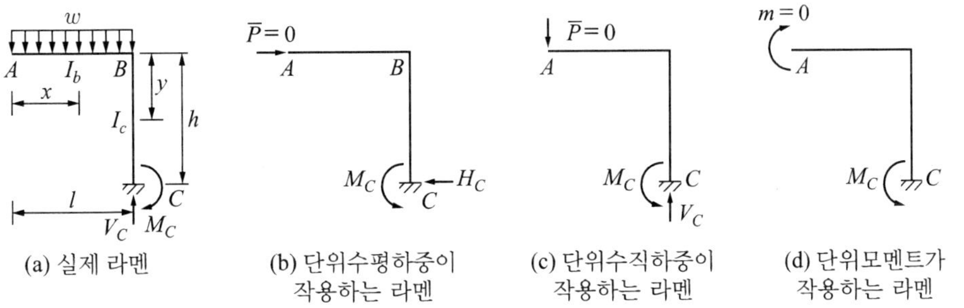

그림 12.17

풀이

(1) A점의 수평변위 $\delta_{AH}=\sum\int\frac{Mm}{EI}dx$

부재	기준점	I	M[그림 12.17] (a)	m[그림 12.17] (b)	Mm
A~B	A	I_b	$-\frac{w}{2}x^2$	0	0
B~C	B	I_c	$-\frac{wl^2}{2}$	$(1)(x)$	$\left(-\frac{wl^2}{2}\right)(x)$

$$\therefore \delta_{AH}\frac{1}{EI_c}\int_0^h\left(-\frac{wl^2}{2}\right)(x)dx=-\frac{1}{2EI_c}\left[\frac{wl^2x^2}{2}\right]_0^h=-\frac{wl^2h^2}{4EI_c}\ (\leftarrow \text{방향})$$

※ (−) 값이 나오면 가상하중의 방향과 반대로 생긴다.

(2) A점의 수직변위 $\delta_{AV}=\sum\int\frac{Mm}{EI}dx$

부재	기준점	I	M[그림 12.17] (a)	m[그림 12.17] (c)	Mm
A~B	A	I_b	$-\frac{w}{2}x^2$	$-(1)(x)$	$\left(-\frac{w}{2}x^2\right)(-x)$
B~C	B	I_c	$-\frac{wl^2}{2}$	$-(1)(l)$	$\left(-\frac{wl^2}{2}\right)(-1)$

$$\therefore \delta_A = \frac{1}{EI_b}\int_0^l \left(-\frac{wx^2}{2}\right)(-x)dx + \frac{1}{EI_c}\int_0^h \left(-\frac{wl^2}{2}\right)(-l)dx$$

$$= \frac{1}{EI_b}\frac{wl^4}{8} + \frac{1}{EI_c}\frac{wl^3}{2}h \ (\downarrow \text{방향})$$

(3) A점의 수직변위 $\theta_A = \sum \int \frac{Mm}{EI}dx$

부재	기준점	I	M[그림 12.17] (a)	m[그림 12.17] (d)	Mm
A~B	A	I_b	$-\frac{w}{2}x^2$	1	$\left(-\frac{w}{2}x^2\right)(1)$
B~C	B	I_c	$-\frac{wl^2}{2}$	1	$\left(-\frac{wl^2}{2}\right)(1)$

$$\therefore \theta_A = \frac{1}{EI_b}\int_0^l \left(-\frac{w}{2}x^2\right)dx + \frac{1}{EI_c}\int_0^h \left(-\frac{wl^2}{2}\right)dx = -\frac{1}{EI_b}\frac{wl^3}{6} - \frac{1}{EI_c}\frac{wl^2h}{2}$$

$$= -\frac{wl^2}{6E}\left(\frac{l}{I_b} + \frac{3h}{I_c}\right) \ (\text{반시계방향})$$

12.14 다음 그림과 같은 트러스의 C점의 수직처짐을 구하여라.

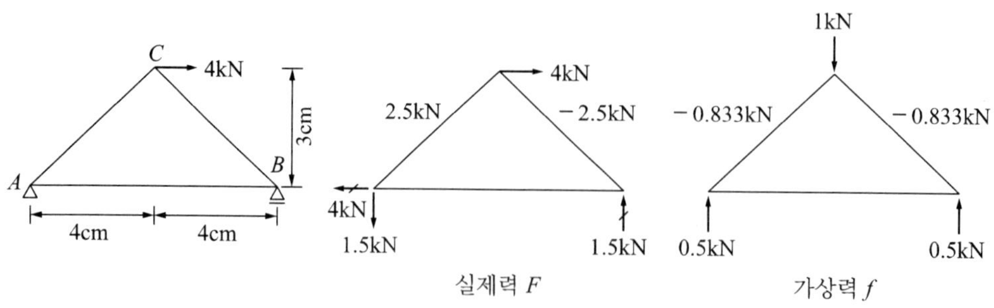

그림 12.18

풀이

부재	f	F	L	fFL
AB	0.667	2	8	10.67
AC	− 0.833	2.5	5	− 10.41
CB	− 0.833	− 2.5	5	10.41

$\Sigma : 10.67\,\mathrm{kN}^2 \cdot \mathrm{cm}$

$$1\mathrm{kN} \cdot y_e = \sum \frac{fFL}{AE} = \frac{10.67\mathrm{kN}^2 \cdot \mathrm{cm}}{AE}$$

$$A = 450\mathrm{mm}^2$$

$$1\mathrm{kN} \cdot y_c = \frac{10.67}{400 \times 10^{-6} \times E}$$

06 | Castiliano의 제 2정리

"구조물이 재료가 탄성적이고 온도 변화나 지점의 침하가 없는 경우에 변형에너지의 어느 특정한 힘에 관한 1차 편도함수는 그 힘이 작용점에서의 작용선 방향의 처짐과 같다."라는 정리이며 이를 이용하면

$$\Delta_i = \frac{\partial W_I}{\partial P_i}$$

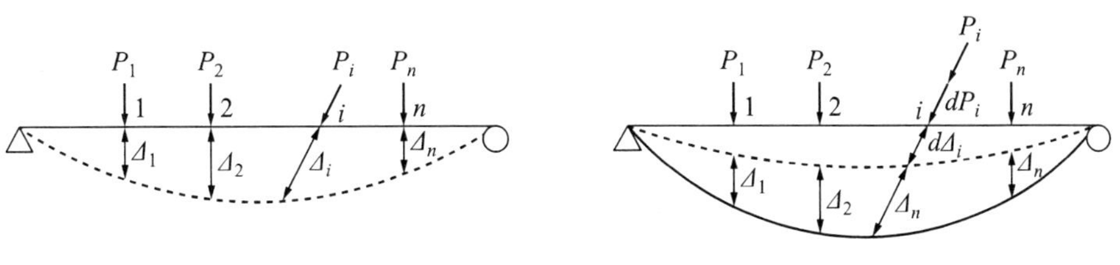

(a) 외력 $P_1 \cdots P_n$ 작용시　　(b) dP_i 작용후 외력 P_1, P_2 작용시

에너지 보존 $W_I = W_E = \frac{1}{2}P_1\triangle_1 + \frac{1}{2}P_2\triangle_2 + \cdots + \frac{1}{2}P_n\triangle_n$

i에 작용하는 힘 P_i가 미소량 dP_i 만큼 증가할 때 변형 에너지 증가량

$$W_I + dW_I = \left(\frac{1}{2}P_1\triangle_1 + \frac{1}{2}P_2\triangle_2 + \cdots + \frac{1}{2}P_n\triangle_n\right) + \underbrace{\frac{\partial W_I}{\partial P_i}}_{P_i\text{에 따르는 }W_I\text{의 변화율}} dP_i \qquad \text{(a)}$$

미소한힘 dP_i가 먼저 작용하고 $P_1, P_2, \cdots P_i, P_n$이 나중에 작용한다면 dP_i는 이미 dP_i방향으로 미소변위 $d\triangle_i$를 일으켜 변형에너지 $\frac{1}{2}(dP_i)(d\triangle_i)$축척은 너무 작기 때문에 무시한다.

나중에 작용한 외적일의 증가량 : $dP_i\triangle_i$

$$W_E + dW_E = (\frac{1}{2}P_1\triangle_1 + \frac{1}{2}P_2\triangle_2 + \cdots + \frac{1}{2}P_n\triangle_n) + dP_i\triangle_i \qquad \text{(b)}$$

에너지 보존 (a)=(b) $\quad \therefore \triangle_i = \dfrac{\partial W_I}{\partial P_i}$

- 휨모멘트 보 :

$$W_I = \int \frac{M^2}{2EI}dx \quad \Rightarrow \quad \triangle_i = \Sigma \int M\left(\frac{\partial M}{\partial P_i}\right)\frac{dx}{EI}$$

- 축방향력 트러스 :

$$W_I = \Sigma \frac{F^2 L}{2EA} \quad \Rightarrow \quad \triangle_i = \Sigma F\left(\frac{\partial F}{\partial P_i}\right)\frac{L}{EA}$$

- $M + F$ 라멘 :

$$W_I = \int \frac{M_2^2}{2EI}dx + \Sigma \frac{FL}{2EA} \quad \Rightarrow \quad \triangle_i = \Sigma \int M\left(\frac{\partial M}{\partial P_i}\right)\frac{dx}{EI} + \underbrace{\Sigma F\left(\frac{\partial F}{\partial P_i}\right)\frac{L}{EA}}_{\text{축방향력의 영향은 작으므로 무시한다.}}$$

※가상일의 방법과 비슷
하중이 작용하지 않는 점의 처짐을 구할 때 가상의 힘을 준다. (가상일의 원리와 같다.)

ex) 10.12

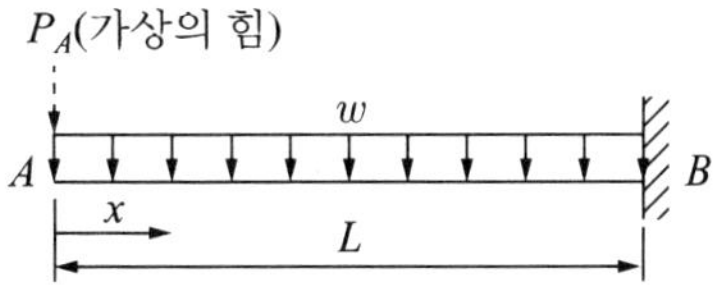

A점의 처짐 $\Delta_A = ?$

A에서 B까지 $M = -P_A \cdot x - \frac{w}{2}x^2$

$$\triangle_i = \int \frac{M\left(\frac{\partial m}{\partial P_i}\right)}{EI} dx$$

$$\therefore \frac{\partial M}{\partial P_i} = -x$$

P_A의 실제값 $P_A = 0$로 놓으면

$$\triangle_A = \int_0^L \frac{\left(-\frac{wx^2}{2} - P_A x\right)(-x)}{EI} dx = \frac{wL^4}{8EI}$$ 이 된다.

07 | Betti의 법칙과 Maxwell의 처짐의 법칙

1점에 작용하는 하중으로 인한 2점의 처짐은 2점에 작용하는 하중으로 인한 1점의 처짐과 같다. 이는 모멘트와 처짐각에 대해서도 성립하며 모멘트와 모멘트 관계에서도 성립한다.

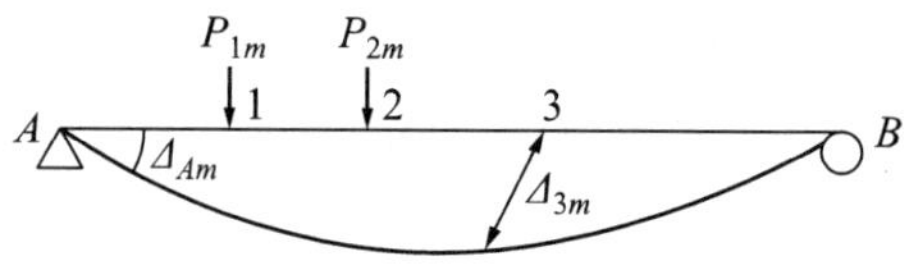

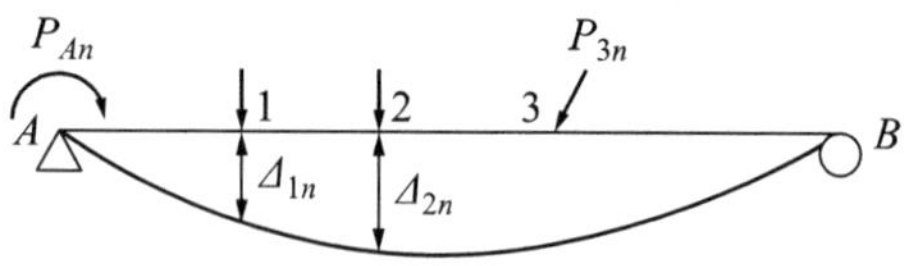

P_{1m}, P_{2m} (P_m 역계) $\Rightarrow$ 임의의 단면에 M_m 발생

P_{3n}, P_{An} (P_n 역계) $\Rightarrow$ 임의의 단면에 M_n 발생

Δ_{3m} : P_m 역계에 의해 생긴 처짐

Δ_{1n} , Δ_{2n} : P_n 역계로 인해 일어난 점 1, 2의 처짐.

1) P_m역계 재하후 P_n역계 재하되면 P_m역계는 가상역계, P_n역계는 실제역계

∴ 가상일의 원리 적용(보)

$$1 \cdot \Delta_I V = \Sigma f dL$$

$$\Sigma P_{im} \cdot \Delta_{in} = \sum \int M_m M_n \frac{dx}{EI}$$

2) P_n역계가 먼저 재하 후 P_m역계 재하.

$$\Sigma P_{in} \cdot \Delta_{im} = \sum \int M_n M_m \frac{dx}{EI}$$

$$\therefore \Sigma P_{im} \cdot \Delta_{in} = \Sigma P_{in} \Delta_{im}$$

2점은 다음과 같이 출현

$$P_{1m}\Delta_{1m} + P_{2m}\Delta_{2n} = P_{3n}\Delta_{3m} + P_{An}\Delta_{An}$$

표 12.1 캔틸레버보의 처짐공식

구조 및 하중조건	처짐각(θ_i)	처짐(y_i)
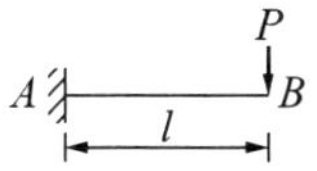	$\theta_B = \dfrac{Pl^2}{2EI}$	$y_B = \dfrac{Pl^3}{3EI}$
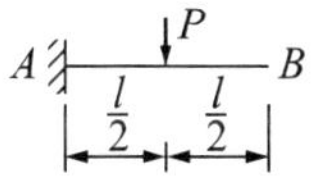	$\theta_B = \dfrac{Pl^2}{8EI}$	$y_B = \dfrac{5Pl^3}{48EI}$
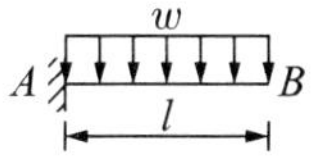	$\theta_B = \dfrac{wl^3}{6EI}$	$y_B = \dfrac{wl^4}{8EI}$
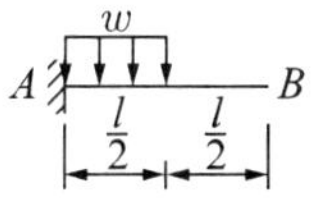	$\theta_B = \theta_C = \dfrac{wl^3}{48EI}$	$y_B = \dfrac{7wl^4}{384EI}$
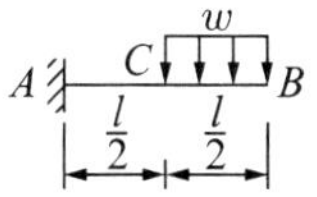	$\theta_B = \dfrac{7wl^3}{48EI}$	$y_B = \dfrac{41wl^4}{384EI}$
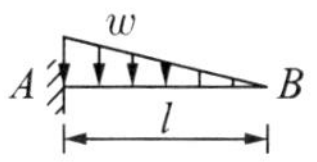	$\theta_B = \dfrac{wl^3}{24EI}$	$y_B = \dfrac{wl^4}{30EI}$
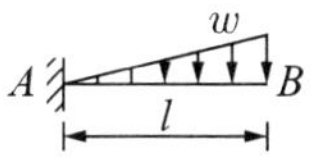	$\theta_B = \dfrac{wl^3}{8EI}$	$y_{\max} = \dfrac{11wl^4}{120EI}$
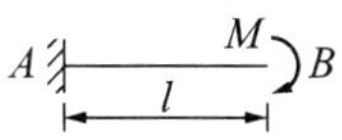	$\theta_B = \dfrac{Ml}{EI}$	$y_B = \dfrac{Ml^2}{2EI}$

표 12.2 단순보의 처짐공식

구조 및 하중조건	처짐각(θ_i)	처짐(y_i)
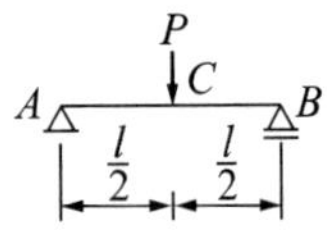	$\theta_A = -\theta_B = \dfrac{Pl^2}{16EI}$	$y_{\max} = \dfrac{Pl^3}{48EI}$
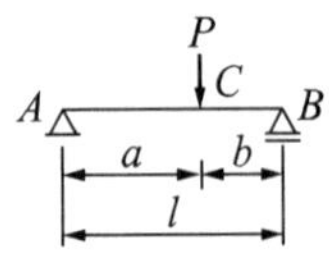	$\theta_A = \dfrac{Pb}{6EIl}(l^2 - b^2)$ $\theta_B = -\dfrac{Pa}{6EIl}(l^2 - a^2)$	$y_C = \dfrac{Pa^2b^2}{3EIl}$
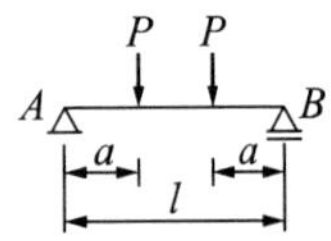	$\theta_A = -\theta_B = -\dfrac{Pal}{2EI}\left(1 - \dfrac{a}{l}\right)$	$y_{\max} = \dfrac{Pa}{24EI}(3l^2 - 4a^2)$
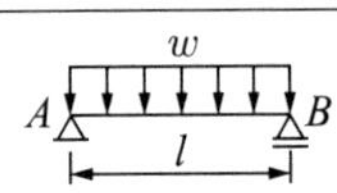	$\theta_A = -\theta_B = \dfrac{wl^3}{24EI}$	$y_{\max} = \dfrac{5wl^4}{384EI}$
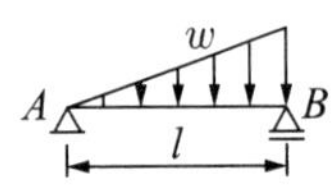	$\theta_A = \dfrac{7wl^3}{360EI}$ $\theta_B = -\dfrac{8wl^3}{360EI}$	$y_{\max} = 0.006522\dfrac{wl^4}{EI}$
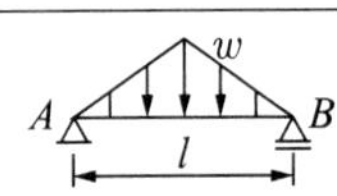	$\theta_A = -\theta_B = \dfrac{5wl^4}{192EI}$	$y_{\max} = \dfrac{wl^4}{120EI}$
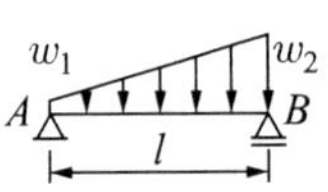	$\theta_A = \dfrac{l^3}{360EI}(8w_1 + 7w_2)$ $\theta_B = -\dfrac{l^3}{360EI}(7w_1 + 8w_2)$	$y_{\max} = \dfrac{5w_1l^4}{384EI}$ $= \dfrac{5(w_2 - w_1)l^4}{768EI}$
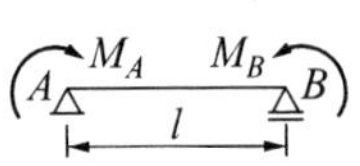	$\theta_A = \dfrac{l}{6EI}(2M_A + M_B)$ $\theta_B = -\dfrac{l}{6EI}(M_A + 2M_B)$	$M_A = M_B = M$ $y_{\max} = \dfrac{Ml^2}{8EI}$
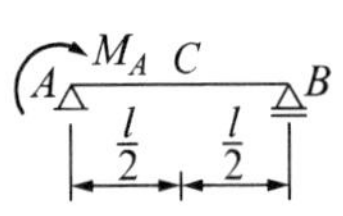	$\theta_A = \dfrac{M_Al}{3EI}$ $\theta_B = -\dfrac{M_Al}{6EI}$	$y_C = \dfrac{M_Al}{6EI}$

처짐 종합문제

01. 다음 그림에서 처짐각 θ_A는?

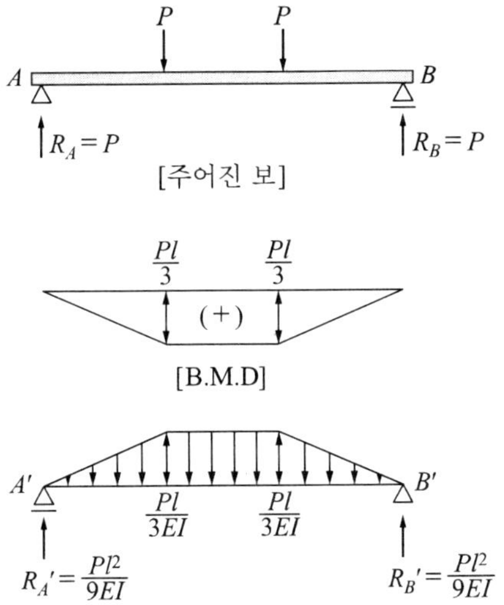

answer $\therefore \theta_A = S_A' = R_A' = \dfrac{Pl^2}{9EI}$(시계방향)

02. 그림과 같은 단순보의 중앙에 집중하중 P가 작용할 때 지점 A에서의 처짐각은?

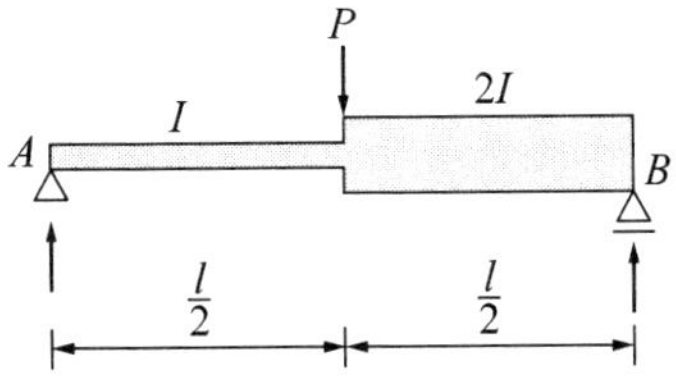

answer 주어진 하중에 의해 발생한 휨모멘트를 하중으로 간주하여 공액보에 재하시킬 때는 $\dfrac{B.M.D.}{E \cdot I}$를 재하시키기 때문에 I값에 반비례한다.

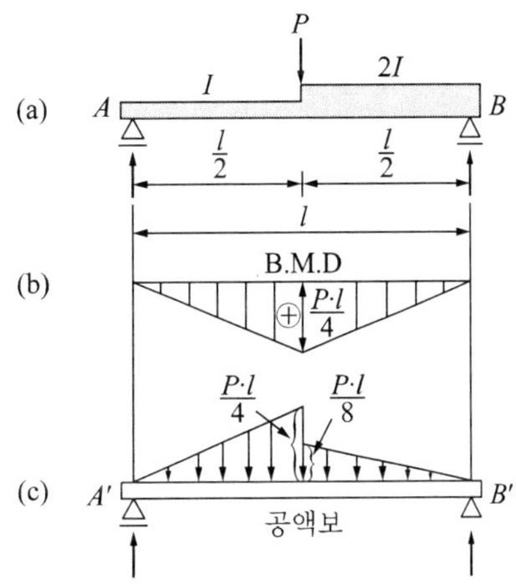

따라서 (c)그림처럼 재하되며 이때의 A'점의 전단력이 A점의 처짐각이 된다.

$\Sigma M_B = 0$에서

$$R_A' \times l - \frac{Pl}{4} \times \frac{l}{2} \times \frac{1}{2}\left(\frac{l}{2} + \frac{l}{2} \times \frac{1}{3}\right)$$

$$-\frac{Pl}{8} \times \frac{l}{2} \times \frac{1}{2}\left(\frac{l}{2} \times \frac{2}{3}\right) = 0$$

⇨ $R_A' = \dfrac{Pl^2}{24} + \dfrac{Pl^2}{96} = \dfrac{5Pl^2}{96}$

$\therefore \theta_A = \dfrac{R_A'}{EI} = \dfrac{5Pl_2}{96EI}$(시계방향)

03. 길이가 같고 EI가 일정한 단순보 (a), (b)에서 (a)의 중앙 처짐 ΔC는 (b)의 중앙 처짐 ΔC의 몇 배인가?

(a)

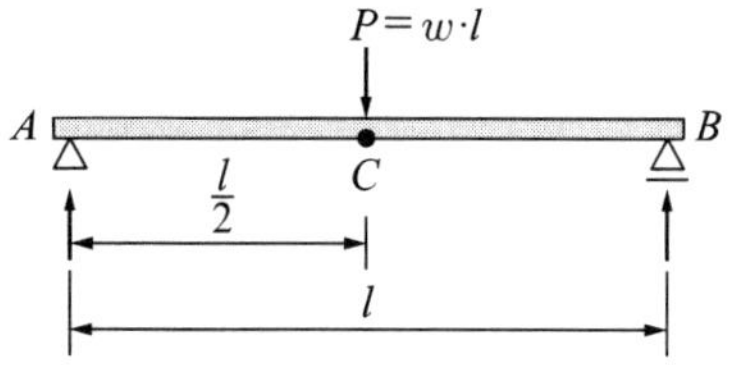

(b)

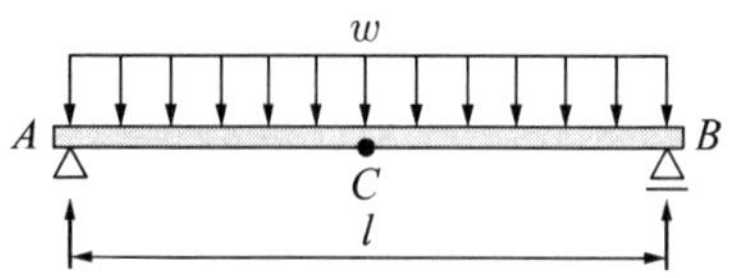

answer 보 (a)의 $y_c = \frac{Pl^3}{48EI} = \frac{wl^4}{48EI}$,

보 (b)의 $y_c = \frac{5wl^4}{384EI}$

$$\frac{y_{c(a)}}{y_{c(b)}} = \frac{1/48}{5/384} = 1.6$$

즉, $y_{c(a)} : y_{c(b)} = 8 : 5$

04. 그림과 같은 하중, 재질, 단면 및 길이가 같은 두 구조물에서 처짐량의 비(δ_1/δ_2)는?

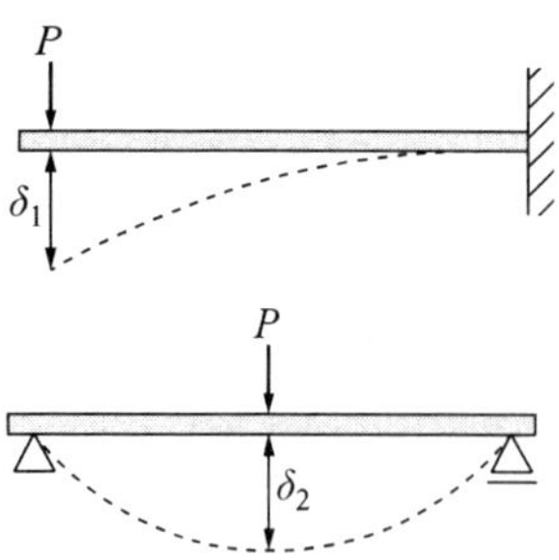

answer $\delta_1 = \frac{Pl^2}{3EI}$, $\delta_2 = \frac{Pl^3}{48EI}$

$$\therefore \frac{\delta_1}{\delta_2} = \frac{48}{3} = 16$$

05. 다음 균일한 단면을 가진 단순보의 A지점의 회전각은?

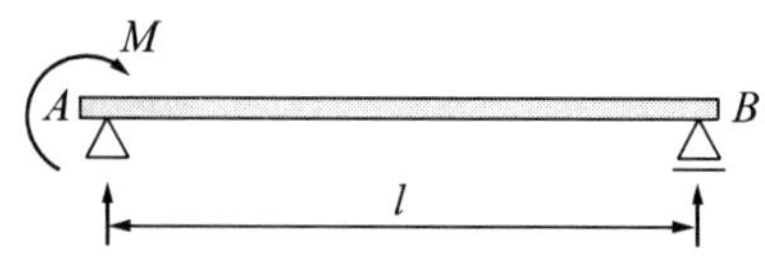

answer 공액보에서 처짐각을 이용하면

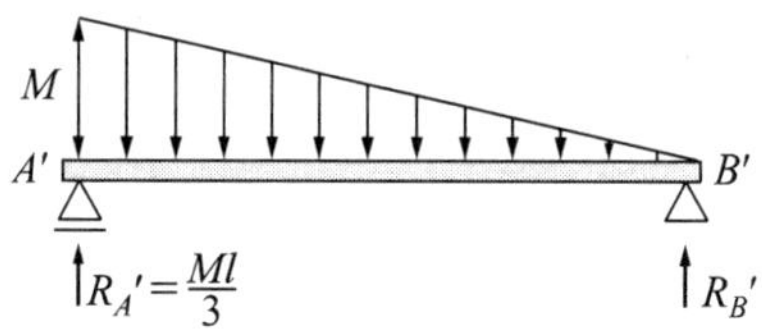

$$R_A' = \frac{Ml}{3}$$

$$\theta_A = \frac{S_A'}{EI} = \frac{R_A'}{EI} = \frac{Ml}{3EI} \text{(시계방향)}$$

06. 그림과 같이 단순보에서 B점에 모멘트 하중이 작용할 때, A점과 B점의 처짐각의 비 ($\theta_A : \theta_B$)는?

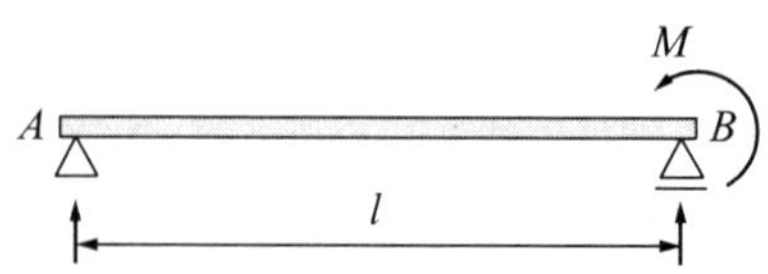

answer $\theta_B = -\frac{Ml}{3EI}$, $\theta_A = \frac{|\theta_B|}{2} = \frac{Ml}{6EI}$

$\theta_A : \theta_B = 1 : 2$

07. 단순보의 양단에 모멘트 하중 M이 작용할 경우 최대 처짐은? (단, EI는 일정하다.)

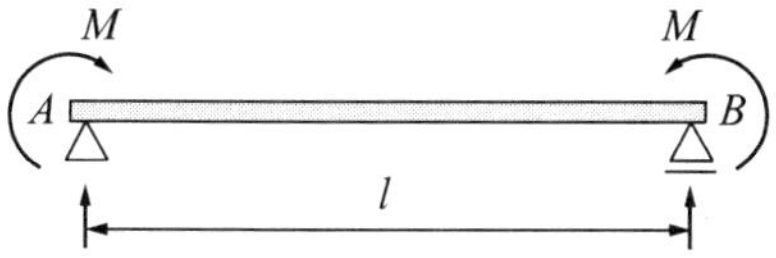

answer 양단의 M에 의한 휨모멘트는 전구 간에 일정하게 M이 되고, 공액보에서 중앙점의 휨모멘트를 EI로 나눈 값이 그 점의 처짐이 되므로

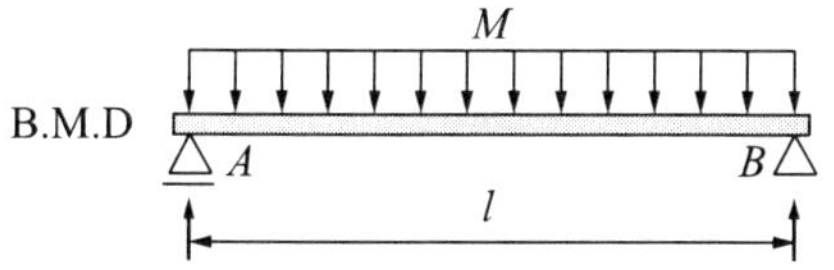

공액보

$$M_{\max} = \frac{wl^2}{8} = \frac{Ml^2}{8}$$

$$y_{\max} = \frac{M_{\max}}{EI} = \frac{Ml^2}{8EI}(\downarrow)$$

08. 그림과 같은 외팔보에서 최대 처짐각 θ_B는? (단, EI는 일정하다.)

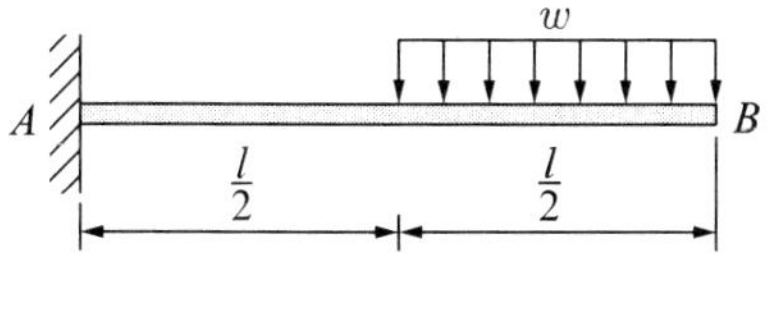

answer 직선 구간과 포물선 구간을 나누어 생각하면

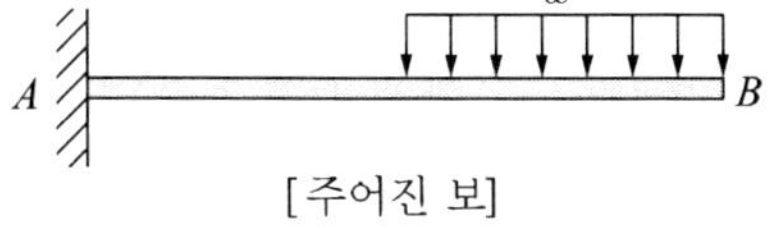

[주어진 보]

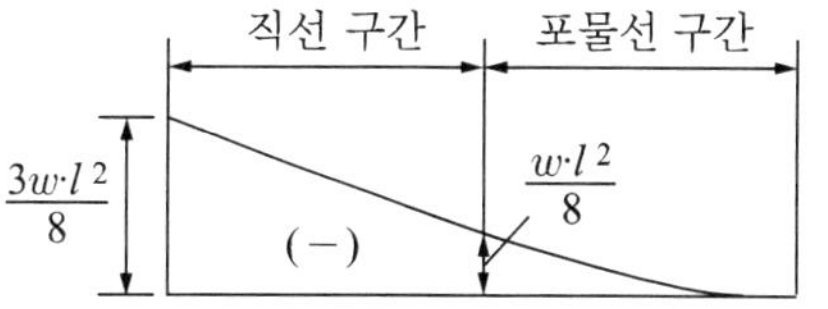

[B.M.D]

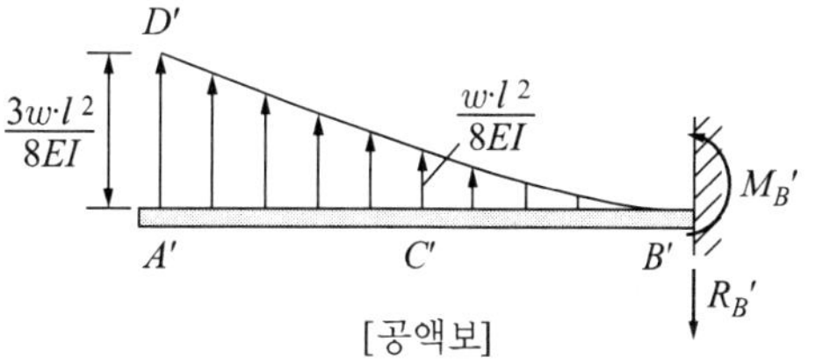

[공액보]

$$\theta_B = S_B{}' = R_B{}'$$

$=$사다리꼴면적 + 포물선면적

$$= \left(\frac{3wl^2}{8EI} + \frac{wl^2}{8EI}\right)\frac{l/2}{2} + \frac{1}{3}\left(\frac{l}{2} \times \frac{wl^2}{8EI}\right)$$

$$= \frac{wl^3}{8EI} + \frac{wl^3}{48EI} = \frac{7wl^3}{48EI}\text{(시계방향)}$$

제12장 연습문제

01. [그림 12.19]와 같은 캔틸레버보에서 C점의 처짐 EIy_C의 값을 구하여라.

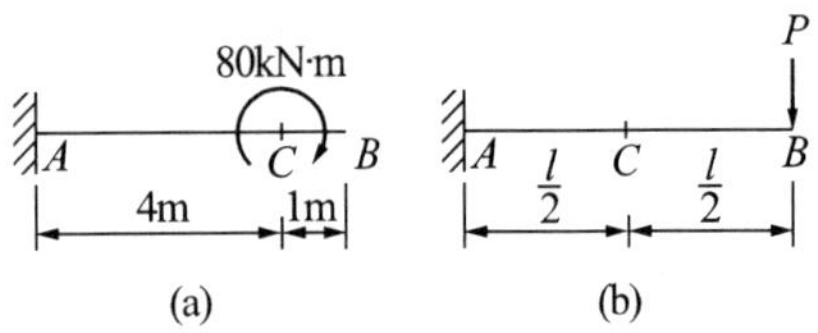

그림 12.19

answer (a) $EIy_C = 640\ \text{kN}\cdot\text{m}^3$

(b) $EIy_C = \dfrac{5Pl^3}{48}$

02. [그림 12.20]에서 C점의 처짐각 및 처짐을 구하여라. 단, $EI = 2.85\times10^5\ \text{kN}\cdot\text{m}^2$

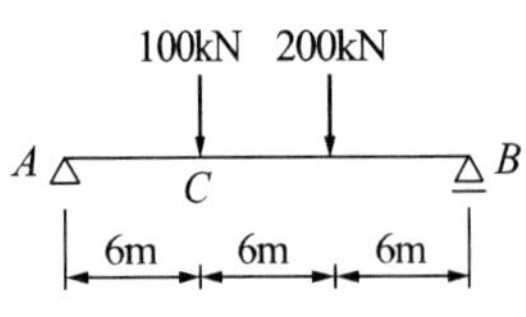

그림 12.20

answer $\theta_C = 0.00982\ \text{rad},\ y_C = 9.26\ \text{cm}$

03. [그림 12.21]에서 모멘트하중이 작용할 때 최대처짐각과 처짐량을 구하여라.

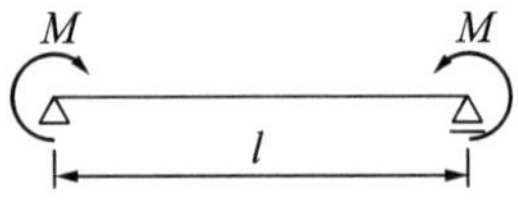

그림 12.21

answer $\theta_{\max} = \dfrac{Ml}{2EI},\ y_{\max} = \dfrac{Ml^2}{8EI}$

04. [그림 12.22]에서 지간이 같은 두 개의 단순보가 중앙에서 직각으로 교차하고 여기에 집중하중 P가 작용할 때 각 보에 분담하는 하중을 구하여라. 단, E는 같고 단면 2차 모멘트는 I_1, I_2이다.

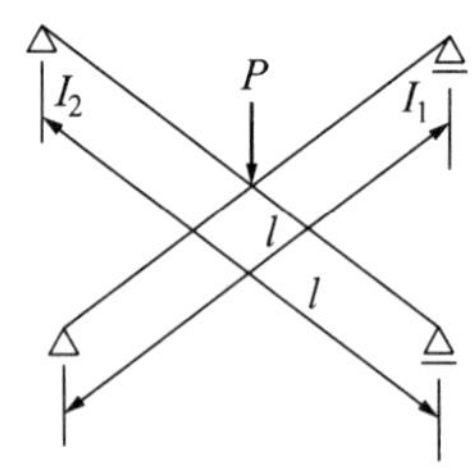

그림 12.22

answer $P_1 = \dfrac{I_1}{I_1+I_2}P,\ P_2 = \dfrac{I_2}{I_1+I_2}P$

05. [그림 12.23]과 같은 두 AB보와 CD보가 직교하고 교점에 하중 P가 작용할 때 재료와 단면이 서로 같다면 AB보와 CD보가 받는 최대휨모멘트의 비를 구하여라.

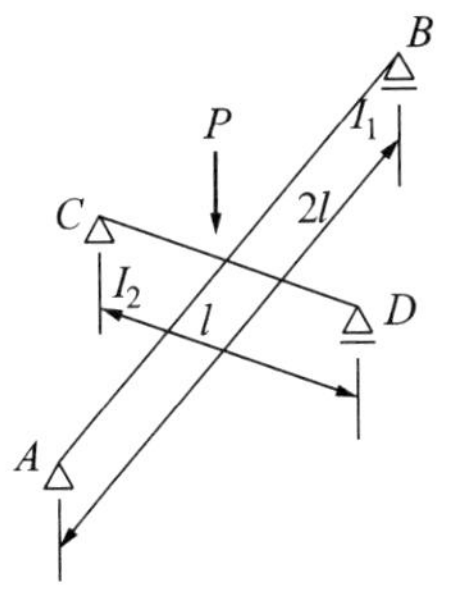

그림 12.23

answer 1 : 4

06. [그림 12.24]에서 지점 A의 처짐각과 최대 처짐을 구하여라. 단 $E = 15 \times 10^5$ N/cm^{2}이고, 보의 단면은 15cm×20 cm이다.

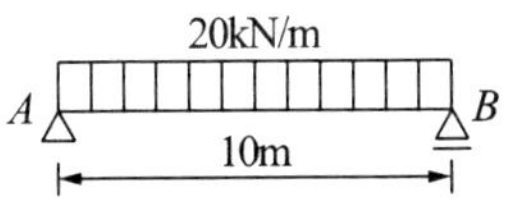

그림 12.24

answer $\theta_A = 0.555$ rad, $\theta_B = -0.555$ rad, $y_{\max} = 173.5$ cm

07. [그림 12.25]와 같은 단순보의 CD점의 처짐각과 처짐을 구하여라. 단 $E = 21 \times 10^6$ N/cm^2, $I = 1.25 \times 10^5$ cm^4

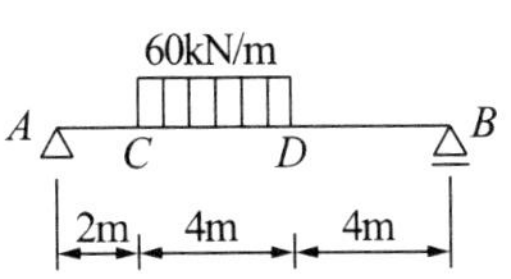

그림 12.25

answer $\theta_C = 0.00439$ rad, $\theta_D = -0.00195$ rad, $y_C = 1.025$ cm, $y_D = 0.974$ cm

08. [그림 12.26]에서 내민 부분의 C점의 처짐각과 D점의 처짐을 구하여라. 단 $EI = 2.915 \times 10^4$kN · m^2

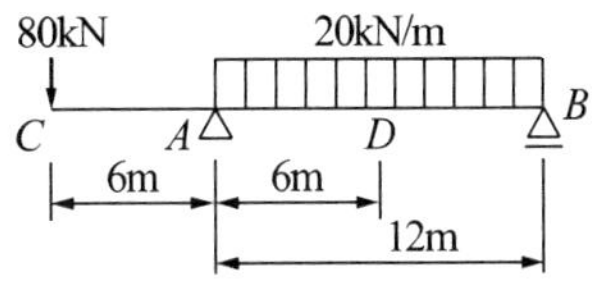

그림 12.26

answer $\theta_C = 0.00659$ rad, $y_D = 3.70$ cm

제 13 장

부정정보

01 | 부정정력과 정정기본계

구조물의 일반적 분류방법으로서 정정구조물과 부정정구조물로 크게 나눌 수 있다. 앞에서 배운 바와 같이 정정구조물은 정역학적 힘의 평형조건식인

$$\sum H = 0 \quad \sum V = 0 \quad \sum M = 0$$

의 세 조건식만으로서 해석할 수 있으나 부정정구조물의 해석은 위의 조건으로는 풀 수 없어 재료의 탄성변형과 구속조건을 고려하여 해석한다.

부정정 구조를 해석하는 방법으로는 일반적으로 다음과 같이

① 변형일치법 (Method of consistent deformation)

② 3연 모멘트법 (Clapeyron's theorem of three moments)

③ 처짐각법 (Slope deflection method)

④ 모멘트분배법 (Moment distribution method)

⑤ 매트릭스 구조해석법 (Method of matrix structural analysis)

⑥ 탄성변형의 정리에 의한 부정정구조의 해석

등의 여러 가지 방법이 있으나 본 장에서는 ①~⑥까지 네 종의 부정정구조의 해법으로 부정정보와 라아멘 만을 다루고자 한다.

부정정보와 라아멘의 부정정차수는 1장에서 이미 취급하여 잘 아는 바와 같이

$$n = m_1 + 2m_2 + 3m_3 + r - (2p_2 + 3p_3)$$

에서 $n < 0$이면 불안정구조

$n = 0$이면 정정구조

$n > 0$이면 부정정구조 (이때 n은 부정정차수)

그러나 보에서는 r을 반력수, h를 힌지수라 할 때

$$n = r - 3 - h$$

로서 구조물을 쉽게 판별하기도 한다.

부정정보는 부정정보의 차수만큼의 부정정력을 생각하여 이 부정정력에 대하여 탄성변형의 적합조건을 써서 부정정력을 구하면 된다.

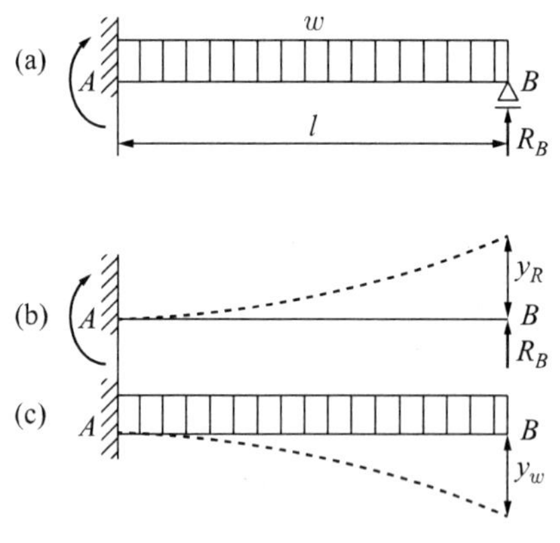

그림 13.1

가량 [그림 13.1]과 같은 1차 부정정보에서 B점에서 부정정력으로 R_B를 생각하면 그림 (a)는 그림 (b)와 같이 R_B만이 작용할 때와 그림 (c)와 같이 등분포하중만이 작용할 때를 합성한 것이 되고 B점의 처짐은 0이므로 R_B에 의한 처짐 y_R과 w에 의한 처짐 y_w의 합은 0이 되어야 한다. 즉

$$y_R + y_w = 0$$

부정정력을 생각하였을 때 부정정보는 정정보로 바꾸어 여기에 부정정력만이 작용하는 것으로 하고 또 이 부정정력을 0으로 생각하여 하중만이 작용하였을 때의 변형과의 합 $y_R + y_w = 0$과 같은 적합조건을 성립시키면 일반적으로 부정정력을 구할 수 있다. 이와 같이 할 때의 정정보를 일반적으로 정정기본계라고 부른다.

02 | 변형일치법

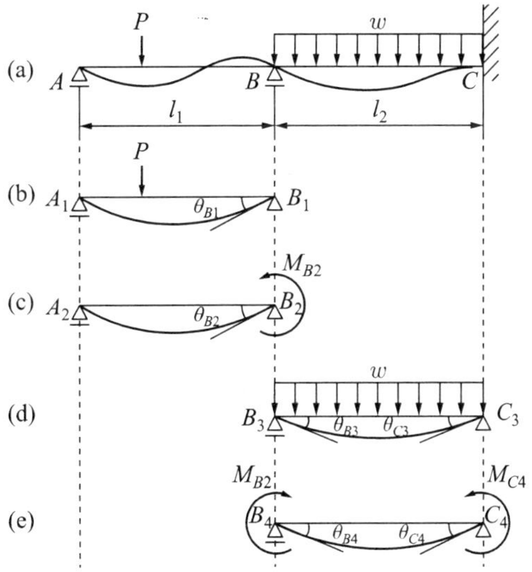

그림 13.2

[그림 13.2] (a)와 같은 연속보는 2차 부정정보로서 두 개의 부정정력 (M_B, M_C)을 선택하고 [그림 13.2] (b), (c)와 같이 AB보의 B지점에서 하중에 의한 처짐각과 지점모멘트에 의한 처짐각 θ_{B1}, θ_{B2}, BC보의 B지점에서 하중에 의한 처짐각과 지점모멘트에 의한 처짐각 θ_{B3}, θ_{B4}, 지점모멘트 M_B 사이에는 보의 처짐곡선이 연속되어 있으므로

$$\theta_{B1} + \theta_{B2} = \theta_{B3} + \theta_{B4}$$

$$M_B = M_{B2} = M_{B4} \tag{13.1}$$

C점은 고정단이므로 [그림 13.2] (d), (e)에서

$$\theta_{C3} + \theta_{C4} = 0$$

$$M_C = M_{C4} \tag{13.2}$$

이들 관계식 (13.1), (13.2)로부터 부정정력이 구해지고 부정정보의 단면력을 구할 수 있다. 구조에 따라서는 지점에서 하중에 의한 지점의 처짐 y_l과 지점반력에 의한 처짐 y_R 사이에는 지점에서의 처짐이 0이므로

$$y_l + y_R = 0 \tag{13.3}$$

식 (13.3)으로부터 부정정력이 구해지기도 한다. 이 해법에 의한 부정정보의 해를 각종 부정정보에 적용해보기로 한다.

2.1 1단 고정 타단 이동지점 보

(1) 집중하중을 받을 경우

[그림 13.3] (a)와 같은 보는 1차 부정정보이므로 부정정력으로 M_A와 R_B를 취할 수 있는데 먼저 M_A를 부정정력으로 취하면 [그림 13.3] (b)와 (c)에서 θ_{A1}, θ_{A2}는

$$\theta_{A1} = \frac{Pab(l+b)}{6EIl} \qquad \theta_{A2} = \frac{M_A\, l}{3EI}$$

그림 (a)로부터 A점은 고정단이므로 처짐각 θ_A는 0이다. 따라서

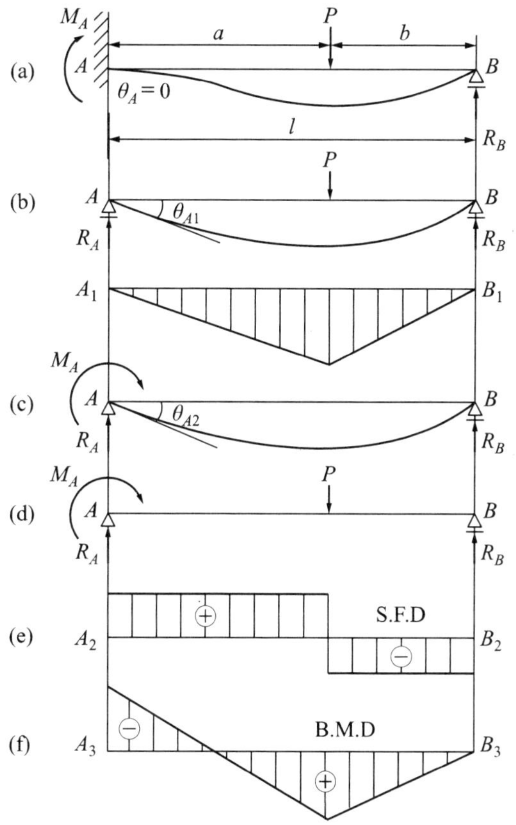

그림 13.3

$$\theta_A = \theta_{A1} + \theta_{A2} = 0$$

$$\frac{Pab(l+b)}{6EIl} + \frac{M_A \cdot l}{3EI} = 0$$

$$\therefore\ M_A = -\frac{Pab(l+b)}{2\,l^2} \tag{13.4}$$

부정정력이 구해졌기 때문에 그림 (d)와 같이 정정계로 놓아 단면력을 구한다.

① 지점반력

그림 (d)에서 $\sum M_B = 0$에 의하여

$$R_A\, l + M_A - P\, b = 0$$

$$R_A = \frac{P\,b - M_A}{l} = \frac{P\,b + P\,a\,b\,(l+b)/2\,l^2}{l}$$

$$= \frac{P\,(2\,l^3 - 3a^2\,l + a^3)}{2\,l^3} \tag{13.5}$$

$\sum M_A = 0$으로부터

$$-R_B\,l + P\,a + M_A = 0$$

$$R_B = \frac{P\,a + M_A}{l} = \frac{P\,a^2\,(3\,l - a)}{2\,l^3} \tag{13.6}$$

② 전단력

$$S_{A\sim C} = R_A = \frac{P\,(2\,l^3 - 3a^2\,l + a^3)}{2\,l^3}$$

$$S_{C\sim B} = P - R_A = -R_B = -\frac{P\,a^2\,(3\,l - a)}{2\,l^3} \tag{13.7}$$

③ 휨모멘트

$$M_A = -\frac{P\,a\,b\,(l+b)}{2\,l^2}$$

$$M_x = R_A\,x + M_A = \frac{P\,b - M_A}{l}\,x + M_A \tag{13.8}$$

$$M_C = \frac{P\,b - M_A}{l}\,a + M_A$$

$$M_B = 0$$

이로서 S.F.D와 B.M.D를 그리면 그림 (e), (f)와 같다.

(2) 등분포하중을 받을 경우

[그림 13.4]에서와 같이 등분포하중이 만재되었을 경우를 풀어보자. 이때의 보도 집중하중을 받을 경우와 같이 풀어나가면 된다.

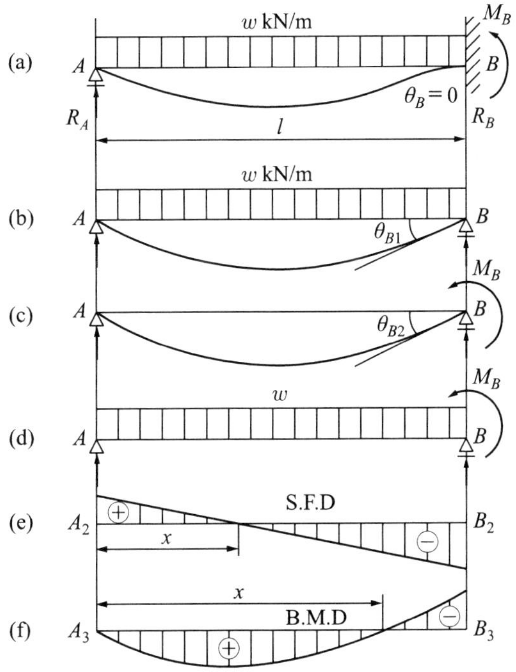

그림 13.4

$$\theta_{B1} = -\frac{w\,l^3}{24EI}$$

$$\theta_{B2} = -\frac{M_B \cdot l}{3EI}$$

$$\theta_B = \theta_{B1} + \theta_{B2} = 0$$

$$\therefore\ M_B = -\frac{w\,l^2}{8} \qquad (13.9)$$

그림 (d)와 같이 정정계로 놓고 단면력을 구하면

① 지점반력

$\sum M_B = 0$에 의하여

$$R_A \cdot l - w\,l\,\frac{l}{2} - M_B = 0$$

$$R_A = \frac{w\,l}{2} + \frac{M_B}{l} = \frac{3w\,l}{8}$$

$$R_B = \frac{w\,l}{2} - \frac{M_B}{l} = \frac{5w\,l}{8} \tag{13.10}$$

② 전단력

$$S_A = R_A = \frac{3}{8}w\,l$$

$$S_B = -R_B = -\frac{5}{8}w\,l \tag{13.11}$$

③ 휨모멘트

$$M_A = 0$$

$$M_x = R_A \cdot x - \frac{w\,x^2}{2} \tag{13.12}$$

$M_{\max}$는 $S=0$이 되는 점에서 일어나므로

$$S_x = R_A - wx = 0$$

$$\frac{3w\,l}{8} - wx = 0$$

$$\therefore\ x = \frac{3\,l}{8}$$

$$M_{\max} = \frac{3w\,l}{8} \cdot \frac{3}{8}\,l - \frac{w\left(\frac{3}{8}\,l\right)^2}{2} = \frac{9w\,l^2}{128} \tag{13.13}$$

$M=0$이 되는 점 즉, 반곡점의 위치는

$$R_A \cdot x - \frac{wx^2}{2} = 0$$

$$x\left(R_A - \frac{wx}{2}\right) = 0$$

$$x_1 = 0, \qquad x_2 = \frac{2R_A}{w} = \frac{3}{4}\,l$$

$$M_B = -\frac{w\,l^2}{8}$$

이로서 S.F.D와 B.M.D를 그리면 그림 (e), (f)와 같다.

2.2 양단 고정보

(1) 집중하중을 받을 경우

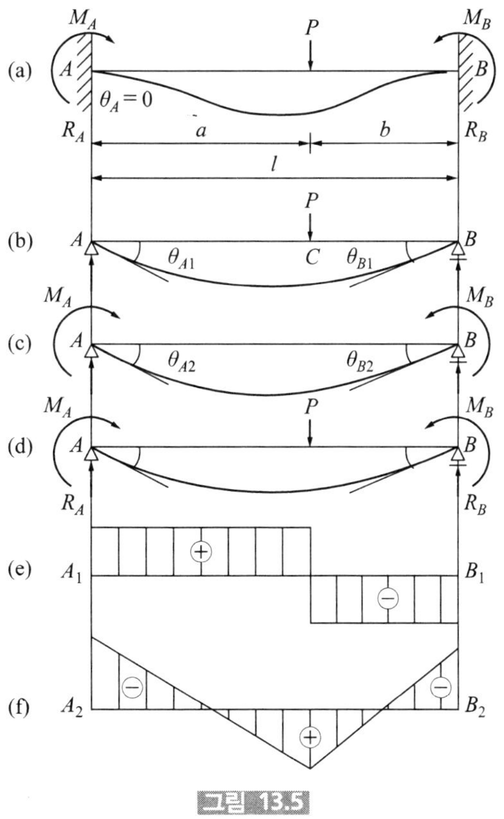

그림 13.5

[그림 13.5] (a)와 같은 보는 그림 (b)와 같이 집중하중을 받는 단순보와 그림 (c)와 같이 A, B 두 지점에 부정정력 M_A, M_B를 받는

단순보의 두 개를 합성한 것으로 생각할 수 있다. 따라서 그 결과 두 지점의 처짐각 θ_A 및 θ_B가 0이라는 조건에서 M_A, M_B를 구할 수 있다. 그림 (b)로부터 A, B지점의 처짐각을 θ_{A1}, θ_{B1}이라 하면

$$\theta_{A1} = \frac{Pab(l+b)}{6EIl}$$

$$\theta_{B1} = -\frac{Pab(l+a)}{6EIl}$$

그림 (c)로부터 A, B점의 처짐각 θ_{A2}, θ_{B2}는

$$\theta_{A2} = \frac{(2M_A + M_B)\,l}{6EI}$$

$$\theta_{B2} = -\frac{(M_A + 2M_B)\,l}{6EI}$$

고정지점의 처짐각은 0이므로

$$\theta_A = \theta_{A1} + \theta_{A2} = 0$$

$$\frac{Pab(l+b)}{6EIl} + \frac{(2M_A + M_B)\,l}{6EI} = 0 \qquad \text{(a)}$$

B지점의 처짐각을 θ_B라 하면

$$\theta_B = \theta_{B1} + \theta_{B2} = 0$$

$$-\frac{Pab(l+a)}{6EIl} - \frac{(M_A + 2M_B)\,l}{6EI} = 0 \qquad \text{(b)}$$

(a)식과 (b)식을 연립시켜 풀면

$$M_A = -\frac{Pab^2}{l^2}$$

$$M_B = -\frac{Pa^2b}{l^2} \qquad (13.14)$$

그림 (d)와 같게 놓고 단면력을 구해본다.

① 지점반력

$\sum M_B = 0$에 의하여

$$R_A\, l + M_A - P\, b - M_B = 0$$

$$R_A = \frac{P\, b}{l} - \frac{M_A - M_B}{l} = \frac{P\, b^2\,(l + 2a)}{l^3}$$

$\sum M_A = 0$으로부터

$$R_B = \frac{P a}{l} + \frac{M_A - M_B}{l} = \frac{P a^2\,(l + 2b)}{l^3} \tag{13.15}$$

② 전단력

$$S_{A\sim C} = R_A = \frac{P\, b^2\,(l + 2a)}{l^3}$$

$$S_{C\sim B} = -R_B = -\frac{P\, a^2\,(l + 2b)}{l^3} \tag{13.16}$$

③ 휨모멘트

$$M_A = -\frac{P a b^2}{l^2} \tag{c}$$

$$M_x = R_A\, x + M_A \tag{13.17}$$

$$M_C = R_A\, a + M_A = \frac{P a b^2\,(l + 2a)}{l^3} + M_A$$

$$M_B = -\frac{P a^2 b}{l^2} \tag{d}$$

반곡점의 위치 (AC 구간)

$$R_A\, x + M_A = 0$$

$$x = -\frac{M_A}{R_A} = \frac{Pab^2/l^2}{Pb^2(l+2a)/l^3} = \frac{Pab^2}{l^2} \cdot \frac{l^3}{Pb^2(l+2a)} = \frac{a\,l}{l+2a}$$

반곡점의 위치 (CB 구간으로 B점을 기준함)

$$R_B x + M_B = 0$$

$$x = -\frac{M_B}{R_B} = \frac{Pa^2b/l^2}{Pa^2(l+2b)/l^3} = \frac{Pa^2b}{l^2} \cdot \frac{l^3}{Pa^2(l+2b)} = \frac{b\,l}{l+2b}$$

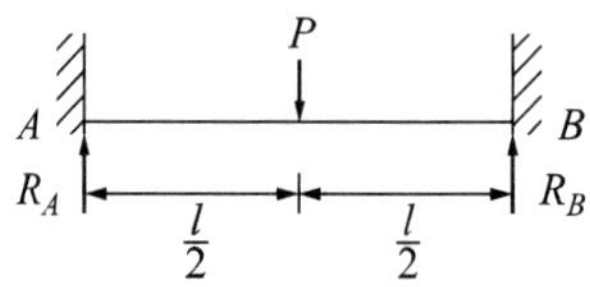

그림 13.6

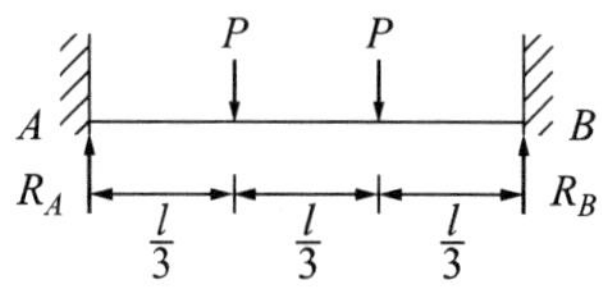

그림 13.7

이로서 S.F.D와 B.M.D를 그리면 그림 (e), (f)와 같다. 또한 집중하중이 [그림 13.6]과 같이 보의 중앙에 작용할 때는 [그림 13.5]에서 $a = b = \frac{l}{2}$인 경우로 이 값을 (c)식과 (d)식에 대입하면

$$M_A = -\frac{Pl}{8}, \qquad M_B = -\frac{Pl}{8}$$

로 된다. 또 같은 방법으로 집중하중이 [그림 13.7]과 같이 작용할 때는 $a = \frac{l}{3}$, $b = \frac{2l}{3}$로 놓을 때와 $a = \frac{2l}{3}$, $b = \frac{l}{3}$로 놓을 때를 각각 계산하여 합성하면 된다. 따라서 $M_A = -\frac{2Pl}{9}$, $M_B = -\frac{2Pl}{9}$이다.

(2) 등분포하중을 받을 경우

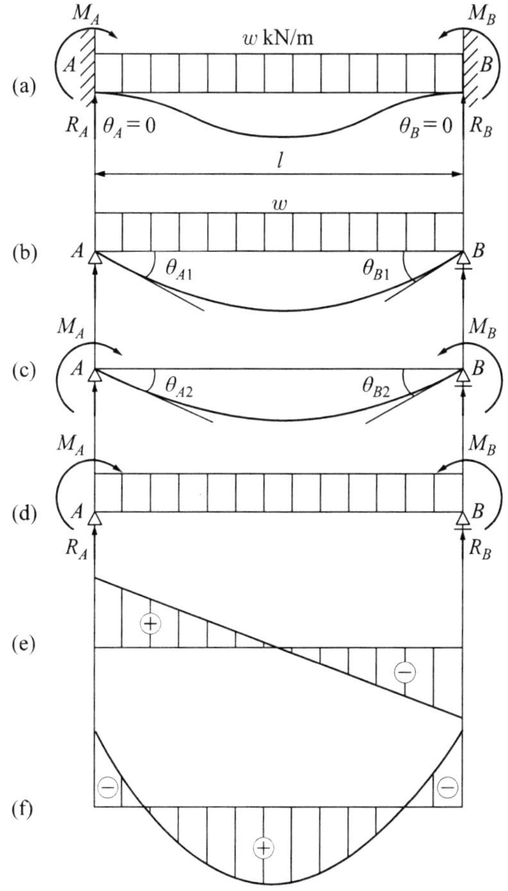

그림 13.8

[그림 13.8] (a)와 같이 등분포하중이 만재되었을 경우는 (1)에서와 같은 방법으로 풀면 된다. 그림 (b)에서 θ_{A1}, θ_{B1}은

$$\theta_{A1} = \frac{w\,l^3}{24EI}, \quad \theta_{B1} = -\frac{w\,l^3}{24EI}$$

그림 (c)로부터 A, B점의 처짐각 θ_{A2}, θ_{B2}는

$$\theta_{A2} = \frac{M_A\,l}{2EI}, \quad \theta_{B2} = -\frac{M_B\,l}{2EI}$$

고정지점에서의 처짐각은 0이므로

$$\theta_A = \theta_{A1} + \theta_{A2} = 0$$

$$\frac{w\,l^3}{24EI} + \frac{M_A\,l}{2EI} = 0$$

$$M_A = -\frac{w\,l^3}{24EI} \cdot \frac{2EI}{l} = -\frac{w\,l^2}{12} \tag{13.18}$$

$$\theta_B = \theta_{B1} + \theta_{B2} = 0$$

$$-\frac{w\,l^3}{24EI} - \frac{M_B\,l}{2EI} = 0$$

$$M_B = -\frac{w\,l^3}{24EI} \cdot \frac{2EI}{l} = -\frac{w\,l^2}{12} \tag{13.19}$$

그림 (d)와 같이 정정계로 놓고 단면력을 구한다.

① 지점반력

M_A와 M_B는 값이 같으므로

$\sum M_B = 0$으로부터

$$R_A\,l + M_A - \frac{w\,l^2}{2} - M_B = 0$$

$$R_A = \frac{w\,l}{2}$$

$\sum M_A = 0$으로부터

$$R_B = \frac{w\,l}{2} \tag{13.20}$$

② 전단력

$$S_A = R_A = \frac{w\,l}{2}$$

$$S_B = -R_B = -\frac{w\,l}{2} \tag{13.21}$$

전단력이 0이 되는 점은

$$R_A - wx = 0$$

$$x = \frac{w\,l}{2} \times \frac{1}{w} = \frac{l}{2} \tag{13.22}$$

③ 휨모멘트

$$M_A = -\frac{w\,l^2}{12}$$

$$M_x = R_A\,x + M_A - \frac{wx^2}{2} \tag{13.23}$$

최대휨모멘트는 전단력이 0이 되는 점에서 생기므로

$$M_{\max} = \frac{w\,l}{2} \cdot \frac{l}{2} - \frac{w\,l^2}{12} - \frac{w}{2} \times \left(\frac{l}{2}\right)^2$$

$$= \frac{w\,l^2}{4} - \frac{w\,l^2}{12} - \frac{w\,l^2}{8} = \frac{w\,l^2}{24}$$

$$M_B = -\frac{w\,l^2}{12} \tag{13.24}$$

반곡점의 위치는

$$R_A\,x + M_A - \frac{wx^2}{2} = 0$$

$$\frac{w\,l}{2}x - \frac{w\,l^2}{12} - \frac{wx^2}{2} = 0$$

$$6x^2 - 6\,l\,x + l^2 = 0$$

$$x = 0.211\,l,\quad 0.789\,l \tag{13.25}$$

이로서 S.F.D와 B.M.D를 그리면 (e), (f)와 같다.

2.3 연속보

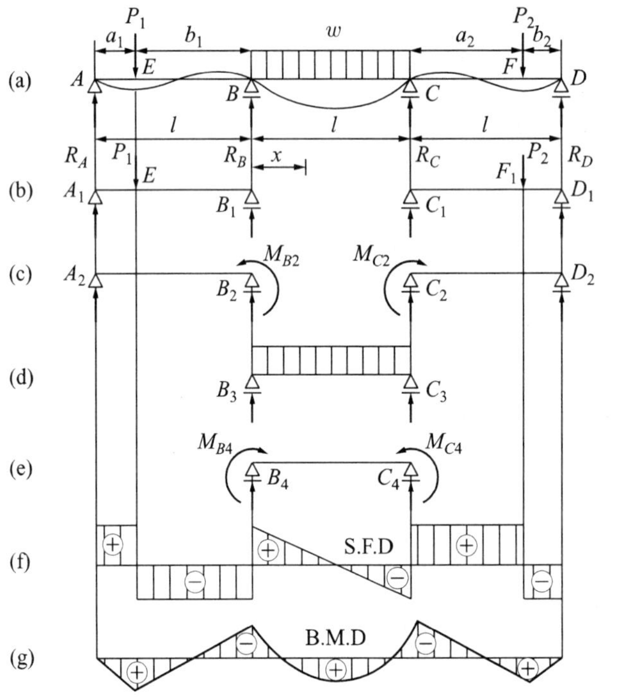

그림 13.9

3경간 연속보에서 해법을 생각해보자. [그림 13.9]에서 B와 C점의 절단면에 크기가 같고 방향이 반대되는 모멘트 $M_B(M_{B2}=M_{B4})$, $M_C(M_{C2}=M_{C4})$를 작용시키면 처짐의 관계는 그림 (a)와 동일하게 된다.

전술한 바와 같이 집중하중이 작용하는 AB 보와 CD 보를 그림 (b)와 같이 A_1B_1 및 C_1D_1의 단순보로 놓고 그림 (c)에서와 같이 B, C 점은 고정단이므로 부정정력 M_{B2} 및 M_{C2}가 생기는데 이 M_{B2}, M_{C2}의 부정력을 B_2 및 C_2점에 작용시킨다. 또 등분포하중이 작용하는 BC보를 단순보로 놓고 마찬가지로 B, C점은 고정 지점이므로 부정정량인 M_{B4}와 M_{C4}를 그림 (e)와 같이 작용시킨다. 따라서 B점의 처짐각 $\theta_B=\theta_{B1}+\theta_{B2}=\theta_{B3}+\theta_{B4}$이고 $\theta_C=\theta_{C1}+\theta_{C2}=\theta_{C3}+$

θ_{C4}의 관계로부터 쉽게 풀이 된다.

$$\theta_{B1} = -\frac{P_1 a_1 b_1 (l + a_1)}{6EIl}, \quad \theta_{B2} = -\frac{M_{B2} l}{3EI}$$

$$\theta_{B1} + \theta_{B2} = -\frac{P_1 a_1 b_1 (l + a_1)}{6EIl} - \frac{M_{B2} \cdot l}{3EI}$$

$$\theta_{B3} = \frac{w l^3}{24EI}, \quad \theta_{B4} = \frac{(2M_{B4} + M_{C4}) l}{6EI}$$

$$\theta_{B3} + \theta_{B4} = -\frac{wl^3}{24EI} + \frac{(2M_{B4} + M_{C4})l}{6EI}$$

$$\theta_{B1} + \theta_{B2} = \theta_{B3} + \theta_{B4} \tag{a}$$

$$\theta_{C1} = \frac{P_2 a_2 b_2 (l + b_2)}{6EIl}, \quad \theta_{C2} = \frac{M_{C2} l}{3EI}$$

$$\theta_{C1} + \theta_{C2} = \frac{P_2 a_2 b_2 (l + b_2)}{6EIl} + \frac{M_{C2} \cdot l}{3EI}$$

$$\theta_{C3} = -\frac{w l^3}{24EI}, \quad \theta_{C4} = -\frac{(M_{B4} + 2M_{C4}) l}{6EI}$$

$$\theta_{C3} + \theta_{C4} = \frac{wl^3}{24EI} - \frac{(M_{B4} + 2M_{C4})l}{6EI}$$

$$\theta_{C1} + \theta_{C2} = \theta_{C3} + \theta_{C4} \tag{b}$$

(a), (b)의 방정식으로부터 M_B 및 M_C를 구하면($M_{B2} = M_{B4}$, $M_{C2} = M_{C4}$)

$$M_B = -\frac{1}{15l^2}\left\{4P_1 a_1 b_1 (l + a_1) + \frac{3}{4} w l^4 - P_2 a_2 b_2 (l + b_2)\right\}$$

$$M_C = -\frac{1}{15l^2}\left\{- P_1 a_1 b_1 (l + a_1) + \frac{3}{4} w l^4 + 4P_2 a_2 b_2 (l + b_2)\right\}$$

(13.26)

즉 $M_B = M_{B2} = M_{B4}$, $M_C = M_{C2} = M_{C4}$

이로서 단면력을 구해본다.

① 지점반력

$\sum M_B = 0$으로부터 $R_A l - P_1 b_1 - M_{B2} = 0$

$$R_A = \frac{P b_1}{l} + \frac{M_{B2}}{l} = \frac{P_1 b_1 + M_{B2}}{l} \tag{13.27}$$

$\sum M_A = 0$으로부터 $- R_{B1} l + P_1 a_1 - M_{B2} = 0$

$$R_{B1} = \frac{P_1 a_1 - M_{B2}}{l}$$

$\sum M_C = 0$으로부터 $R_{B2} l - \frac{w l^2}{2} + M_{B4} - M_{C4} = 0$

$$R_{B2} = \frac{w l}{2} + \frac{M_{C4} - M_{B4}}{l}$$

$$R_B = R_{B1} + R_{B2} = \frac{P_1 a_1 - M_{B2}}{l} + \frac{w l}{2} + \frac{M_{C4} - M_{B4}}{l}$$

$$= \frac{1}{l}\left(P_1 a_1 + \frac{w l^2}{2} - M_{B2} - M_{B4} + M_{C4}\right) \tag{13.28}$$

같은 방법으로 $\sum M_D = 0$에 의하여 $R_{C1} l - P_2 b_2 + M_{C2} = 0$

$$R_{C1} = \frac{P_2 b_2 - M_{C2}}{l}$$

$\sum M_B = 0$에 의하여 $- R_{C2} l + \frac{w l^2}{2} + M_{B4} - M_{C4} = 0$

$$R_{C2} = \frac{w l}{2} + \frac{M_{B4} - M_{C4}}{l}$$

$$R_C = R_{C1} + R_{C2} = \frac{P_2 b_2 - M_{C2}}{l} + \frac{w l}{2} + \frac{M_{B4} - M_{C4}}{l}$$

$$= \frac{1}{l}\left(P_2 b_2 + \frac{w l^2}{2} - M_{C2} - M_{C4} + M_{B4}\right) \tag{13.29}$$

$\sum M_C = 0$으로부터 $-R_D\, l + P_2\, a_2 + M_{C2} = 0$

$$R_D = \frac{P_2\, a_2 + M_{C2}}{l} \tag{13.30}$$

② 전단력

$$S_{A \sim E} = R_A, \quad S_{E \sim B} = R_A - P_1$$

$$S_A = R_A - P_1 + R_B, \quad S_C = R_A - P_1 + R_B - w\,l$$

$$S_{C \sim F} = R_A - P_1 + R_B - w\,l + R_C$$

$$S_{F \sim D} = R_A - P_1 + R_B - w\,l + R_C - P_2 = -R_D$$

③ 휨모멘트

$$M_A = 0,\ M_E = R_A\, a_1$$

$$M_B = -\frac{1}{15\,l^2}\left\{4P_1\, a_1\, b_1\,(l + a_1) + \frac{3}{4}w\,l^4 - P_2\, a_2\, b_2\,(l + b_2)\right)$$

$$M_D = 0,\ M_F = R_D\, b_2$$

$$M_C = -\frac{1}{15\,l^2}\left\{P_1\, a_1\, b_1\,(l + a_1) + \frac{3}{4}w\,l^4 + 4P_2\, a_2\, b_2\,(l + b_2)\right)$$

반곡점의 위치

BC 사이의 B점에서 x되는 단면의 휨모멘트는 휨모멘트가 0이 되는 점을 구하면

$$M_x = R_{B2}\, x + M_B - \frac{w\,x^2}{2} = 0$$

$$\frac{w\,l}{2}x + \frac{M_C - M_B}{l}x + M_B - \frac{wx^2}{2} = 0$$

위의 식을 근의 공식에 대입하여 x를 구하면 두 개의 반곡점이 구해진다.

이로서 S.F.D와 B.M.D는 그림 (f), (g)와 같다.

13.1 [그림 13.10] (a)와 같은 보의 단면력과 단면력도를 그려라. 단, 휨강성 EI는 일정하다.

풀이

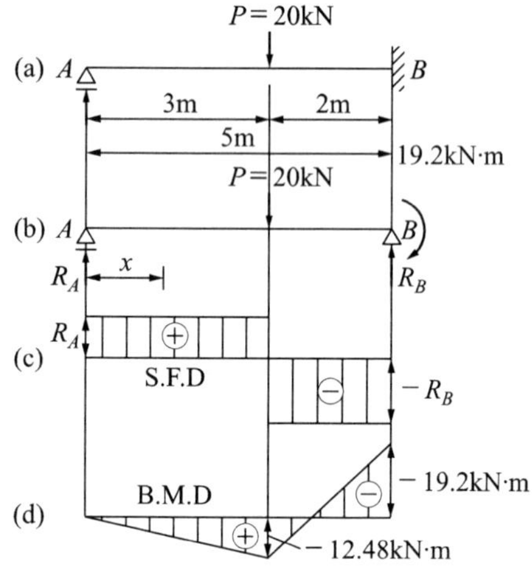

그림 13.10

식 (13.4)로부터 부정정력 M_B를 구하면

$$M_B = -\frac{Pab(l+b)}{2l^2} = -\frac{20\times 3\times 2(5+3)}{2\times 5^2}$$

$$= -19.2\text{ kN}\cdot\text{m}$$

그림 (b)와 같이 정정계로 놓고 단면력을 구하면

$$\sum M_B = R_A \times 5 - 20\times 2 + 19.2 = 0$$

$$\therefore\ R_A = \frac{20.8}{5} = 4.16\text{ kN}$$

$\sum V = 0$에서

$$R_B = 20 - 4.16 = 15.84\text{ kN}$$

전단력은

$$S_{A\sim C} = R_A = 4.16\text{ kN}$$

$$S_{C\sim B} = -R_B = -15.84\text{ kN}$$

휨모멘트는

AC 사이 $M_x = R_A x = 4.16x$

$x = 0$이면 $M_A = 0$

$x = 3\text{m}$이면 $M_C = 4.16\times 3 = 12.48\text{ kN}\cdot\text{m}$

BC 사이 $M_x = R_A x - P(x-3) = 4.16x - 20x + 60 = 60 - 15.84x$

$x = 3\text{m}$이면 $M_C = 60 - 15.84\times 3 = 12.48\text{ kN}\cdot\text{m}$

$x = 5\text{m}$이면 $M_B = 60 - 15.84\times 5 = -19.2\text{ kN}\cdot\text{m}$

이로서 S.F.D와 B.M.D를 그리면 그림 (c), (d)와 같다.

13.2 [그림 13.11] (a)와 같은 보에서 C점의 휨모멘트 M_C와 최대휨모멘트를 구하여라. 단 EI는 일정하다.

풀이

부정정력 M_A는 식 (13.9)로부터 구하면

$$M_A = -\frac{wl^2}{8} = -\frac{20\times 10^2}{8} = -250\ \text{kN}\cdot\text{m}$$

그림 (b)로부터 반력을 구하면

$$\sum M_B = 10R_A - 250 - 20\times 10\times 5 = 0$$

$$\therefore\ R_A = \frac{1250}{10} = 125\ \text{kN}$$

$$M_x = R_A x - \frac{wx^2}{2} - 250 = 125x - 10x^2 - 250$$

C점의 휨모멘트는 $x = 4\,\text{m}$인 때로

$$M_C = 125\times 4 - 10\times 4^2 - 250 = 90\ \text{kN}\cdot\text{m}$$

$$\frac{dM_x}{dx} = S_x = 125 - 20x = 0$$

$$\therefore\ x = \frac{125}{20} = 6.25\ \text{m}$$

전단력이 0인 점에 $M_{\max}$가 생기므로

$$M_{\max} = 125\times 6.25 - 10\times 6.25^2 - 250 = 140.6\ \text{kN}\cdot\text{m}$$

이로서 B.M.D를 그리면 그림 (c)와 같다.

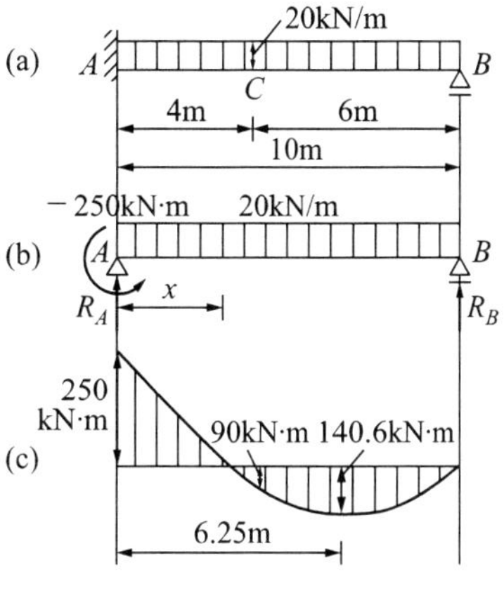

그림 13.11

13.3 [그림 13.12] (a)와 같은 양단 고정보의 단면력을 구하고 단면력도를 그려라. 단, EI는 일정하다.

풀이

부정정력 M_A, M_B는 식 (13.14)로부터

$$M_A = -\frac{Pab^2}{l^2} = -\frac{100 \times 2 \times 3^2}{5^2} = -72 \text{ kN} \cdot \text{m}$$

$$M_B = -\frac{Pa^2b}{l^2} = -\frac{100 \times 2^2 \times 3}{5^2} = -48 \text{ kN} \cdot \text{m}$$

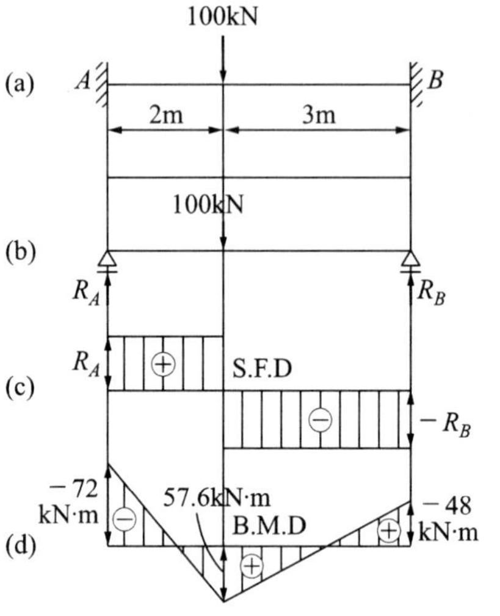

그림 13.12

지점반력

그림 (b)로부터 반력을 구하면

$$\sum M_B = 5R_A - 100 \times 3 - 72 + 48 = 0$$

$$R_A = \frac{324}{5} = 64.8 \text{ kN}$$

$\sum V = 0$에서

$$R_B = 100 - 64.8 = 35.2 \text{ kN}$$

전단력

$$S_{A\sim C} = R_A = 64.8 \text{ kN}$$

$$S_{C\sim B} = -R_B = -35.2 \text{ kN}$$

휨모멘트

AC 사이 $M_x = R_A x - 72 = 64.8x - 72$

$x = 2$이면

$$M_C = 64.8 \times 2 - 72 = 57.6 \text{ kN} \cdot \text{m}$$

이로서 S.F.D와 B.M.D를 그리면 그림 (c), (d)와 같다.

13.4 [그림 13.13]과 같은 양단 고정보의 C점의 휨모멘트를 구하여라.

풀이

부정정력 M_A, M_B는 식 (13.18), (13.19)로부터

$$M_A = M_B = -\frac{wl^2}{12} = -\frac{20 \times 10^2}{12}$$

$$= -166.7 \text{ kN} \cdot \text{m}$$

그림 (b)로부터 반력은

$$R_A = R_B = \frac{wl}{2} = \frac{20 \times 10}{2} = 100 \text{ kN}$$

C점의 휨모멘트 M_C는

$$M_C = 4R_A - 166.7 - 20 \times 4 \times 2$$

$$= 4 \times 100 - 166.7 - 160 = 73.3 \text{ kN} \cdot \text{m}$$

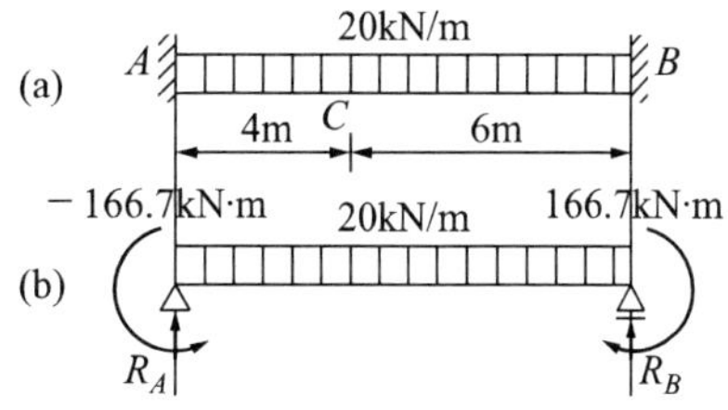

그림 13.13

03 | 3연 모멘트법

3.1 기본식

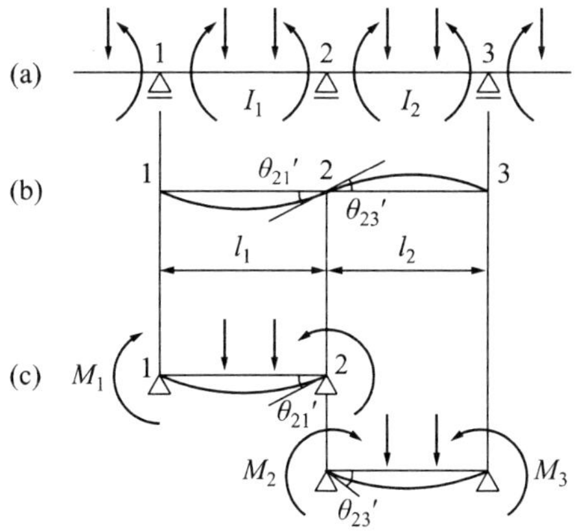

그림 13.14

[그림 13.14]와 같이 연속된 연속보에 하중이 작용하면 지점에 휨모멘트가 생길 것이다. 이 모멘트를 지점모멘트라 한다. 이 지점모멘트를 구하면 연속보를 풀 수 있다.

3연 모멘트식의 의의는 이 지점모멘트를 구하는 것이 된다. 연속된 보 중 [그림 13.14]에서와 같이 임의 2지간을 빼내서 왼쪽에서 1, 2, 3의 번호를 붙인다. 이 연속보가 그림 (b)와 같이 휘는 것으로 하면 처짐곡선은 연속되어 있으므로 지점 2에서의 처짐각은 좌우가 서로 같기 때문에

$$\theta_{21}' = \theta_{23}' \tag{13.31}$$

로 된다. 또 그림 (c)와 같이 연속보를 끊어서 생각할 때 지점 2에서 처짐각을 구하면

$$\theta_{21}' = (\text{지점모멘트에 의한 처짐각}) + (\text{하중에 의한 처짐각})$$

$$\theta_{21}' = \frac{-(M_1 + 2M_2)}{6EI_1} l_1 + \theta_{21}$$

$$\theta_{23}' = \frac{(2M_2 + M_3)}{6EI_2} l_2 + \theta_{23} \tag{13.32}$$

여기서, θ_{21} : 1～2 지간에서 하중만에 의한 두 점의 처짐각

θ_{23} : 2～3 지간에서 하중만에 의한 두 점의 처짐각

식 (13.31), (13.32)로부터

$$-\frac{(M_1 + 2M_2)}{6EI_1} l_1 + \theta_{21} = \frac{(2M_2 + M_3)}{6EI_2} l_2 + \theta_{23}$$

$$\therefore\ M_1 \frac{l_1}{I_1} + 2M_2\left(\frac{l_1}{I_1} + \frac{l_2}{I_2}\right) + M_3 \frac{l_2}{I_2} = 6E(\theta_{21} - \theta_{23}) \tag{13.33}$$

이 얻어진다. 식 (13.33)을 크라페 이론의 3연 모멘트식(Claperyon's three moment equation)이라 한다. 또는 크라페 이론의 정리라고도 하고 이 정리에 의하여 연속보를 푸는 방법을 3연 모멘트법이라 한다. 다음에 기준이 되는 임의의 단면 2차 모멘트를 I_o라 하고

$$l_1 \frac{I_o}{I_1} = l_1', \quad l_2 \frac{I_o}{I_2} = l_2' \tag{13.34}$$

로 놓으면, 이 l_1', l_2'를 환산지간이라 하는데 이를 도입해서 식

(13.34)를 식 (13.33)에 대입하면

$$M_1 l_1' + 2M_2(l_1' + l_2') + M_3 l_2' = 6EI_o(\theta_{21} - \theta_{23}) \tag{13.35}$$

로 된다. 식 (13.35)는 지간이 l_1', l_2'이고 등단면으로 I_o인 연속보를 취급한다.

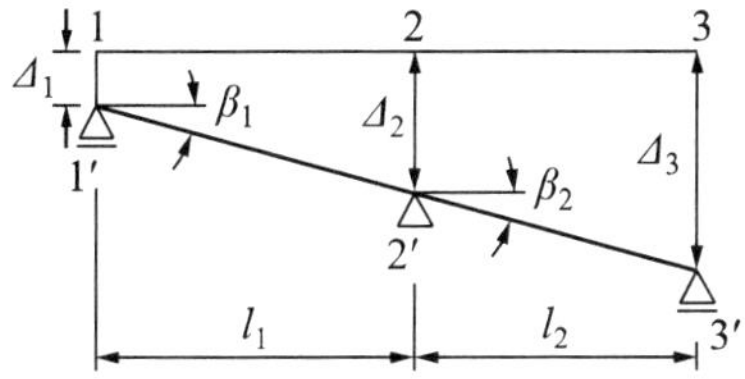

그림 13.15

지간이 부등침하를 일으키는 경우에 대해 생각해보자. 정정보에서의 부등침하는 역학적인 문제는 없으나 부정정보에서는 이에 의해 단면력이 변화해서 응력에 변화를 일으키기 때문에 취약한 지반위에는 연속보를 사용하지 않는다. 만일 [그림 13.15]에서와 같이 1, 2, 3점에 부등침하량 Δ_1, Δ_2, Δ_3가 생겼다고 하고 변형 후의 위치를 1′, 2′, 3′라 하자. 또 지간 l_1, l_2의 회전각을 β_n이라 하면

$$\beta_1 = \frac{\Delta_2 - \Delta_1}{l_1}, \quad \beta_2 = \frac{\Delta_3 - \Delta_2}{l_2} \tag{13.36}$$

로 되고, 이 부등침하에 의한 영향을 고려하면 식 (13.35)는

$$M_1 l_1' + 2M_2(l_1' + l_2') + M_3 l_2' = 6EI_o(\theta_{21} - \theta_{23}) + 6EI_o(\beta_1 - \beta_2) \tag{13.37}$$

로 된다. β_1의 부호는 지간 l_1에 대하여 시계방향으로 회전할 때 정(+)으로 취한다.

식 (13.35)의 우변을 하중항이라 하는데 각 하중상태에 대한 θ_{21}, θ_{23} 값은 [표 13.1]로서 쉽게 구할 수 있다.

표 13.1 θ의 값

하중도	$\theta_{12}EI$	$\theta_{21}EI$
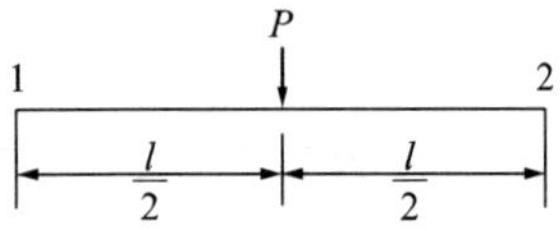	$\dfrac{Pl^2}{16}$	$\dfrac{Pl^2}{16}$
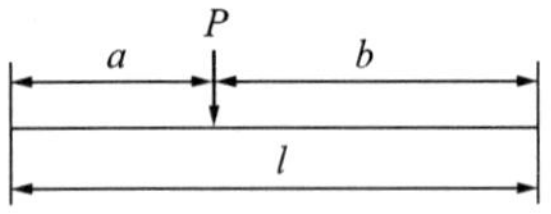	$\dfrac{Pab}{6l}(l+b)$	$\dfrac{Pab}{6l}(l+a)$
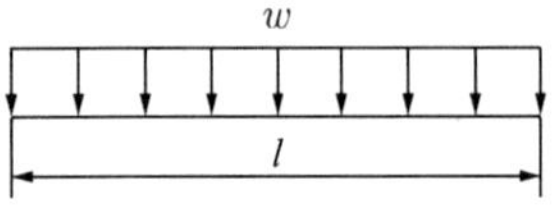	$\dfrac{wl^3}{24}$	$\dfrac{wl^3}{24}$
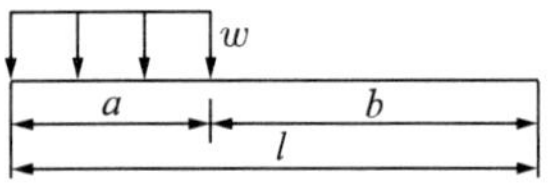	$\dfrac{wl^3}{24}\dfrac{a^2}{l^2}\left(2-\dfrac{a}{l}\right)^2$	$\dfrac{wl^3}{24}\dfrac{a^2}{l^2}\left(2-\dfrac{a^2}{l^2}\right)$
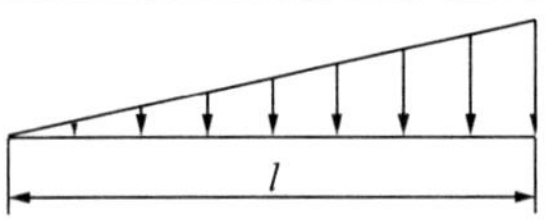	$\dfrac{7wl^3}{360}$	$\dfrac{8wl^3}{360}$
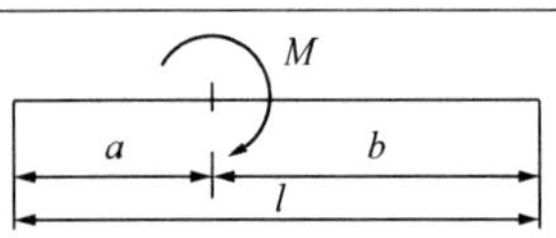	$-\dfrac{Ml}{6}\left(1-3\dfrac{b^2}{l^2}\right)$	$-\dfrac{Ml}{6}\left(1-3\dfrac{a^2}{l^2}\right)$

3.2 구조에의 적용

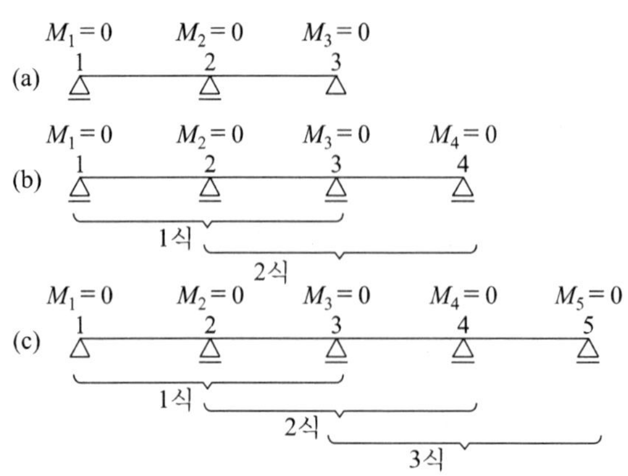

그림 13.16

3연 모멘트식은 3개의 지점에서 그들 지점 휨모멘트를 미지량으로 하는 식이므로 3지점을 한 조로 하여 방정식을 하나씩 세워간다. 이를 구체적으로 설명하면 [그림 13.16] (a)와 같은 보의 경우는 식(13.35)에서 $M_1 = M_3 = 0$으로 놓으면 미지량은 M_2 하나이므로 직접 M_2를 구할 수 있다.

그림 (b)와 같은 보의 경우는 지점 1,2,3을 한 조로 하여 하나의 식을 세우고 지점 2,3,4를 한 조로 하여 하나의 식을 세우면 $M_1 = M_4 = 0$이므로 미지량은 M_2, M_3 2개이고 방정식이 두 개이므로 연립시켜 M_2, M_3를 구할 수 있다. 그림 (c)와 같은 보의 경우는 $M_1 = M_5 = 0$이므로 미지량은 M_2, M_3, M_4이고 3연 모멘트식은 1, 2, 3 2, 3, 4 3, 4, 5의 3개를 세울 수 있으므로, 연립시켜 미지량 M_2, M_3, M_4를 구할 수 있다. 만약에 고정지점을 갖는 경우는 고정지점도 B, M을 가지므로 위에서와 같은 방법으로는 풀 수가 없다. 따라서 다음과 같이 하여 푼다.

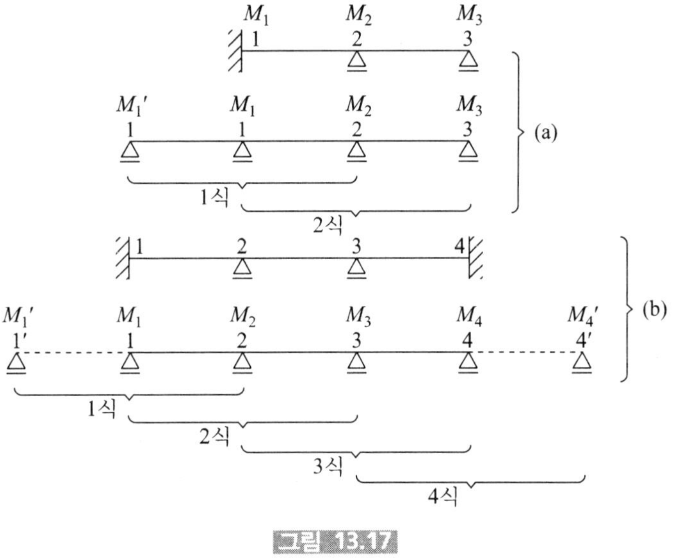

그림 13.17

[그림 13.17]에서 밑의 그림과 같이 고정지점을 힌지지점으로 바꾸어 놓고 1-1′란 가상지간을 생각한다. 미지량은 M_1, M_2이고 식이 2개

이므로 연립시켜 M_1과 M_2를 구할 수 있다. 이때 1-1′인 가상지간의 I는 $I=\infty$로 본다.

그림 (b)에서 미지량은 M_1, M_2, M_3, M_4의 4개이고, 방정식은 4개를 세울 수 있으므로 이를 연립시켜 풀면 미지량 M_1, M_2, M_3, M_4를 구할 수 있다. 이들 관계를 구조물의 일종인 보에 적용시켜보자.

(1) 1단 고정 타단 이동보

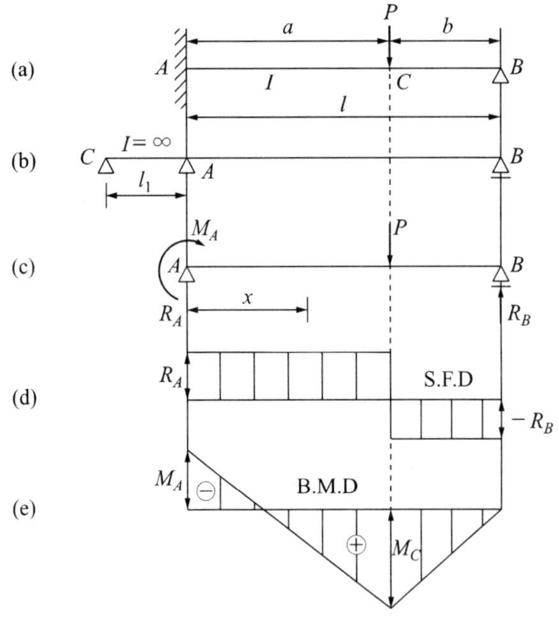

그림 13.18

[그림 13.18] (a)와 같은 1단 고정보를 풀어보자.

우선 고정단을 (b)와 같이 가상지간 CA를 만든 다음 3연 모멘트의 정리를 적용한다. 즉 식 (13.33)으로부터

$$M_C\frac{l_1}{\infty}+2M_A\left(\frac{l_1}{\infty}+\frac{l}{I}\right)+M_B\frac{l}{I}=6E\left\{-\frac{Pab}{6EIl}(l+b)\right\}$$

$$\frac{l_1}{\infty}=0,\quad M_B=0\text{이므로}\quad 2M_A\,l=-\frac{Pab}{l}(l+b)$$

$$\therefore\ M_A = -\frac{Pab(l+b)}{2l^2}$$

그림 (c)와 같이 놓고 단면력을 구해본다.

① 지점반력

$\sum M_B = 0$으로부터

$$R_A l + M_A - Pb = 0$$

$$\therefore\ R_A = \frac{Pb - M_A}{l}$$

$\sum M_A = 0$으로부터

$$-R_B l + M_A + Pa = 0$$

$$\therefore\ R_B = \frac{Pa + M_A}{l}$$

② 전단력

$$S_{A\sim C} = R_A = \frac{Pb - M_A}{l}$$

$$S_{C\sim B} = -R_B = -\frac{Pa + M_A}{l}$$

③ 휨모멘트

$$M_A = -\frac{Pab(l+b)}{2l^2}$$

$$M_x = R_A x + M_A = \frac{Pb - M_A}{l}x + M_A$$

$x = a$이면 $M_C = \dfrac{Pb - M_A}{l}a + M_A,\quad M_B = 0$

이로서 S.F.D와 B.M.D를 그리면 그림 (d), (e)와 같다.

(2) 양단 고정보

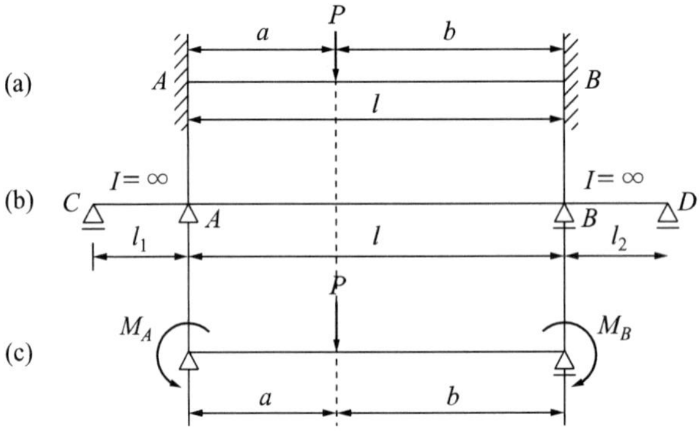

그림 13.19

[그림 13.19] (a)와 같은 양단 고정보에 집중하중이 작용하는 경우 그림 (b)와 같이 가상지간 CA, BD를 만들고 3연 모멘트식을 적용하면

$$M_C\frac{l_1}{I_1}+2M_A\left(\frac{l_1}{I_1}+\frac{l}{I}\right)+M_B\frac{l}{I}=6E\left\{-\frac{Pab}{6EIl}(l+b)\right\}$$

$$\frac{l_1}{I_1}=\frac{l_1}{\infty}=0$$

$$2M_A l^2+M_B l^2=-Pab(l+b) \qquad \text{(a)}$$

$$M_A\frac{l}{I}+2M_B\left(\frac{l}{I}+\frac{l_2}{I_2}\right)+M_D\frac{l_2}{I_2}=6E\left\{-\frac{Pab}{6EIl}(l+a)\right\}$$

$$M_A l^2+2M_B l^2=-Pab(l+a) \qquad \text{(b)}$$

식 (a)와 식 (b)를 연립시켜 풀면

$$M_A=-\frac{Pab^2}{l^2}$$

$$M_B=-\frac{Pa^2b}{l^2}$$

그림 (c)와 같이 놓고 단면력을 구하면 앞 절에서와 같은 방법이 되어 이 후의 계산은 생략한다.

3.3 연속보

[그림 13.20]과 같은 3경간 연속보 위에 등분포하중이 만재되었을 때 단면력을 구해보자. 전 지간의 I, l은 동일하고 지점침하는 없다.

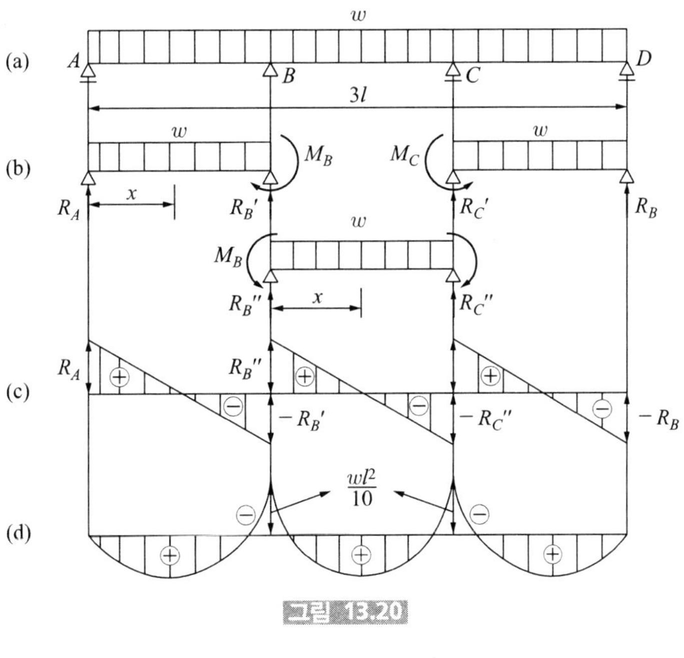

그림 13.20

식 (13.35)로부터

$$M_A\, l + 4M_B\, l + M_C\, l = 6EI(\theta_{BA} - \theta_{BC})$$

$$M_B\, l + 4M_C\, l + M_D\, l = 6EI(\theta_{CB} + \theta_{CD})$$

A, D점은 이동지점이므로 $M_A = M_D = 0$

구조와 하중이 대칭이므로 $M_B = M_C$

$$\theta_{BA} = \theta_{CB} = -\frac{w\,l^3}{24EI}$$

$$\theta_{BC} = \theta_{CD} = \frac{w\,l^3}{24EI}$$

이므로 이들로부터

$$\therefore\ M_B = M_C = -\frac{w\,l^2}{10} \tag{13.38}$$

그림 (b)와 같이 정정보로 놓고 반력을 구하면

$$R_A = R_D = \frac{4w\,l}{10}$$

$$R_B = R_C = R_B{}' + R_B{}'' = \frac{11\,w\,l}{10}$$

AB 사이에서

$$M_x = R_A\,x - \frac{w\,x^2}{2} = \frac{4w\,l}{10}\,x - \frac{w\,x^2}{2} = \frac{wx}{10}\,(4\,l - 5x)$$

BC 사이에서

$$M_x = R_B{}''\,x - \frac{w\,x^2}{2} - \frac{w\,l^2}{10} = \frac{w\,l}{2}\,x - \frac{w\,x^2}{2} - \frac{w\,l^2}{10}$$

$$= \frac{w\,l}{2}(l - x) - \frac{w\,l^2}{10} \tag{13.39}$$

전단력은 $\dfrac{dM_x}{dx} = S_x$ 로부터

$$AB \text{ 사이} \quad S_x = \frac{4w\,l}{10} - wx$$

$$BC \text{ 사이} \quad S_x = \frac{w\,l}{2} - wx \tag{13.40}$$

이로서 S.F.D와 B.M.D를 그리면 그림 (c), (d)와 같다.

13.5 [그림 13.21] (a)와 같은 양단 고정보의 단면력을 구하여라.

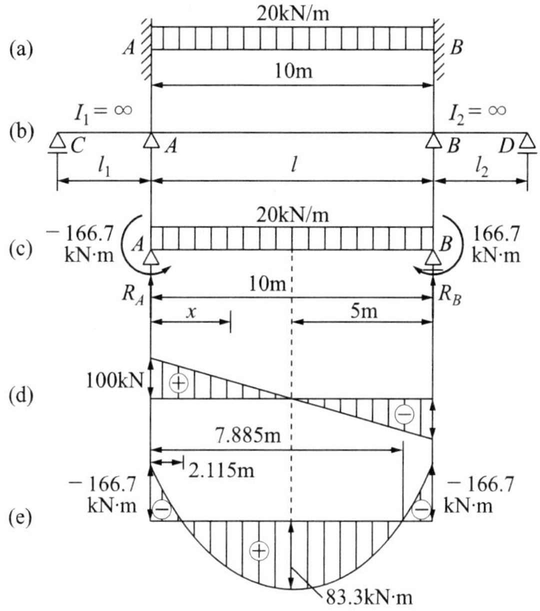

그림 13.21

풀이

그림 (b)와 같이 가상지간을 만들고 3연 모멘트의 정리를 적용하면

$$2M_A\frac{l}{I}+M_B\frac{l}{I} = 6E\left(-\frac{w\,l^3}{24EI}\right)$$

$$2M_A+M_B=-\frac{w\,l^2}{4}$$

구조와 하중이 대칭이므로

$M_A=M_B$로 되어

$$3M_A=-\frac{w\,l^2}{4}$$

$$\therefore\ M_A=M_B=-\frac{w\,l^2}{12}=-\frac{20\times10^2}{12}=-166.7\ \text{kN}\cdot\text{m}$$

그림 (c)와 같이 정정보로 하여 단면력을 구하면 $\sum M_B=0$으로부터

$$R_A = \frac{wl}{2} = 100\text{ kN} = R_B$$

$$M_x = R_A x - 166.7 - \frac{20x^2}{2} = 100x - 10x^2 - 166.7$$

최대휨모멘트는

$$\frac{dM_x}{dx} = 100 - 20x = 0$$

$$\therefore\ x = 5\text{ m}$$

$$M_{\max} = 100 \times 5 - 10 \times 5^2 - 166.7 = 83.3\text{ kN}\cdot\text{m}$$

반곡점의 위치는 $M_x = 0$으로 놓아 x를 구하면 $10x^2 - 100x + 166.7 = 0$

$\therefore\ x = 2.115\text{ m}$ 또는 7.885 m

이들로서 S.F.D와 B.M.D를 그리면 그림 (c), (d)와 같다.

13.6 [그림 13.22] (a)와 같은 연속보의 단면력도를 그려라. 단 EI는 일정하다.

풀이

먼저 처짐각을 구하면

$$\theta_{21} = -\frac{Pl^2}{16EI} = -\frac{40 \times 8^2}{16EI} = -\frac{160}{EI}$$

$$\theta_{23} = \frac{wl^3}{24EI} = \frac{20 \times 8^3}{24EI} = \frac{426.7}{EI}$$

식 (13.35)로부터

$$M_1 l_1 + 2M_2(l_1 + l_2) + M_3 l_2 = 6EI(\theta_{21} - \theta_{23})$$

$M_1 = M_3 = 0$이고 $l_1 = l_2$이므로

$$4M_2 = \frac{6EI}{l}\left(-\frac{160}{EI} - \frac{426.7}{EI}\right) = -440$$

$$\therefore\ M_2 \fallingdotseq -110\text{ kN}\cdot\text{m}$$

그림 (b)로부터

$$\sum M_2 = 8R_1 - 40 \times 4 + 110 = 0$$

$\therefore \ R_1 = \dfrac{50}{8} = 6.25\ \text{kN}$

$\sum V = 0$

$R_2' = 40 - 6.25 = 33.75\ \text{kN}$

그림 (c)로부터

$\sum M_3 = 8R_2'' - 110 - 20 \times 8 \times 4 = 0$

$\therefore \ R_2'' = \dfrac{750}{8} = 93.75\ \text{kN}$

$\sum V = 0$

$R_3 = 20 \times 8 - 93.75 = 66.25\ \text{kN}$

$\therefore \ R_2 = R_2' + R_2'' = 33.75 + 93.75 = 127.5\ \text{kN}$

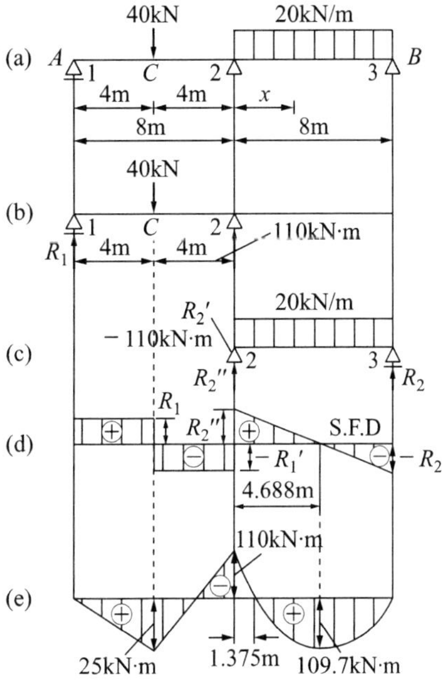

그림 13.22

전단력

$S_{1\sim C} = R_1 = 6.25\ \text{kN}$

$S_{C\sim 2} = -R_2' = -33.75\ \text{kN}$

2~3 사이에서

$S_x = R_2'' - wx = 93.75 - 20x$

$x = 0$이면 $S_2 = 93.75$

$x = 8\ \text{m}$이면 $S_3 = 93.75 - 20 \times 8 = -66.25\ \text{kN} = R_3$

$S = 0$인 위치는

$x = \dfrac{93.75}{20} = 4.6875\ \text{m}$

휨모멘트

$M_1 = 0, \quad M_C = R_1 \times 4 = 6.25 \times 4 = 25\ \text{kN} \cdot \text{m}$

$M_2 = -110\ \text{kN} \cdot \text{m}$

2~3 사이

$M_x = R_2''\, x - \dfrac{wx^2}{2} - 110 = 93.75x - 10x^2 - 11$

$$M_{max} = 93.75 \times 4.6875 - 10 \times 4.6875^2 - 110 = 109.7 \text{ kN} \cdot \text{m}$$

$M_x = 0$으로 놓고 x를 구하면 $x = 1.375$ m

이로서 S.F.D와 B.M.D를 그리면 그림 (d), (e)와 같다.

04 | 처짐각법

처짐각법(slope-deflection method)은 부정정구조물의 해법 중 변형법에 속하는 것으로 부정정구조물을 풀려면 일반적으로 탄성 연립방정식을 풀어야 하는데 고차부정정의 경우에는 방정식의 수가 많아져서 이를 풀이하는 데는 상당한 노력이 들 것이다.

처짐각법은 탄성방정식의 수를 감하고 각 항의 계산을 편리하게 처리할 수 있도록 한 것이다.

4.1 처짐각법에 사용되는 용어 및 부호

(1) 재단모멘트

[그림 13.23]과 같이 부재의 끝부분에 외부로부터 그 부재를 굽히려 작용하는 모멘트를 재단모멘트(end moment 또는 단모멘트)라 한다.

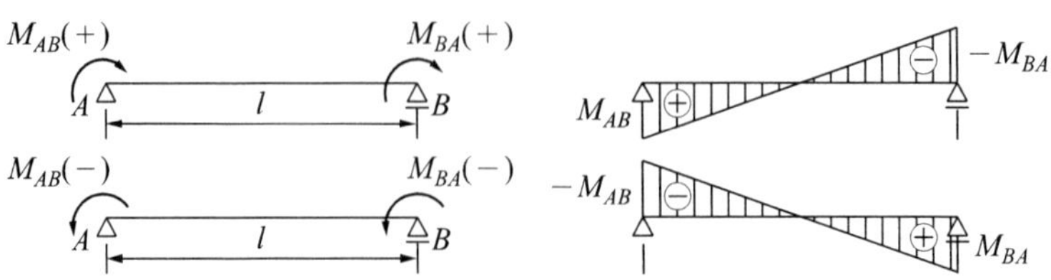

그림 13.23

M_{AB} : 부재 AB의 A단에 작용하는 모멘트(처음 첨자가 작용단 표시)

M_{BA} : 부재 AB의 B단에 작용하는 모멘트

재단모멘트와 그 점의 휨모멘트를 비교하면 그 크기는 같으나 부호는 반드시 일치하지 않는다. 즉 "좌단은 부호와 크기가 일치하고", "우단은 크기가 같고 부호가 반대"이다.

(2) 처짐각

부재가 외력에 의하여 휘어졌을 때 부재의 임의점의 접선이 변형전의 부재축과 이루는 각을 말하고, 특히 양단의 처짐각(deflection angle)을 절점각(angle of rotation of joint)이라고도 한다.

부호는 부재축을 기준으로 하여 시계방향으로 회전할 때 (+)이고, 반시계방향으로 회전할 때를 (−)로 한다.

(3) 부재각

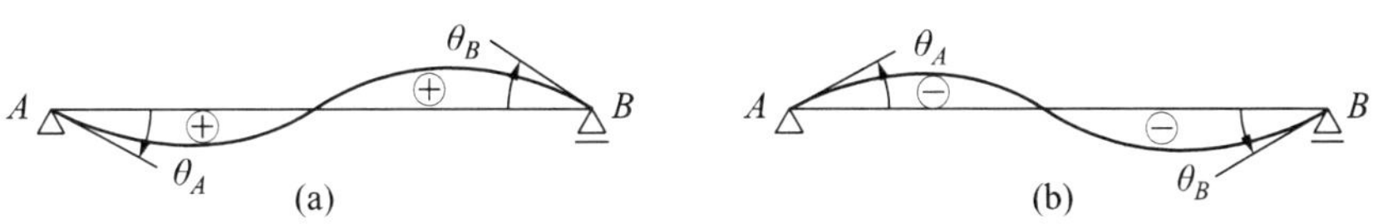

그림 13.24

직선부재에 의하여 구성된 구조물에 외력이 작용하였을 때 일반적으로 한 부재가 변형하는 것과 동시에 양단이 변위된다. 원래의 축과 변위된 후의 두 점의 연결선과의 각을 부재각(angle of rotation of member)이라 한다(그림 13.25, 13.26 참조).

부재각의 부호는 시계방향일 때 (+), 반시계방향일 때 (−)이다.

예로서 [그림 13.27]의 부재 AB의 부재각을 R이라 할 때, CD, EF의 부재각을 구해보면 변위량을 d라 할 때

$$R = \frac{d}{8} \qquad \therefore\ d = 8R$$

$$CD \text{ 부재의 부재각} = \frac{d}{6} = \frac{8}{6}R$$

$$EF \text{ 부재의 부재각} = \frac{d}{4} = \frac{8}{4}R = 2R$$

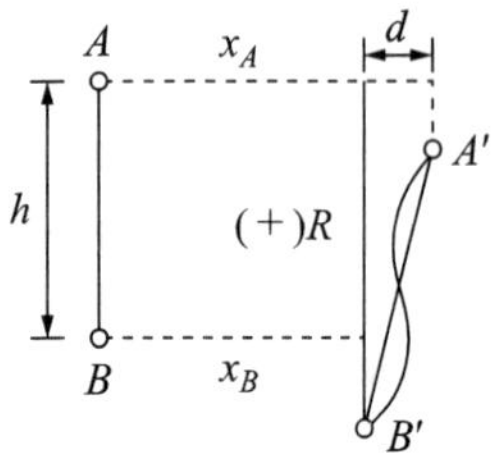

그림 13.25

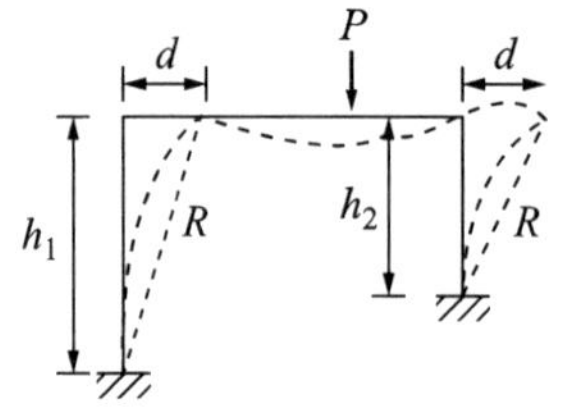

그림 13.26

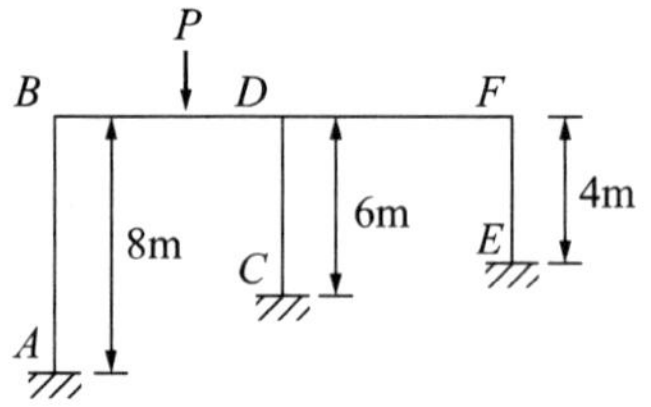

그림 13.27

(4) 접선각

[그림 13.28]에서 보는 바 τ_A, τ_B를 접선각(Rotation of end-tangent)이라 한다. 접선각의 부호는 시계방향일 때 (+), 반시계방향일 때 (−)이다. [그림 13.28]에서 모든 부호는 (+)이고, 처짐각과의 관계식은 다음과 같다.

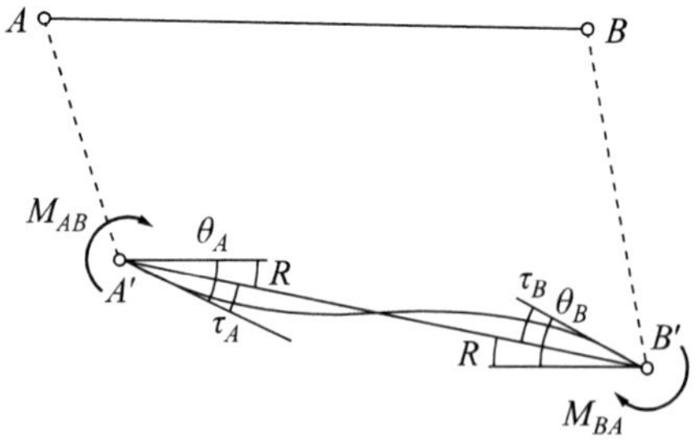

그림 13.28

$$\theta_A = \tau_A + R$$
$$\theta_B = \tau_B + R \qquad (13.41)$$

4.2 기본식의 가정

처짐각법은 다음과 같이 가정한다.

① 부재는 직선재로 취급한다.

② 절점에서 각 부재는 강결되어 있으므로 교각은 변형 후에도 불변한다.

③ 부재는 축방향력 및 전단력에 의한 변형을 무시한다.

④ 부재의 휨모멘트에 의한 처짐은 고려하나 처짐에 의한 길이의 변화는 없는 것으로 한다.

(1) 재단모멘트만이 작용하는 경우

A단에 재단모멘트 M_{AB}가 작용하는 경우는 [그림 13.28] (a)와 같고 B단에 재단모멘트 M_{BA}가 작용하는 경우는 그림 (b)와 같이 되는데 이때 처짐각 θ_{A1}과 θ_{B1}은 모르의 정리(Mohr's theorem)인 탄성하중에 의한 전단력과 같으므로

$$\theta_{A1} = \frac{M_{AB}\,l}{2EI} \cdot \frac{1}{l} \cdot \frac{2\,l}{3} = \frac{M_{AB}\,l}{3EI}$$
$$\theta_{B1} = \frac{-M_{AB}\,l}{2EI} \cdot \frac{1}{l} \cdot \frac{l}{3} = \frac{-M_{AB}\,l}{6EI} \qquad (13.42)$$

B단의 M_{BA}에 의한 θ_{A2}, θ_{B2}는

$$\theta_{A2} = -\frac{M_{BA}\,l}{6EI}$$

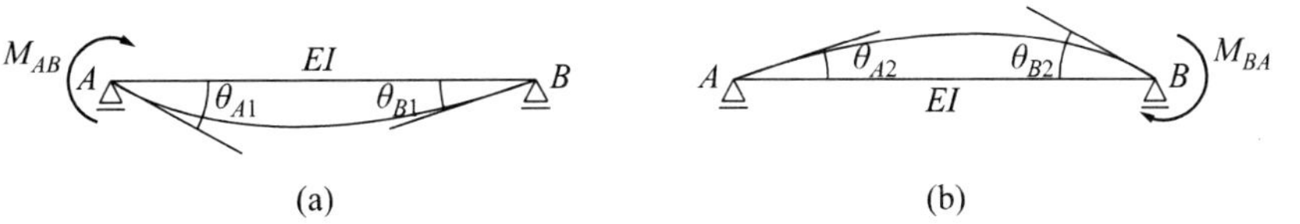

그림 13.29

$$\theta_{B2} = \frac{M_{BA}\, l}{3EI} \tag{13.43}$$

A, B 양단에 M_{AB}와 M_{BA}가 동시에 작용하는 경우의 양단의 절점각 θ_A, θ_B는 (13.42)식과 (13.43)식에서 (13.44)식으로 구해진다.

$$\begin{aligned} \theta_A &= \theta_{A1} + \theta_{A2} = \frac{M_{AB} \cdot l}{3EI} - \frac{M_{BA} \cdot l}{6EI} = \frac{l}{6EI}(2M_{AB} - M_{BA}) \\ \theta_B &= \theta_{B1} + \theta_{B2} = \frac{-M_{AB} \cdot l}{6EI} + \frac{M_{BA} \cdot l}{3EI} = \frac{l}{6EI}(2M_{BA} - M_{AB}) \end{aligned} \tag{13.44}$$

(2) 재단모멘트가 작용하고 또한 부재각이 생기는 경우

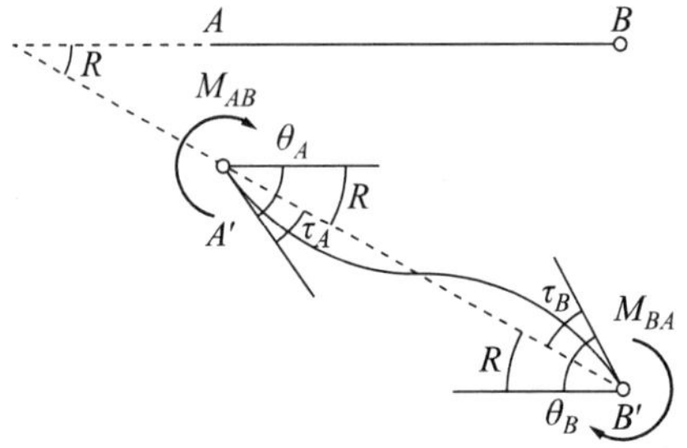

그림 13.30

[그림 13.30]과 같이 재단모멘트 M_{AB}, M_{BA}가 작용해서 부재가 변위하여 부재각이 생겼다고 하고 $A'B'$선이 부재가 휘기전의 위치라고 생각하면 식 (13.44)의 θ_A, θ_B는 여기서 τ_A, τ_B에 상당하여 식 (13.41)과 식 (13.44)로부터

$$\begin{aligned} \theta_A &= \frac{l}{6EI}(2M_{AB} - M_{BA}) + R \\ \theta_B &= \frac{l}{6EI}(2M_{BA} - M_{AB}) + R \end{aligned} \tag{13.45}$$

로 된다. 식 (13.45)를 M_{AB}, M_{BA}에 관하여 풀면

$$M_{AB} = \frac{2EI}{l}(2\theta_A + \theta_B - 3R)$$
$$M_{BA} = \frac{2EI}{l}(2\theta_B + \theta_A - 3R) \quad (13.46)$$

부재의 $\frac{I}{l}$을 강도(stiffness)라 부르고 K로 표시하면 식 (13.46)은 다음과 같이 쓸 수 있다.

$$M_{AB} = 2EK(2\theta_A + \theta_B - 3R)$$
$$M_{BA} = 2EK(2\theta_B + \theta_A - 3R) \quad (13.47)$$

(3) 재단모멘트가 작용하여 부재각이 생기고 다시 중간하중이 있는 경우

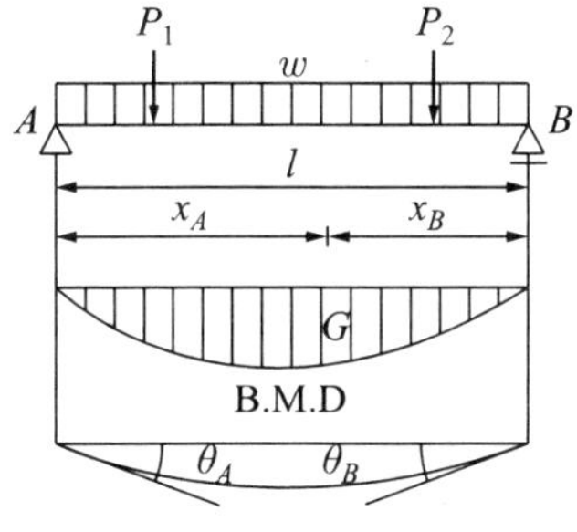

그림 13.31

[그림 13.31]과 같이 임의의 하중에 의하여 양단에 절점각 θ_A, θ_B가 생겼다고 하고

F : B.M.D의 면적

G : B.M.D의 도심의 위치

x_A, x_B : A 및 B점에서 G까지의 거리라 할 때 모르의 정리에 의하여

$$\theta_A = \frac{F \cdot x_B}{EIl}$$

$$\theta_B = \frac{-F \cdot x_A}{EIl} \tag{13.48}$$

로 구해지고, 따라서 재단모멘트가 작용하고 부재각이 있으며 보에 하중이 작용하는 경우는 식 (13.45)에 식 (13.48)이 가해져서

$$\begin{aligned} \theta_A &= \frac{l}{6EI}(2M_{AB} - M_{BA}) + R + \frac{F \cdot x_B}{EIl} \\ \theta_B &= \frac{l}{6EI}(2M_{BA} - M_{AB}) + R - \frac{F \cdot x_A}{EIl} \end{aligned} \tag{13.49}$$

로 되고, 이 식으로부터 재단모멘트를 구하면

$$\begin{aligned} M_{AB} &= 2EK(2\theta_A + \theta_B - 3R) - \frac{2F(2l - 3x_A)}{l^2} \\ M_{BA} &= 2EK(2\theta_B + \theta_A - 3R) - \frac{2F(3x_A - l)}{l^2} \end{aligned} \tag{13.50}$$

식 (13.50)에서 표준강도 K_o를 취하여 $\dfrac{K}{K_o} = k$ (강비 : stiffness ratio) 로 할 때 $K = K_o \cdot k$와

$$\begin{aligned} C_{AB} &= \frac{2F(2l - 3x_A)}{l^2} \\ C_{BA} &= \frac{2F(3x_A - l)}{l^2} \end{aligned} \tag{13.51}$$

로서 식 (13.50)은 다음 식으로 된다.

$$\begin{aligned} M_{AB} &= 2EK_o k(2\theta_A + \theta_B - 3R) - C_{AB} \\ M_{BA} &= 2EK_o k(2\theta_B + \theta_A - 3R) + C_{BA} \end{aligned} \tag{13.52}$$

식 (13.52)는 한 부재의 재단모멘트를 절점각, 부재각 및 중간하중에 의하여 표시한 것으로 처짐각법의 기본식이다.

4.3 특수 경우의 기본식

(1) 양단 고정보의 경우

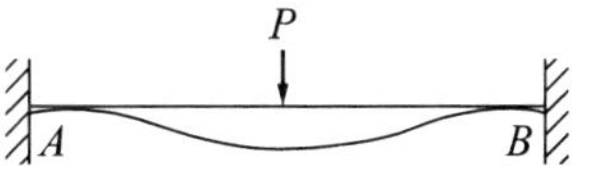

그림 13.32

[그림 13.32]와 같은 양단 고정보는 $\theta_A = \theta_B = R = 0$이 되어 식 (13.52)는 다음과 같이 된다.

$$\begin{aligned} M_{AB} &= -C_{AB} \\ M_{BA} &= C_{BA} \end{aligned} \qquad (13.53)$$

즉, 완전 고정단의 경우는 위 식에서 보는 바와 같이 재단모멘트는 중간하중만으로 결정되는 항인 하중항으로 계산할 수 있다.
기본적인 중간하중에 대하여 하중항인 C_{AB}, C_{BA}를 계산해보자.

① 집중하중의 경우

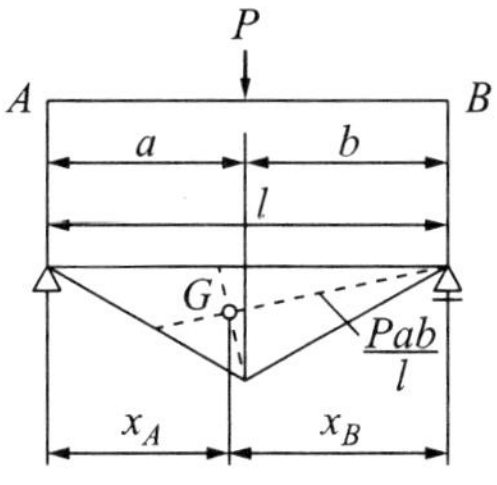

그림 13.33

[그림 13.33]과 같이 한 개의 집중하중이 작용할 경우의 F 및 x_A는 다음과 같게 된다.

$$F = \frac{l}{2} \cdot \frac{Pab}{l} = \frac{Pab}{2}$$

$$x_A = \frac{2l - b}{3}$$

$$x_B = \frac{l + b}{3}$$

이것을 식 (13.51)에 대입하면

$$C_{AB} = \frac{2}{l^2} \cdot \frac{Pab}{2}\left\{2l - 3\left(\frac{2l-b}{3}\right)\right\} = \frac{ab^2P}{l^2}$$

$$C_{BA} = \frac{2}{l^2} \cdot \frac{Pab}{2}\left\{3 \times \frac{2l-b}{3} - l\right\} = \frac{a^2bP}{l^2} \qquad (13.54\ \text{a})$$

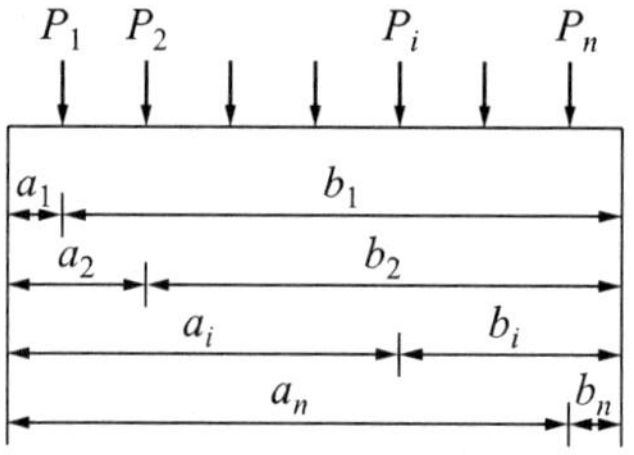

그림 13.34

[그림 13.34]와 같이 두 개 이상의 집중하중이 있을 경우의 C_{AB}, C_{BA}는 다음과 같다.

$$C_{AB} = \sum_{i=1}^{n} \frac{a_i\, b_i^{\,2}\, P_i}{l^2}$$

$$C_{BA} = \sum_{i=1}^{n} \frac{a_i^{\,2}\, b_i\, P_i}{l^2} \qquad (13.54\ \text{b})$$

② 등분포하중의 경우

[그림 13.35]와 같이 등분포하중이 작용할 때

$$F = 2\int_0^{\frac{l}{2}} M_x\, dx = 2\int_0^{\frac{l}{2}} \frac{w}{2}(lx - x^2)\, dx = w\int_0^{\frac{l}{2}}(lx - x^2)\, dx$$

$$= \frac{w\,l^3}{12}$$

$$x_A = \frac{l}{2}$$

이로부터 C_{AB}, C_{BA}를 계산하면

$$C_{AB} = C_{BA} = \frac{2F(2l - 3x_A)}{l^2} = \frac{2}{l^2} \cdot \frac{w\,l^3}{12}\left(2l - \frac{3l}{2}\right) = \frac{w\,l^2}{12} \tag{13.55}$$

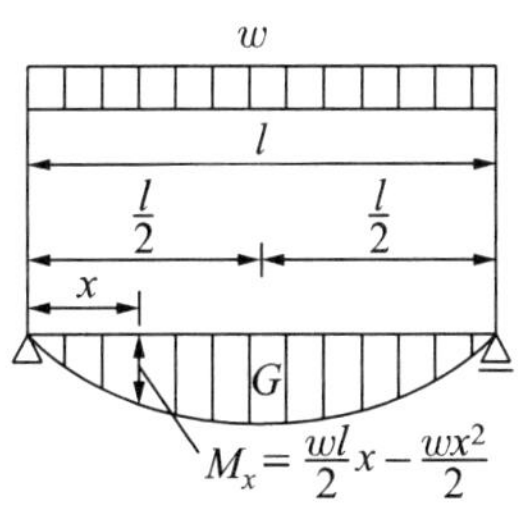

그림 13.35

③ 등변분포하중

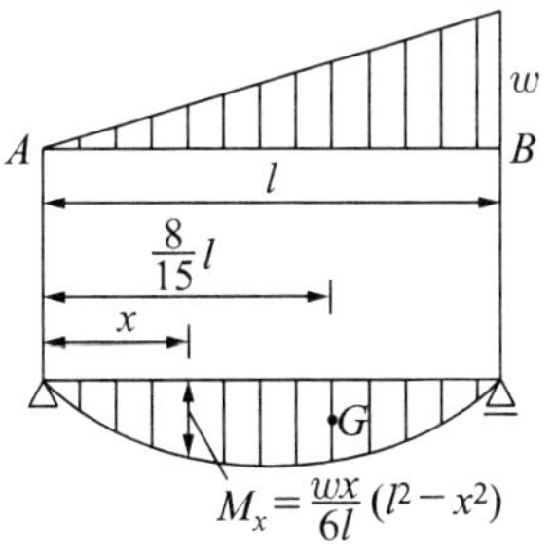

그림 13.36

[그림 13.36]에서 F 및 x_A를 구하면

$$F = \int_0^l M_x\,dx = \int_0^l \frac{wx}{6\,l}(l^2 - x^2)\,dx = \frac{w\,l^3}{24}$$

$$x_A = \frac{1}{F}\int_0^l M_x\,x\,dx = \frac{1}{F}\int_0^l \frac{w\,x^2}{6\,l}(l^2 - x^2)\,dx = \frac{8\,l}{15}$$

로 되고, 이들로부터 C_{AB}, C_{BA}를 구하면

$$C_{AB} = \frac{2F(2l - 3x_A)}{l^2} = \frac{w\,l^3}{12\,l^2}\left(2l - \frac{8}{5}l\right) = \frac{w\,l^2}{30}$$
$$C_{BA} = \frac{2F(3x_A - l)}{l^2} = \frac{w\,l^3}{12\,l^2}\left(\frac{8}{5}l - l\right) = \frac{w\,l^2}{20} \quad (13.56)$$

④ 기타 실용 계산에 많이 쓰이는 경우

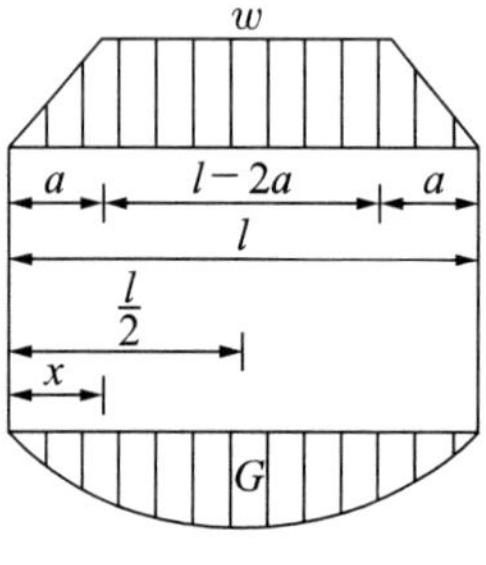

그림 13.37

상(床)하중을 받는 보의 경우 [그림 13.37]과 같은 하중상태가 된다. 이와 같은 하중일 때

$$F = 2w\int_0^a \left\{\frac{(l-a)}{2}x - \frac{x^3}{6a}\right\}dx + 2w\int_0^{\frac{l}{2}}\left\{\frac{(l-a)}{2}x - \frac{x^2}{2} + \frac{a}{2}\left(x - \frac{a}{3}\right)\right\}dx$$

$$= \frac{w}{12}(l^3 - 2la^2 + a^3)$$

$$x_A = \frac{l}{2}$$

$$\therefore\ C_{AB} = C_{BA} = \frac{2w}{12l^2}(l^3 - 2la^2 + a^3)\left(2l - 3\times\frac{l}{2}\right) = \frac{w}{12l}(l^3 - 2la^2 + a^3) \quad (13.57)$$

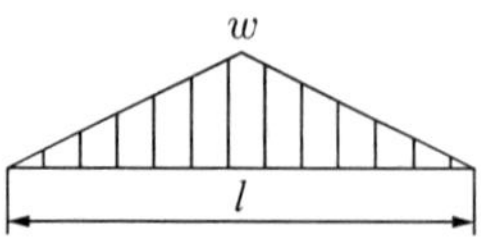

그림 13.38

[그림 13.38]과 같은 경우는 식 (13.57)에서 $a=\dfrac{l}{2}$의 경우이므로 C_{AB}, C_{BA}는

$$C_{AB}=C_{BA}=\frac{5\,w\,l^2}{96} \tag{10.58}$$

각종 하중상태에 대한 하중항을 [표 13.2]에 나타내었다.

표 13.2

구분	하중상태	C_{AB}	C_{BA}	H_{AB}	H_{BA}
집중하중	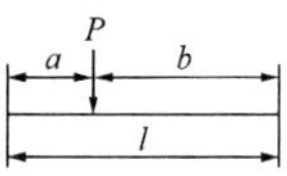	$\frac{Pab^2}{12l^2}$	$\frac{Pa^2b}{l^2}$	$\frac{Pab(a+2b)}{2l^2}$	$\frac{Pab(2a+b)}{2l^2}$
집중하중 특례	$a=b=\frac{1}{2}$	$\frac{Pl}{8}$	$\frac{Pl}{8}$	$\frac{3Pl}{16}$	$\frac{3Pl}{16}$
등분포하중	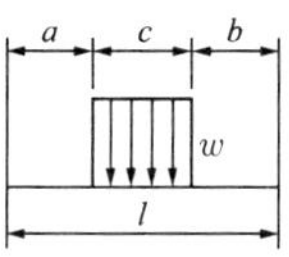	$\frac{wc}{12l^2}\{12ab(+c)$ $+6b^2c+4c^2(a+b)$ $+c^2\}$	$\frac{wc}{12l^2}\{12ab(a+c)$ $+6a^2c+4c^2(a+b)+c^2\}$	$\frac{wc}{24l^2}\{12ab(a+2b)$ $+6c(a^2+6ab+2b^2)$ $+12c^2(a+b)+3c^3\}$	$\frac{wc}{24l^2}\{12ab(2a+b)$ $+6c(2a^2+6ab+b^2)$ $+12c^2(a+b)+3c^3\}$
등분포하중 특례	$a=0$	$\frac{wc^2}{12l^2}(6b^2+4bc+c^2)$	$\frac{wc^3}{12l^2}(4b+c)$	$\frac{wc^2}{8l^2}(2b+c)^2$	$\frac{wc^2}{8l^2}(2b^2+4bc+c^2)$
등분포하중 특례	$b=0$	$\frac{wc^3}{12l^2}(4a+c)$	$\frac{wc^2}{12l^2}(6a^2+4ac+c^2)$	$\frac{wc^2}{8l^2}(2a^2+4ac+c^2)$	$\frac{wc^2}{8l^2}(2a+c)^2$
등분포하중 특례	$a=b=0$	$\frac{wl^2}{12}$	$\frac{wl^3}{12}(4b+c)$	$\frac{wl^2}{8}$	$\frac{wl^2}{8}$
등변분포하중 1	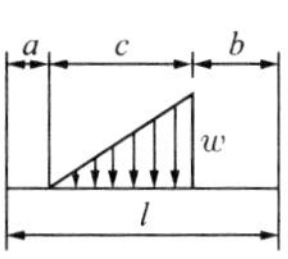	$\frac{wc}{60l^2}\{30ab^2$ $+20b(a+b)c$ $+5(a+2b)c^2+2c^3\}$	$\frac{wc}{60l^2}\{30a^2b$ $+10a(a+4b)c$ $+5(2a+3b)c^2+3c^3\}$	$\frac{wc}{120l^2}\{30ab(a+2b)$ $+10(a+80b+4b^2)c$ $+5(4a+7b)c^2+7c^3\}$	$\frac{wc}{120l^2}\{30ab(2a+b)$ $+20(a^2+5ab+b^2)c$ $+5(a+8b)c^2+8c^3\}$
등변분포하중 1 특례	$a=0$	$\frac{wc^2}{30l^2}(10b^2+5bc+c^2)$	$\frac{wc^3}{20l^2}(5b+c)$	$\frac{wc^2}{120l^2}(40b^2+35bc+7c^2)$	$\frac{wc^2}{30l^2}(5b^2+10bc+2c^2)$
등변분포하중 1 특례	$a=b=0$	$\frac{wl^2}{30}$	$\frac{wl^2}{20}$	$\frac{7wl^2}{120}$	$\frac{wl^2}{15}$

	하중상태		C_{AB}	C_{BA}	H_{AB}	H_{BA}
등변분포하중 2	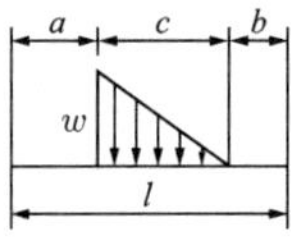		$\frac{wc}{60l^2}\{30ab^2 + 10b(4a+b)c + 5(3a+2b)c^2 + 3c^3\}$	$\frac{wc}{60l^2}\{30a^2b + 20a(a+b)c + 5(2a+b)c^2 + 2c^3\}$	$\frac{wc}{120l^2}\{30ab(a+2b) + 20(a^2+5ab+b^2)c + 5(8a+5b)c^2 + 9c^3\}$	$\frac{wc}{120l^2}\{30ab(2a+b) + 10(4a^2+8ab+b^2)c + 5(7a+4b)c^2 + 7c^3\}$
	특례	$b=0$	$\frac{wc^3}{20l^2}(5a+c)$	$\frac{wc^2}{30l}(10a^2+5ac+c^2)$	$\frac{wc^2}{30l^2}(5a^2+10ac+2c^2)$	$\frac{wc^2}{120l^2}(40a^2+35ac+7c^2)$
		$a=b=0$	$\frac{wl^2}{20}$	$\frac{wl^2}{30}$	$\frac{wl^2}{15}$	$\frac{7wl^2}{120}$
모멘트하중	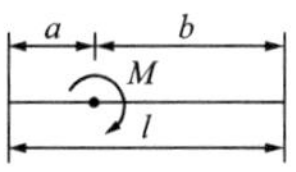		$\frac{Mb}{l^2}(2a-b)$	$\frac{Ma}{l^2}(2b-a)$	$\frac{M}{2l^2}(a^2+2ab-2b^2)$	$\frac{M}{2l^2}(b^2+2ab-2a^2)$
	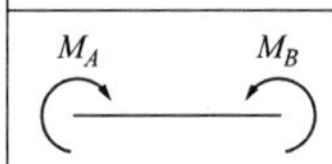		M_A	M_B	$\left(M_A+\frac{1}{2}M_B\right)$	$\left(\frac{1}{2}M_A+M_B\right)$

(2) 1단 고정 타단 핀(pin) 또는 이동단인 경우

[그림 13.39]와 같이 A단 고정, B단 이동단인 보에 대하여 식 (13.52)를 적용하면

$\theta_A = R = 0$과 $M_{BA} = 0$의 조건으로부터

$$M_{AB} = 2EK_o k\,\theta_B - C_{AB}$$
$$M_{BA} = 2EK_o k\,2\theta_B + C_{BA} \tag{13.59}$$

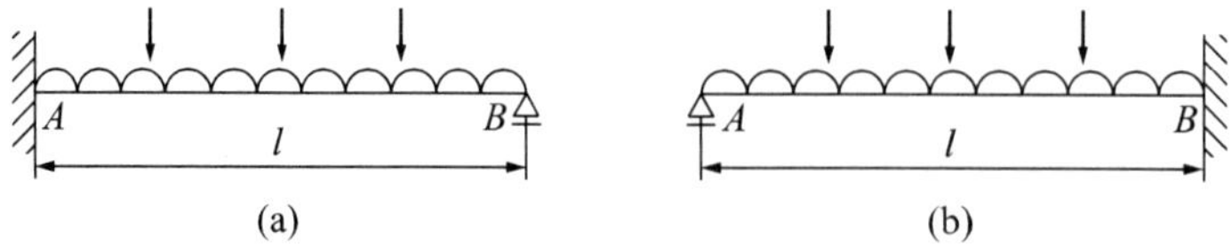

그림 13.39

식 (13.59)의 아래 식으로부터 $\theta_B = \dfrac{-C_{BA}}{4EK_o k}$를 얻어 위의 식에 대입하면

$$M_{AB} = -\left(C_{AB} + \frac{C_{BA}}{2}\right) \tag{13.60}$$

만약 그림 (b)와 같은 A단이 이동단, B단이 고정단의 경우는 $\theta_B = R = 0$, $M_{AB} = 0$으로부터

$$M_{BA} = C_{BA} + \frac{C_{AB}}{2} \tag{13.61}$$

여기서, $C_{AB} + \dfrac{C_{BA}}{2} = H_{AB}$

$$C_{BA} + \frac{C_{AB}}{2} = H_{BA} \tag{13.62}$$

라고 쓴다면 이 H_{AB}, H_{BA}는 양단 고정보의 경우의 하중항 C_{AB}, C_{BA}에 대응하는 것이다.

(3) 1단 탄성 고정 타단 회전단 또는 이동단인 경우

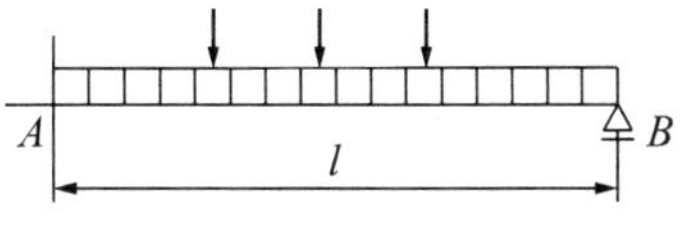

그림 13.40

[그림 13.40]과 같은 경우 $M_{BA} = 0$이 된다.

$$M_{BA} = 2EK_o k(2\theta_B + \theta_A - 3R) + C_{BA} = 0$$

$$\therefore \ \theta_B = -\frac{C_{BA}}{4EK_o k} - \frac{\theta_A}{2} + \frac{3}{2}R$$

이 식을 다음의 M_{AB} 식에 대입하면

$$\begin{aligned} M_{AB} &= 2EK_o k\left(\frac{3}{2}\theta_A - \frac{3}{2}R\right) - \left(C_{AB} + \frac{C_{BA}}{2}\right) \\ &= 3EK_o k(\theta_A - R) - H_{AB} \end{aligned} \tag{13.63}$$

또한 A단이 회전단이고 B단이 탄성고정의 경우에는 다음식이 된다.

$$M_{AB}=0$$
$$M_{BA}=3\,E\,K_o\,k\,(\theta_B-R)+H_{BA} \tag{13.64}$$

여기서도 $H_{AB}=C_{AB}+\dfrac{C_{BA}}{2},\quad H_{BA}=C_{BA}+\dfrac{C_{AB}}{2}$

4.4 처짐각법에 의한 라아멘의 해법

라아멘의 각 절점은 강결되어 있으므로 외력을 받았을 때 휨모멘트가 생긴다. 따라서 라아멘의 각 부재를 하나씩 떼어내면 각 부재에는 재단모멘트가 작용하는 모양으로 되어 부재의 변위 및 변형량과 재단모멘트와의 관계를 나타내는 처짐각법의 기본식인 식 (13.52)가 그대로 적용된다.

식 (13.52)로 θ_A, θ_B 및 R이 구해지면 부재의 응력을 계산할 수 있다.

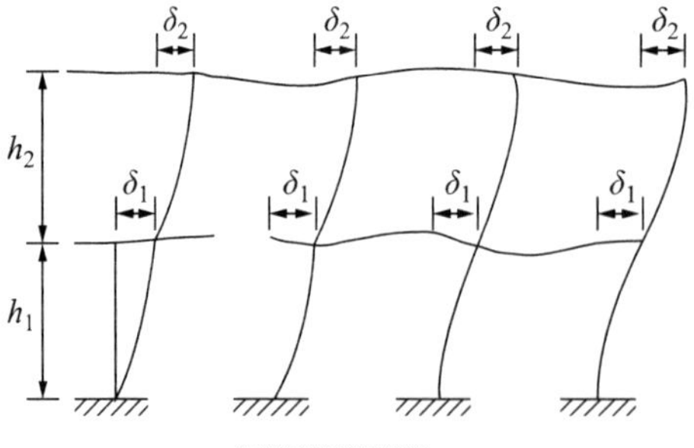

그림 13.41

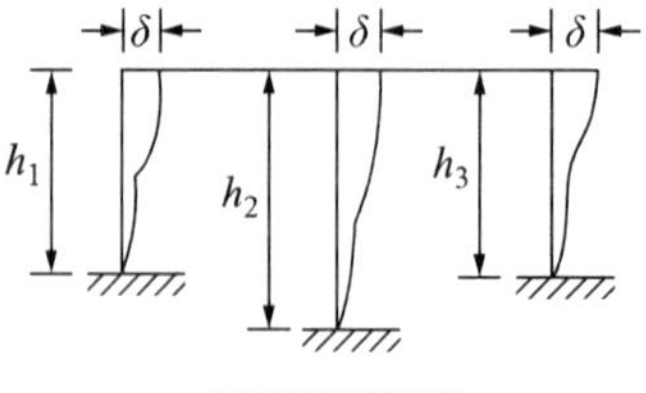

그림 13.42

기둥의 길이가 같은 경우 부재각은 모두 같다. [그림 13.41]에서 제1층 기둥의 부재각은 $R_1=\dfrac{\delta_1}{h_1}$이고, 제2층 기둥의 부재각은 $R_2=\dfrac{\delta_2}{h_2}$이다. 그 층의 기둥 길이가 같으면 그 층의 부재각은 모두 같다.

동일 층의 기둥의 길이가 같지 않을 때라도 부재각은 하나로 표시된다.

[그림 13.42]에서 각 부재각 R_1, R_2, R_3는

$$R_1 = \frac{\delta}{h_1}, \quad R_2 = \frac{\delta}{h_2}, \quad R_3 = \frac{\delta}{h_3}$$

$R_1 = R$을 표준부재각이라고 하면

$$\delta = R_1\, h_1, \quad \delta = R_2\, h_2, \quad \delta = R_3\, h_3$$

$$\therefore\ R_1\, h_1 = R_2\, h_2 = R_3\, h_3 = R\, h_1$$

따라서 $R_2 = R\dfrac{h_1}{h_2}$, $R_3 = R\dfrac{h_1}{h_3}$, $R_1 = R\dfrac{h_1}{h_1} = R$로 표현할 수 있다.

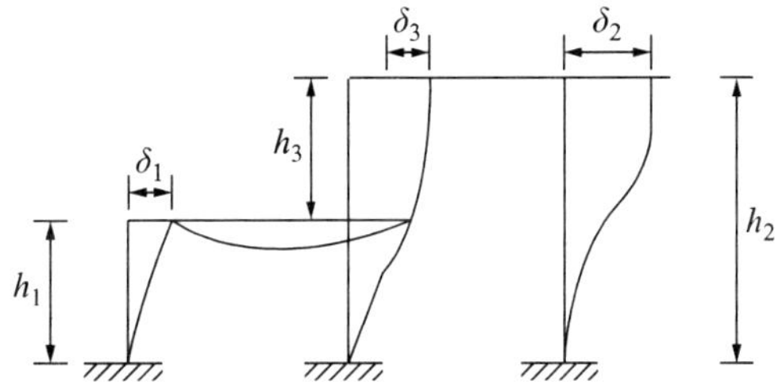

그림 13.43

[그림 13.43]과 같은 2층의 라아멘이라도 부재각은 두 개로 표시된다.

$$R_1 = \frac{\delta_1}{h_1}, \quad R_2 = \frac{\delta_2}{h_2}, \quad R_3 = \frac{\delta_3}{h_3}$$

$$\delta_1 = R_1\, h_1 = \delta_2 - \delta_3 = R_2\, h_2 - R_3\, h_3$$

$$\therefore\ R_3 = \frac{R_2\, h_2 - R_1\, h_1}{h_3}$$

이상으로서 라아멘의 각 부재력을 처짐각법으로 구할 때 그 층수가 부재각으로 미지수가 되고 절점의 수가 절점각으로서 미지수가 된다. 일반적으로 P개의 절점에 N층의 라아멘을 풀려면 $P+N$개의 연립 방정식을 세울 필요가 있다.

13.7 [그림 13.44]와 같은 라아멘의 미지수의 합은?

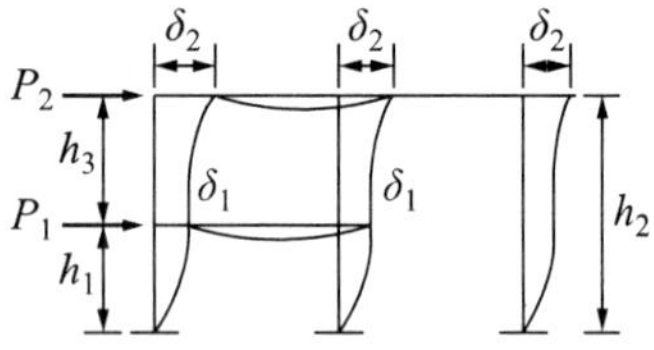

그림 13.44

풀이

(절점수=5)+(층수=2)=7개

$$R_3 = \frac{R_2\,\delta_2 - R_1\,\delta_1}{h_3}$$

즉 R_3는 R_1, R_2로 나타낼 수 있어 부재각의 미지수는 R_1, R_2 두 개이다.

13.8 [그림 13.45]에서 절점각 및 부재각의 미지수의 합은?

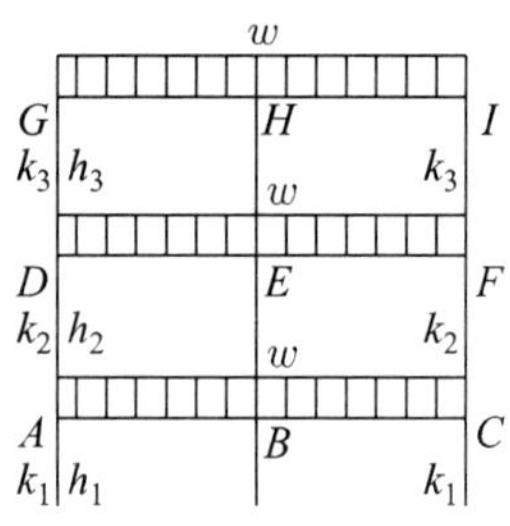

그림 13.45

풀이

구조와 하중이 대칭이므로 $\theta_B = \theta_E = \theta_H = 0$이고

$$\theta_A = -\theta_C,\quad \theta_D = -\theta_F,\quad \theta_G = -\theta_I$$

수평방향의 이동이 없으므로 각 층의 부재각은 $R=0$이다.

따라서 미지수는 세 개다.

13.9 [그림 13.46]에서 처짐각법에 의한 미지수의 합은?

풀이

절점각=6이고 기둥의 부재각=2 (2층이므로) B절점이 하중에 의하여 내려갈 것이 예상되므로 보의 부재각은 R_3, R_4가 생긴다.

$$R_3 = \frac{\delta}{l_1},\quad R_4 = \frac{\delta}{l_2}$$

$$\delta = R_3\,l_1 = R_4\,l_2$$

$$\therefore\ R_4 = \frac{R_3\,l_1}{l_2}$$

미지수=6+2+1=9

즉 R_4는 R_3로 나타낼 수 있으므로

보의 부재각은 한 개다.

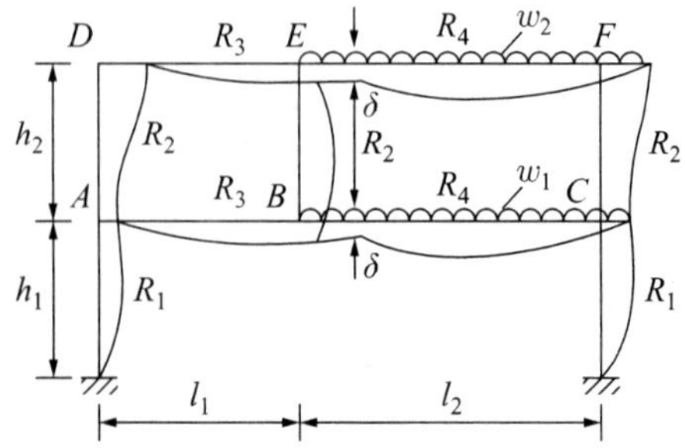

그림 13.46

4.5 기본식의 간이화

기본식을 실용계산에 적합하도록 간이화해보자. 각 경우의 기본식을 다시 쓰면 부재의 양단이 절점일 때

$$M_{AB} = 2EK_o k(2\theta_A + \theta_B - 3R) - C_{AB}$$

$$M_{BA} = 2EK_o k(2\theta_B + \theta_A - 3R) + C_{BA}$$

부재가 1단 고정 절점, 1단 힌지일 때

$M_{AB} = 2EK_o k(\theta_A - R) - H_{AB}$ (A단 고정 절점, B단 힌지)

$M_{BA} = 2EK_o k(2\theta_B - R) + H_{BA}$ (B단 고정 절점, A단 힌지)

여기서, $2EK_o\theta = \phi$, $-6EK_o R = \mu$로 쓰면 부재의 양단이 절점일 때

$$\begin{aligned} M_{AB} &= k(2\phi_A + \phi_B + \mu) - C_{AB} \\ M_{BA} &= k(2\phi_B + \phi_A + \mu) + C_{BA} \end{aligned} \tag{13.65}$$

부재의 1단 절점, 1단 힌지

$$\begin{aligned} M_{AB} &= k(1.5\phi_A + 0.5\mu) - H_{AB} \\ M_{BA} &= k(1.5\phi_B + 0.5\mu) + H_{BA} \end{aligned} \tag{13.66}$$

여기서, ϕ, μ는 모두 모멘트의 단위이다. 이 기본식이 뜻하는 것은

$$\text{재단모멘트} = \begin{pmatrix}\text{절점각을 만드는}\\ \text{재단모멘트}\end{pmatrix} + \begin{pmatrix}\text{부재각을 만드는}\\ \text{재단모멘트}\end{pmatrix} + \begin{pmatrix}\text{중간하중에 의한}\\ \text{재단모멘트}\end{pmatrix}$$

즉, $M_{AB} = k(2\phi_A + \phi_B) + k\mu + C_{AB}$로 됨을 알 수 있다.

부정정구조물을 처짐각법에 의하여 해석하려고 할 때는 실용계산식으로서 간이화된 기본식인 식 (13.65)와 식 (13.66)이 사용된다.

4.6 평형방정식

재단모멘트를 구하기 위해서는 식 중 미지량 ϕ, μ를 구하여야 하고, 이를 구하기 위해서는 절점방정식과 층방정식에 의하여야 하는데, 이들 방정식을 평형방정식이라 한다.

(1) 절점방정식

[그림 13.47]과 같이 임의 절점 O에 모인 부재를 AO, BO, CO, DO라 하면 O점에서의 모멘트의 합계는 모멘트의 평형으로부터 $\sum M=0$이 되어야 한다.

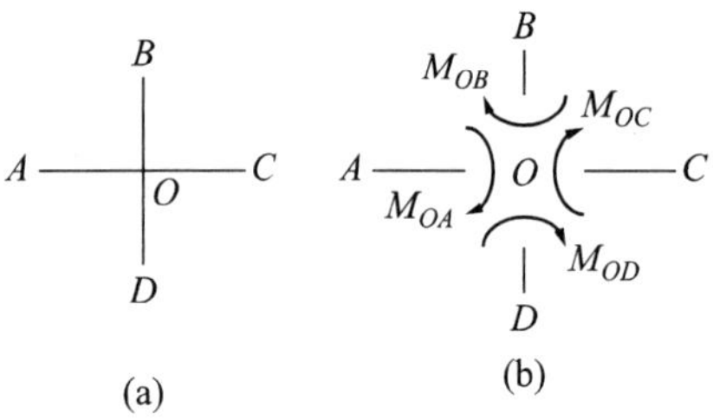

그림 13.47

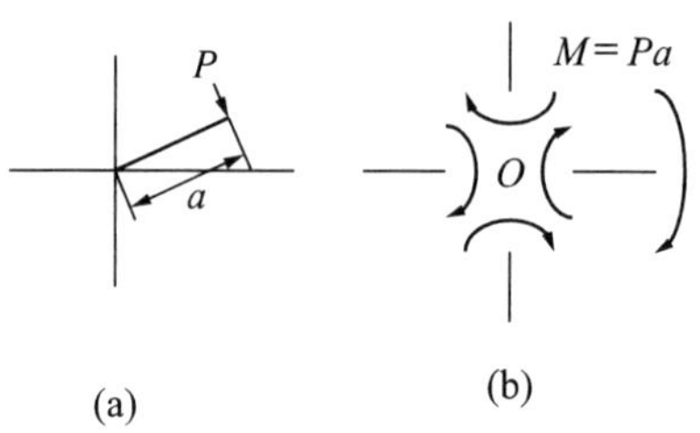

그림 13.48

$$M_{OA}+M_{OB}+M_{OC}+M_{OD}=0$$

$$\text{즉} \quad \sum_{i=A}^{D} M_{Oi}=0 \tag{13.67}$$

또 절점 O에 [그림 13.48]과 같이 외력에 의한 모멘트 M이 작용할 때는

$$M=M_{OA}+M_{OB}+M_{OC}+M_{OD}$$

로 되어야 하므로, 즉

$$\sum_{i=A}^{D} M_{Oi}-M=0 \tag{13.68}$$

식 (13.67), (13.68)을 절점방정식(equilibrium equation of joint)이라 한다. 이 절점방정식을 절점의 수만큼 존재한다.

(2) 층방정식

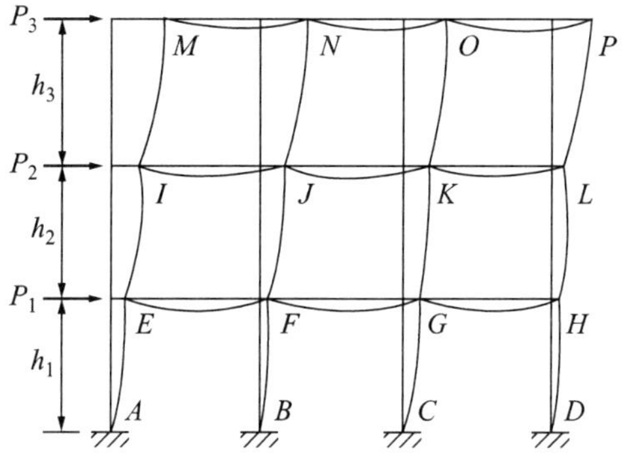

그림 13.49

처짐각법에 의하여 라아멘을 푸는 경우의 미지량 가운데 각 부재에 대한 방정식이 층방정식(전단력방정식 : equation of shear)이다.
[그림 13.49]와 같은 라아멘에 수평력 P_1, P_2, P_3에 의하여 변형한 상태를 생각한다. [그림 13.50]과 같이 제2층 부분의 기둥을 떼어내면 이 층의 기둥머리에는 수평력으로서 P_2+P_3가 각 기둥에 분할되어 작용하고 있다. 이 층에 대하여 $\sum H=0$을 고려하면

$$P_2+P_3+H_1+H_2+H_3+H_4=0$$

이다. H_1, H_2...는 각 기둥에 중간하중이 없으며 각각의 기둥에 대하여 전단력이 되고 재단모멘트와는 다음의 관계가 있다.

$$H_1=\frac{M_{IE}+M_{EI}}{h_2},\qquad H_2=\frac{M_{JF}+M_{FJ}}{h_2}$$

$$H_3=\frac{M_{KG}+M_{GK}}{h_2},\qquad H_4=\frac{M_{LH}+M_{HL}}{h_2}$$

따라서 제2층의 H 방향의 평형방정식은

$$P_2 + P_3 + \frac{1}{h_2}(M_{IE} + M_{EI} + M_{JF} + M_{FJ} + M_{KG} + M_{GK} + M_{LH} + M_{HL}) = 0$$

(13.69)

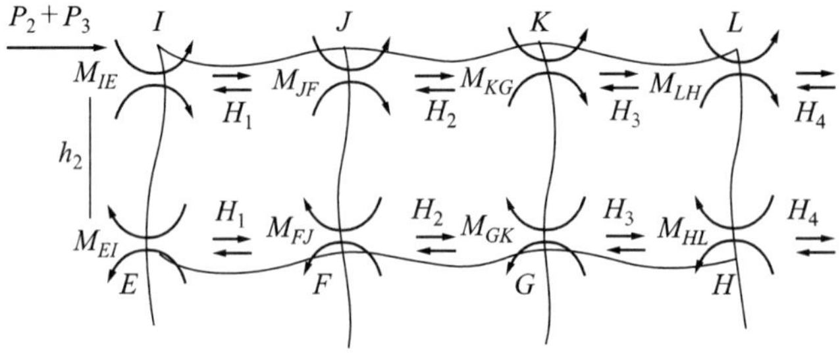

그림 13.50

식 (13.69)를 층방정식이라 한다. [그림 13.51]과 같이 기둥 중간에 하중이 있을 때는 층방정식을 다음과 같이 표시한다.

$$(M_{BC} + M_{CB}) + (M_{GF} + M_{FG}) + (M_{JK} + M_{KJ}) + P_2\,y_2 + (P_3 + P_4)\,h_2 = 0$$

(13.70)

이 층방정식도 층의 수만큼 존재한다. 따라서 절점이 P개에 N층인 구조의 절점각 및 부재각의 미지수의 합은 $P+N$개이고, 절점방정식은 절점의 수만큼 존재하고 층방정식의 수는 층의 수만큼 존재하므로 세울 수 있는 방정식도 $P+N$개가 되며, 이들 방정식으로부터 $P+N$개의 미지량이 구해져서 이로부터 각 부재의 재단모멘트를 구할 수 있고 이 재단모멘트를 이용하여 부재의 단면력이 구해진다.

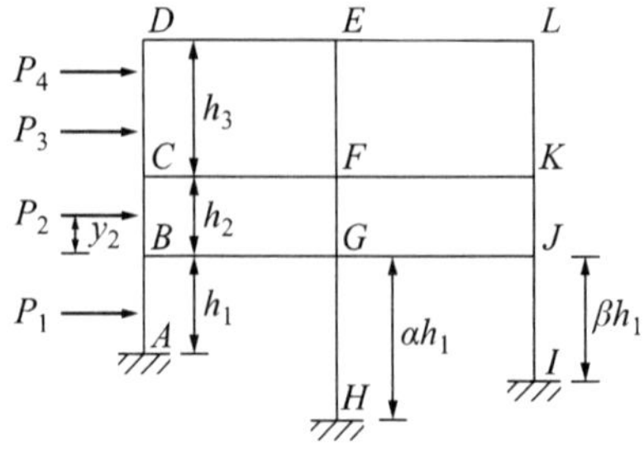

그림 13.51

13.10 [그림 13.52] (a)와 같은 양단 고정보의 단면력도를 그려라.

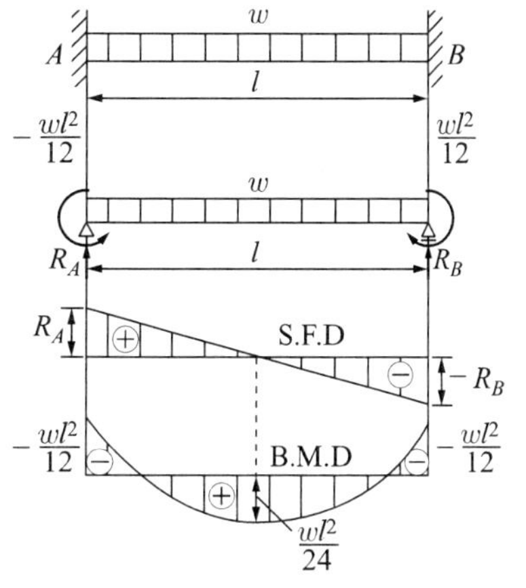

그림 13.52

풀이

양단 고정인 경우의 모멘트식은

$$M_{AB} = -C_{AB} = -\frac{w\,l^2}{12}$$

$$M_{BA} = C_{AB} = \frac{w\,l^2}{12}$$

그림 (b)에서 구조와 하중이 대칭이므로 반력은

$$R_A = R_B = \frac{w\,l}{2}$$

임의점의 휨모멘트 M_x는

$$M_x = R_A\,x - \frac{wx^2}{2} - \frac{w\,l^2}{12} = \frac{w\,l}{2}\,x - \frac{wx^2}{2} - \frac{w\,l^2}{12}$$

최대 휨모멘트는 전단력이 0인 점에서 생기므로

$$\frac{dM_x}{dx} = S_x = \frac{w\,l}{2} - wx = 0$$

$$\therefore\ x = \frac{l}{2}$$

$$M_{\max} = M_{x=\frac{l}{2}} = \frac{w\,l}{2}\cdot\frac{l}{2} - \frac{w\left(\frac{l}{2}\right)^2}{2} - \frac{wl^2}{12} = \frac{w\,l^2}{4} - \frac{w\,l^2}{8} - \frac{w\,l^2}{12} = \frac{w\,l^2}{24}$$

임의점의 전단력 S_x는

$$S_x = R_A - w\,x$$

$x = 0$ 이면 $S_x = R_A$

$x = l$ 이면 $S_B = -R_B$

이로서 S.F.D와 B.M.D를 그리면 그림 (c), (d)와 같다.

13.11 [그림 13.53] (a)와 같은 1단 고정 타단 이동단인 부정정보의 단면력도를 그려라.

풀이

하중항을 먼저 계산하면

$$C_{AB} = \frac{Pab^2}{l^2} = \frac{40 \times 6 \times 2^2}{8^2} = 15$$

$$C_{BA} = \frac{Pa^2b}{l^2} = \frac{40 \times 6^2 \times 2}{8^2} = 45$$

1단 고정 타단 이동단일 때의 모멘트식은

$$M_{AB} = -\left(C_{AB} + \frac{C_{BA}}{2}\right) = -\left(15 + \frac{45}{2}\right)$$

$$= -37.5 \text{ kN} \cdot \text{m}$$

그림 (b)에서 반력을 구하면

$$\sum M_B = 8R_A - 40 \times 2 - 37.5 = 0$$

$$\therefore\ R_A = \frac{117.5}{8} = 14.69 \text{ kN}$$

$$R_B = 40 - 14.69 = 25.31 \text{ kN}$$

전단력은

$$S_{A\sim C} = R_A = 14.69 \text{ kN}$$

$$S_{C\sim B} = -R_B = -25.31 \text{ kN}$$

AC 사이에서 임의점의 휨모멘트 M_x는

$$M_x = R_A x - 37.5 = 14.69\,x - 37.5$$

$x = 0$이면 $M_A = -37.5 \text{ kN} \cdot \text{m}$

$x = 6\text{m}$ 이면 $M_C = 14.69 \times 6 - 37.5 = 50.64 \text{ kN} \cdot \text{m}$

$$M_B = 0$$

이로서 S.F.D와 B.M.D를 그리면 그림 (c), (d)와 같다.

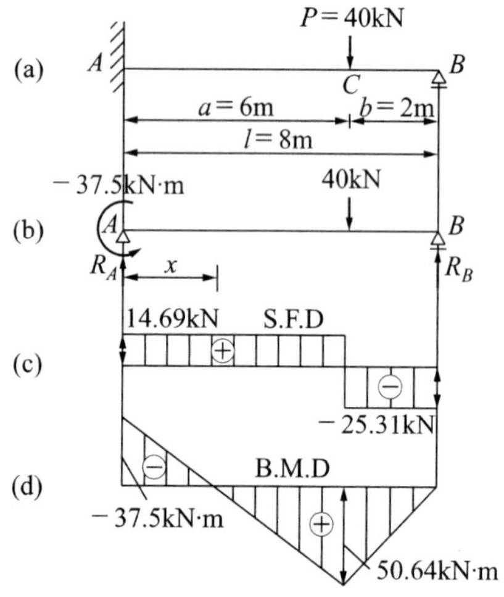

그림 13.53

13.12 [그림 13.54] (a)와 같은 연속보의 재단모멘트를 구하여라. 단 $I_1 : I_2 = 2 : 3$

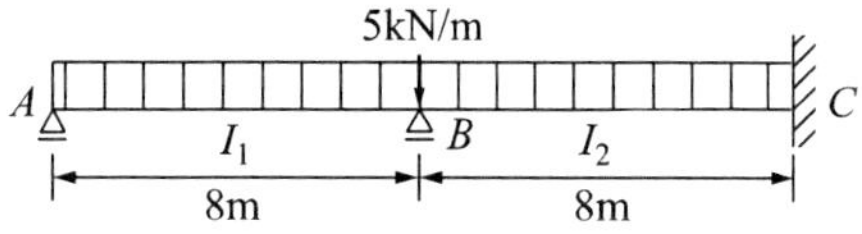

그림 13.54

풀이

강비는 $I_1 : I_2 = 2 : 3$ 이므로

$$\frac{I_1}{l} : \frac{I_2}{l} = K_{AB} : K_{BC} = 2 : 3$$

표준강도 $K_o = K_1$을 취하면

$$k_{AB} = \frac{K_1}{K_o} = \frac{2}{2} = 1$$

$$k_{BC} = \frac{K_2}{K_o} = \frac{3}{2} = 1.5$$

하중항은

$$C_{BC} = C_{CB} = \frac{w\,l^2}{12} = \frac{5 \times 8^2}{12} = 26.67$$

$$H_{BA} = C_{BA} + \frac{C_{AB}}{2} = 26.67 + \frac{26.67}{2} \fallingdotseq 40$$

모멘트식은

$$M_{BA} = k_{AB}(1.5\phi_B) + H_{BA} = 1.5\phi_B + 40$$

$$M_{BC} = k_{BC}(2\phi_B) - C_{BC} = 3\phi_B - 26.67$$

$$M_{CB} = k_{BC}(\phi_B) + C_{CB} = 1.5\phi_B + 26.67$$

절점방정식

$M_{BA} + M_{BC} = 0$으로부터

$$M_{BA} + M_{BC} = 1.5\phi_B + 40 + 3\phi_B - 26.67 = 0$$

$$4.5\phi_B + 13.33 = 0$$

$$\therefore\ \phi_B = -\frac{13.33}{4.5} = -2.96$$

따라서

$$M_{BA} = 1.5 \times (-2.96) + 40 \fallingdotseq 35.6\ \text{kN} \cdot \text{m}$$

$$M_{BC} = 3 \times (-2.96) - 26.67 \fallingdotseq -35.6\ \text{kN} \cdot \text{m}$$

$$M_{CB} = 1.5 \times (2.96) + 26.67 \fallingdotseq 22.2\ \text{kN} \cdot \text{m}$$

13.13 [그림 13.55]와 같은 양단 고정 2경간 연속보의 재단모멘트를 구하여라. 단, EI는 일정하다.

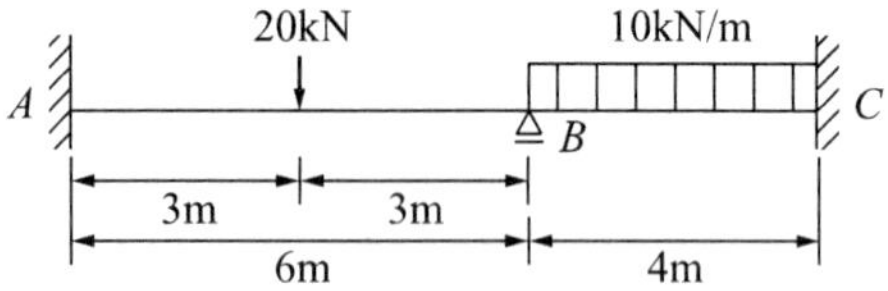

그림 13.55

풀이

하중항을 계산하면

$$C_{AB}=C_{BA}=\frac{Pl}{8}=\frac{20\times 6}{8}=15\text{ kN}\cdot\text{m}$$

$$C_{BC}=C_{CB}=\frac{wl^2}{12}=\frac{10\times 4^2}{12}=13.3\text{ kN}\cdot\text{m}$$

강도는

$$K_{AB}=\frac{I}{l_1}=\frac{I}{6}=K_o$$

$$K_{BC}=\frac{I}{l_2}=\frac{I}{4}$$

$$k_{AB}=\frac{K_{AB}}{K_o}=1$$

$$k_{BC}=\frac{K_{BC}}{K_o}=\frac{\frac{I}{4}}{\frac{I}{6}}=1.5$$

모멘트식은

$$M_{AB}=k_{AB}(\phi_B)-C_{AB}=\phi_B-15$$

$$M_{BA}=k_{AB}(2\phi_B)+C_{BA}=2\phi_B+15$$

$$M_{BC}=k_{BC}(2\phi_B)-C_{BC}=3\phi_B-13.3$$

$$M_{CB}=k_{CB}(\phi_B)+C_{CB}=1.5\phi_B+13.3$$

절점방정식 $\sum M_B=0$을 적용하면

$$\sum M_B=M_{BA}+M_{BC}=2\phi_B+15+3\phi_B-13.3=0$$

$$5\phi_B+1.7=0$$

$$\therefore\ \phi_B=\frac{-1.7}{50}=-0.34$$

따라서 재단모멘트는

$$M_{AB} = -0.34 - 15 = -15.34\ \text{kN} \cdot \text{m}$$

$$M_{BA} = 2 \times (-0.34) + 15 = 14.32\ \text{kN} \cdot \text{m}$$

$$M_{BC} = 3 \times (-0.34) - 13.3 = -14.32\ \text{kN} \cdot \text{m}$$

$$M_{CB} = 1.5 \times (-0.34) + 13.3 = 12.79\ \text{kN} \cdot \text{m}$$

13.14 [그림 13.56] (a)와 같은 라아멘의 재단모멘트를 구하고 휨모멘트도를 그려라.

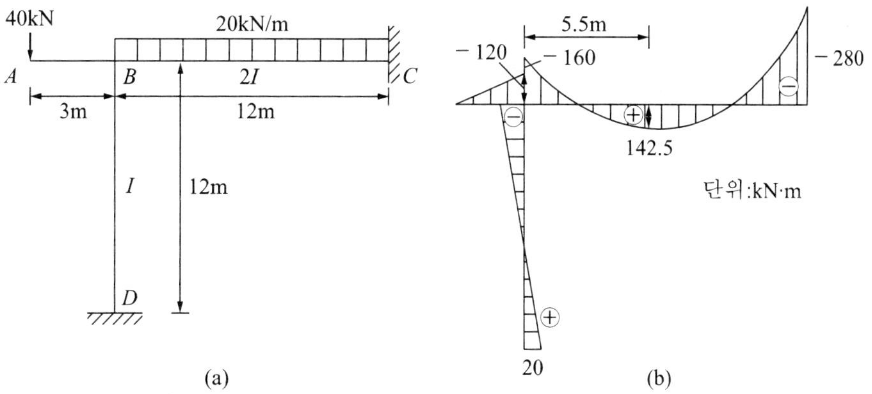

그림 13.56

풀이

하중항을 구하면

$$C_{BC} = C_{CB} = \frac{w\,l^2}{12} = \frac{20 \times 12^2}{12} = 240\ \text{kN} \cdot \text{m}$$

강도 $K_{BC} = \dfrac{2I}{12}$, $K_{BD} = \dfrac{I}{12} = K_o$

강비 $k_{BC} = \dfrac{K_{BC}}{K_o} = \dfrac{\frac{2I}{12}}{\frac{I}{12}} = 2$

$$k_{BD} = 1$$

모멘트식은

$$M_{BA}=40\times3=120\text{ kN}\cdot\text{m}$$

$$M_{BC}=k_{BC}(2\phi_B)-C_{BC}=4\phi_B-240$$

$$M_{BD}=k_{BD}(2\phi_B)+C_{CB}=2\phi_B+240$$

$$M_{CB}=k_{BC}(\phi_B)+C_{CB}=2\phi_B+240$$

$$M_{DB}=k_{BD}(\phi_B)=\phi_B$$

절점방정식 $\sum M_B=0$을 적용하여 ϕ_B를 구하면

$$M_{BA}+M_{BC}+M_{BD}=120+4\phi_B-240+2\phi_B=0$$

$$\therefore\ \phi_B=20$$

각 재단모멘트는

$$M_{BC}=4\times20-240=-160\text{ kN}\cdot\text{m}$$

$$M_{BD}=2\times20=40\text{ kN}\cdot\text{m}$$

$$M_{CB}=2\times20+240=280\text{ kN}\cdot\text{m}$$

$$M_{DB}=20=20\text{ kN}\cdot\text{m}$$

BC 부분을 [그림 13.57]과 같이 떼어서 생각하면 반력은 $\sum M_C=0$에서

$$12R_B-160-20\times12\times6+280=0$$

$$\therefore\ R_B=110\text{ kN}$$

$$R_C=20\times12-110=130\text{ kN}$$

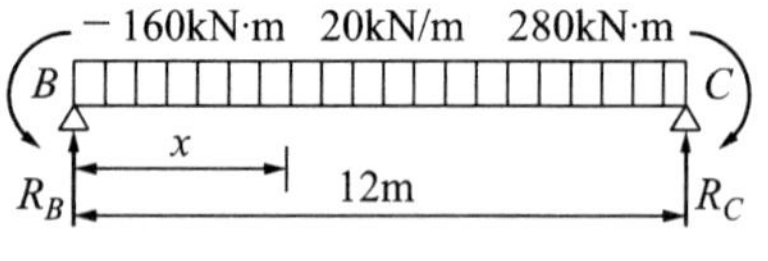

그림 13.57

임의점에서 휨모멘트 M_x는

$$M_x=R_Bx-\frac{wx^2}{2}-16=110x-10x^2-160$$

BC 사이에서 최대휨모멘트는

$$\frac{M_x}{dx}=S_x=110-20x=0$$

$$\therefore\ x=\frac{110}{20}=5.5\text{ m}$$

$$M_{\max}=110\times5.5-10\times5.5^2-160=142.5\text{ kN}\cdot\text{m}$$

이로서 B.M.D를 그리면 [그림 13.56] (b)와 같다.

13.15 [그림 13.58]과 같은 박스형 라아멘의 각 절점에서의 단면력을 구하여라.

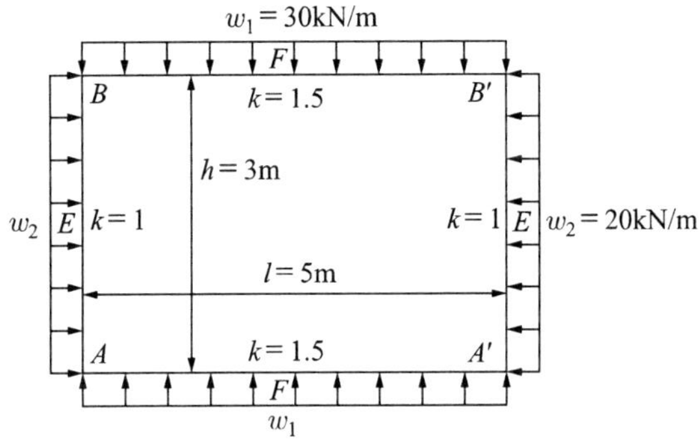

그림 13.58

풀이

구조와 하중이 두 축에 대하여 대칭이므로 절점의 이동은 없고

$\phi_B = -\phi_A = -\phi_B{}' = \phi_A{}'$로 되므로 모멘트 식은

$$M_{BA} = k_{BA}(2\phi_B + \phi_A) + C_{BA} = \phi_B + C_{BA}$$

$$M_{BB'} = k_{BB'}(2\phi_B + \phi_B{}') - C_{BB'} = 1.5\phi_B - C_{BB'}$$

절점방정식 $\sum M_B = 0$으로부터

$$M_{BA} + M_{BB'} = \phi_B + C_{BA} + 1.5\phi_B - C_{BB'} = 2.5\phi_B + C_{BA} - C_{BB'} = 0$$

$$\therefore\ \phi_B = \frac{C_{BB'} - C_{BA}}{2.5}$$

$$C_{BA} = \frac{w_2 h^2}{12} = \frac{20 \times 3^2}{12} = 15\ \text{kN}\cdot\text{m}$$

$$C_{BB'} = \frac{w_1 l^2}{12} = \frac{30 \times 5^2}{12} = 62.5\ \text{kN}\cdot\text{m}$$

$$\phi_B{}' = \frac{62.5 - 15}{2.5} = 19$$

따라서

$$M_{BA} = 19 + 15 = 34\ \text{kN}\cdot\text{m}$$

$$M_{BB'} = 1.5 \times 1.9 - 6.25 = -3.4\ t\cdot\text{m}$$

각 절점의 절점모멘트는 −34 kN · m임을 알 수 있다. 부재 중앙에서의 휨모멘트 M_E와 M_F는

$$M_E = \frac{w_2 h^2}{8} + M_B = \frac{20 \times 3^2}{8} - 34 = -11.5\ \text{kN} \cdot \text{m}$$

$$M_F = \frac{w_1 l^2}{8} + M_B = \frac{30 \times 5^2}{8} - 34 = 59.75\ \text{kN} \cdot \text{m}$$

이로서 각 절점의 전단력은

$$S_{BB'} = \frac{w_1 l}{2} = \frac{30 \times 5}{2} = 75\ \text{kN} \quad (= A_{BA}\ \text{: 인장})$$

$$S_{BA} = -w_2 \frac{h}{2} = -\frac{20 \times 3}{2} = -30\ \text{kN} \quad (= -A_{BB'}\text{: 압축})$$

여기서 A_{BA}, $A_{BB'}$는 부재 BA, BB'의 축방향력이다. 이로서 B.M.D와 S.F.D를 그리면 [그림 13.59]의 (a), (b)와 같다.

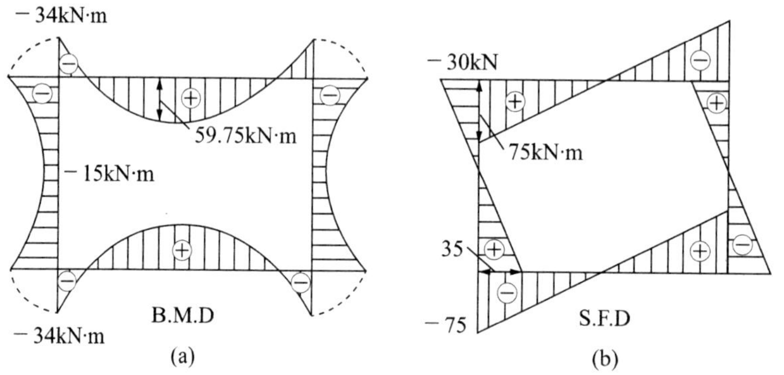

그림 13.59

13.16 [그림 13.60] (a)와 같은 라아멘의 휨모멘트를 그려라.

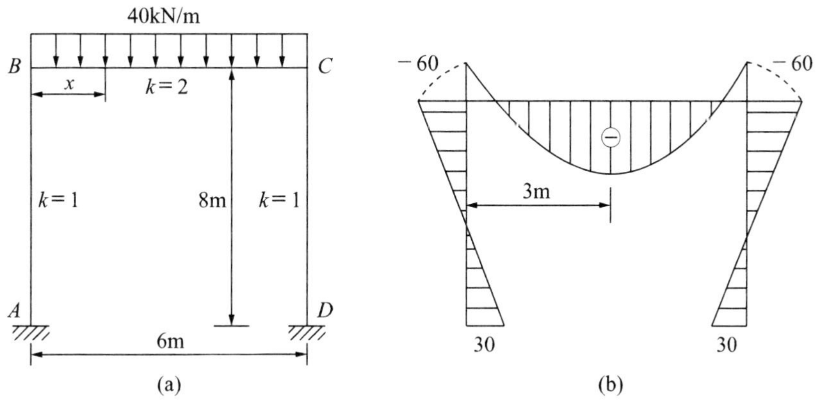

그림 13.60

풀이

하중과 구조가 대칭이므로

$$\phi_B = -\phi_C$$

하중항을 먼저 구하면

$$C_{BC} = C_{CB} = \frac{w\,l^2}{12} = \frac{40 \times 6^2}{12} = 120\ \text{kN}\cdot\text{m}$$

모멘트식은

$$M_{AB} = \phi_B$$

$$M_{BA} = 2\phi_B$$

$$M_{BC} = 2(2\phi_B + \phi_C) - C_{BC} = 2\phi_B - 120$$

절점방정식 $\sum M_B = 0$을 적용하면

$$M_{BA} + M_{BC} = 2\phi_B + 2\phi_B - 120 = 0$$

$$\therefore\ \phi_B = 30$$

$$M_{AB} = 30\ \text{kN}\cdot\text{m}$$

$$M_{BA} = 2 \times 30 = 60\ \text{kN}\cdot\text{m}$$

$$M_{BC}=2\times 30-120=-60\text{ kN}\cdot\text{m}$$

BC 사이의 임의점의 모멘트 M_x는

$$M_x=\left(\frac{-M_{BC}+M_{CB}}{l}+\frac{wl}{2}\right)x-\frac{wx^2}{2}+M_{BC}=\left(\frac{60-60}{6}+\frac{40\times 6}{2}\right)x-20x^2-60$$

$$=120x-20x^2-60$$

최대휨모멘트 $M_{\max}$는

$$\frac{dM_x}{dx}=S_x=120-40x=0$$

$$\therefore\ x=3\text{ m}$$

대칭이므로 중앙에서 $M_{\max}$가 됨을 알 수 있다.

$$\therefore\ M_{\max}=120\times 3-20\times 3^2-60=120\text{ kN}\cdot\text{m}$$

이로서 B.M.D를 그리면 그림 (b)와 같다.

13.17 [그림 13.61] (a)와 같이 라아멘에 대한 수평하중이 작용할 때 단면력도를 그려라.

풀이

절점각 및 부재각의 미지량은 ϕ_B, ϕ_C, μ의 세 개이나 하중이 B점에 수평으로 작용할 때는 역대칭 하중으로 되어 그림 (b)와 같이 $\phi_B=\phi_C$로 되어 미지량은 ϕ_B, μ 둘 뿐이다. 또 하중항도 0이어서 모멘트식은

$$M_{AB}=\phi_B+\mu$$

$$M_{CB}=3\phi_B$$

$$M_{BA}=2\phi_B+\mu$$

$$M_{CD}=2\phi_B+\mu$$

$$M_{BC}=3\phi_B$$

$$M_{DC}=\phi_B+\mu$$

절점방정식 $\sum M_B=0$로부터

$$M_{BA}+M_{BC}=5\phi_B+\mu=0\quad\text{(a)}$$

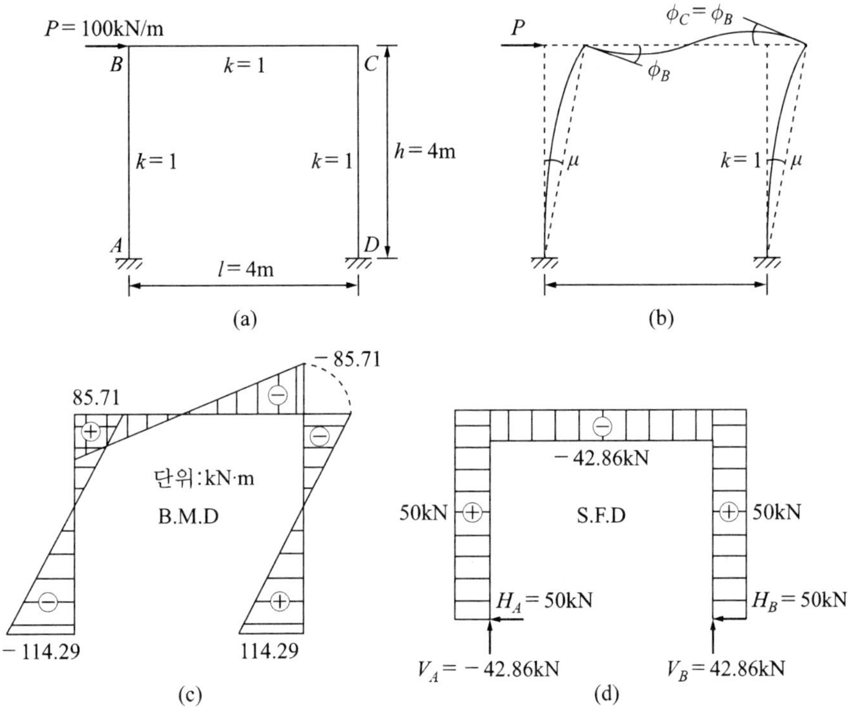

그림 13.61

층방정식 $\sum H = 0$으로부터

$$M_{AB} + M_{BA} + M_{DC} + M_{CD} + hp = 6\phi_B + 4\mu + 400 = 0 \quad \text{(b)}$$

(a), (b)식을 연립시켜 풀면

$$\phi_B = 28.57, \quad \mu = -142.86$$

따라서

$$M_{AB} = 28.57 - 142.86 = -114.29 \text{ kN} \cdot \text{m} \quad (= M_{DC})$$

$$M_{BA} = 2 \times 28.57 - 142.86 = -85.71 \text{ kN} \cdot \text{m} \quad (= M_{CD})$$

$$M_{BC} = 3 \times 28.57 = 85.71 \text{ kN} \cdot \text{m}$$

전단력은

$$S_{AB} = -\frac{M_{AB} + M_{BA}}{h} = -\frac{(-114.29) + (-85.71)}{4} = 50 \text{ kN}$$

$$S_{BC} = -\frac{M_{BC} + M_{CB}}{h} = -\frac{85.71 + 85.71}{4} = -42.86 \text{ kN}$$

이로서 B.M.D와 S.F.D를 그리면 그림 (c), (d)와 같다. 반력은

$$H_A = S_{BA} = 50 \text{ kN} \quad (= H_D)$$

$$V_A = S_{BC} = -42.86 \text{ kN}$$

$$V_D = -S_{CB} = -(-42.86) = 42.86 \text{ kN}$$

축방향력을 구해보면 다음과 같다.

$A_{AB} = -42.46$ kN (인장) $A_{BC} = 100 - 50 = 50$ kN (압축)

$A_{CD} = 42.46$ kN (압축)

05 | 모멘트 분배법

모멘트 분배법은 연속보나 라아멘의 한 해법으로서 1930년에 하디 크로스(Hardy cross)에 의하여 제안된 것으로 처짐각법과 같이 연립해법에 의하지 않고 원 위에서 기계적인 계산으로 미지량을 구하는 방법이다. 이 방법은 실용목적으로 만들어진 근사해법으로 정확해법은 아니나, 특별한 수학적 수단 없이 가감승제만으로 풀 수 있어 많이 사용된다.

5.1 모멘트 분배법의 원리

(1) 전달모멘트

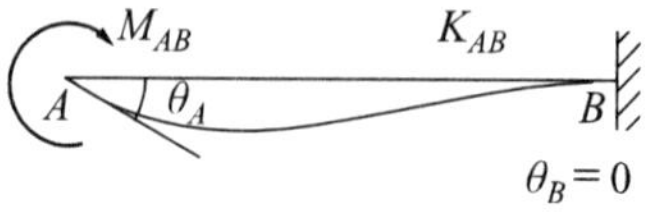

그림 13.62

[그림 13.62]와 같이 부재 AB의 1단 B가 고정단일 때 A단에 가해진 모멘트 M_{AB}와 B단에 생기는 모멘트 M_{BA}와의 관계는 처짐각법에서의 일반식

$$M_{AB} = k_{AB}(2\phi_A + \phi_B + \mu) - C_{AB}$$

$$M_{BA} = k_{BA}(2\phi_B + \phi_A + \mu) + C_{BA}$$

에서 $\phi_B = 0,\ \mu = 0,\ C_{AB} = C_{BA} = 0$이 되므로

$$M_{AB} = k_{AB}(2\phi_A),\ M_{BA} = k_{AB}(\phi_A)$$

따라서 $$M_{BA} = \frac{1}{2} M_{AB} \tag{13.71}$$

즉 A단에 가해진 모멘트는 고정단 B에 그의 1/2이 전달된다. 이 M_{BA}를 전달모멘트(carry-over moment)라 하고 C.O.M으로 표시한다.

(2) 분배모멘트와 분배율 및 전달률

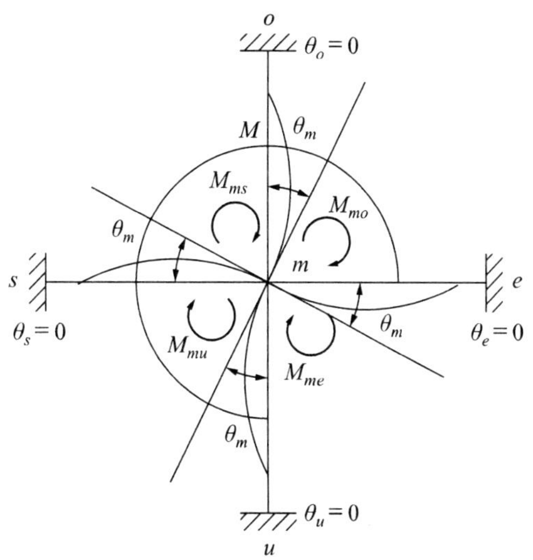

그림 13.63

[그림 13.63]과 같이 절점 m에 모아진 각 부재의 타단이 고정단으로 각 부재각이 생기지 않을 때 m절점에 모멘트 M을 가하면 각 부재의 m단에 각각의 재단모멘트가 생겨 평형을 이룰 것이다. $\phi_e = \phi_u = \phi_s = \phi_o = 0$이므로

$$M_{me} = k_{me}(2\phi_m)$$

$$M_{mu} = k_{mu}(2\phi_m)$$

$$M_{ms} = k_{ms}(2\phi_m)$$

$$M_{mo} = k_{mo}(2\phi_m)$$

절점방정식 $\sum M_m = 0$으로부터

$$\begin{aligned} M &= M_{me} + M_{mu} + M_{ms} + M_{mo} \\ &= 2\phi_m(k_{me} + k_{mu} + k_{ms} + k_{mo}) = 2\phi_m \sum k_{mi} \end{aligned}$$

여기서, $\sum k_{mi}$는 m절점에 모인 각 부재강비의 합이다.
각 재단모멘트 M_{me}, M_{mu}, M_{ms}, M_{mo}와 가해진 M과의 비를 구하면

$$\frac{M_{me}}{M} = \frac{k_{me}}{\sum k_{mi}}$$

$$\frac{M_{mu}}{M} = \frac{k_{mu}}{\sum k_{mi}}$$

$$\frac{M_{ms}}{M} = \frac{k_{ms}}{\sum k_{mi}}$$

$$\frac{M_{mo}}{M} = \frac{k_{mo}}{\sum k_{mi}}$$

여기서, $f_{me} = \dfrac{k_{me}}{\sum k_{mi}}$, $f_{mu} = \dfrac{k_{mu}}{\sum k_{mi}}$, $f_{ms} = \dfrac{k_{ms}}{\sum k_{mi}}$, $f_{mo} = \dfrac{k_{mo}}{\sum k_{mi}}$ 라 하면

$$M_{me} = f_{me} \cdot M$$
$$M_{mu} = f_{mu} \cdot M$$
$$M_{ms} = f_{ms} \cdot M \qquad (13.72)$$
$$M_{mo} = f_{mo} \cdot M$$

또 $f_{me} + f_{mu} + f_{ms} + f_{mo} = 1.0$
즉 절점에 가해지는 모멘트는 각 부재의 강도에 비례하여 그 절점의 각 부재단에 분배된다. 각 부재의 m단에 생기는 모멘트를 분배모멘트(distributing moment)라 하고 D.M으로 표시한다. f_{me}, f_{mu}, f_{ms}, f_{mo}를 각 부재의 m절점의 분배율(distributing factor)이라 하고 D.F로 표시한다.

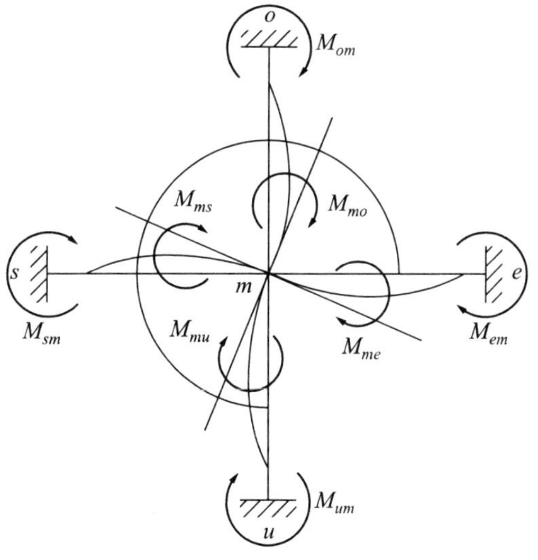

그림 13.64

다음에 각 부재의 고정단 e, u, s, o단에는 앞의 식 (13.71)에서 보는 바와 같이 M_{me}, M_{mu}, M_{ms}, M_{mo}의 1/2이 전달된다. 즉 [그림 13.64]와 식 (13.71)로부터

$$M_{em} = \frac{1}{2}M_{me} = \frac{k_{me}}{2\sum k_{mi}} \cdot M$$

$$M_{um} = \frac{1}{2}M_{mu} = \frac{k_{mu}}{2\sum k_{mi}} \cdot M$$

$$M_{sm} = \frac{1}{2}M_{ms} = \frac{k_{ms}}{2\sum k_{mi}} \cdot M$$

$$M_{om} = \frac{1}{2}M_{mo} = \frac{k_{mo}}{2\sum k_{mi}} \cdot M$$

으로 된다.

$$r_{me} = \frac{k_{me}}{2\sum k_{mi}} = \frac{1}{2}f_{me}$$

$$\vdots$$

$$r_{mo} = \frac{k_{mo}}{2\sum k_{mi}} = \frac{1}{2}f_{mo}$$

라 놓으면

$$\begin{aligned} M_{em} &= r_{me} \cdot M \\ &\vdots \\ M_{om} &= r_{mo} \cdot M \end{aligned} \qquad (13.73)$$

또 $r_{me} + r_{mu} + r_{ms} + r_{mo} = 0.5$

즉 전달모멘트는 분배모멘트의 1/2과 같다.

r_{me}, r_{mu}, r_{ms}, r_{mo}를 각 부재단의 전달률(carryover factor)이라 하고 C.O.F로 표시한다.

$$j_m = 2\sum k_{mi} = 2(k_{me} + k_{mu} + k_{ms} + k_{mo})$$

라 놓으면

$$r_{mi} = \frac{k_{mi}}{j_m} \tag{13.74}$$

로 되고, 여기서 i는 $i=e,\ u,\ s,\ o$이다.

5.2 특별한 경우

(1) 1단 힌지 부재

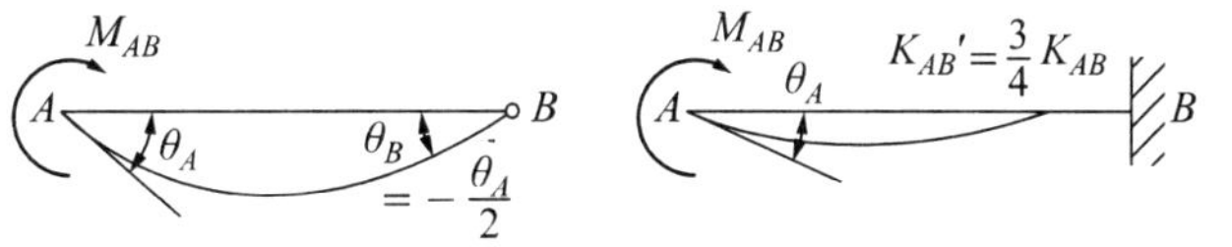

그림 13.65

[그림 13.65]와 같이 부재 AB의 B단이 회전단이면 일반식이

$$M_{AB} = k_{AB}(1.5\phi_A + 0.5\mu) - H_{AB}$$

로 되는데 지점변위가 없고 하중이 없으면

$$M_{AB} = k_{AB}(1.5\phi_A) = \frac{3}{2}k_{AB}\,\phi_A = \frac{3}{4}k_{AB}(2\phi_A)$$

$\frac{3}{4}k_{AB} = k'_{AB}$라 놓으면

$$M_{AB} = k'_{AB}(2\phi_A)$$

즉 강비 k'_{AB}인 때 B단 고정의 부재 AB의 A단에 ϕ_A를 생기게 하는 때의 A단의 재단모멘트값과 같다. 바꾸어 말하면 B단 회전단인 때는 부재강도를 3/4배 하면 B단 고정으로 보아도 무방하다.

이때 $\frac{3}{4}K_{AB}$를 유효강도, $\frac{3}{4}k_{AB}$를 유효강비라 한다.

(2) 대칭 라아멘이 대칭하중을 받는 경우

[그림 13.66]과 같이 대칭 라아멘이 대칭하중을 받으면 서로 대응하는 절점각은 서로 같고 부호가 반대이다. 이는 대칭변형하기 때문이다.

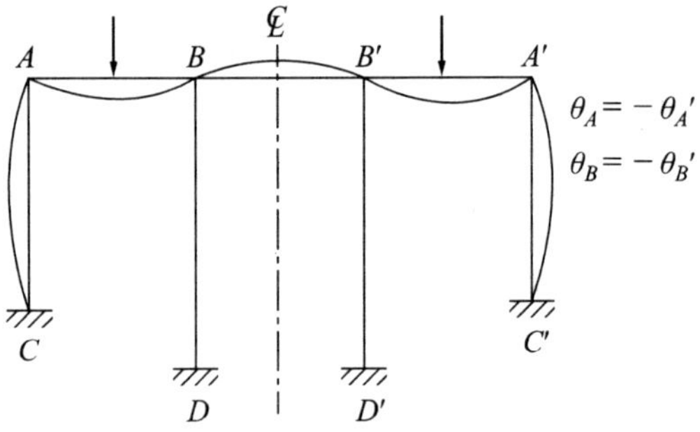

그림 13.66

$$\theta_A = -\theta'_A$$

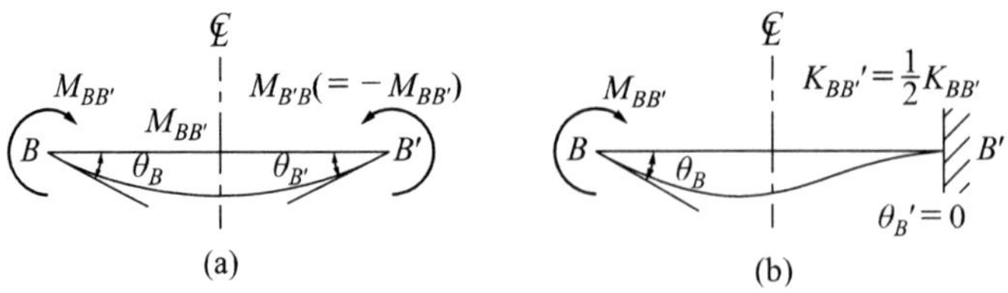

그림 13.67

대응절점이 서로 이웃하는 부재, 즉 대칭축을 포함하는 부재를 생각할 때 [그림 13.67]에서와 같이 $\theta_B = -\theta'_B$이므로

$$M_{BB'} = k_{BB'}(2\phi_B + \phi_{B'}) = k_{BB'}(\phi_B) = \frac{1}{2}k_{BB'}(2\phi_B)$$

$\frac{1}{2}k_{BB'} = k'_{BB'}$라 놓으면 $M_{BB'} = k'_{BB'}(2\phi_B)$

즉, 강비 $k'_{BB'}$일 때 B'단 고정부재 BB'의 B단에 ϕ_B를 생기게 할 때의 B단의 재단모멘트의 값과 같다. 바꾸어 말하면 대칭 라아멘이 대칭하중을 받을 때 대칭축을 포함하는 부재는 그의 강도를 1/2배로 하면 부재의 1단을 고정으로 보아도 무방하다.

이때 $\frac{1}{2}K_{BB'}$는 유효강도, $\frac{1}{2}k_{BB'}$는 유효강비이다.

(3) 대칭 라아멘이 역대칭 하중을 받을 때

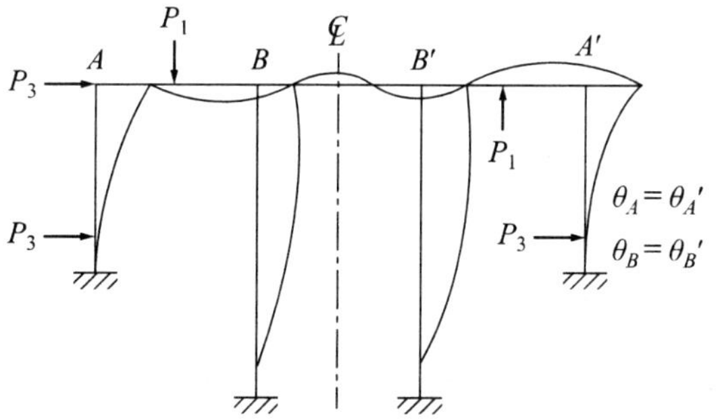

그림 13.68

[그림 13.68]과 같이 대칭 라아멘이 역대칭 하중을 받으면 각 대칭절점의 절점각은 부호와 크기가 서로 같다. 즉 역대칭 변형이다.

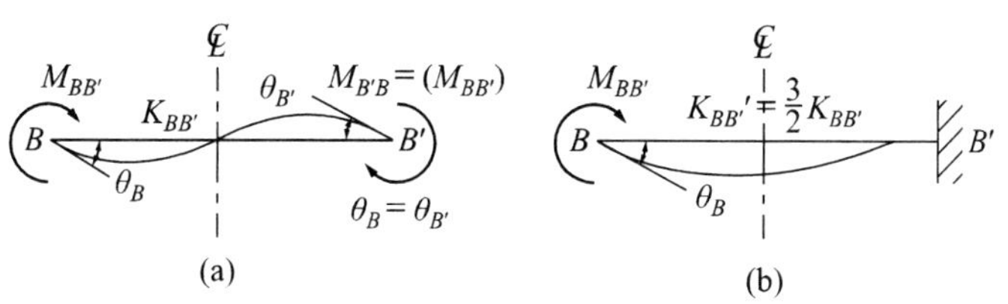

그림 13.69

대응하는 절점이 서로 이웃하는 부재, 즉 대칭축을 포함하는 부재를 고찰해보면 [그림 13.69]에서와 같이 $\theta_B = \theta_B'$이므로

$$M_{BB'} = k_{BB'}(2\phi_B + \phi_{B'}) = k_{BB'}(3\phi_B) = \frac{3}{2}k_{BB'}(2\phi_B)$$

$\frac{3}{2}k_{BB'} = k'_{BB'}$라 놓으면 $M_{BB'} = k'_{BB'}(2\phi_B)$

이때 $\frac{3}{2}K_{BB'}$를 유효강도, $\frac{3}{2}k_{BB'}$를 유효강비라 한다. 즉, 강비 $k'_{BB'}$인 때 B'단 고정의 부재인 BB'의 B단에 ϕ_B를 생기게 할 때의 B단의 재단모멘트의 값과 같다. 바꾸어 말하면 대칭 라아멘이 역대칭을 고정으로 보아도 무방하다.

5.3 해법

모멘트 분배법은 구조물의 절점의 구속과 해제를 반복하여 모멘트의 분배전달을 계산하여 각 절점의 단모멘트가 어느 정도의 강도로 될 때까지 계산을 해간다. 이 방법은 [그림 13.70]과 같은 연속보를 예로 들어 그림 (a), (b), …의 순서로 설명하면

① 그림 (a)는 A단 고정인 3경간 연속보이다.

② 그림 (b)는 절점 B, C를 각각 구속하여 $\theta_B = 0$, $\theta_C = 0$으로 한 때, 즉 양단을 고정단으로 한 때(D단은 힌지로 함)의 B단과 C단의 고정단모멘트의 합으로 U라 하면

$$\begin{aligned} U_B &= C_{BA} + C_{BC} \\ U_C &= C_{CB} + H_{CD} \end{aligned} \tag{13.75}$$

로 된다. 이 U를 불균형모멘트(unbalanced moment)라 하고, U, B, M으로 표시한다.

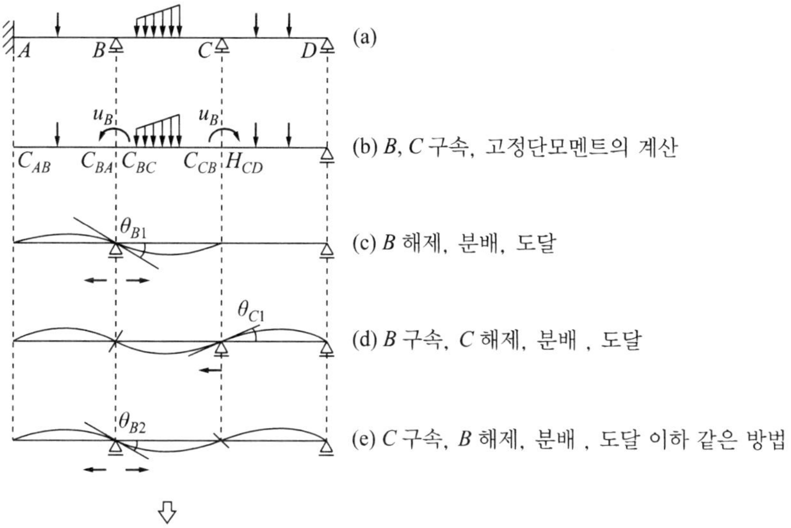

그림 13.70

③ 그림 (c)는 임의의 절점, 예로 B절점의 구속을 해제한 것으로 이를 밸런스(balance)시킨다고 한다. 이때 구속을 해제하기 위해서는 $-U_B$를 작용시켜야 되고 이 U_B는 부재 AB의 B단에, 부재 BC의 B단에 분배되고 분배된 모멘트의 1단은 타단 A, C에 각기 전달된다.

④ 그림 (d)는 B점을 θ_{B1}, 회전한 상태로 구속한다. 이때 C점에서 U, B, M은 식 (13.75)의 U_C에 (3)에서 C에 전달된 전달모멘트의 합은 U_C'이다. C점의 구속을 해제하기 위한 모멘트는 $-U_C'$이며, C점은 θ_C, 회전하고 $\sum M_C=0$이 된다. $-U_C'$도 분배되고 전달된다.

⑤ 그림 (e)는 B점을 구속하면 C점에서 전달된 전달모멘트가 B점에서 불균형모멘트가 된다. 이때도 위에서와 같은 방법으로 구속을 해제한다. 위와 같은 계산을 되풀이 해가면 각 절점의 불균형모멘트는 0에 근접한다. 이때 계산을 끝마치고 F.E.M+D.M+C.O.M=M으로서 재단모멘트를 구할 수 있다.

5.4 검산법

계산의 결과는 단모멘트의 평균조건과 연속조건이 만족되지 않으면 안된다. 이 중 앞의 조건을 만족하고 있는가는 바로 알 수 있기 때문에 뒤의 연속조건에 의해 검산할 필요가 있다.

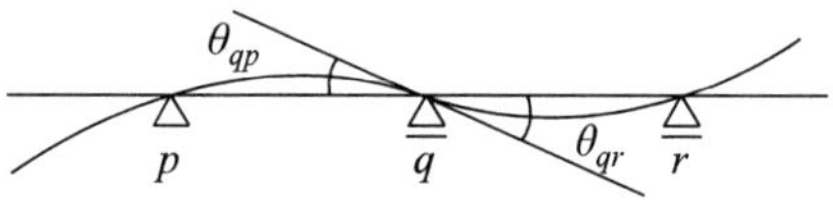

그림 13.71

예로서, [그림 13.71]의 연속보에 있어서 임의의 지점 q에서 연속조건은 $\theta_{qp} = \theta_{qr}$이다. 이것은 구속해제시의 θ의 변화의 원인인 단모멘트를 검사함에 따라 검산된다. 우선 부재 pq에 관해서 생각해보면 q단의 휨모멘트 변화량은

$$\Delta M_{qp} - r_{qp}\,\Delta M_{pq}$$

이다. 여기서, ΔM은 각 부재단의 재단모멘트의 증가량 즉, 최종적으로 구한 재단모멘트 F.M과 고정단 모멘트 F.E.M과의 차를 나타낸다. 따라서 pq부재의 q단의 단강도를 α라 하면

$$\Delta M_{qp} - r_{qp}\Delta M_{pq} = \alpha\,\theta_q \tag{a}$$

같은 방법으로 부재 qr에 관해서는

$$\Delta M_{qr} - r_{qr}\Delta M_{rq} = \beta\,\theta_q \tag{b}$$

로 되고, β는 부재 qr의 q단 강도이다. (a), (b)식으로부터

$$\frac{\Delta M_{qp} - r_{qp}\,\Delta M_{pq}}{\Delta M_{qr} - r_{qr}\,\Delta M_{rq}} = \frac{\alpha}{\beta} \tag{13.76}$$

이로부터 연속조건을 검사할 수 있다.

5.5 연속보

(1) 지점의 침하가 없는 경우

모멘트 분배법에 따른 실제 계산법을 [그림 13.72]로서 설명하자. 계산은 그림 밑에 있는 표와 같이 한다. 도표의 각 란의 값은 다음과 같다.

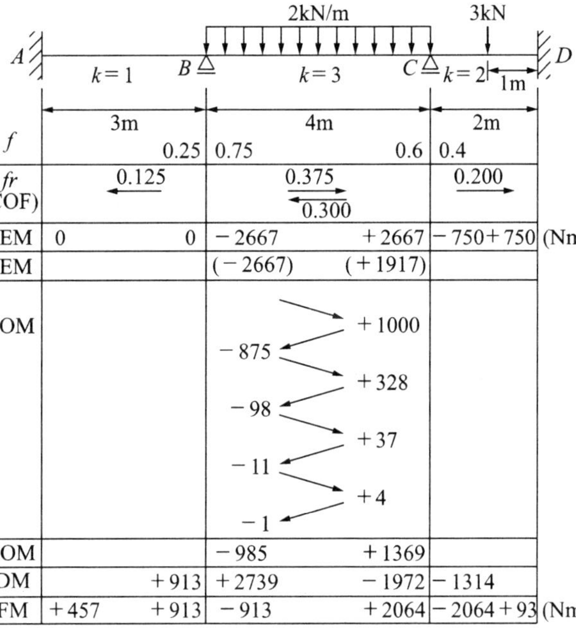

		3m		4m		2m		
(1) ---	f		0.25	0.75	0.6	0.4		
(2) ---	fr (COF)	0.125 ←		0.375 → / ← 0.300		0.200 →		
(3) ---	FEM	0	0	−2667	+2667	−750	+750	(Nm)
(4) ---	FEM			(−2667)	(+1917)			
(5) ---	COM				+1000			
(6) ---				−875	+328			
(7) ---				−98	+37			
				−11	+4			
				−1				
(8) ---	ΣCOM			−985	+1369			
(9) ---	DM		+913	+2739	−1972	−1314		
(10) ---	FM	+457	+913	−913	+2064	−2064	+93	(Nm)
(11) ---	ΔM	+457	+913	+1754	−603	−1314	−657	
(12) ---	$r\Delta M$	+457	+229	−302	+877	−329	−657	
(13) ---	$\Delta M - r\Delta M$	0	+684	+2056	−1480	−985	0	
	비		(1:3)		(3:2)			

그림 13.72

① 분배율 : D.F

분배율을 계산하면

$$f_{BA} = \frac{1}{4} = 0.25, \quad f_{BC} = \frac{3}{4} = 0.75,$$

$$f_{CB} = \frac{3}{6} = 0.6,\quad f_{CD} = \frac{2}{5} = 0.4$$

② 전달률 : C.O.F

f, r의 값을 편의상 전달률이라 하면 BC부재의 경우 $f_{BC} = 0.75$, $r_{CB} = \frac{1}{2}$이므로 $f_{BC} \cdot r_{CB} = 0.75 \times \frac{1}{2} = 0.375$가 B에서 C로의 전달률이고 C에서 B로의 전달률은 $f_{CB} = 0.6$, $r_{CB} = \frac{1}{2}$이므로 $f_{BC} \cdot r_{CB} = 0.6 \times \frac{1}{2} = 0.3$이 된다.

$$-C_{BC} = C_{CB} = \frac{wl^2}{12} = \frac{2{,}000 \times 4^2}{12} = 2{,}667\ \mathrm{N \cdot m}$$

$$-C_{CD} = C_{DC} = \frac{P \cdot l}{8} = \frac{3{,}000 \times 2}{8} = 750\ \mathrm{N \cdot m}$$

③ 불균형모멘트 : U.B.M

각 절점의 고정단 모멘트의 합으로서 다음과 같이 계산한다.

$$C_{BA} + C_{BC} = 0 + (-2667) = -2667$$

$$C_{CB} + C_{CD} = 2667 - 750 = 1917$$

이 란은 생략하기도 한다.

④ 전달모멘트 : C.O.M

B점의 불균형모멘트가 $-2{,}667$이므로 B점의 구속을 해제하기 위하여 $+2{,}667$의 모멘트를 가해야 한다. 따라서 B에서 C로의 C.O.M을 $2{,}667 \times 0.375 = 1{,}000$, A단에도 전달모멘트가 생기나 그 값은 일괄적으로 계산되므로 기입하지 않았다.

⑤ C.O.M

B에서 C로 1,000이 전달되었고 C에는 불균형모멘트가 1,917이므로 C점의 구속을 해제하기 위해서는 $-(1{,}917 + 1000) = -2{,}917$의 모멘트를 가해야 한다. 따라서 C로부터 B에 전달되는 C.O.M은 $-2{,}917 \times 0.3 = -875$이다.

⑥ ⑤에서와 같은 방법으로 계산을 되풀이한다.

⑦ C.O.M의 합

C.O.M을 모두 합한 $\sum$C.O.M이다.

⑧ 분배모멘트 : D.M

이상의 계산으로 각 점에 축적된 불균형모멘트를 역모멘트로 없애고, 이 역모멘트를 분배율에 따라 분배한다. 즉 B점에서는 (−2,667)+(−985)=−3,652의 역모멘트 3,652이므로 이것을 좌우로 분배하면

$$3{,}652\times0.25=913,\qquad 3{,}652\times0.75=2{,}739$$

로 된다. C점에서도 같은 방법으로 계산한다.

⑨ 재단모멘트 : F.M(최종모멘트 : Final moment)

재단모멘트 M은 F.M=(F.E.M)+(C.O.M)+(D.M)으로 구한다.

A단에는 F.E.M=0이므로 D.M$\times\frac{1}{2}$이 B로부터 전달되어 이 값만이 M_{AB}가 된다.

D단에서는 F.E.M=750이므로 $M_{DC}=750+(-1{,}314)\times\frac{1}{2}=93$으로 된다.

이상으로서 계산은 완료되었으나 검산을 하여 계산의 정확을 기할 수 있다. 단모멘트의 값은 $\sum M=0$을 만족하므로 연속조건만을 검사한다.

⑩ ΔM

각 부재단의 재단모멘트 증가량 ΔM을 산출한다. (ΔM=F.M−F.E.M)

$$\Delta M_{BA}=913-0=913$$

$$\Delta M_{BC}=(-913)-(-2{,}667)=1{,}754$$

이와 같은 방법으로 계산하여 다른 란도 채운다.

⑪ $r \cdot \Delta M$

1단의 단모멘트 증가량이 타단에 전달되는 양 $r \cdot \Delta M$을 계산한다.

B에서 A에 $\quad r_{AB} \cdot \Delta M_{BA} = \frac{1}{2} \times 913 = 457$

B에서 C에 $\quad r_{CB} \cdot \Delta M_{BC} = \frac{1}{2} \times 1,754 = 877$

이 전달된다. 다른 란은 같은 방법으로 계산한다.

⑫ $\Delta M - r\Delta M$

각 부재단의 ⑪에서 ⑫의 값을 감한 값을 기입한다. 즉 B지점에서

913 − 229 = 684

1,754 − (−302) = 2,056

이들 값의 비가 부재단 강비와 같으면 모든 계산은 착오 없이 계산된 것으로 본다. 다지간 연속보에서도 같은 방법으로 재단모멘트를 구할 수 있다.

(2) 지점에 침하가 생기는 경우

[그림 13.73]과 같은 2경간 연속보의 B점과 C점에 각기 0.4 cm, 0.7 cm가 침하한 경우 이 보를 풀어 보면 우선 [그림 13.74]와 같은 고정보에서 점 B가 Δ만큼 침하한 경우에 대하여 생각해 볼 때 점 A의 재단모멘트와 점 B의 재단모멘트는 절대값이 같고 부호가 반대여서 그림 (b)와 같은 휨모멘트도가 된다. 이 M_o를 처짐각법에 의하여 풀면 $\theta_A = \theta_B = 0$이고 부재각 $R = \frac{\Delta}{l}$ 하중항은 0이므로

$$M_{AB} = M_o = 2EK\left(-\frac{3\Delta}{l}\right) = \frac{-6EI\Delta}{l^2} (= M_{BA}) \tag{13.77}$$

로 된다. [그림 13.73] (a)에서 각 지점을 구속했을 때의 재단모멘트는 식 (13.77)로부터

$$M_{AB} = M_{BA} = \frac{-6EI\Delta}{l^2} = \frac{-6 \times 5 \times 10^8 \times 0.4}{500^2}$$

$$= -0.48 \times 10^4 \text{ N} \cdot \text{cm} = -48 \text{ N} \cdot \text{m}$$

$$M_{BC} = M_{CB} = \frac{-6EI\Delta}{l^2} = \frac{-6 \times 3 \times 10^8}{400^2} \times 0.3$$

$$= -0.338 \times 10^4 \text{ N} \cdot \text{cm} = -33.8 \text{ N} \cdot \text{m}$$

가 구해지고 이 값을 하중항으로 생각하면 되고, 이로서 재단모멘트를 구하면 그림 (c)와 같고 휨모멘트도는 그림 (d)와 같다.

(a)

(b)

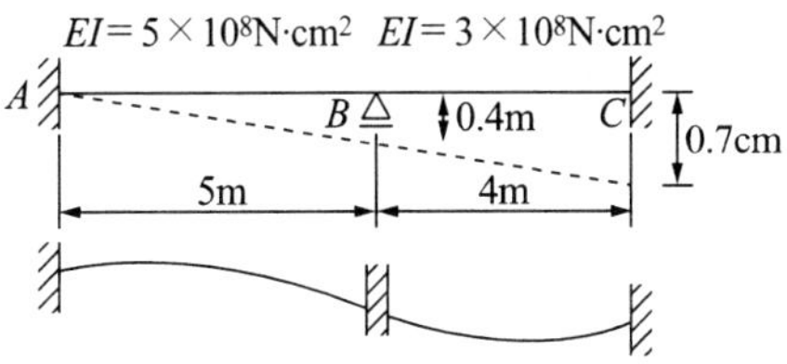

(c)

	A	B	B	C
k	1		0.75	
f		0.571	0.429	
fr(COF)	← 0.285		0.215 →	
FEM	−48	−48	−33.8	−33.8
UBM		(−	81.8)	
DM	↙	46.7	35.1	↘
COM	23.4			17.6
FM	−24.6	−1.3	1.3	−16.2

검산

ΔM	23.4	46.7	35.1	17.6
$r\Delta M$	23.4	11.7	8.8	17.6
$\Delta M - r\Delta M$	0	35	26.3	0
비			(1:0.75)	

(d)

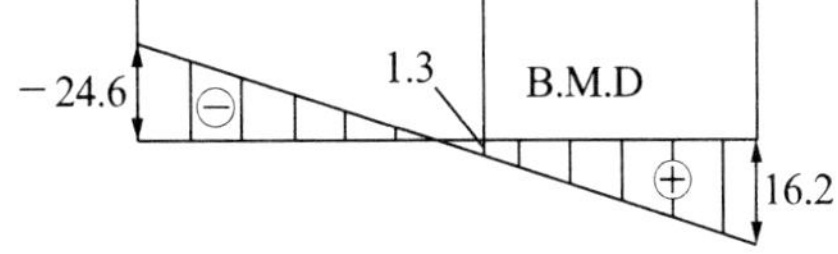

그림 13.73

(a)

(b)

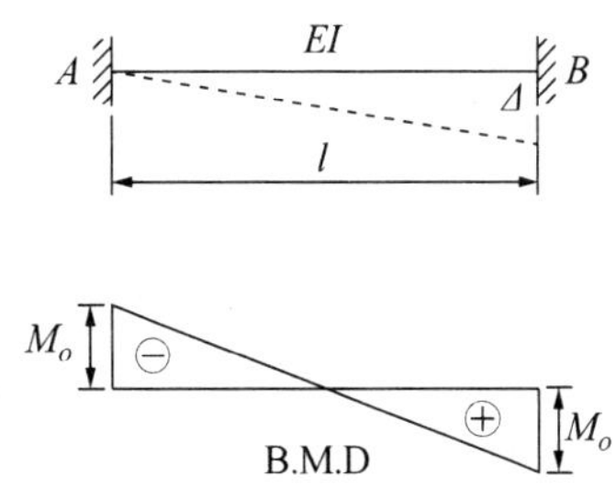

그림 13.74

5.6 라아멘

(1) 절점의 이동이 없는 경우

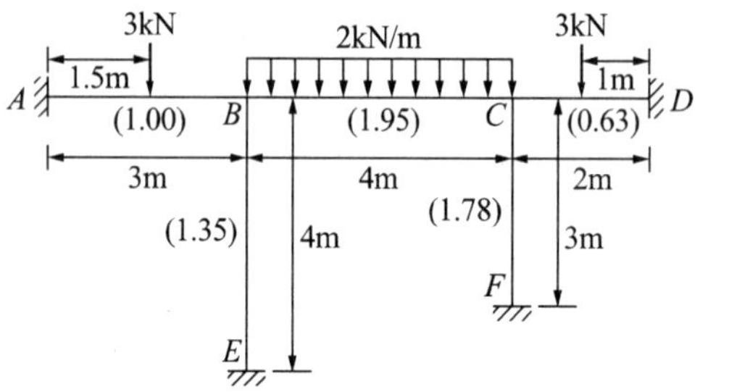

	A	B	B	C	C	D
f		0.233	0.453	0.447	0.144	
fr			0.227 → ← 0.224			
FEM	−1125	+1125	−2667	+2667	−750	+750 (kgm)
COM			−429 −100 −5	+447 +23 +1		
ΣCOM			−534	+471		
DM		+484	+940	−1067	−344	
FM	−883	+1609	−2261	+2071	−1094	+578
		주두 +652 주각 +326		주두 −977 주각 −489		

검산

+242	+484	+406	−596	−344	−172
+242	+121	−298	+203	−86	−172
0	+363	+704	−796	−258	0
비	1:1.94		1.95:0.63		

그림 13.75

절점이동이 없는 라아멘은 연속보와 같은 방법으로 계산된다. [그림 13.75]와 같은 라아멘의 B점에서의 분배율 f는

$$f_{BA} = \frac{1}{1+1.95+1.35} = 0.233$$

$$f_{BC} = \frac{1.95}{1+1.95+1.35} = 0.453$$

$$f_{BE}=\frac{1.35}{1+1.95+1.35}=0.314$$

같은 방법으로 C점에 대한 f를 계산하면

$$f_{CB}=0.447 \qquad f_{CD}=0.144 \qquad f_{CF}=0.409$$

고정단모멘트는

$$C_{AB}=-1{,}125\ \mathrm{N\cdot m} \quad C_{BA}=1{,}125\ \mathrm{N\cdot m}$$

$$C_{BC}=-2{,}667\ \mathrm{N\cdot m} \quad C_{CB}=2{,}667\ \mathrm{N\cdot m}$$

$$C_{CD}=-750\ \mathrm{N\cdot m} \quad C_{DC}=750\ \mathrm{N\cdot m}$$

계산은 기둥의 존재를 일시 생각지 않고 $ABCD$를 연속보로 생각하여 계산하고 구속의 해제는 어느 절점부터 하든지 무방하나 불균형이 큰 절점부터 시작하는 것이 수렴이 다소 빠르다.
기둥의 단모멘트는 축적된 불균형모멘트를 없앨 때 분배하면 된다. 즉 [그림 13.75]에서 B점에 가해지는 모멘트 2,076에 분배율 $f_{BE}=0.314$를 곱하여 $M_{BE}=652$가 구해지고, E점의 재단모멘트 M_E는 $M_E=652\times\frac{1}{2}=326$으로 구해진다.

(2) 절점에 이동이 생기는 경우
일반 라아멘이 하중을 받으면 절점의 회전과 함께 변위한다. 이런 라아멘을 풀 때 처짐각법에서는 평형방정식인 절점방정식과 층방정식이 이용된다.
이에 대응해서 모멘트분배법에서는 다음 두 가지 균형 계산을 하여 얻어진 값을 변형의 조건이 만족되도록 합성한다.

1. 절점의 변위를 구속해서 부재각 $R=0$의 상태로 주어진 하중에 대한 모멘트 M_o를 구한다. 이 계산을 (1)에서와 같은 방법으로 구한다. M_o가 구해지면 단전단력을 산출하고 이로부터 $R=0$이 되도록 절점에 작용하는 지지력(propping force) F를 계산한다.

2. 하중을 제거하고 부재각 R만이 주어진 상태로 균형계산하여 얻어진 모멘트 M'로 단전단력을 구하고 이로부터 R이 생기도록 절점에 작용하는 힘 F'를 계산한다.

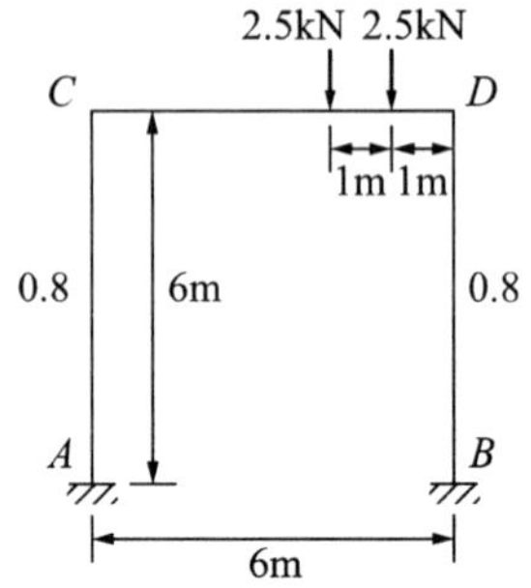

그림 13.76

이상의 계산에 있어서 M'의 값은 R에 관한 미지량을 계수로 해서 주어진다. 이 미지량의 크기는 라아멘의 절점이 실제로는 지지되지 않는 조건인 $F = F'$로부터 결정된다. 실제의 계산법을 [그림 13.76]의 라아멘에 대하여 설명하면 다음과 같다.

(a) C점을 지지할 때의 풀이

[그림 13.77]에서와 같이 C점을 잠시 지지하여 $R_{AC} = R_{BD} = 0$이 되게 C점에 수평력 F_C를 작용시킨다. 계산을 [그림 13.77]의 도표와 같이 한다.

지지력 F_C는

$$F_C = H_{CA} + H_{DB} = -\frac{1}{6}(616 + 1,231 - 1,050 - 2,099) = 217 \text{ N}$$

(b) $-R_{AC}$가 생길 때의 풀이

[그림 13.78]에서와 같이 C점에 수평력 F_C'를 작용시켜 기둥의 부재각 R만이 생길 때를 풀이하면 고정단모멘트는 $M_{AC} = M_{CA} = k_{AC}\,\mu$이므로 표에서는 $\alpha = \dfrac{k_{AC}\,\mu}{1,000}$를 계수로 하였다.

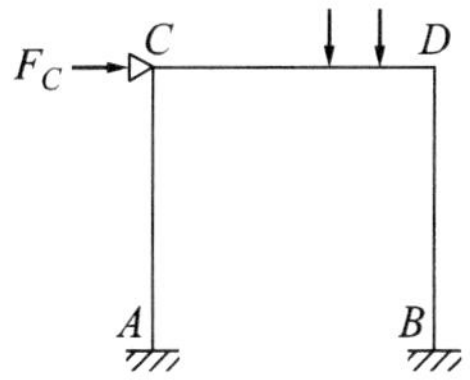

$C_{CD} = -1458\text{N·m}$
$C_{DC} = +3958\text{N·m}$

	A	C	C	D	D	B
f		0.444	0.556	0.556	0.444	
fr	0.222 (←)		0.278 (←)		0.222 (→)	
FEM	0	0	− 1458	+ 3958	0	0
COM			− 1100 − 198 − 15 − 1	+ 711 + 55 + 4		
Σ COM			− 1314	+ 770		
DM		+ 1231	+ 1541	− 2629	− 2099	
M_o	+ 616	+ 1231	− 1231	+ 2099	− 2099	− 1050

검산

+ 616	+ 1231	+ 227	− 1859	− 2099	− 1050
+ 616	+ 308	− 930	+ 114	− 525	− 1050
0	+ 923	+ 1157	− 1973	− 1574	0
비	0.8:1.0		1.0:0.8		

그림 13.77

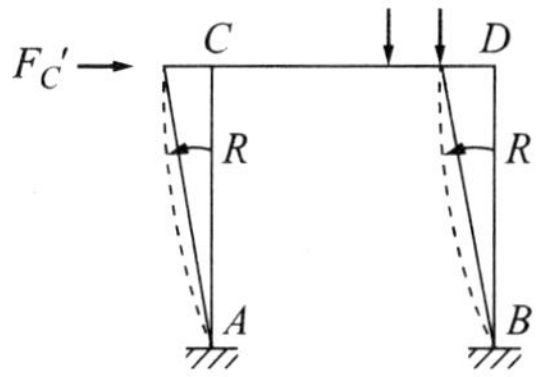

	A	C	C	D
f'		0.348	0.652	
$f'r$	0.174 (←)			
FEM	+ 1000	+ 1000		
COM	− 174			
DM		− 348	− 652	
M'	+ 826	+ 652	− 652	− 652

$\left(\alpha = \frac{k_{AC}\mu}{1000}\right)$

검산

− 174	− 348	− 652	− 652
− 174	− 87	− 326	
0	− 261	− 326	
비	0.8:1.0		O.K

그림 13.78

분배율은 역대칭조건에 의하여 $k_{CD} = 1 \times \frac{3}{2} = 1.5$를 써서 계산한다.

따라서 F_C'는

$$F_C' = -(H_{CA} + H_{DB}) = 2 \times \frac{1}{6}(826 + 652)\,\alpha = 493\,\alpha$$

실제는 절점이 이동하여 라아멘이 평형된다. 그러나 위에서 구한 F_C와 F_C'는 같아야 하므로 이 조건으로부터

$$217 = 493\alpha \qquad \therefore\ \alpha = 0.44$$

α의 값이 결정되면 다음 식으로 재단모멘트가 구해진다.

$$M = M_o + M'\,\alpha \tag{13.78}$$

이 값은 [표 13.3]과 같다.

다층라아멘의 계산법도 아래와 같은 방법으로 한다.

표 13.3 재단모멘트의 값 단위 : N · m

부 재	*AC*		*CD*		*DB*	
재 단	*A*	*C*	*C*	*D*	*D*	*B*
M_o	+616	+1,231	−1,231	+2,099	−2,099	−1,050
$M'\alpha$	+363	+287	−287	−287	+287	+363
M	+979	+1,518	−1,518	+1,812	−1,812	−687

13.18 [그림 13.79]와 같은 연속보를 분배율을 이용하여 단모멘트를 구하여라.

풀이

[그림 13.79]에서 강비 k를 구하면

$$K_{AB} = \frac{I}{8}$$

$$K_{BC} = \frac{I}{12} = K_o$$

$$k_{AB} = \frac{K_{AB}}{K_o} = \frac{12}{8} = 1.5$$

$$k_{BC} = \frac{K_{BC}}{K_o} = 1$$

분배율 $f_{BA} = \dfrac{1.5}{1.5+1} = 0.6$

$$f_{BC} = \frac{1}{1.5+1} = 0.4$$

하중항 $-C_{AB} = C_{BA} = \dfrac{Pl}{8} = \dfrac{20 \times 8}{8} = 20\ \mathrm{kN \cdot m}$

$$-C_{BC} = C_{CB} = \frac{w\,l^2}{12} = \frac{2 \times 12^2}{12} = 24\ \mathrm{kN \cdot m}$$

이로서 재단모멘트를 구하면 [그림 13.77]의 표와 같고 휨모멘트도는 그림 (b)와 같다.

(a)

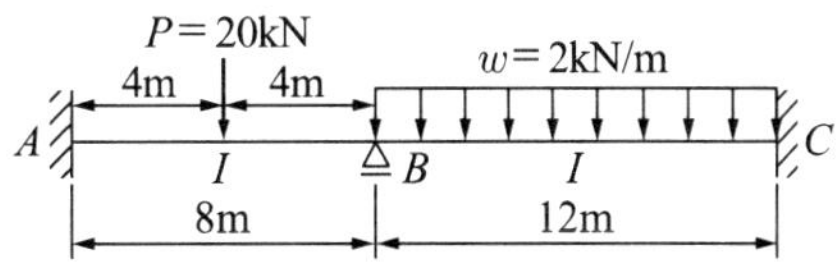

		A		B		C
①	k		1.5		1	
②	f		0.6		0.4	
③	FEM		20		−24	
④	UBM				−4	
⑤	DM		2.4		1.6	
⑥	COM	1.2				0.8
⑦	FM	−18.8	22.4		−22.4	24.8

검산은 생략함

(b)

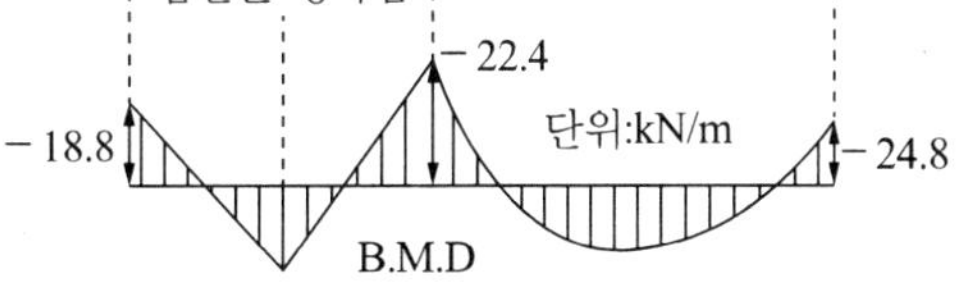

그림 13.79

13.19 [그림 13.80]과 같은 연속보의 재단모멘트를 구하여라.

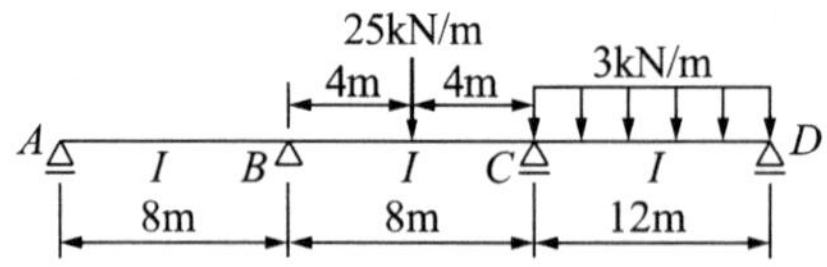

		A	B (AB)	B (BC)	C (BC)	C (CD)	D
①	k	1		1		0.667	
②	k_1	0.75		1		0.5	
③	f		0.429	0.571	0.667	0.333	
④	fr			0.286 →	← 0.334		
⑤	FEM	0	0	−25		−54	0
⑥	UBM			−25		−29	
⑦	COM			7.28 0.70 0.70	7.15 2.08 0.20 0.20		
⑧	ΣCOM			8.05	4.85		
⑨	DM		7.27	9.68	16.11	8.04	
⑩	M		7.27	−7.27	45.96	45.96	

검산은 생략함

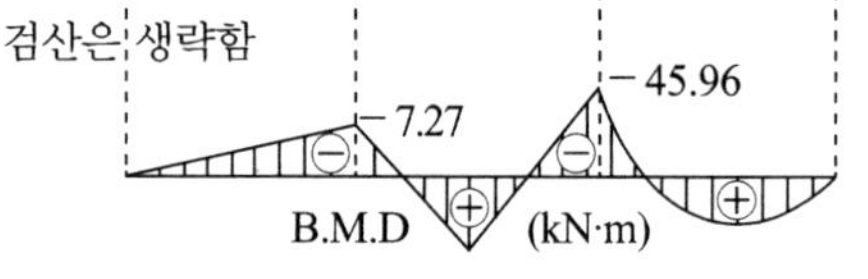

그림 13.80

풀이

A점과 D점이 힌지지점으로 유효강비 $k'_{CD} = \frac{3}{4} k_{CD}$로 된다. 모멘트 분배법에 의하여 재단모멘트를 구하면 [그림 13.78]의 도표와 같다.

13.20 [그림 13.81]과 같은 구조와 하중이 대칭인 3경간 라아멘의 재단모멘트를 모멘트분배법에 의하여 구하고 B.M.D를 그려라.

(a)

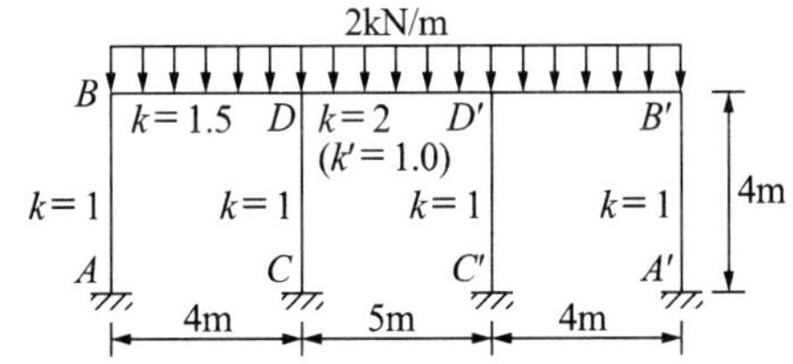

(b)

		B	D	D'
①	f	0.6	0.43	0.29
②	fr	0.3 ⇄	0.215	0.145 →
③	FEM	−2.7	2.7	−4.2
④	UBM	−2.7	−1.5	
⑤	COM	0.15 0.01	0.81 0.05	
⑥	ΣCOM	0.16	0.76	
⑦	DM	1.52	0.32	0.21
⑧	FM	−1.02	+3.78	−3.99
⑨	기둥상단 M	1.02	0	21
⑩	기둥하단 M	0.51	0	11

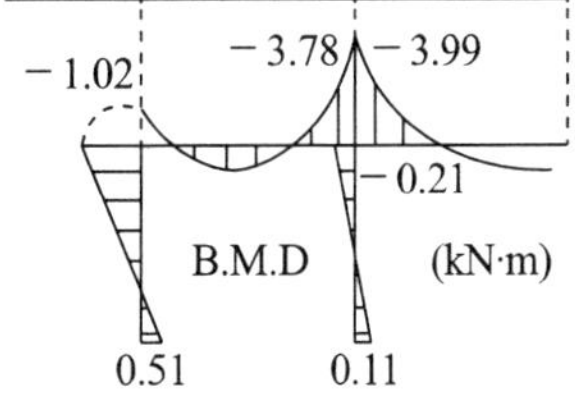

그림 13.81

풀이

대칭축을 포함하는 부재의 유효강비는 $k' = \frac{1}{2}k$이므로

$$k'_{DD'} = \frac{1}{2}k_{DD'} = \frac{1}{2} \times 2 = 1$$

하중항 $-C_{BD} = C_{DB} = \dfrac{2 \times 4^2}{12} = 2.7\ \text{kN} \cdot \text{m}$

$$-C_{DD'} = C_{D'D} = \frac{2 \times 5^2}{12} = 4.2\ \text{kN} \cdot \text{m}$$

이로서 모멘트 분배법에 의하여 각 부재의 재단모멘트를 구하면 [그림 13.81]의 도표와 같고, B.M.D는 그림 (b)와 같다.

부정정 보 종합문제

01. 다음 부정정 보에서 B점의 수직 반력은?

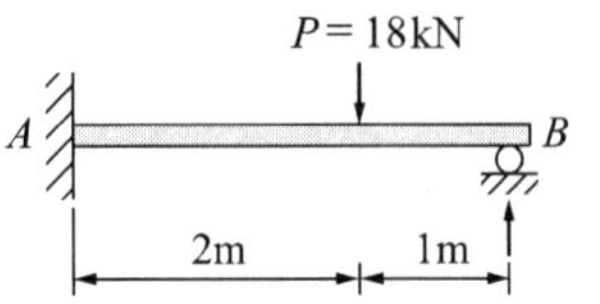

answer $R_B = \frac{Pa^2}{2l^3}(3l - a)$

$= \frac{18 \times 2^2}{2 \times 3^3}(3 \times 3 - 2) = 9.33\text{kN}(\uparrow)$

02. 그림과 같이 하중을 받고 있는 부정정 구조물의 부재에 발생되는 최대 휨모멘트의 크기를 구한 값은?

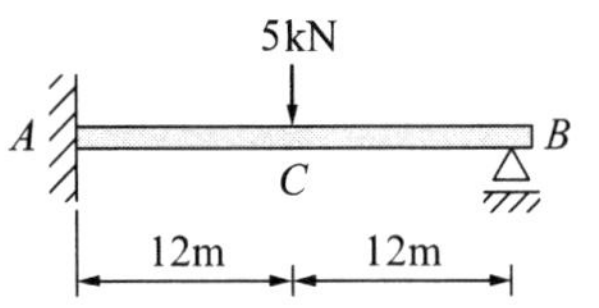

answer

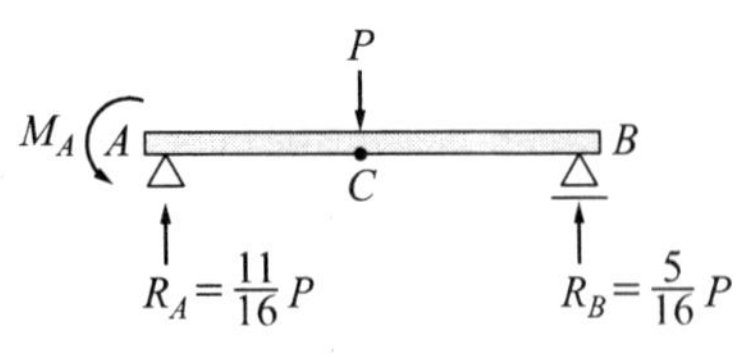

(1) $R_A = \frac{11}{16}P$, $R_B = \frac{5}{16}P$이므로 A점을 힌지로 놓고 풀면 M_A를 풀면 $\Sigma M_B = 0$에서 $R_A \times l - P \times l2 - M_A = 0$

$\therefore M_A = R_A \cdot l - P \times \frac{l}{2} = \frac{11}{16} P \cdot l - \frac{P \cdot l}{2}$

$= \frac{3}{16} P \cdot l$

(반시계 방향이라고 가정하여 (+)값이 나왔으므로 가정한대로 반시계 방향으로 발생한다.)

(2) 또한, $M_C = -M_A + R_A \frac{l}{2}$

$= -\frac{3}{16}Pl + \frac{11}{16}P \times \frac{l}{2} = \frac{5}{32}Pl$

(3) $\therefore M_{\max} = M_A = -\frac{3}{16}Pl$
(반시계 방향)

$= -\frac{3}{16} \times 5 \times 24 = -22.5\text{kN} \cdot \text{m}$

03. 다음 그림에서 반력 R_A와 M_B는?

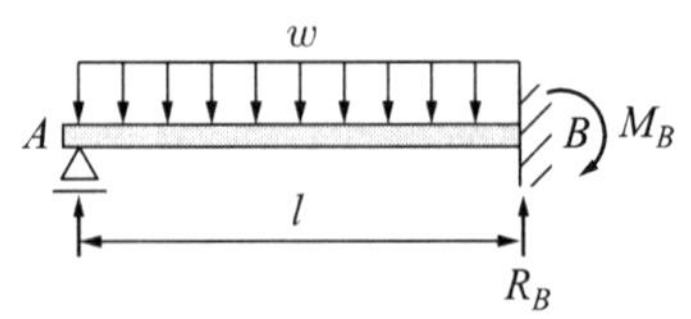

	R_A	M_B
①	$\frac{5}{8}wl$	$\frac{1}{6}wl^2$
②	$\frac{3}{8}wl$	$\frac{1}{8}wl^2$
③	$\frac{5}{8}wl$	$\frac{1}{12}wl^2$
④	$\frac{5}{8}wl$	$\frac{1}{8}wl^2$

04. 다음과 같은 부정정보에서 A점으로부터 전단력이 0이 되는 위치 x의 값은?

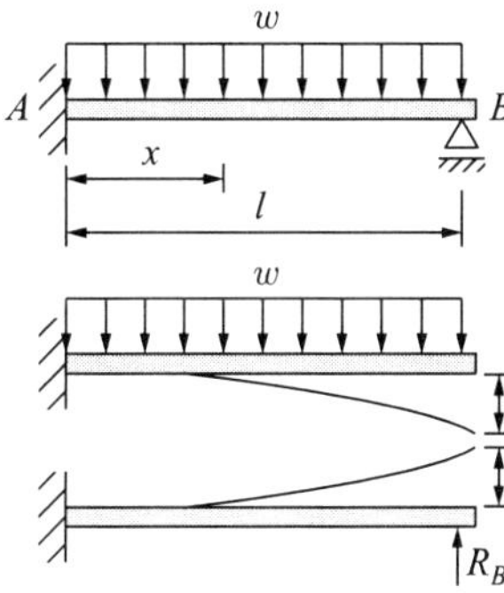

answer

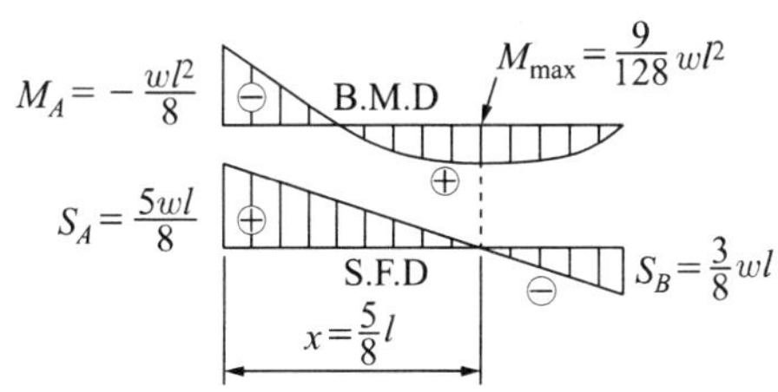

(1) $y_1 = \frac{wl^4}{8EI}$, $y_2 = \frac{-R_B l^3}{3EI}$이고

B지점의 처짐은 0이므로

$y_1 + y_2 = 0 \Rightarrow R_B = \frac{3}{8}wl$

(2) $\Sigma V = 0$에서 $R_A = \frac{5}{8}wl$

(3) $S_x = R_A - w \cdot x = \frac{5}{8}wl - w \cdot x$

$\therefore S_x = 0 \Rightarrow x = \frac{5}{8}l$

05. 그림과 같은 부정정 보의 B점의 지점반력 R_B가 옳게 된 것은?

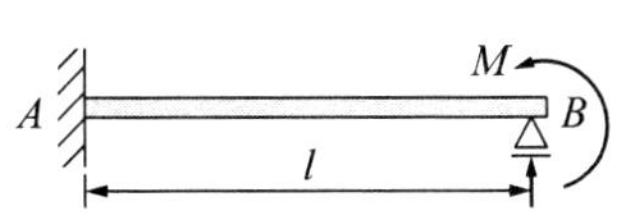

answer $M_A = \frac{1}{2}M_B = \frac{M}{2}$(전달모멘트)이며

반시계 방향이므로 $\Sigma M_A = 0$에서

$-\frac{M}{2} - M + R_B \cdot l = 0 \Rightarrow R_B = 1.5\frac{M}{l}(\downarrow)$

06. 동일한 재료로 된 균일한 단면을 가진 다음 2개의 보 (a), (b)에서 견딜 수 있는 중앙 집중하중 P의 비 (a : b)는?

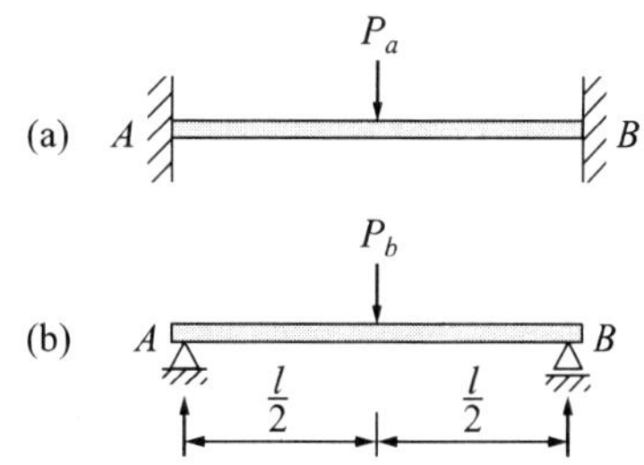

answer (a)의 경우 최대 휨모멘트 $M_a = \frac{P_a \cdot l}{8}$

(b)의 경우 최대 휨모멘트 $M_a = \frac{P_b \cdot l}{4}$이므로

$P_a : P_b = 2 : 1$이다.

07. 그림과 같은 양단 고정보에서 중앙점의 휨모멘트는?

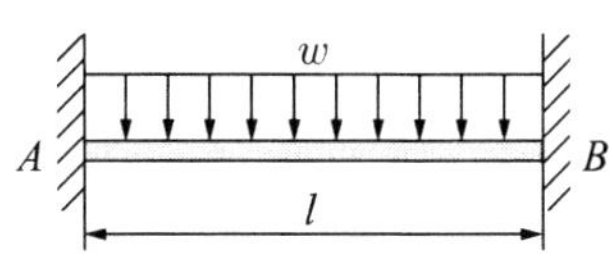

① $\frac{wl^2}{12}$ ② $\frac{wl^2}{24}$ ③ $\frac{wl^2}{16}$ ④ $\frac{wl^2}{18}$

answer

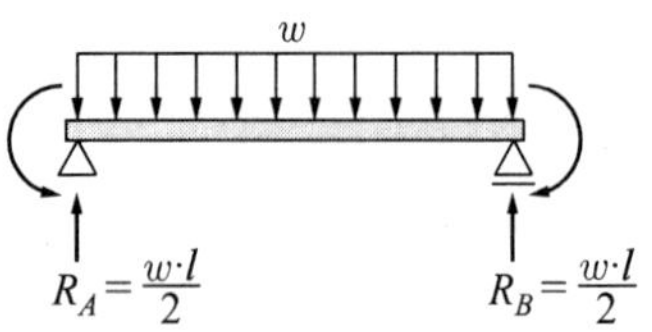

$M_{AB} = -\frac{wl^2}{12}$, $M_{BA} = \frac{wl^2}{12}$ 이므로 정정보로 계산하면 $R_A = \frac{wl}{12}$ 이므로

$\therefore M_C = R_A \times \frac{l}{2} - w\frac{l}{2}\frac{l}{4} - M_{AB}$

$= \frac{wl}{2} \times \frac{l}{2} - w\frac{l}{2}\frac{l}{4} - \frac{wl^2}{12} = \frac{wl^2}{}$

08. 다음 그림과 같은 양단 고정보에서 보 중앙의 휨모멘트는 얼마인가?

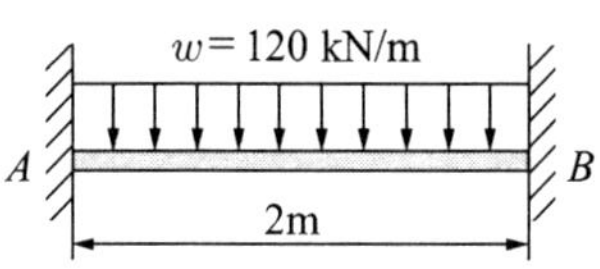

answer $M_C = \frac{wl^2}{24} = \frac{120 \times 2^2}{24} = 20\text{kN/m}$

09. 그림과 같은 연속보의 B점의 휨모멘트 M_B의 값은?

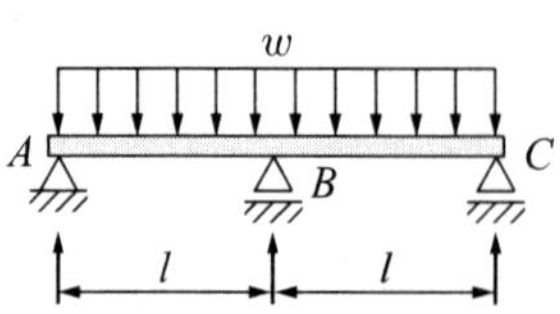

answer 3연 모멘트법을 이용하면

$M_1\frac{l_1}{I_1} + 2M_2(\frac{l_1}{I_1} + \frac{l_2}{I_2}) + M_3(\frac{l_2}{I_2}) = 6E(\theta_{21} - \theta_{23})$

$M_1 = M_3 = 0,\ l_1 = l_2 = l,\ I_1 = I_2 = I,$

$-\theta_{21} = \theta_{23} = \frac{wl^3}{24EI}$ 이므로

$\therefore 2M_2 \times 2l = 6EI(-\frac{wl^3}{24EI} - \frac{wl^3}{24EI})$

⇨ $M_2 = M_B = -\frac{wl^2}{8}$

10. 다음과 같은 2경간 연속보에 등분포 하중 w가 만재되어 있을 때 중앙 지점의 반력 R_B는?

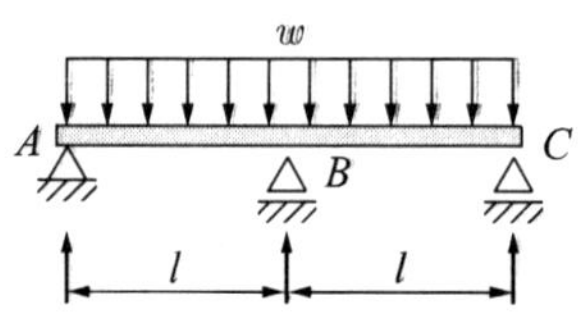

answer 변형일치법을 이용하면

$y_1 = \frac{5w(2l)^4}{384EI}(\downarrow),\ y_2 = -\frac{R_B(2l)^3}{48EI}(\uparrow)$

⇨ $y_1 + y_2 = 0$(B점은 지점이므로 처짐이 없다.)

⇨ $y_1 = -y_2$

$\therefore R_B = \frac{5}{4}wl$

제13장 연습문제

01. [그림 13.82]와 같은 부정정보의 A점의 모멘트와 B점의 반력을 구하여라.

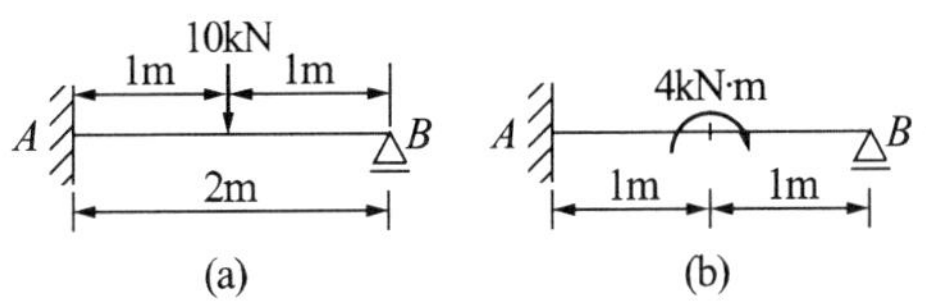

그림 13.82

answer (a) $M_A = -3.75\ \mathrm{kN \cdot m}$, $R_B = 3.12\ \mathrm{kN}$
(b) $M_A = 0.5\ \mathrm{kN \cdot m}$, $R_B = 2.25\ \mathrm{kN}$

02. [그림 13.83]과 같은 양단 고정보의 단면력도를 그려라.

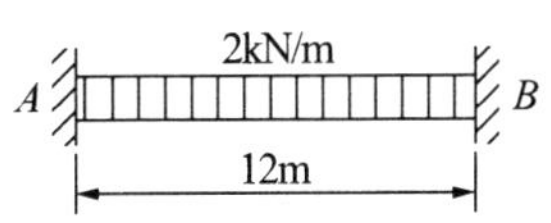

그림 13.83

03. [그림 13.84]와 같은 2경간 연속보의 단면력도를 그려라.

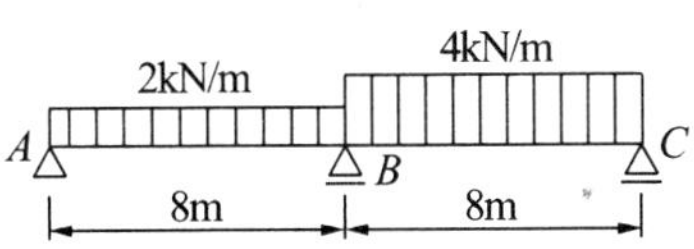

그림 13.84

04. [그림 13.85]와 같은 부정정보의 단면력을 3연 모멘트법에 의하여 구하고 단면력도를 그려라.

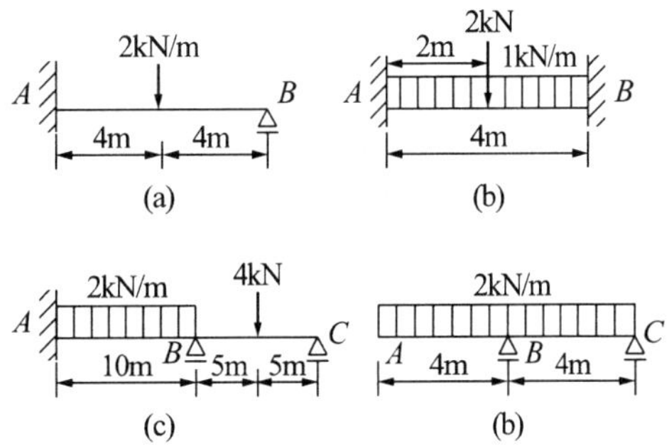

그림 13.85

05. [그림 13.86]과 같은 부정정보를 처짐각법에 의하여 재단모멘트를 구하고 휨모멘트도를 그려라.

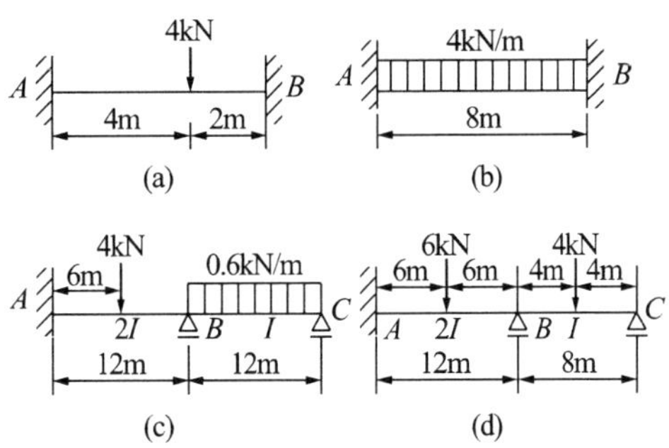

그림 13.86

06. [그림 13.87]과 같은 라아멘을 처짐각법에 의하여 재단모멘트를 구하고 휨모멘트도를 그려라.

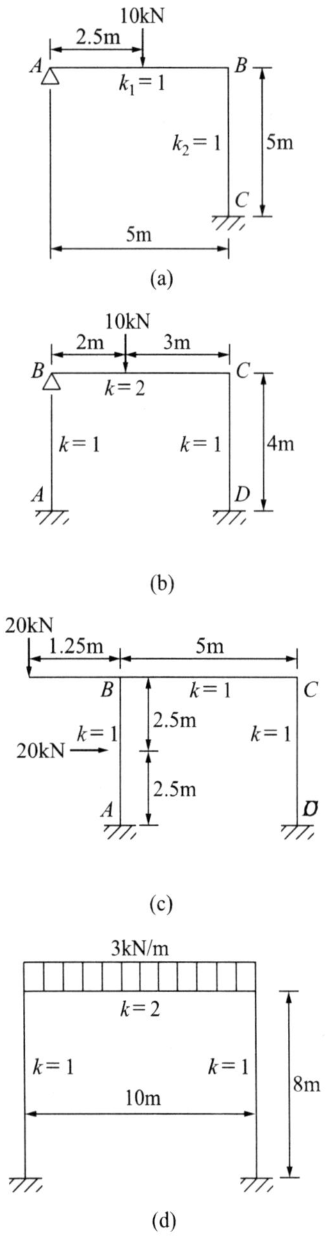

그림 13.87

07. [그림 13.88]에서 B단에 모멘트 M_B = 8kN · m가 작용할 때 고정단 A에서의 전달모멘트 M_A를 구하여라.

그림 13.88

answer $M_A = 4\ \text{kN} \cdot \text{m}$

08. [그림 13.89]와 같이 O점에 집중된 각 부재의 분배율을 구하여라.

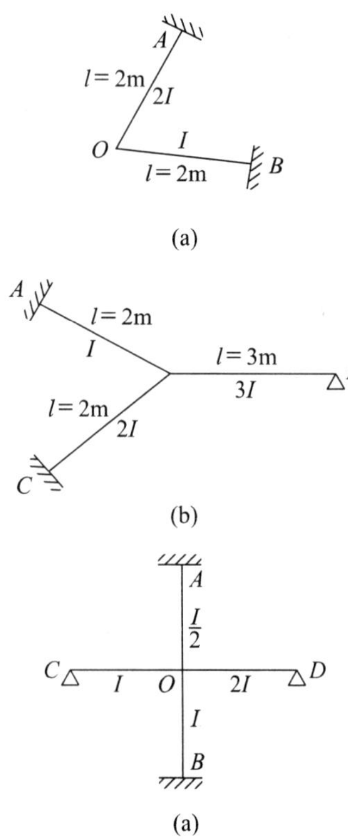

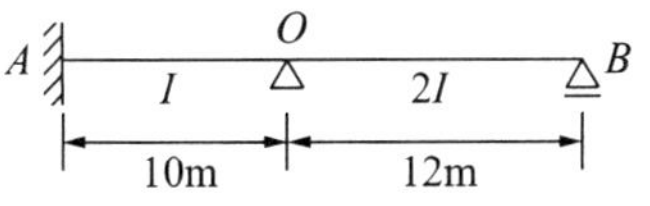

(d)

그림 13.89

answer (a) $f_{CA}=2/3$, $f_{CB}=1/3$

(b) $f_{CA}=0.222$, $f_{CB}=0.333$, $f_{OC}=0.445$

(c) $f_{CA}=0.133$, $f_{QB}=0.267$, $f_{OC}=0.2$, $f_{CD}=0.4$

(d) $f_{OA}=0.444$, $f_{OC}=0.556$

09. [그림 13.90]과 같은 연속보의 재단모멘트를 모멘트 분배법에 의하여 구하고 휨모멘트도를 그려라.

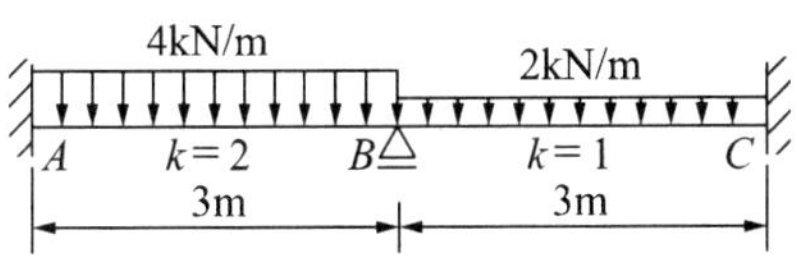

그림 13.90

answer $M_{AB}=-3.5\text{ kN}\cdot\text{m}$, $M_{BA}=2\text{ kN}\cdot\text{m}$, $M_{CB}=1.25\text{ kN}\cdot\text{m}$

10. [그림 13.91]과 같은 라아멘의 재단모멘트를 모멘트분배법에 의하여 구하고 휨모멘트도를 그려라.

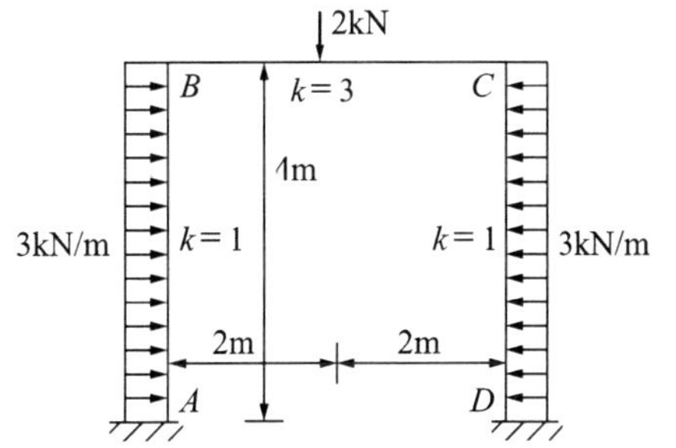

그림 13.91

answer $M_{BA}=-M_{BC}=2.8\text{ kN}\cdot\text{m}$, $M_{AB}=-4.6\text{ kN}\cdot\text{m}$

찾아보기

ㅅ

ㅇ

ㅈ

ㅊ

ㅌ

ㅍ

ㅎ

기타

저 자 : **심 도 식**

- 강원대학교 토목공학, 공학박사
- 현) 강원도립대학교 교수

기초 응용역학 정가 25,000원

발 행 2020년 9월 10일 초판 1쇄
저 자 심도식
발행인 정우용
발행처 도서출판 **동 화 기 술**
경기도 파주시 광인사길 201(문발동, 파주출판도시)
Tel (031)955-4211~6 donghwapub@nate.com
Fax (031)955-4217 www.donghwapub.co.kr
(등록) 1977년 12월 19일/9-16호

ISBN 978-89-425-9296-8